“大国三农”系列规划教材

入侵生态学

赵紫华　主　编

科学出版社
北京

内 容 简 介

本书以阐述生物入侵科学为目的，系统介绍了入侵生态学的相关理论和应用。本书共有6篇11章，依次介绍了绪论、入侵种的传入过程、入侵种的定殖过程、入侵种的扩散与暴发、入侵种的风险分析与管理及入侵生态学前沿问题。本书总结了入侵生态学的最新理论和主流观点，旨在推动入侵生态学的学科发展，为有效防控入侵种提供理论、技术和方法。

本书可作为高等院校植物保护、生态学、植物检疫及生物科学专业高年级本科生或研究生的教材，也可以作为从事植物保护、生物保育及农业技术推广部门相关科研工作者的参考资料。

图书在版编目（CIP）数据

入侵生态学 / 赵紫华主编．—北京：科学出版社，2021.11
“大国三农”系列规划教材
ISBN 978-7-03-070124-4

Ⅰ．①入⋯ Ⅱ．①赵⋯ Ⅲ．①侵入种 - 生态学 - 教材Ⅳ．① Q16

中国版本图书馆CIP数据核字（2021）第212038号

责任编辑：王玉时　马程迪 / 责任校对：贾伟娟
责任印制：赵　博 / 封面设计：蓝正设计

科学出版社出版
北京东黄城根北街 16 号
邮政编码：100717
http://www.sciencep.com
北京凌奇印刷有限责任公司印刷
科学出版社发行　各地新华书店经销
*
2021年 11 月第　一　版　开本：787×1092　1/16
2024年 6 月第四次印刷　印张：19 1/2
字数：511 680

定价：69.80元
（如有印装质量问题，我社负责调换）

《入侵生态学》编写人员名单

主　编　赵紫华

副主编　高　峰

编　者（以姓氏汉语拼音为序）

陈法军　南京农业大学
褚　栋　青岛农业大学
崔洪莹　山东省农业科学院植物保护研究所
高　峰　中国农业大学
高桂珍　新疆农业大学
韩　鹏　云南大学
季　荣　新疆师范大学
李　超　新疆农业大学
李志红　中国农业大学
刘艳杰　中国科学院东北地理与农业生态研究所
卢新民　华中农业大学
潘慧鹏　华南农业大学
彭　露　福建农林大学
石　娟　北京林业大学
辛　明　宁夏大学
杨念婉　中国农业科学院植物保护研究所
赵莉蔺　中国科学院动物研究所
赵紫华　中国农业大学
朱雅君　上海海关

前　言

外来种入侵已成为21世纪重要的全球环境变化问题之一，入侵种种类迅速增加及种群扩张严重威胁了本地生物多样性、生态安全及生态系统功能。经过近一个世纪的发展，入侵生态学已经成为环境科学、生态学、进化学、经济学和生物学的交叉学科，也成为生物多样性保护、恢复生态学、生态系统重建、生态环境安全及可持续发展的重要方面。

本书共有6篇11章，主要内容包括绪论、入侵种的传入过程、入侵种的定殖过程、入侵种的扩散与暴发、入侵种的风险分析与管理及入侵生态学前沿问题。本书重视对经典理论和概念的解说，结合了国内外入侵生态学研究的重要内容，同时融入了最新的理论和技术，尤其增加了全球变化背景下的生物入侵现状及趋势。同时本书结合理论进行最新案例介绍，为课堂教学提供了清晰的思路和多样的素材。本书参与编写人员都是从事生物入侵研究的中青年学者，也都是各个单位的骨干，很多都是在高校或科研单位长期从事生物入侵相关的科研教学工作，因此本书将高校教学规律与科学性融为一体，满足高校本科生及研究生学习使用的需要。

编者特别感谢给予我们指导和帮助的国内外同仁，他们为本书的编写提供了许多宝贵的意见和资料，在此谨致以诚挚的感谢。在本书的编写过程中，我的许多学生也进行了很多资料收集和文字校对工作，在此一并表示衷心的感谢。

入侵生态学是一门极具交叉性的学科，涉及多个不同的学科和领域，入侵生态学整个理论体系还处于蓬勃发展之中，新的研究成果正在不断产生，涉及的知识也非常广泛。由于编者水平有限，不可能面面俱到，难免挂一漏万，如有不足之处，恳请广大读者和同行批评指正。

赵紫华

2020年12月

目　　录

第四篇　入侵种的扩散与暴发

第五篇　入侵种的风险分析与管理

第六篇　入侵生态学前沿问题

「第一篇 绪 论」

第一章 入侵生态学概述

【关键词】

外来种（alien species）
土著种（native species）
入侵种（invasive alien species）
外逃种（exvasive native species）
入侵生态学（invasion ecology）
生物入侵（biological invasion）

外来种入侵已成为21世纪全球性环境变化问题之一，也是全球各国关注的焦点问题。入侵生物种类迅速增加及种群扩张严重威胁了本地生物多样性、生态安全及生态系统功能，并引起了农业景观的显著变化和功能退化。随着世界各国贸易交流的日益密切和我国对外开放的不断扩大，入侵种高发、频发、多发，并逐步演化成为制约生态环境和社会经济发展的重要因素。随着全球经济一体化的迅速发展，生物入侵已经成为与国家的经济发展、生态安全、粮食保障、社会稳定及政治利益密切关联的重要科学领域，也是国际社会、各国政府、政治家、科学家与民众共同关心的社会热点。

入侵生态学（invasion ecology）是研究由人为活动导致的入侵种从原产地到入侵地的生物学特征发生发展规律、与生态系统的互作过程及预防和控制的科学，是一门多学科多领域的交叉性学科。目前，入侵生态学还是一门非常年轻的学科，其自从诞生以来，就与环境学、生物学和生态学有着密不可分的联系。入侵生态学既研究入侵种本身的形态学、生理学、毒理学、行为学、物候学及适应性等生物学特征，同时也研究入侵种与周围环境的种间关系、入侵力、可入侵性及互作过程等生态学问题。因此入侵生态学实际上是生物学和生态学的交叉学科，也更突出入侵种本身与经济、社会、环境之间的关系及互作过程。

第一节　生物入侵的基本概念

一、什么是生物入侵

所谓生物入侵，就是指生物物种经过人为途径由原产地侵入入侵地，并给入侵地的生物多样性、环境及社会造成影响的过程。在传统的概念中，生物入侵包括三方面重要的内容：人为途径、物种分布范围改变及负面影响。生物入侵是一个古老的过程，是伴随着人类活动产生的，很多古老的生物入侵事件在当时也并没有得到关注。随着人类历史文明的发展，很多人在迁移过程中不可避免地携带很多的动植物，为农业生产、畜牧家禽及休闲娱乐服务。例如，自我国秦朝开始，就有周边国家携带动植物进入我国的记载，但由于当时人类对大自然的认识有限，还没有完全认识到物种分布区域的改变会引起生物入侵。当然不可否认，很多外来动植物的引种为我国的农业和畜牧业的发展做出了巨大的贡献。随着社会进步和科技发展，人们关于生态环境和生物多样性保护的意识不断增强，特别是近半个世纪以来，生物入侵领域的研究得到了迅速发展。本书主要研究由人类活动引起的物种分布区域变化，物种的自然传播和扩散不在本书的研究范畴。

分布区域的改变有时会改变物种的生物生态学特征，甚至有些物种在分布区变化后对新的生态系统构成了严重的威胁。早期人类活动引起了很多疾病的传染，如欧洲殖民者侵入美洲后造成美洲印第安人大量减少，主要是因为欧洲人携带了天花、麻疹及伤寒等的病原，印第安人对这些入侵性病原缺乏天然免疫，这些疾病在印第安人中迅速流行蔓延，导致了无数印第安人死亡。1911 年由于鼠疫的入侵，我国东北地区大约 6 万人死亡，这种鼠疫不需要跳蚤作为媒介，可以从一个人直接传染给另外一个人。1929 年，非洲冈比亚按蚊 *Anopheles gambiae* 随船只进入巴西，到 1938 年，巴西疟疾大暴发，几万人死于疟疾，这些早期的生物入侵事件给人类留下了惨痛的教训。因此，人类有意和无意引入外来种，特别是物种的跨洋传播，造成了很多极其严重的生物入侵事件。并且，在人类活动过程中，动物、植物及微生物等所有的生命体都可能会造成生物入侵，也都会对生态系统的不同方面和不同层次造成负面影响。

二、生物入侵相关基本概念和定义

我国入侵生态学中的许多定义和术语都是通过国外的不同著作翻译而来，其中出现了许多烦琐而复杂的定义，当然这是由于入侵生态学的多个定义在国内本身就不统一，容易相互混淆。例如，对分布在原产地之外的物种描述多达十几个，包括外来种、非本地种、引入种、入侵种、归化种、驯化种、非土著种、国外种等。这些术语都有其应用的范围和象征的意义，其侧重点也不同。不同的研究领域内，对于这些术语的使用和理解还存在很大的差异。因此，在本书的论述中，编者对入侵生态学的术语进行了一定的规范，确保其准确无误地表达入侵生态学中特定的含义。结合多个研究与我国以往使用的入侵生态学术语，我们将入侵生态学相关基本概念做如下界定和说明。

土著种（native species）是指生活在自然分布范围及扩散潜力以内的物种。土著种是土著物种的简称，与本地种的含义完全一致。

外逃种（exvasive native species）是指土著种中已经扩散至分布范围以外的物种，外逃种是土著种中特殊的类群。

外来种（alien species）是指那些出现在自然分布范围及扩散潜力以外的物种、亚种或以下的分类单元，包括其所有可能存活继而繁殖的部分、配子或繁殖体。外来种是外来物种的简称，与非本地种、引入种、传入种等含义相同。

入侵种（invasive alien species）是指由人类活动带来的、在本地生态系统中形成了自我再生能力、给本地生态系统或景观造成明显损害或影响的外来种。入侵种容易与外来种混淆，实际上入侵种是外来种的子集。入侵种非常强调人为携带的方面，通过自然传播则一般认为不是严格意义上的入侵种。但是由于入侵种一般是相对于一个国家或者地区而言的，因此都有明确的行政区划特征，而物种本身的分布往往是动态变化的，其空间分布在不断地收缩或者扩张，这使得入侵种有时候难以界定。外来入侵生物与外来有害生物也是入侵种的另外两个较为普遍的名称，在本书中则统一采用入侵种。

在植物入侵生态学领域，还存在归化种的概念，归化种（naturalized species）是指外来种在与本地生物群落互作的过程中与整个生态系统融为一体，成为本地生态系统的一部分，并不影响本地生态系统结构的物种。因此归化种是外来种的子集，入侵种又是归化种的子集（图 1-1）。外来种还包括那些在自然分布范围及扩散潜力以外不能自然繁育的物种，这些物种

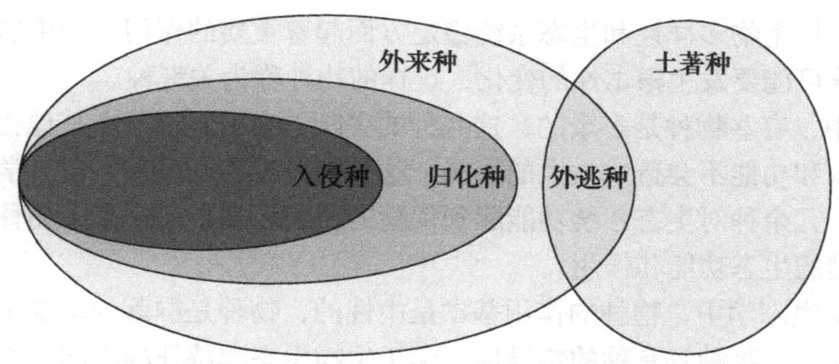

图 1-1　土著种、外来种、归化种、入侵种及外逃种之间的关系

称为临时种（casual species），只能在人类的协助下才能存活，如植物园中的临时物种或者农业设施中的作物。从这些人为协助环境中逃逸到周围环境中的物种能够逐步演化为归化种，甚至是入侵种。如果逃逸到周围生态系统中的物种并不引起危害和生态系统改变，就可以认为是归化种，一旦这些物种对环境或社会产生了负面影响，这些物种就成为入侵种。

外来种完全是一个相对的概念，由土著生态系统向周围生态系统外扩的物种称为外逃种，外逃种与外来种是两个不同的概念，但都表示生态系统之外的物种。而且，外逃种与入侵种是相对的概念，两者都是指分布范围扩大，渗透到新生态系统的物种。随着物种交换频率的增加，外逃种和入侵种都会呈现暴发性增长，甚至在将来还会持续很长时间，成为生态系统中人们最为关注的问题。

南非植物生态学家 Richardson 认为入侵是物种越过一系列障碍的归化或入侵过程。英国动物生态学家 Williamson 认为入侵是物种通过传入途径从土著到外来入侵的一系列阶段。Richardson 与 Williamson 分别代表了植物和动物入侵科学家，他们在各自领域对入侵生态学进行定义，本书中关于入侵生态学的阐述继承了这两位学者的观点。

虽然不同的研究采用了不同的术语对这些关键词进行定义，但是本书中将这些名词规范成以上术语，以确保本书的连贯性和一致性。对于很多其他入侵生态学名词，有些只是用语不同，含义完全一致，本文不再一一总结介绍。

三、生物入侵与群落生态学

生物入侵主要基于群落和生态系统层次上研究新物种对土著生态系统的影响，这种入侵种的进入和产生的生态效应是生物入侵研究的重要内容。群落生态学理论为生物入侵研究提供了理论框架，群落生态学中物种可分为优势种、建群种、共建种、关键种和冗余种，入侵种在群落生态学的框架内能够解决很多问题。

一般而言，群落中常有一个或几个生物种群大量控制能流，其数量、大小及在食物链中的地位强烈影响着其他物种的栖境，这样的物种称为群落的优势种（dominant species）。群落各层中的优势种可以不止一种，即共优种（co-dominant species）。优势种在生物群落中起主导和控制作用，是生物群落中个体比例最高的物种。但有时优势种并不是群落中最重要的物种，也并不影响群落结构和生态功能。

生物群落在形成之初最先建立种群的物种称为建群种。建群种在个体数量上不一定占绝对优势，但决定着群落的功能结构和特殊的生态环境条件，如在群落建立之初有两个以上的种共同形成了群落的结构，则把它们称为共建种。

生物群落中物种的功能和地位不同，一些珍稀、特有、庞大的物种对其他物种具有重要的作用，它们在维护生物多样性和生态系统稳定方面起着重要的作用。如果这些物种消失或削弱，整个生态系统可能要发生根本性的变化，这样的物种称为关键种。

在生物群落中，有些物种是多余的，这些种的去除不会引起群落内其他物种的丢失，同时对整个系统的结构和功能不会造成太大的影响，这些物种称为冗余种。但有学者认为生态系统并不存在冗余种，冗余种对生态系统功能起到保险的作用，在群落中其他物种消失后数量便增加，并且起到关键的生态功能和作用。

因此，在群落生态学中，物种的作用基本是中性的，物种是群落的基本组成单元，在群落中以种群的形式存在。物种具有种的特异性，由于生物生态学特征的不同，物种处于不同的营养级，有些是初级生产者，有些是植食性的初级消费者，有些是肉食性的次级消费者。不同的物种共同组成了群落，维持着生态系统的结构和功能。

当入侵种进入新的生态系统中时，只是种的增加，物种的增加对于群落结构的改变是中性的，可能会促进生态系统的功能，也可能导致生态系统功能的转变或退化。生物入侵只关注入侵种的负面效应，对于入侵种的中性作用或者促进作用很少报道。实际上，入侵种也具有环境的特异性，在某些环境下的入侵种，在另外的环境中可能是中性甚至是有益的，这种入侵种的功能转变还需要更多的证据进行研究。并且，只关注生物入侵的负面效应也是远远不够的，了解如何调整群落结构，改变生态系统功能，促使入侵种在生态系统中发挥更大的作用，这才是生物入侵研究的最终目的，也是能够促进环境和生态可持续性的重要策略。

第二节 入侵生态学发展史

一、入侵生态学萌芽期（1958 年以前）

早在 19 世纪，达尔文（图 1-2）就在《物种起源》（*The Origin of Species*）中多次谈到物种的转移、扩散和传入现象，但并没有阐述这些分布范围改变的物种对生态系统的影响。实际上，自从有人类活动以来，就产生了生物入侵，生物入侵是伴随人类活动产生的。人类通过商业或者文化等活动，引起了物种的相互交流，最初是携带动植物进行交换，导致物种的分布范围改变，以致对新的生态系统产生了重要影响。甚至有些植物栽培的引种具有上千年的历史，这些物种的相互交流能够导致生物入侵事件，但当时的科学家还没有提出生物入侵这一概念和专业术语，这种物种的交换实际上就是入侵生态学的开端。

图 1-2 查尔斯·罗伯特·达尔文（Charles Robert Darwin，1809～1882）

广义上，物种交流和相互引种都是入侵生态学的研究领域。澳大利亚是全世界生物入侵最严重的地区之一，1788 年英国皇家海军在悉尼港登陆揭开了澳大利亚生物入侵的篇章。英国人将欧洲的兔子作为观赏动物首先引进原本并没有兔子的澳大利亚，刚开始这些兔子多数为圈养，极少逃逸形成野外种群。此后，英国农场主不断进驻澳大利亚，1859 年英国一位农场主托马斯·奥斯汀携带了大批动物进驻澳大利亚，包括 24 只欧洲兔子和 5 只野兔。此后部分兔子逃逸至野外，由于澳大利亚没有兔子的天敌，于是澳大利亚简直成为欧洲兔子的天堂。此后的几十年间，兔子在澳大利亚的分布迅速扩张，以平均超过100km/年的速度向周围扩散。到1896年兔子已经遍及南澳大利亚并扩散至西澳大利亚。1907年，兔子遍布整个澳大利亚，据估计1908年澳大利亚有100亿只兔子（图1-3）。这已经是最初记载非常详细的生物入侵事件。当然在世界其他地方，也存在着大量的生物入侵事件。1916年日本金龟子 *Popillia japonica* 在美国新泽西州被发现，随后在北美迅速扩散并造成了巨大的经济损失。入侵种涵盖范围非常广泛，几乎目前所有的分类单元都有入侵种的出现。

图1-3　澳大利亚野兔泛滥成灾

澳洲吹绵蚧 *Icerya purchase* 原本也是一种入侵种，从澳大利亚引入美国加利福尼亚州后迅速为害，并对加利福尼亚柑橘产业的发展造成威胁，成为北美的重要入侵种。1888年有人将其天敌澳洲瓢虫 *Rodolia cardinalis* 从澳大利亚引入北美作为生物防治因子，虽然澳洲瓢虫也是一种外来种，但其成功防治了澳洲吹绵蚧，这一案例同时也是现代经典生物防治的开始，并且引领了全球的天敌引种生物防治领域。然而经过数十年的发展，人们发现很多天敌引种不但没有成功控制害虫，在定殖过程中与土著种相互作用反而导致食物链结构的破坏，导致生态系统结构与功能发生改变，成为土著生态系统中的入侵种。

虽然很多文献记载了物种的扩散及造成的巨大生态灾难，大量的生物入侵事件也被零散地记载，但人们一直都没有将生物入侵作为独立的学科领域进行研究，这是入侵生态学萌芽期的主要特点。另外，在入侵生态学萌芽期，很多的生物入侵现象都经过了详细细致的定性描述，大多数都是关于物种的分布区改变，以及产生的不寻常的生态学现象，但都没有将这些现象定量化，实际上也正是这些令人奇怪的生态学现象才逐步推动了入侵生态学的发展。

二、入侵生态学发展期（1958～2008年）

1958年英国牛津大学Charles S. Elton教授（1900～1991）编写了入侵生态学的奠基性著作《动植物入侵生态学》（*The Ecology of Invasions by Animals and Plants*）（图1-4），书中介绍了很多入侵生态学的核心概念和术语，并提出了多个理论和假说来解释生物入侵的生态学现象，建立了入侵生态学的理论框架。Elton侧重于论述入侵种的生态学效应及入侵地的生态保护，主要描述了宏观生态学的变化。由于缺乏分子生物学和生理学技术，该书没有涉及入侵种自身的表型适应及快速进化过程，也很少探索生物入侵过程的机制。该书重点论述了全球范围内的生物物种分布改变及其对环境、生境和人类社会的影响，并且采用多个案例进行深入的解析，完整论述了多个物种的入侵过程。入侵生态学领域从此得到了迅猛的发展，甚至成为生态学的焦点问题。1964年美国加利福尼亚州多位生态学家编写了论文集《定殖物种的进化》（*The Evolution of Colonizing Species*），该论文集共涉及11个国家的27位学者。同年，美国自然历史博物馆出版了《外来动物——传入野生动物的故事》(*The Alien Animals*：*The Story of Imported Wildlife*)，该书总结了全球范围的20多个生物入侵案例，深入探讨了入侵种与生态系统之间的关系，并论述了如何进行生态保护。1969年美国密西西比州举办了经典的生态系统Diversity-Stability研讨会，该会议主要讨论了生物多样性的问题，并认为生物多样性与抵御入侵种有直接的关系，这种生物多样性与生态系统之间的关系成为后来几十年来生态学研究的经典问题，至今仍有大量的研究工作在继续。

图1-4 Charles S. Elton教授（左图）及1958年出版的《动植物入侵生态学》(*The Ecology of Invasions by Animals and Plants*)（右图）

在这个时期，经典的生态学理论也得到了长足的发展，种群生态学、群落生态学、生态系统生态学、景观生态学等不同层次的生态学理论不断完善和进步，也是经典生态学发展最为辉煌的时期。同时，有关入侵生态学的假说也不断被提出，如空生态位假说、天敌释放假说、资源机遇假说等，相关论文不断在主流生态学期刊上发表。随后，《多样性与分布》(*Diversity and Distributions*)与《生物入侵》(*Biological Invasions*)分别在1998年与1999年创刊，标志着入侵生态学逐步成为独立的科学体系，同时也标志着入侵生态学逐步成为国际重视并认可的学科。并且，国际生态学领域的主流期刊[《生态学》(*Ecology*)和《生态学通讯》(*Ecology Letters*)等]也不断刊登入侵生态学的研究论文。入侵生态学自此蓬勃发展，入侵理论及假说受到全球生态学家的关注，有关入侵生态学的研究论文和工作不断出现，入侵生态学成为生态学的重要分支科学。

《入侵生态学50年——查尔斯·埃尔顿的传奇》(*Fifty Years of Invasion Ecology*，*The Legacy of Charles Elton*)于2008年出版，这本书汇集了全世界几十位入侵生态学领域的科学家进行编写，在不同的领域中都总结了入侵生态学提出50年以来取得的主要成绩（图1-5）。在这本书中，主编David M. Richardson主要从种群、种间关系、群落、生态系统等宏观层次上归纳了入侵生态学取得的巨大成绩，对于微观的分子入侵生态学研究，仅有Hugh B. Cross撰写了入侵种的DNA条形码一章。在此期间，入侵生态学的研究主要采用宏观的手段，对生态系统功能转变比较重视，并且积极推动了整个生态学领域的发展。总之，经典的入侵生态学注重物种相互作用、物种多样性、种群动态过程、群落演替、生态系统结构与功能、生态理论模型及物种分布模型等方面的宏观生态学研究，并衍生了一系列的研究理论假说和技术方法，积极推动了入侵生态学的发展。

三、现代入侵生态学（2009 年至今）

2000 年 6 月 26 日，美国、英国、法国、德国、日本和中国的科学家共同宣布，人类基因组草图绘制工作已经完成，人类基因组计划从此进入新的时代。随后，基因组衍生技术迅速发展，并不断向周围学科渗透，强烈地改变了整个生物学甚至是生态学的发展方向。另外，计算机技术在云计算、大数据、并行计算等方向迅速发展，处理速度和效率突飞猛进，“3S”［全球定位系统（GPS）、遥感（RS）及地理信息系统（GIS）］等空间技术飞速发展，给生态学研究提供了有效的工具。2009 年以来，随着分子生物学和景观生态学的发展，生态学逐步向微观和宏观两个方向发展。微观方向以组学技术为特点，包括基因组学、转录组学、蛋白质组学、代谢组学等，这些技术广泛应用于研究生物自身结构功能的变化及对环境变化的响应；宏观方向以大数据技术为特点，包括信息技术、人工智能、数据挖掘等，这些技术能够从区域甚至全球尺度上研究生物种群及群落的演变过程。多尺度、多技术、多理论的融合则成为现代入侵生态学的重要标志，利用微观分子及组学技术揭示宏观的生态学现象及过程逐步成为热点，同时也大大提高了入侵生态学的研究效率。

图 1-5 《入侵生态学 50 年——查尔斯·埃尔顿的传奇》（*Fifty Years of Invasion Ecology, The Legacy of Charles Elton*）一书封面

进入现代入侵生态学阶段以来，入侵生态学的工作得到了暴发性的增长，相关文献以每年 5000 篇左右的速率逐年递增。根据 1990～2020 年这 30 年的文献分析，有约 90% 的文献都是研究论文，大多是关于入侵现象描述、入侵种记录、入侵过程观察等的，对于入侵生态学的研究方法和理论入侵生态学研究的文献还比较缺乏，比例都在 3% 以下（图 1-6）。

同样，入侵生态学吸收了更多的现代生物学和生态学技术，在很多方面取得了更大进展。尤其 2015 年以后，大数据技术的迅速发展为研究生态学提供了全新的技术方法，多类型数据整合从不同层次研究生物入侵过程，标志着入侵生态学研究已经迈向新的台阶。多种生态学理论和技术的应用，分子生态学、化学生态学、种群与群落生态学、景观生态学及全球生态学的相互融合，促使入侵生态学的研究范围不断增加，甚至还直接与政策、社会及环境相结合，成为自然科学和社会科学发展的交叉领域。随着经济社会的全面发展，入侵生态学在社会、经济、环境、贸易等领域的渗透越来越多，发挥的作用也越来越大，已逐步发展成为相对独立的研究体系。总之，现代入侵生态学以多技术、多层次交叉为特点，以新型的组学和生

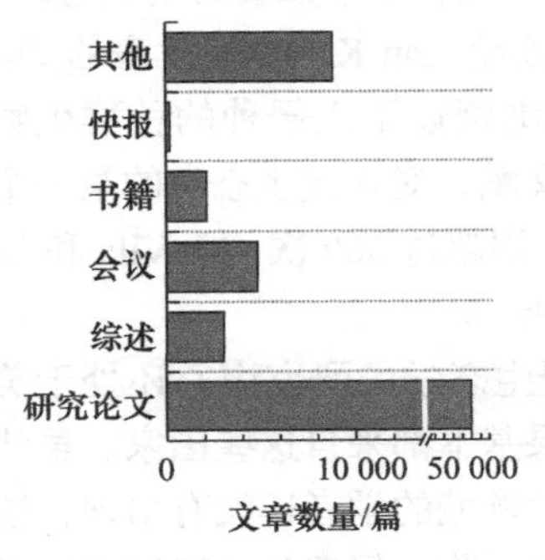

图 1-6　入侵生态学领域研究文献类型组成（1990～2020 年）

数据来源于 Web of Science 平台

态学大数据分析为手段，推动了传统的入侵生态学向现代入侵生态学的迅速发展。

第三节　生物入侵国内外概况

从地球上原始生命诞生开始，它们经过不断的进化，形成了世界的动植物地理区系。而随着社会的发展，生物入侵不断增加，入侵种对环境产生了巨大的压力，生物入侵的增加主要伴随着三个过程。第一，人类活动范围的不断增加。由于交通工具的便利化和简便化，人类活动范围不断增加，人类携带的动植物产品的风险也不断增加。第二，交通运输和商业交换的加速。进入工业革命之后，农业产品、工业产品、原材料的全球流动加速，生物也随之在不同区域之间进行着转移与交换，原来的地理阻隔、物种的分布范围和界限不断被打破。第三，土地覆盖类型及生态演替速度加快。人类对自然的开发及跨区域迁移，导致越来越多的生物被人为转移，近现代以来，交通出行的方便快捷等因素又使得生物在不同区域之间转移的速度和数量急剧增加。

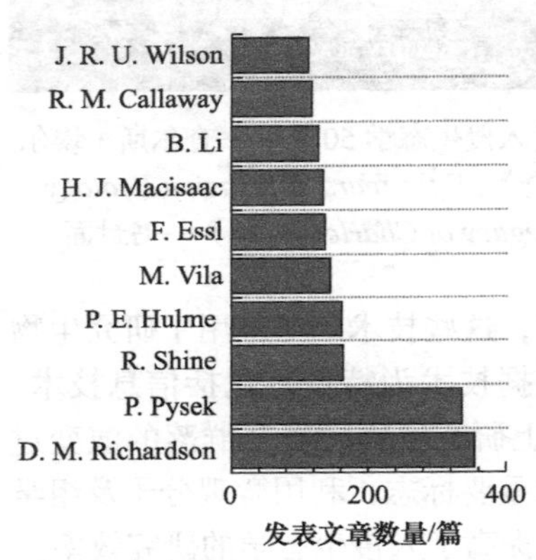

图 1-7　入侵生态学领域全球前 10 位作者的发文数量（1990～2020 年）

数据来源于 Web of Science

入侵生态学作为飞速发展的交叉学科，在引入、定殖、扩散及暴发等过程都取得了巨大的研究进展。1990～2020 年的 30 年间，关于入侵生态学的文献已经多达 4 万篇以上，有 10 位科学家在入侵生态学的发文量超过 100 篇，其中来自南非斯坦陵布什大学的 David M. Richardson 教授和捷克查理大学的 Petr Pysek 教授发文量接近 400 篇。来自美国和英国的学者最多，这些学者在不同的研究领域都建立了稳定的研究团队，但主要都是关于入侵植物种群和群落的研究，只有个别团队涉及昆虫领域的研究（图 1-7）。

文献引用次数是影响力的重要标志，对 1990～2020 年的 30 年间的文献分析，引用次数超过 1000 次的文献超过 20 篇，其中美国华盛顿州立大学 Richard N. Mack 教授在 *Ecological Application* 期刊发表的 *Biotic invasions*：*causes*，*epidemiology*，*global consequence*，*and control* 文章被引用超过 4000 次，其在入侵根源、流行性、全球效应和管理等方面对入侵种做了大量的研究总结，被称为入侵生态学上的经典文献。加利福尼亚州立大学尔湾分校教授 Ann K. Sakai 发表的 *The population biology of invasive species* 被引用超过 2000 次，其详细阐述了入侵种的种群生物学特征［图 1-8（a）］。这些高被引文献大多是入侵生态学的经典文献，对入侵生态学的某一个方面都做出了里程碑式的贡献。2010 年之后，也有大量的文献被引用超过 500 次，M. Vila 和 D. Simberloff 分别发表了一篇引用次数超过 1000 次的文献［图 1-8（b）］。

通过入侵生态学学者和文章的引用情况分析发现，整个入侵生态学的研究中心还处于美国、英国、南非及欧洲国家，大量入侵生态学的原创性理论和成果基本都来自这些国家。虽然我国近年来从事生物入侵研究的学者不断增加，但引领入侵生态学领域的学者还没有出现，这可能与我国从事生物入侵研究的时间较短有关。并且，不同国家的生物入侵现状已经形成明显的格局，经济发展带来很多入侵种，各国面对生物入侵的措施和办法也不尽相同，这形成了各国学者研究生物入侵的特色。整体而言，生物入侵的防控受国情、政策和地理位置的多重影

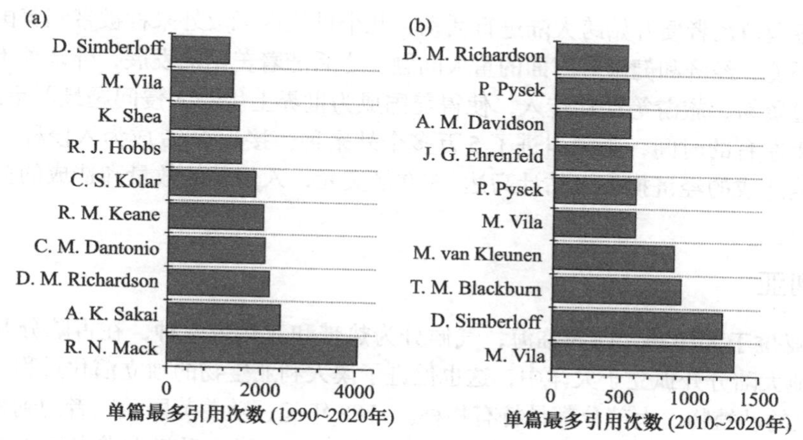

图 1-8 入侵生态学领域引用次数最多的文献分布

（a）1990～2020 年单篇引用次数前 10 的文献；（b）2010～2020 年单篇引用次数前 10 的文献，数据来源于 Web of Science

响，在此，我们就一些重要国家的入侵管理进行概述。

一、中国

截止到 2019 年，我国共公开报道入侵种接近 900 种，入侵植物是入侵种的主体。入侵植物能够随着多种运输方式和传播方式进入国内，尤其种子较小的植物种类，其中禾本科、菊科、十字花科、千屈菜科的入侵种种类较多，占比超过 50%。外来入侵动物 363 种（40%），其中昆虫纲 175 种、鱼纲 63 种、腹足纲 18 种、哺乳纲 18 种、鸟纲 17 种、双壳纲 13 种、爬行纲 13 种、线虫纲 11 种、软甲纲 11 种、蛛形纲 6 种等。整体来说，入侵动物中昆虫物种最多，占入侵动物的比例高达 48.2%。

我国的外来入侵动物主要来源国家非常广泛，包括美洲、欧洲及亚洲，其中美洲 119 种（32.8%），包括草地贪夜蛾 *Spodoptera frugiperda*、美国白蛾 *Hyphantria cunea*、马铃薯甲虫 *Leptinotarsa decemlineata*、福寿螺 *Pomacea canaliculata*、孔雀鱼 *Poecilia reticulata* 等；欧洲 71 种，如欧洲鳗鲡 *Anguilla anguilla*、菊花叶枯线虫 *Aphelenchoides ritzemabosi*、蚕豆象 *Bruchus rufimanus*、大菱鲆 *Scophthalmus maximus*、欧洲甘蓝粉虱 *Aleyrodes proletella* 等；亚洲 145 种，如新菠萝灰粉蚧 *Dysmicoccus neobrevipes*、谷斑皮蠹 *Trogoderma granarium*、印度小猫鼬 *Herpestes javanicus*、橘小实蝇 *Bactrocera dorsalis* 等。从纬度梯度来看，入侵动物物种主要集中在我国南部省区，如台湾、广东、广西、福建、云南等地；从经度梯度来看，主要集中在东部地区，如浙江、江苏、山东、河北、辽宁等地。总体呈现从南到北逐渐减少，主要集中在南方及东部沿海地区。

二、美国

美国国土面积辽阔，横跨多个纬度，有高原山地、平原等地形，境内湖泊河流众多，涉及温带、亚热带等多种气候，这些因素为生物提供了多样的生境条件和良好的栖息环境，同时也为入侵种提供了生存空间。美国的生物入侵与其殖民历史相关，自 1492 年哥伦布发现新大陆以来，欧洲各国殖民者便开始跨大陆进行活动，几个世纪内无数外来种被带到美国，其中少数物种引起了环境、经济和健康等方面的重大问题。之后随着美国的发展，外来种不再因殖民传入，而是通过贸易、旅游等活动传入，使得美国成为世界上生物入侵问题最严重的国家之一。在过去200年左右的时间，美国引进了5万多个外来种，接近10%成为入侵种，美国每年由于入侵种影响造成的经济损失据估计高达1370亿美元，入侵种的数量和造成的损失还会进一步扩大。

三、澳大利亚

澳大利亚位于大洋洲，四面临海，气候分为热带和亚热带两种，在古陆分开以后澳大利亚大陆与其他大陆分开孤立于大洋中，这也促进了澳大利亚生物的独立演化过程。澳大利亚有100万种以上的动植物，大部分都是特有物种。1788年起，随着英国殖民者的到来，生态系统原有的平衡开始被打破，澳大利亚的兔灾作为外来种为害问题引起人类广泛关注。近现代以来，澳大利亚的贸易和旅游业等发展迅猛，尤其是其得天独厚的自然景观和独特的生物吸引了大量外国游客前来参观，旅游业成为澳大利亚国民经济的支柱产业之一，这也加大了外来种进入的风险。澳大利亚十分重视外来种的入侵防控，目前是世界上对外来生物防控最严格的国家之一。

四、新西兰

新西兰是由南北两个大岛和周围小岛组成的岛国，具有典型的海洋性气候，境内水资源充沛，地形差异巨大，生境丰富多样，生物种类繁多且包含许多古老的物种。欧洲殖民者到达新西兰后，当地生物多样性遭到了极大的破坏，目前生物入侵在新西兰已经引起严重的环境问题，截止到2020年，新西兰约40%的植物、76%的鱼类、近20%的鸟类都是外来种。2002～2011年，新西兰海关统计了在蔬菜、木材、车辆运输中共有47 328种生物被拦截，这表明新西兰外来种的入侵压力。入侵性红蚂蚁曾3次成功入侵新西兰，新西兰政府以极大的代价才进行了根除，红蚂蚁的潜在经济损失超过6亿新西兰元。生物入侵已成为新西兰需要面对的重大挑战之一，近年来新西兰建立了最广泛、最完善的立法体系来应对生物入侵。

五、日本

日本是由上千个岛屿组成的岛国，属于温带海洋性季风气候，因与大陆等其他地区分隔开，所以拥有独特的生物区系。古代日本较为封闭，主要围绕农副产品开展对外活动。明治维新以后，由于贸易和旅行等人类活动的增加，生物入侵机会也随之增多，部分成为入侵种，如外来猫鼬大肆捕杀土著兔子，致后者濒临灭绝；松材线虫 *Bursaphelenchus xylophilus* 对日本森林造成了毁灭性的破坏。2004年，日本制定了《外来入侵种法案》，其是亚洲国家中最早制定生物入侵相关法律的国家之一，也是世界上生物入侵防控最严格的国家之一。

六、德国

德国位于欧洲中部，为温带气候和海洋性气候，整体生物入侵形势要好于北美洲地区，但局部也存在较严重的问题并且有继续加重的趋势。在生物入侵立法方面德国表现积极，1873年公布了禁止葡萄苗进口的法令，是欧洲最早的植物检疫法规之一。

地中海沿岸是欧洲生物入侵最严重的地区，很多外来种通过贸易传入地中海地区并成功定殖。据统计，地中海沿岸软体动物、节肢动物和脊索动物是外来种中最重要的类群，并且外来种涉及多个类群，共同组成了地中海沿岸的外来种区系，截止到2019年，外来种多达上千种（图1-9）。

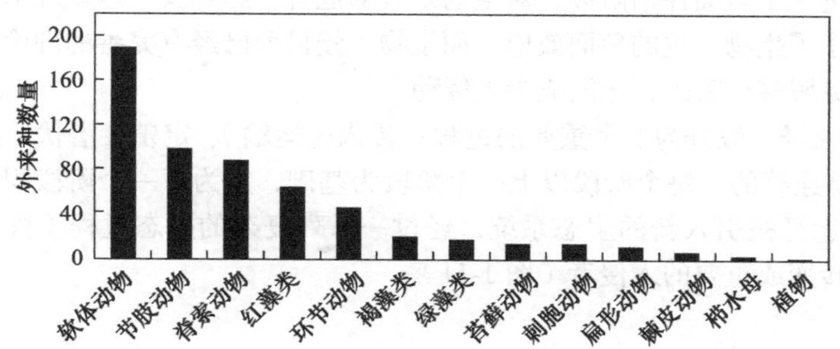

图1-9　地中海沿岸外来种组成（仿Galil，2009）

另外，地中海沿岸的外来种来源地区非常广泛，基本覆盖了全球大部分地区。印度洋-太平洋沿岸和大西洋地区是地中海地区外来种的最主要来源，其他地区还包括红海、泛热带区、太平洋等地区。不仅仅是地中海地区，世界很多其他地区的外来种同样来源广泛复杂，入侵地和来源地组成了一系列的入侵种源汇过程（图1-10）。

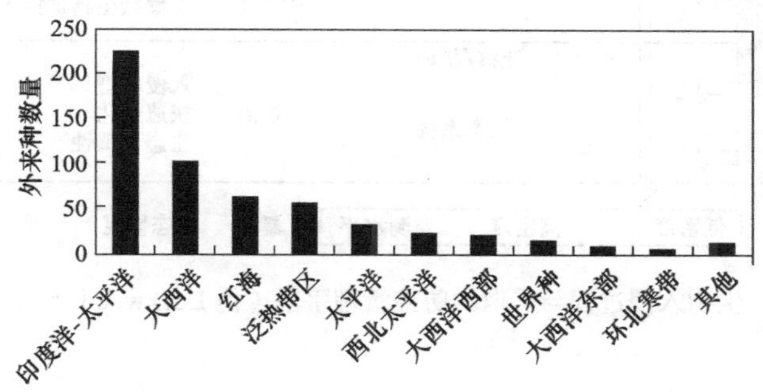

图1-10　地中海沿岸外来种来源地分布（仿Galil，2009）

第四节　生物入侵的基本过程

生物入侵究竟包括哪些过程？这是入侵生态学重要的理论问题。针对入侵种的最原始定义“物种由原产地经过人类活动介导侵入新的生态系统中”，整个入侵生态学一直在研究这一过程，包括入侵种特征、入侵机制、生态系统可入侵性、种间关系等。整体而言，入侵生态学最核心的问题在于入侵种究竟具备哪些特征；生态系统的特征与可入侵性之间的关系；入侵种是如何适应新的生态系统，产生巨大的经济和生态影响的。从入侵种的管理而言，如何从入侵生态学的理论出发，制定科学的政策法规来降低入侵种的影响，是关于生物入侵重要的研究问题和基础。

生物入侵对人类社会的影响通常会引起最多的关注，并且生物入侵曾经发生过多次影响人类社会发展和进步的灾难性事件。生物入侵事件也逐步发生了巨大的转变，最初的生物入侵由小规模局部的现象逐步成为全球化的普遍趋势，全球入侵种多达几万种，遍及全世界，甚至在南北极都出现了入侵种的分布。人们对生物入侵的研究也逐步进入理性认识阶段，对外来种的作用和功能也进入了全面评估阶段，对生物入侵的危害、影响及生态效应都有非常全面的认识，从而逐步减小了生物入侵的负面效应。而生物入侵目前已经有完善的理论框架体系，成功的生物入侵需要克服多个障碍，才能成为入侵种。

外来种成功入侵一般分为 5 个重要的过程：传入（运输）、定殖、潜伏、扩散、暴发。这 5 个生态学阶段是连续的，每个阶段以上一个阶段为基础，并为下一个阶段积累种群。入侵种通过各种不同的途径被引入新的生态系统，经过一系列复杂的生态过程（快速适应、种间互作、进化）从而转变成重要的入侵者（图 1-11）。

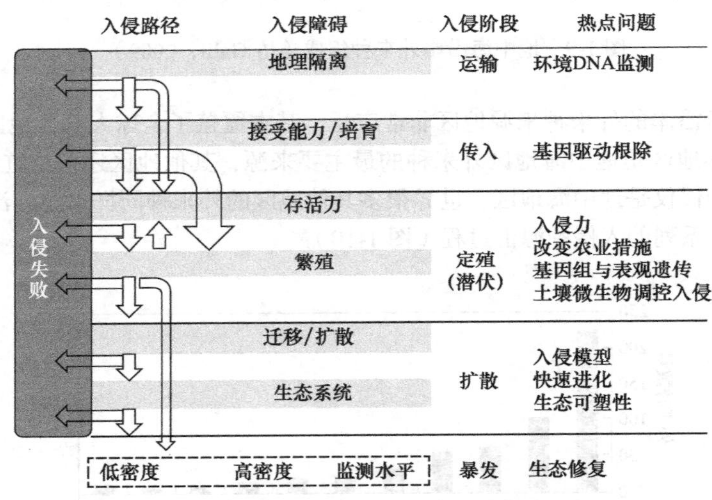

图 1-11　生物入侵过程与采取的防控管理手段（仿 Lockwood et al., 2014）

一、传入

外来种的传入过程非常复杂，这与复杂的交通运输网、国际贸易及国际旅客密切相关。传入是物种从一个区域到另外一个区域的过程，传入包括主动和被动两种类型和方式，主动体现在生物的自由扩散过程，被动主要是由人类活动引起的分布范围改变。

传入过程是生物入侵的第一步，全球贸易的加速尤其加剧了入侵种在全世界的交流。传入过程主要分为两大类：第一类，外来种随货物或载体传入，物流网与交通网的迅速发展形成了全球一体化，入侵种作为贸易污染物的可能性大幅上升，这与口岸检疫物种截获量的飞速上升呈显著的正相关关系。另外，多种入侵种已经被证实能够随着交通工具进行“偷渡”，轮船压舱水、甲板、船舱、机舱及火车车厢都是入侵种藏匿的场所，都为入侵种的引入提供了便捷的通道。第二类，外来种随旅客传入，游客的数量剧增也同样增加了入侵种引入的可能性，游客容易携带水果、植物及宠物等，不少入侵种同样能够隐藏在这些包裹中，顺利跨境到达新的国家或者生态系统。大量研究发现，旅客数量与入侵种的数量呈正相关关系，并且旅客携带物也是入侵种的载体。另外，跨境电商、网络平台、电子商务也都为入侵种提供了极为隐蔽的通道，创造了入侵种的引入机会。

二、定殖

定殖是入侵过程的第二阶段，也是生物入侵极为关键的一步。大量的外来种到达新的生态环境后，都不能很好地适应新的环境，从而形成了种群的灭绝，或者种群经过一定时间后灭绝。植物入侵生态学上定殖也称为归化过程，是指外来种在新的生态系统中形成了自我维持并产生可育后代的种群。定殖种群由于是来自原产地种群的一部分，通常具有较低的基因多样性，因此在表型上与原产地种群常常表现出完全不同的特征，研究这种表型可塑性和进化适应性也是研究定殖过程的一些重要问题。

三、潜伏

潜伏是种群定殖后的一个相对稳定的时期，外来种入侵新的生态系统之后，通常需要一个时期与群落和环境进行适应。入侵种的潜伏期变异很大，有的仅仅需要几个世代的时间，有的长达数百年。例如，红火蚁 *Solenopsis invicta* 和橘小实蝇 *Bactrocera dorsalis* 的全球入侵，只需要几个世代的时间就形成种群的暴增和空间扩散，而灰斑鸠 *Streptopelia decaocto* 在欧洲和非洲的入侵潜伏长达 200 年，牛津千里光 *Senecio squalidus* 的潜伏期也同样长达 200 年。

四、扩散

入侵种的扩散能力、扩散速度及潜在地理分布是入侵生态学研究的热点，也是为防止入侵生物进一步危害而采取措施进行防治的基础。入侵种的种群扩散是定殖后的步骤，也是种群暴发的前奏，更是生物入侵预警的重要组成部分。扩散主要分为主动性扩散和被动性扩散，主动性扩散常见于动物和昆虫，能够通过自身的特性进行种群迁移，向周围的生态系统进行扩散。被动性扩散常见于植物和微生物，这些入侵种经常被作为产品进行商业交易，运载工具是这些入侵种扩散的主要途径。很多入侵种是主动性扩散和被动性扩散的结合，如褐飞虱 *Nilaparvata lugens* 在自身的飞行能力及气流的作用下能够迅速传播扩散，在一两天内就可扩散到数千千米以外的区域。

很多入侵种的扩散速度能够定量化，用于研究入侵种的入侵力。紫茎泽兰 *Ageratina adenophora* 在我国云南的扩散速度为 6～23km/年，20 世纪 80 年代是紫茎泽兰种群扩散最快的时期。紫茎泽兰扩散速度在各个方向上不同步，有些地区扩散速度快，有些地区扩散速度慢。扩散是导致空间异质性分布的重要原因，当然扩散与环境资源的空间分布有关，也与环境中的群落组成有关。入侵种的扩散主要是环境与群落的共同作用，入侵种本身的扩散力是一种内在属性，能够通过周围的环境或其他物种起作用（图 1-12）。进行入侵防线的设置是拦截入侵种的重要手段，如在新疆对马铃薯甲虫 *Leptinotarsa decemlineata* 种群的防控，就是

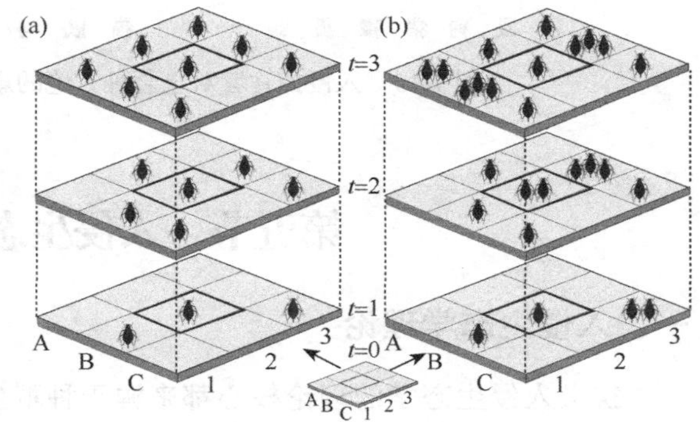

图 1-12 入侵种的扩散与暴发的时空过程（仿 Zhao et al.，2019）

（a）空间扩散动态；（b）入侵密度增加；*t* 指时间

采用入侵防线战略，建立两道马铃薯甲虫的防线，将入侵种锁定在特定的区域内。

五、暴发

入侵种的种群暴发是最后阶段，这个阶段也称为成灾过程。入侵种的种群暴发阶段与农业有害生物具有很多相同的特征，对生态系统、环境甚至人类健康产生很大的负面影响。入侵种种群暴发对新生态系统的负面影响主要体现在四个方面：第一，入侵种大量繁殖，改变环境条件，造成群落演替，导致生态系统功能退化甚至丧失。例如，气候变暖，木本植物侵入草地，造成草地群落结构改变，甚至生态功能丧失；加拿大一枝黄花 *Solidago canadensis* 疯狂扩散侵入很多生态系统，造成生态系统原有结构的破坏，并进一步通过生态级联放大反应影响整个环境。第二，入侵种改变种群结构，通过竞争或捕食破坏生态或作物，引起巨大的经济损失。例如，紫茎泽兰通过竞争过程，对本地植被形成了替代，降低草原饲用植物比例，引起草原价值下降，无法放牧。同样，植食性入侵昆虫对农作物和森林的取食导致作物减产和森林破坏，这种群落结构的改变带来了严重的经济损失。第三，入侵种的种群大量繁殖导致土著种减少，甚至是生物多样性灭绝。例如，水葫芦 *Eichhornia crassipes* 在水体表面迅速蔓延生长，与其他植物竞争光照和营养，导致土著植物逐步减少。并且水葫芦大量繁殖减少光线进入水中，降低了水体藻类繁殖，进一步减少氧气含量，导致鱼类灭绝。入侵种对土著种的灭绝有巨大的影响，对全球 596 种濒危灭绝的物种和 142 种已经灭绝的物种研究发现，入侵种的捕食对这些物种的减少和灭绝造成了巨大的影响。入侵猫、鼠、狗、猪、獴、狐及鼬等对鸟类的灭绝有巨大的影响，这些入侵种对哺乳动物和爬行动物的灭绝也都有不同程度的影响（图 1-13）。第四，入侵种对人类健康产生巨大的威胁，能够传染人类疾病或人畜共患病。例如，蚊子传播疟疾和登革热等疾病，造成传染并大流行，给社会稳定带来巨大的隐患。

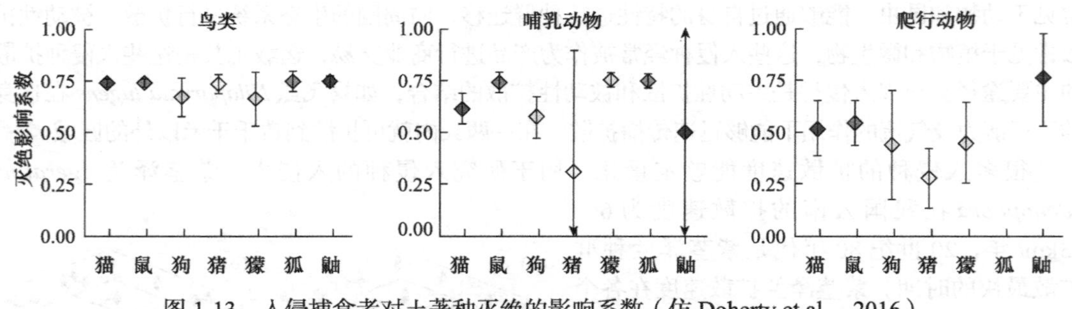

图 1-13 入侵捕食者对土著种灭绝的影响系数（仿 Doherty et al.，2016）

第五节 入侵生态学理论与意义

一、入侵生态学理论

狭义入侵生态学的理论核心都来源于种群生态学，入侵生态学实际上就是指外来种在侵入新的生态系统中与周围的生物及非生物环境互作的过程。广义入侵生态学还涵盖了植物检疫、生物入侵机制、入侵种防控等多方面的问题，研究这些过程需要大量的植物保护学、生态学及法律法规的知识，因此入侵生态学本身是一门极具交叉性的多学科领域

（图 1-14）。入侵体现了危害管理，生态学体现了生物与环境的关系，而这一切都是由于人类活动引起的。因此入侵生态学的理论体系主要建立在植物保护学、生态学和应用经济学的基础上，大多数问题都能与这三门学科相互交叉融合，入侵生态学促进了这三门学科的发展，这三门学科的进步也促进了入侵生态学的完善。

入侵生态学								
植物保护学			生态学			应用经济学		
农业昆虫学	植物病理学	有害生物治理	植物生态学	动物生态学	微生物生态学	国际贸易学	农业经济学	统计学

图 1-14　入侵生态学的交叉学科和依托学科

然而，随着全球变化的加速，多种波动的环境因子对入侵种有利，极大地促进了入侵种的发生及其对本地种的替代。理论上生态系统以外的所有物种对该生态系统都具有入侵的可能性，全世界目前的物种多达几百万种，在中国有分布的大概 1/10，这表明能够对中国形成入侵的物种可能多达几百万种，当然这只是理论上的假设。但是随着全球一体化的发展，外来种能够引入中国的概率不断增加，风险也不断加大，在今后很长时间，与入侵种的斗争可能会成为植物保护学研究的主要领域。而且，入侵生态学的研究理论不断丰富，涉及进化学、生理学、生态学、分子生物学及生态地理学等多门学科的理论和技术，目前已经成为自然科学领域最为活跃的分支之一。

二、入侵生态学的研究问题

入侵种由于具有重要的经济和社会危害性，从而产生大量全世界关注的明星种类。重要的入侵种呈逐年上升的趋势，其中昆虫包括马铃薯甲虫 *Leptinotarsa decemlineata*、烟粉虱 *Bemisia tabaci*、橘小实蝇 *Bactrocera dorsalis*、红火蚁 *Solenopsis invicta*、草地贪夜蛾 *Spodoptera frugiperda* 等；植物包括紫茎泽兰 *Ageratina adenophora*、薇甘菊 *Mikania micrantha*、水葫芦 *Eichhornia crassipes*、飞机草 *Chromolaena odorata*、空心莲子草 *Alternanthera philoxeroides* 等；微生物还有大量的植物病害和动物病原等。同时入侵种提供了重要的研究材料，为种群模型、竞争机制、快速生态适应、微进化等研究领域提供了重要的研究材料。根据入侵时期的不同，入侵生态学的研究问题分为三个主要时期，第一个阶段为前入侵阶段，主要研究入侵种的风险分析、种类鉴定及检疫处理技术；第二个阶段为入侵阶段，主要研究入侵种的种群模型、入侵机制、生态适应性、进化可塑性等问题；第三个阶段为后入侵阶段，主要研究入侵种的管理、防治、根除及生态恢复等问题。为了更准确地描述入侵生态学领域的重要问题，我们列出了部分近年来最为关注的一些重点领域（图 1-15）。

1. *植物检疫技术*　入侵种的检疫防控是抵御外来种入侵的重要防线，而这种入侵种的防控前移是有效控制生物入侵的技术手段。制定检疫政策及技术法规，探索入侵种鉴定技术，发展检疫处理技术，这些都是通过植物检疫手段进行的生物入侵研究，能够在最早期进行入侵种的监测和控制，保证生态系统的安全。

2. *潜在地理分布及经济损失评估*　准确评估外来种的风险性是预防生物入侵的重要内容，能够靶向性地监测和管理入侵种。主要包括风险评估、隐性风险因子监测、外来种风险等级划分及风险智能识别等。针对不同的风险特征，进行预防性管理及制订先导策略能够将外来种防线移至国境之外，尤其对于一些重大的外来种和携带危险传染病的种类，预先的防范及相关研发对有效抵御这些外来种的入侵有重大的意义。甚至能够帮助提供重要的潜在入侵名单，重点防范，有效遏制生物入侵的发生。

3. *入侵种对本地生态系统的影响*　入侵种的环境影响主要体现在对生态系统结构的改变，

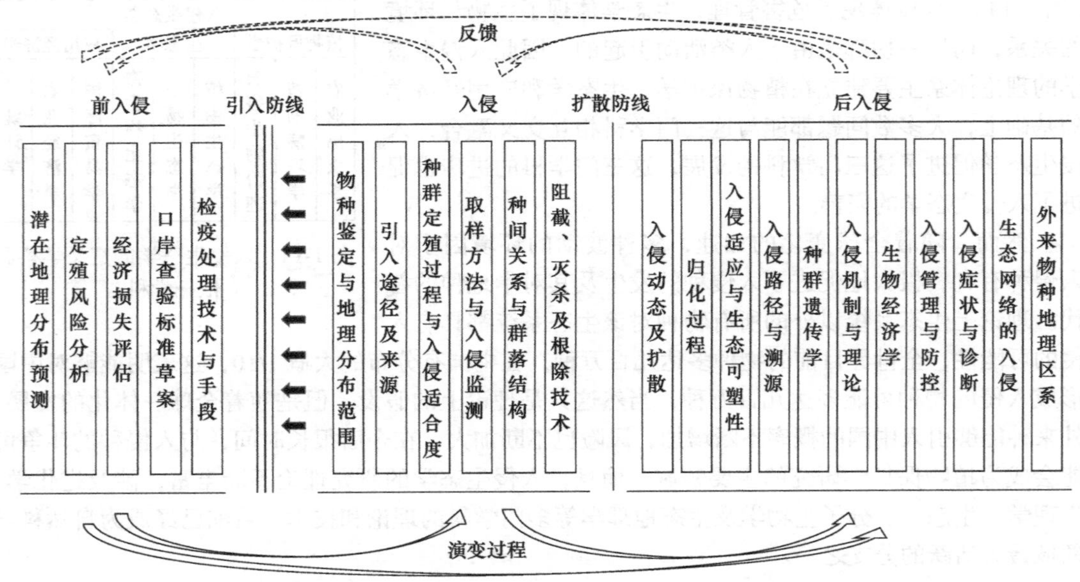

图 1-15　入侵生态学的主要研究内容（仿赵紫华等，2019）

其会降低生态系统功能，甚至破坏生态系统并导致崩溃。这些过程主要是种间互作，包括竞争、捕食、寄生、互利及共生等作用。例如，入侵植物对营养物质的高利用效率使其与土著种形成竞争，导致土著种丰度不断降低甚至灭绝。另外，很多入侵生物能够产生多种化学物质，通过化感作用影响周围的其他物种，从而形成有利于入侵种的生态环境，最终改变生态系统的结构和功能。

4. 入侵特征　外来种的入侵特征是近几年国际上最为关注的问题。在同一个分类单元下，形态学和生理学上非常接近的两个物种特征可能完全不同，一个为入侵种，一个为非入侵种。入侵种与非入侵种的成对比较能够反映入侵种的入侵特征，主要从生活史的不同阶段进行比较，包括生长、发育及繁殖的各项特征，也包括形态、生理及免疫的各方面。入侵特征能够整体反映外来种具备的特点，能够为预先判断入侵种和理解入侵过程提供重要的证据和支持。

5. 入侵种的管理和控制　入侵种在较长阶段的入侵后，形成了较为广泛的分布和严重的损失。这时入侵种的防控借鉴了大量土著害虫的防控手段，采用物理、化学及生物防治等技术手段对入侵种进行种群治理。但由于入侵种的特殊性，部分入侵种的防控手段较为特殊，如根除和生态修复，根除是将入侵种种群降低至零，生态修复是通过一系列生态调控手段恢复生态系统功能。管理和控制手段是治理外来生物入侵的最后防线，因此大量的外来种防控使用了化学农药，并结合了大量的其他手段，目的是将入侵种的负面作用降至最低。

6. 全球变化背景下的生物入侵　全球变暖加剧、气候波动明显、经济贸易一体化等，这些都导致了愈发严重的生物入侵。多项研究表明，全球变暖对生物入侵有巨大的促进作用，并且提出了多个不同的假说。然而，在已有的生物入侵事件中，如何应对全球变化，采取有效的防范措施来精确控制外来种的进一步入侵，则是关系到国计民生的重大研究课题。

入侵生态学在生物学和分子技术迅速发展的背景下，在理论方面，传统的入侵生态学结合基因组学、转录组学、蛋白质组学、代谢组学技术，更有效地解释种群、群落及景观上生物入侵的时空过程，为研究新的入侵机制提供了大量新方法和新技术；在应用方面，外来种控制结合“3S”监测技术、辐照处理、灯光处理、热处理、环境友好药剂、生物防治、转基因致死及遗传防治等技术手段，探索入侵种控制模型。生物入侵通常与大量的数学理论和数学模型相结合，尤其是理论生态学和数学生态学的结合能够为生物入侵注入新的活力，如目前国际上应用较多的马尔可夫过程、元胞自动机、适应性动态、捕食动态等。最终，通过理论、方法、实践和数学上的论证，能够在理论上揭示外来种的引入、定殖、入侵、归化过程，并采取最优的技术对外来种入侵进行生态修复，构建以生态系统功能和生态系统服务为核心的外来种管理体系，从而实现外来种精准控制和有效防范。

三、研究入侵生态学的意义

生物入侵的快速扩张已经引起全世界的关注，最明显的特征是扩区域性、全球性及不确定性。全球范围内生物入侵随时都在发生，随着全球一体化及经济贸易的进一步发展，生物入侵还会进一步加剧。不仅仅是中国这样的发展中国家，美国、英国、德国等发达国家也同样面临着严重的生物入侵问题，甚至非洲的大多数国家也同样在遭受着不断的生物入侵。

生物入侵直接关系着区域的社会经济发展，主要表现在不仅直接导致生态系统的结构和功能改变，同时通过种间关系干扰土著种生存，造成生物多样性下降，最终形成生态系统服务功能下降和社会经济的严重破坏。全球变化主要研究 5 个重要问题：温室气体与全球变暖、氮沉降增加、生物多样性丧失、土地荒漠化、生物入侵。很多措施用于阻止和控制生物入侵的发生，但入侵种还在呈现不断增加的趋势，并且生物入侵正在以前所未有的速度改变着全球的生态系统，给全世界带来巨大的风险。全球变化的其他因素还在进一步促进生物入侵的发生，并进一步产生更为深远的影响。

入侵生物刚到达入侵地通常不会立即引起巨大的破坏，一般会存在一定的潜伏期，但达到一定的程度就会对生态环境造成危害并影响当地的经济活动或者社会生活。例如，福寿螺 *Pomacea canaliculata* 曾因引发广州管圆线虫病危害，导致多人感染嗜酸性粒细胞增多性脑膜炎，一度影响田螺市场，造成民众恐慌。2008 年以来，实蝇类害虫的迅速扩散，危害柑橘造成蛆果，导致了震惊我国的蛆橘事件，仅 2008 年四川因为蛆橘造成的损失就高达 15 亿元。2019 年 1 月由东南亚侵入我国的草地贪夜蛾 *Spodoptera frugiperda* 现已扩散至 20 多个省（自治区、直辖市），据估算草地贪夜蛾对云南农业造成的经济损失高达 3.95 亿～8.94 亿元。

虽然政府相关部门采取了众多防治措施，但外来有害入侵生物数量仍然逐年递增，种类繁多、危害严重。到 2019 年，全世界的入侵种多达 2 万余种，很多国家已经成为生物入侵的严重地区。美国大陆有入侵动物 3000 种以上，夏威夷也多达 2000 余种。此外，欧洲很多国家、澳大利亚、新西兰、中国、日本都成为生物入侵的重灾区。

各国生物多样性组织、土著种保护组织等都在研究入侵生态学以减少入侵种的发生，实现生态系统的安全和稳定性。入侵种在初期多数并不为人们所关注，因此入侵种通常存在一个较长的潜伏期，在潜伏期内入侵种的种群变化不大，通常以较低的种群密度存在。只有在一定生态适应和进化后，入侵种才会不断地扩张并出现种群暴发，干扰其他土著种生长，破坏生态系统结构，造成巨大的经济损失和生态灾难。生物入侵对生态系统功能、生物多样性、经济及社会的破坏和长期威胁，是各国政府、科学家及民众共同关注的问题，甚至可能被认为是未来最严峻的环境问题之一。因此，研究入侵生态学将会成为维持生态系统稳定性、保障社会经济安全、促进环境和谐发展的重要方面。

1. 防范外来生物入侵 随着全球一体化的加剧和经济社会的发展，入侵种随着货物或者人流进入我国的可能性逐步增加，大量的外来种相互交流已经不可避免，如何有效地找到潜在的入侵种则是入侵生态学的一个重要研究方面。尤其是建立入侵种数据库，对世界范围内其他国家的入侵种实现及时掌握，然后对我国潜在的入侵种进行筛选，能够缩小关注范围，有目的地采取提前防范措施，实现预防性打击，对入侵种进行精准控制。

2. 提供入侵种防控技术体系 入侵生态学能够发展入侵种的监测新技术，精确定位入侵种的发生区域和发生特点，评估入侵种的扩散和暴发趋势，全面了解入侵种的入侵过程。我国的生态环境问题中，生物入侵主要体现在入侵种引发的灾害频出、生物多样性破坏、生态系统结构及功能改变等问题。

外来种的种群治理则是生态和环境面临的重大现实问题，也是社会和国家的重大需求。而且外来种的种群治理还需要是绿色、环保、高效、可持续控制的，这些都依赖于对入侵种深入的生态学研究，完善入侵种与生态系统之间的关系，集成入侵种特异性的高效管理体系，为入侵种的防控提供重要的理论基础和技术支持。

3. 保证生态、社会、环境的健康发展 生态环境安全是国家安全的重要组成部分，是经济社会持续健康发展的重要保障。我国已经把生态环境风险纳入常态化管理，系统构建全过程、多层级生态环境风险防范体系。新的国家安全观中生态安全已经成为重要组成部分，涉及多种威胁我国国家安全的入侵种和生物技术产品（图 1-16）。外来生物入侵是生态安全的重要威胁，如对草地结构的破坏，云南紫茎泽兰在草原的疯长造成土著植物群落的退化，草地生态系统功能丧失，极大地降低了生态系统的稳定性，造成了生态环境的恶性循环。另外，松材线虫 *Bursaphelenchus xylophilus*、松墨天牛 *Monochamus alternatus* 及光肩星天牛 *Anoplophora glabripennis* 等也同样对我国林业造成了巨大的损失，大量防护林被破坏，防风固沙能力减弱，引发了巨大的生态环境风险。

入侵生态学以环境和生态系统为基础，更多地考虑对社会和经济的影响，而研究入侵种与生态系统之间的关系，探索个体、种群、群落上入侵种的影响，能够揭示生态系统结构及功能的变化过程。这些都能够从多方面健全生态系统研究体系，完善生态系统中入侵种与土著种的互作过程，集成生态学理论与技术防控入侵种，最终消除入侵种对生态环境的副作用，保障我国生态、社会、环境健康发展。

4. 丰富生态学理论，推动学科发展 做好防范外来生物入侵的工作，首先要改变公众的哲学概念，认识入侵种的风险和保护生物多样性的意义，其次是制定防范生物入侵的战略决策。而这些都依赖于入侵生态学理论和技术的发展，防范生物入侵不能与土著农业害虫采用同样的思路，与入侵害虫的斗争更多地体现在国境之外或者国境线，从源头上对潜在入侵种进行控制，这些都更多地需要从技术之外的角度上进行思考，因此是一项非常复杂的多环节系统功能。

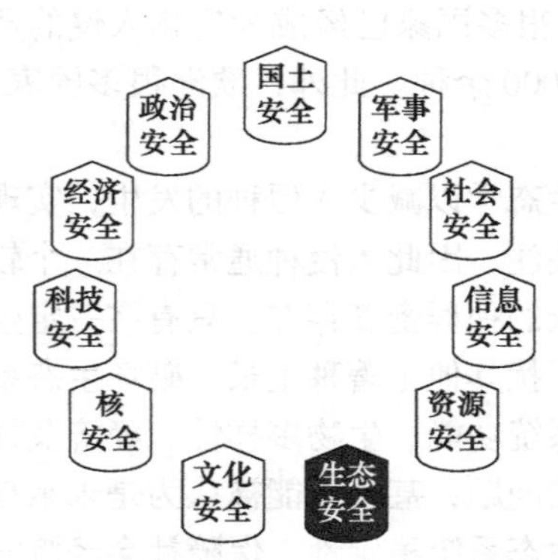

图 1-16 国家安全观组成的 11 个方面

入侵生态学涉及的学科众多，交叉性强，甚至涉及贸易、法律等社会学科。入侵种对生态系统影响的不可预知性更增加了对生态系统的风险，而且由于生态系统的复杂性和物种的多样性，入侵种自身传播途径、定殖过程、入侵动态等都存在物种特异性。深入探索这些入侵种的入侵过程，能够极大地丰富生态学理论，推动交叉学科的发展。

思 考 题

1. 入侵种、土著种及外来种有什么异同点？
2. 入侵生态学发展史的三个不同阶段及代表性事件是什么？
3. 简述我国的生物入侵现状及重要的入侵种。
4. 如何能够加强外来种入侵过程的管理？
5. 生物入侵过程与采取的防控管理手段都有哪些内容？
6. 入侵生态学都有哪些重要的研究内容？
7. 研究入侵生态学的意义是什么？

「 第二篇 入侵种的传入过程 」

第二章 入侵种传入模式

【关键词】

生物地理区系（biota）
入侵载体（invasion vector）
检疫（quarantine）
传入（introduction）
传入途径（introduction pathway）
偷渡（stowaway）
污染（contaminant）
释放（release）
有意引入（intended introduction）
主动扩散（initiative dispersion）
大陆漂移假说（the theory of continental drift）
板块构造假说（plate tectonics hypothesis）

第一节 生物地理区系

一、生命的起源

大约66亿年前，银河系发生大爆炸，大爆炸后的碎片和散漫物质经过不断的凝集，大约46亿年前形成太阳系。作为“八大行星”之一的地球也在46亿年前形成，星云物质凝结的过程中释放的引力势能转化为动能、热能，致使地球表面温度不断升高，并且地球的放射性热能同时导致增温，导致地球初期完全是熔融状态。大约38亿年前地球出现原始地壳，月球表面在这个时期同步形成。

地壳形成之后，地球的生命演化就逐步开始，因此生命起源与演化是和宇宙的起源与演化密切相关的。生物早期阶段的演化并不局限于地球，宇宙空间也广泛地存在生命演化的痕迹，很多生物单分子，如氨基酸、嘌呤、嘧啶等在一些星际尘埃或凝聚星云中都能找到，这些早期的生物单分子在行星表面逐步产生多肽和多聚核苷酸等生物大分子。通过漫长的生物演化过程最终形成了地球最原始的生命系统，即能够自我复制的原始生命。38亿年前，地球上形成稳定的旧大陆，当时地球水圈非常热甚至沸腾，现生的极端嗜热古细菌和甲烷菌接近地球上最古老的生命。

（一）自然发生说

该学说认为生命能够随时从非生物物质中产生，如腐草生萤、腐肉生蛆、白石化羊等。生命从非生物物质中产生在多次的观察中仿佛得到了验证，如干涸的小河在雨水滋润后很快产生小鱼小虾，堆满垃圾的仓库很快就会产生老鼠、跳蚤等动物。自然发生说在17世纪曾经流行于欧洲，多数人都相信了生命能够从非生物物质中自然形成。

19世纪60年代早期，法国科学家巴斯德设计了一个经典的鹅颈瓶实验，彻底否定了生命的自然发生说（图2-1）。鹅颈瓶实验假设细菌、微生物的移动需要依靠菌毛、鞭毛，并且需要有介质存在。巴斯德将肉汤煮沸、冷却后灌进两个烧瓶里，第一个烧瓶瓶口竖直朝上，

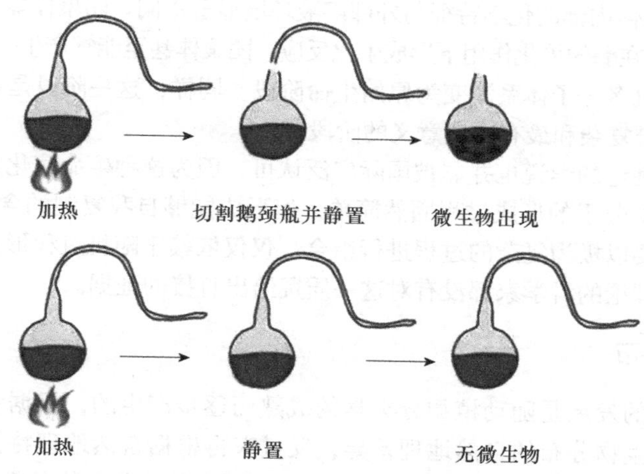

图 2-1　巴斯德的鹅颈瓶实验

而第二个烧瓶瓶颈弯曲成天鹅颈一样。两个瓶子的瓶口都是开放的，外界空气能够与肉汤表面自由接触。三天后，第一个烧瓶里就产生了微生物，第二个烧瓶里却没有。巴斯德把第二个瓶子继续放置：一个月、两个月、一年、两年……直至四年后，曲颈瓶里的肉汤仍然清澈透明，没有变质和产生微生物。因此，巴斯德认为肉汤中的微生物来自空气，并不是自然发生的过程。

（二）化学起源假说

现代生物学和化学发展更证明了生命的产生只能通过遗传物质的复制和细胞分裂过程实现。米勒假设在生命起源之初只有氢气、氨气和水蒸气等物质，他把这些气体放入模拟的大气层中并通电引爆后，竟然产生了些氨基酸。氨基酸是蛋白质的基本单元，而蛋白质是生命存在的形式，因此生命从无到有的理论可以成立，这也是生命是由进化而来的重要证据。虽然米勒通过实验产生了氨基酸、糖类等物质，但也不能证明这就是生命起源，米勒本身也承认氨基酸的产生与自然界生命起源的关系仍然遥远。但是米勒的实验对现代的生命进化理论产生了重要的影响，现在的很多生命进化研究都不断地发展了米勒的实验及学说，这种化学起源假说将生命起源主要分为四个阶段。

第一阶段，无机小分子生成有机小分子阶段，即原始的地球条件下生命起源的化学过程。米勒的模拟实验为这个时期提出了重要的证据，利用电火花模拟的闪电能够激发密封装置中的气体，并发生化学反应。最终米勒发现含有 5 种氨基酸和不同有机酸在内的有机化合物，同时形成了氢氰酸，而氢氰酸可以合成腺嘌呤，腺嘌呤是组成核苷酸的基本单位。

第二阶段，有机小分子物质生成生物大分子物质阶段。原始海洋中主要发生这一过程，海洋是大多数生命的起源地，即氨基酸和核苷酸等有机小分子物质经过长期积累和相互作用在适当条件下通过缩合或聚合作用形成原始蛋白质分子和核酸分子，甚至这些生物大分子能够进行简单的自我复制。

第三阶段，生物大分子物质组成多分子体系阶段。苏联学者奥巴林提出了团聚体假说，奥巴林将蛋白质、多肽、核酸和多糖等混合在溶液中，这些物质能够自动地浓缩聚集为分散的球状小滴团聚体。这种团聚体可以表现出合成、分解、生长、生殖等生命现象，甚至团聚体具有类似于膜的边界，这种团聚体内部的化学特征与外部溶液环境显著不同。团聚体能从外部溶液中吸入一些物质和能量，还能在酶的催化作用下形成生化反应，团聚体甚至能够产生一些代谢产物。

第四阶段，有机多分子体系演变为原始生命阶段。同样，这一阶段是在海洋中形成的，原始生命阶段是生命最复杂和最有决定意义的阶段。

这种基于米勒理论的学说也并非被国际广泛认可，因为这种生命演化的过程是漫长而不可重复的。一个生物大分子的形成过程固然简单，但形成能够自我复制的含有 DNA 的生命，这些有机小分子还需要以极为复杂的过程进行组合。仅仅依赖于随机过程形成有效生命也不太可能发生，生命起源理论的科学家都没有对这一质疑给出直接的证据。

二、生物地理分布

生物地理分布的发展是随动植物分类学的成熟而逐步产生的，根据动植物的地理分布特征，研究不同类群生物分布的自然地理差异，反过来再根据自然地理特征确定生物地理分布区。生物地理分布主要分为生物分类地理学、生物区系学等，每个物种都有严格的空间分布和限制。Wallace 于 1878 年首次提出了动物学的世界地理区系，Engler 于 1879～1882 年提出了植物学的世界地理区系。一般而言，生物地理分布涉及分布地点，基本不考虑环境因素，因此生物地理分布是一种宏观的策略。然而，在很多小区域存在微环境，研究环境因素和生物特征的关系则是生物的生态分布。

生物地理区系是按照不同植物区系和动物区系而划分全球表面区域。全球动物地理区系一般采用华莱士分区法，分为六界：古北界，包括欧亚大陆绝大部分和非洲北部；东洋界，包括东南亚、新几内亚和附近的岛屿；埃塞俄比亚界，包括撒哈拉以南非洲；澳新界，包括澳大利亚、新西兰及太平洋上的岛屿；新北界，包括北美大陆大部；新热带界，包括南美大陆。后来科学家发现了南极大陆，因此又补充了南极界，主要包括南极大陆。

全球植物地理区系分为六个区：泛北极植物区、古热带植物区、新热带植物区、好望角植物区、澳大利亚植物区、泛南极植物区。生物地理区域的划分是研究生物地理学的起点，虽然地理区系的划分在不断地发展，但这个经典的世界地理区系已经被广泛接受。

三、生物地理区系的形成

当然，世界生物地理区系形成目前的空间格局是生物与环境长期互作的结果。形成生物地理分布的原因很多，也不断有学者提出假说进行解释，主要包括下面几个。

（一）大陆漂移假说

1620 年英国科学家提出了美洲、欧洲、非洲相互连接的可能性，1668 年法国科学家认为美洲与地球的其他板块曾经连接在一起。19 世纪末，奥地利地质学家 Suess（1831～1914）发现南半球各大陆的岩层惊人的一致，因此 Suess 将这些相似的岩层拟合成单一大陆，称为冈瓦纳古陆。1912 年德国科学家 Wegener 正式提出大陆漂移假说，开始并未受到重视。20 世纪五六十年代，随着古地磁、地震学、宇航观测的发展，曾经沉寂的大陆漂移假说获得了新生，并被广泛认可。

大陆漂移假说认为中生代之前，地球上所有大陆是统一的巨大陆块，称为泛大陆或联合古陆，中生代由于某种原因开始分裂并漂移，逐渐形成今天的位置。大陆漂移过程受地球自转的两种分力影响：潮汐力和离极力。轻质硅铝质大陆块漂浮在较重的黏性硅镁层之上，由于向西的潮汐力和向赤道的离极力作用，泛大陆破裂并与硅镁层分离，向西、向赤道形成大规模水平漂移。随着大陆的漂移过程，生物区系形成，并经过不断的演化，地理隔离导致生殖隔离，不同大陆板块的生物地理区系就开始形成。

（二）板块构造说

1968年，Mckenzin、Parker、Morgan、Lepichon等联合提出了一种新的大陆漂移说：板块构造说，该学说是在海底扩张学说和大陆漂移假说的理论基础上产生的。

板块构造说是根据大量的海洋地质、地球物理、海底地貌等数据资料，经过比较和综合分析而得到的科学假设。大陆漂移、海底扩张和板块构造是全球地理构造理论发展的三个阶段。板块构造说是被广泛接受的学说，认为地球的岩石圈不是整体一块，而是被地壳的生长边界海岭、转换断层、海沟、造山带、地缝等一些构造带分割成的许多构造单元，这些构造单元叫作板块。因此，全球的岩石圈分为亚欧板块、非洲板块、美洲板块、太平洋板块、印度洋板块和南极洲板块，共六大板块。其中太平洋板块基本完全是海洋，其余五大板块既有大块陆地也有大面积海洋。大板块还可划分成若干低一级的小板块，这些板块漂浮在“软流层”之上，并且在不断运动中。一般来说，大板块内部的地壳比较稳定，板块与板块的交界处，是地壳比较活跃的地带，地壳不稳定，是火山和地震频发的区域。地球表面大陆的基本格局，是由各个板块相对移动造成的碰撞和张裂。在板块张裂区，常形成裂谷和海洋，如东非大裂谷、大西洋就是这样形成的；在板块挤压区，常形成山脉，如喜马拉雅山脉。当大洋板块和大陆板块相撞时，大洋板块密度大、位置低，会俯冲到大陆板块之下形成海沟；大陆板块受挤上拱，隆起成岛弧和海岸山脉。太平洋西部的深海沟和岛弧链，就是太平洋板块与亚欧板块相撞形成的。板块构造说已被用来解释火山、地震及矿产的生成和分布等。该学说成功解释了非洲与南美洲的古生物化石的亲缘问题，并回答了南极洲、非洲、澳大利亚发现相同大冰期遗物。板块构造说虽然是完全的物理学的地质学过程，但在此过程中形成了新的资源格局，创造了不同的生态位，导致物种面临的选择压力不同，最终形成了世界地理区系。

（三）地理变迁与山脉隆起

山脉的构成包括主山、大支、小支、余脉，余脉相对较小，还要与主山或大支相距一个较长的低暖地带。山脉的形成是地理变迁中板块挤压的结果，喜马拉雅山脉与青藏高原的形成，就是亚欧板块与印度洋板块挤压的结果。如果喜马拉雅山脉（青藏高原）没有隆起，中国的地理环境将会显著改变，那么将会对所有的物种产生深远的影响。喜马拉雅山脉（青藏高原）隆起之前，很多地区都位于海平面以下，随着地壳运动，逐渐抬升，成为陆地后才逐渐成为世界屋脊。

中国位于亚欧大陆的东部地区，如果没有青藏高原的隆起，中国的中东部地区，低纬度地区理论上应该是相对干旱的气候，甚至有可能形成热带沙漠和亚热带沙漠气候，纬度较高的地区可能会在西风带的影响下，稍微湿润一点，这些环境特征与我国目前的环境将会明显不同。我国目前的季风气候是因为青藏高原的隆起，使得海陆热力性质差异明显加剧，亚洲东部地区形成了世界上最典型的季风气候。纬度较高的新疆、甘肃、内蒙古等地区形成了相对干旱的温带沙漠（温带大陆性气候）。这种地理变迁对生物组成的影响是深远的，山脉的隆起直接隔绝了原来自由活动的动植物种群，形成了地理隔离，在漫长的进化过程中，原来相似的群落组成演变成现在的高度异质化的动植物地理区系。

四、生物的分布区域改变

所有的生物入侵都源于生物个体（或小种群）从种群源产地被带到并释放到未曾分布的地区或生态系统。这一过程都是人为介导的过程，交通运输和各种新型载体则是最主要的途径。人类活动造成的入侵种数量很难评估，到目前为止，绝大多数的外来种入侵过程都与人类活动有关。外来种传入模式是研究生物入侵进程最早期的问题，确定传入途径和模式是生物入侵的关键过程。因此，首先需要区分外来种自然扩散和人类协助扩散之间的区别，然后需要对人类活动介导的交通运输载体进行综合分类，并且分别阐述外来种的有意引进和无意引进模式。运输途径动态也是影响入侵种的重要过程，经济一体化驱动了外来种扩散模式。理解交通运输网、外来种运输载体及路线对于理解入侵生态学的各种关系是至关重要的。

传入模式是入侵种从一个区域传播到另外一个区域的载体或方式，生物入侵的传播过程离不开载体，这种载体 - 入侵种协同的传播过程是生物入侵的重要特征，具体涉及以下几方面因素。

（一）种群扩散

种群扩散是一个物种当前分布范围发生改变，进入之前没有分布的新的生态系统或者地区。例如，草地贪夜蛾 *Spodoptera frugiperda*，原产于美洲热带及亚热带地区，是美洲各国的重大迁飞性害虫。2016 年 1 月，非洲尼日利亚和加纳首次发现草地贪夜蛾的入侵与暴发为害，很快蔓延至贝宁等多个国家，2018 年底入侵缅甸形成虫源基地，并零星进入中国云南西南部地区。种群扩散是一个自然过程，从地球发展史和生物进化史来看，任何物种都在一直寻求种群分布扩大的机会，并且生物种群的分布范围一直处于动态的变化，有些物种种群范围变化发生在相对较短的时间内。

（二）交通运输载体与物种分布范围改变

交通运输载体是物种从原产地到新生态系统的方式，而运输途径是物种原产地与入侵地之间经过的过程和轨迹。为了明确载体与路线之间的差异，我们用 19 世纪末期英国、西非、加勒比地区的三角贸易航行路线[①]进行解释，需求不断增加的商业促进了航海的不断发展，而这一地区的墨西哥湾流、加那利海流、南赤道海流的共同作用介导入侵途径，加剧了外来种的入侵。三角贸易路线导致三个地区之间商品惊人的一致，同时也出现了大量相同的外来种。外来种的载体就是船只，而入侵途径就是船只的航行路线。船只作为载体携带大量物种在三地之间横跨进行传播，因而入侵载体经常被分类讨论。随后三角地区的船只被汽艇和飞机等其他载体替代，因此入侵途径随着商业模式或者交通运输上的创新而改变。尽管交通网的载体和途径两个方面是紧密相连的，我们仍可以通过区分它们而细化入侵过程。

五、外来种的传入和扩散

繁殖体的主要传入途径分为非人为因素的自然扩散、随人类活动无意引入及人类有意引入三大类。自然扩散过程在经典的入侵生态学中一般不被认为是入侵种的传入途径，人为引入是

① 19 世纪末英国、西非和加勒比地区的三角贸易：奴隶由非洲到加勒比海；原材料由加勒比海到英国；工业产品由英国到非洲（Lockwood et al.，2014）

成为入侵种的前提条件。但目前随着生物入侵研究的深入，很多入侵都是自然因素和人为因素的结合，这些也逐步被认为属于外来繁殖体的传入途径。因此，外来种传入最根本的原因是人类活动把这些物种带到了它们无法出现的地方，也就是物种本身的分布范围之外的区域。

（一）扩散率

一般来说，人类介导的种群扩散速度要比自然扩散速度快得多。例如，研究海洋岛屿上物种的到达率就能够计算出岛屿土著种丰富度所必需的入侵率，这一速率比目前物种的引进速度要低得多。夏威夷本土植物区系的形成可能是每10万年进入一个物种，因此夏威夷的1094种土著植物群落可能是280次成功的自然扩散事件与随后的适应性辐射形成。但是，在波利尼西亚人到达夏威夷后，每50年就有一种新植物加入；欧洲人到达夏威夷后，每22年就有一种新植物加入。最终导致夏威夷群岛上的植物物种数量在短时间内几乎翻了一番，而这种入侵速度的增加是由人类介导的传播载体所驱动。

Wilson等（2009）描述了物种种群扩散的6种不同类型：边缘扩散、廊道扩散、跳跃扩散、超远程扩散、集结扩散和农耕扩散。除了农耕，自然和人为因素都能导致外来种个体的运动和迁移。然而，人类介导的传播事件与自然扩散有明显不同，人类介导的传播通常将个体多次引入新的区域，并且引入的个体来自多个种群来源。人类介导的传播也会产生选择压力，而自然扩散条件下则不会出现，因此人类介导的外来种扩散比自然扩散过程更加多样化和动态化。综上所述，人类介导的扩散比自然扩散过程更快、更加具有动态性，生态过程和基因交流上更复杂，而且往往涉及更大的地理范围。

（二）扩散量

扩散量是指入侵种从一个区域到另一个区域的数量。扩散量是影响入侵种种群建立的重要因素，这与繁殖体引入过程一致，扩散量过低通常很难建立有效种群。扩散量通常由入侵种在入侵地点的数量决定，入侵地点大量的入侵种数量通常会形成种群溢出，向周围环境不断地接触性扩散。生物入侵的扩散量存在两种不同的方式：第一，大种群集结性扩散，如蝗虫的起飞扩散，大种群集结在一起，定向性地向某地区扩散，黏虫通常也是集结性大规模扩散，从一个地区向另外一个地区的大规模种群转移；第二，小种群分散性扩散，入侵种在入侵地点种群数量增加之后，向周围分散性扩散，这种扩散一般分布范围会更广，但不会造成巨大的危害（图2-2）。

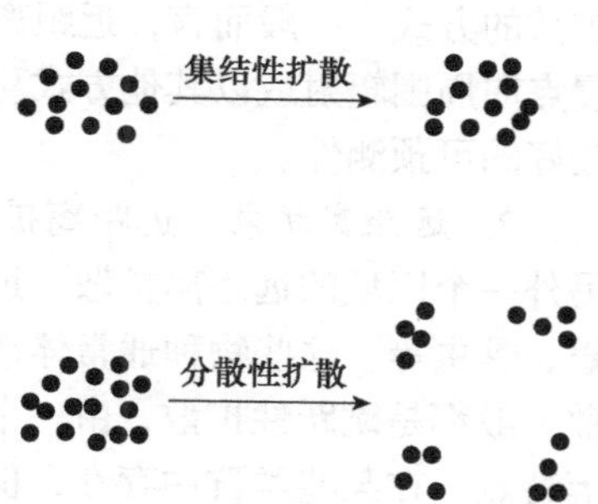

图2-2　生物入侵的扩散量及方式

（三）扩散模式

跨地区：跨地区主要是指在同一个国家的不同地区间进行扩散，跨地区扩散是极为普遍的一种形式。但跨地区扩散一般并未引起广泛的关注，有学者认为跨地区扩散是一种土著物种入侵，这类似动植物的群落演替过程。例如，非洲草地在降雨较多的年份会引起木本植物的入侵，北美的森林在干旱季节也会引起草本植物的入侵。

跨国家：跨国家的生物入侵是关注度最高的一种类型，所有的国家都有进出境检疫，这种检疫过程会针对多个物种制定相应的法律法规，以限制入侵种的跨国家扩散。我国就制定了 600 多种检疫性有害生物名单，根据国家的需要，入侵名单也会不断地修订和完善。当然，在检疫名单之外的物种通常也不是没有入侵性，很多物种在原产地和入侵地会发生显著的表型变化和生态可塑性，导致在原产地的次要害虫到了新生态系统后成为重要的入侵种。

跨大洲：入侵种的跨大洲扩散很多是由于气候变化引起的，不同大洲之间一般存在明显的地理阻隔或者环境差异。这种地理或环境障碍使得入侵种很难逾越而限制在特定的地理范围中，但随着气候变化及大陆板块移动，原本的地理障碍可能减少甚至消失，这样就会导致生物入侵的自然产生。

第二节　自 然 扩 散

自然扩散是指入侵种通过自身能力或者借助风力、水流、寄生动物等自然因素进行的扩散。动物和植物都一定的扩散能力，昆虫能够通过飞行或迁飞进行远距离扩散，通过爬行进行近距离扩散。植物则非常不同，种子成熟时大部分会自动掉落植物的附近，其生长的空间就会受到一定的影响，因此它们就会利用各种方式把自己的种子传播到较远的地方，甚至能够通过动物作为媒介进行传播。入侵种自然扩散的方式可分为以下几种。

一、主动扩散

主动扩散是指入侵种凭借自身飞行、爬行、跳跃及游泳等方式进行的扩散。有些物种通过远距离飞行或者一定区域内的迁飞进行扩散。外来种的主要扩散根据生物学特征可分为近距离扩散和远距离扩散两种。

1. *近距离扩散*　近距离扩散是指外来种在一定的范围内通过爬行或者飞行等在区域内部扩散的方式。一般而言，近距离扩散都属于接触性传播，是一种连续、缓慢的扩散方式，由入侵点向周围辐射或以其他方式蔓延。近距离扩散是入侵种最常用的扩散方式，通常在田间具有较好的可预测性。

2. *远距离扩散*　远距离扩散是指外来种的跨区域扩散，是通过迁飞的方式由一个区域向另外一个区域的远距离扩散。远距离扩散只在某些类群中才能出现，如草地贪夜蛾、非洲沙漠蝗、黏虫等。这些物种通常体形较大，具有很强的迁飞能力，能够实现跨区域迁飞。远距离扩散一般都是跳跃性扩散，由一个区域瞬间到达另一个区域。远距离扩散具有非定向性和突发性等特点，在某些类群中存在，但远距离扩散带来的风险非常大，甚至是灾难性的，具有不可预见性。2019 年入侵我国的草地贪夜蛾的疯狂扩散就是明显的远距离扩散，甚至是超远距离扩散。

二、借助自然因素进行扩散

1. *风力传播*　昆虫和植物都能够借助风力进行传播。有些植物的种子会长出形状如絮或羽毛状的附属物，重量小，便于乘风飞行。有些植物能产生非常细小的种子，它的表面积与重量的相对比例较大，因此能够随风飘散，如兰科的种子。还有菊科植物蒲公英的瘦果，成熟时冠毛展开，像一把降落伞，随风飘扬，把种子散播到很远的地方。很多小型昆虫借助风力传播也非常普遍，有些蚜虫能够判断风的方向和速度，在迁飞的季节会选择适合的风力，先主动起飞，然后借助风力迅速扩散到几百千米以外的地方。烟粉虱 *Bemisia tabaci* 属小型害虫，活动性弱，不可以主动远距离迁飞，但可以在风力 2～5 级状态下被动向远距离扩散，其飞行扩散直线距离与风力有极大的正相关性。

紫茎泽兰 *Eupatorium adenophorum* 起源地为墨西哥和哥斯达黎加，大约于 20 世纪 40 年代由中缅边境借助风力自然扩散传入我国云南省，首先出现在云南省南部，后逐渐扩散到四川、贵州、广西和西藏等地。蔓延速度极快，引起了社会各界的广泛关注，以每年大约 60km 的速度，随西南风向东和北传播扩散。薇甘菊 *Mikania micrantha* 是世界十大重要的害草之一，原产南美、中美洲地区，现广泛分布于南亚、东南亚等地，其种子产量极丰富，细小且轻，易借风力等进行远距离传播。

2. 水传播　有些植物能够通过水流进行传播，靠水传播的植物种子表面带有一层蜡质，有明显的疏水性特征（如睡莲）；靠水传播的植物果皮一般含有气室，相对密度较水低，能够浮在水面上，经由溪流或洋流传播；靠水传播的植物种子的种皮常常具有丰厚的纤维质，这些纤维层能够很好地保护种子，防止种子因浸泡或吸水而腐烂。

三、借助野生动物进行扩散

1. 鸟传播　有些植物果实或种子是鸟类的食物，这些大多数是肉质果实（如浆果），能够吸引很多鸟类。鸟类啄食樟科植物的种子后将种子吐出，不会将其消化。还有一些植物较为特殊，这些种子具有厚厚的种皮，果实被采食后，种子在消化道内难以分解，只能随粪便排泄。靠鸟类传播种子的植物是传播距离最远的，但是鸟类的行为和排泄具有很大的随机性，给这些植物种子的存活带来了不确定性。例如，一年生草本植物意大利苍耳 *Xanthium italicum*，原产地为北美和南欧，于 1991 年入侵我国。苍耳的种子上具有大量钩状的刺，能够黏附在鸟类的羽毛上，随着鸟类的运动而扩散传播。

2. 昆虫传播　蚂蚁在植物种子的传播方面通常扮演二次传播者的角色，蚂蚁喜欢储存粮食，因此蚂蚁在食物丰富的季节不停地将食物搬回巢穴中。有时蚂蚁会将整个果实搬到巢穴中，在巢穴中只有果肉被消耗掉，种子会被丢弃在蚁穴中，遇到合适的环境条件这些种子就会重新发芽生长，这时蚂蚁就成了二次传播者。同样，很多线虫也能依附在载体昆虫的身体上，如松材线虫能够侵入松墨天牛的气管和微气管中，随着天牛的扩散而传播。

3. 哺乳动物传播　哺乳动物传播植物种子与鸟类非常相似，这些植物都是中大型的肉质果或干果，能够吸引一些哺乳动物。一般而言，哺乳动物的体形比较大，食物的需要量大，故会选择一些大型果肉较多的果实。例如，猕猴喜爱摄食毛柿及芭蕉的果实，果实被采食，种子经过消化道随意排泄，有效地帮助植物种子的传播。一些杂草种子和有毒害草具有芒、刺、钩，能黏附在动物皮毛上，随着动物或人的运动而传播。还有一些杂草种子具有黏液，能够黏在哺乳动物的体表，随动物的活动或者迁飞而传播。菊科多年生草本植物天名精 *Carpesium abrotanoides* 在我国有分布，其种子具有黏液，能够黏在哺乳动物体表，随着动物的活动四处传播。并且很多植物的种子耐消化，通过丰厚的果肉吸引哺乳动物的取食，动物连同种子同时取食后，种子在动物体内并不能被消化，而是会随着动物的活动将种子带到新的地方并被排出体外，从而形成植物的传播。

第三节　无 意 引 入

无意引入是指入侵种通过交通运输、贸易、旅游等人类各种类型的运输、迁移活动方式，作为污染物或者“偷渡者”进入新地区并传播扩散，是人为原因引起但主观上没有意图的引进。随着国际贸易的不断增加，对外交流的不断扩大，国际旅游业的快速升温，外来入侵植物借助这些途径越来越多地传入我国。

一、污染物

依托于商业产品、活体生物等的污染物运输是一种重要的无意引入方式。具体包括污染的苗圃材料、污染的诱饵、食物污染物、动物污染物、植物上的污染物、动物上的寄生虫、植物上的寄生虫、种子污染物、木材贸易、生境物质的运输等。它们"搭便车"到非本地地区，常见的物种包括动物中的蜱虫、螨虫、跳蚤或其他寄生在家畜体表或体内的寄生虫，如大豆胞囊线虫 *Heterodera glycines* 主要通过农事耕作及混入种子携带传播，造成发病田大豆的大幅度减产；二斑叶螨 *Tetranychus urticae* 是苹果产区的主要害虫，会造成苹果早期落叶等，其主要随寄主植物尤其是花圃苗木的调运进行远距离传播。松材线虫是我国明确禁止的进境检疫性有害生物，是松树及其他针叶树的毁灭性病虫害，有"松树癌症"的称呼，主要通过木材和国际贸易中的木质包装材料扩散入侵，随着国际运输方式和装卸机械方式的更新，木质包装的使用频率变得越来越高，其携带松材线虫从一个国家或地区传到其他国家或地区的风险也在增大。

二、"偷渡"

"偷渡"是无意引入中的另外一种重要途径，是指外来入侵生物隐藏附着在集装箱、飞机、船舶甚至旅客的行李上等进行的传播。广为人知的例子是随船舶压载物进行的无意引入，远洋船舶必须平衡载货量，才能使船舶稳定，在水中航行。早期的货船使用碎石和土壤固体等压载物，出发前装上压载物，停靠时卸下来，很多小的生物都能被带上船。在固体压载物中，携带的物种包括植物种子、昆虫、植物、蚯蚓和许多其他小型生物，美国宾夕法尼亚州费城港口城市周围的废弃压载物堆中发现的非本地植物有 81 种。19 世纪中期引入美国的大多数昆虫也是通过压载土运输的，随着贸易的增长和远洋船的发展，压载水使用越来越多，非本地海洋入侵种风险不断增加。到 2006 年，全球 90% 的贸易涉及海运，其中包括 5 万艘载重量超过 100 万吨的船只，平均每天都可能有 10 000 种或更多的物种在船舶压载水中运输。从某种意义上讲，压载水带来了大量的入侵物种，成为世界上最重要的入侵载体。在全球海洋入侵种评估中，超过 80% 的已知海洋入侵种是由无意运输造成的。除压载物与压载水以外，船舶本身也会携带入侵种，营附生活的生物会附在船底，得以打破大陆阻隔、水温、洋流等天然制约因素进行扩散。

三、释放

释放是无意地向大自然释放一些活的生物个体，如有些风俗习惯会在节日放生。基于宗教、慈善和节庆等而实施的动物异地放生行为也是外来有害动物人为扩散的途径之一，特别是我国许多地区都存在着龟类、鱼类、鸟类等的放生现象，这些放生的动物可能会给当地生态系统造成巨大影响，这些风俗并未考虑到所放生的物种可能造成生物入侵。

四、逃逸

逃逸是一种常见的现象，目前的生物交换已经非常频繁，如各地的动物园和植物园都引进了大量外来种，这些外来种都是在人为监管下生存的，但有时候，这些生物会发生逃逸，造成严重的后果。在水产养殖方面，虽然外来种引种能带来积极的社会影响和正面的经济价值，如多种食用鱼类，但21世纪以来我国水产养殖逃逸导致的鱼类入侵问题已受到广泛关注。例如，我国的鱼类入侵美国造成无法控制的局面，美国土著鱼类大幅减少，泛滥的亚洲鲤鱼给美国的淡水鱼产业造成了毁灭性的打击（图2-3）。为了培育一种产蜜量高的蜜蜂，圣保罗大学于1956年引进了35只勤劳的非洲蜜蜂，这种蜜蜂脾气狂暴，毒性很大，研究人员在蜂箱入口都安了铁丝网，防止其逃跑。但在某一天，当值班人员取下铁丝网时，二十几只非洲蜂趁机逃跑，并和当地野生蜜蜂交配后形成了杀人蜂。这些逃逸的过程都造成了严重的经济、社会和环境灾难。

图2-3 入侵美国的亚洲鲤鱼

第四节 有 意 引 入

有意引入通常包括将非本地物种进行囚禁或培养的环节，而无意引入则跳过此环节，在入侵地直接寻找定殖的机会。

结合运输外来种的原因来理解有意引入是比较容易的。自古以来，甚至可能早至公元前8000年，人类就开始进行物种的有意引入活动了。例如，公元前4世纪，在中国就有书面记载显示印度罗望子 *Tamarindus indica* 沿商路从印度传入中国领土。根据引进的目的，我们可以将有意引入的物种分为以下几类。

一、食用和药用

人类进行农事活动之初，物种的运输便已经开始进行。从有意引入的物种中人们获得了大部分水果、蔬菜、调味料、肉类和奶制品等，涉及牛、羊、鸡、小麦、番茄、玉米、土豆、蜜蜂、鱼、贝类、牛蛙等物种。

美洲的第一批欧洲移民向当地传入了外来的农作物、药用植物和驯养动物，但他们很少考虑这些物种对当地将会产生怎样的影响，甚至直接养殖在野外。早在1634年，马萨诸塞州普利茅斯湾的早期北美殖民者 William Wood 就记录到，至少有两种外来种逃逸到了野外，在周围的森林中自由生长。同样，在19世纪早期，圣约翰草被引入美国新英格兰和中大西洋各州作为药用，并迅速入侵牧场和田野。如今，这种植物在美国西部的几个州被列为有毒杂草，在世界各地都被认为是一种危害严重的入侵生物。

除了农业存在有意传入的物种外，水产养殖业和海产品行业也出现过。其中一些物种被释放或者逃逸至野外。例如，克氏原螯虾 *Procambarus clarkii* 最初于 1932 年由圣迭戈的一位青蛙养殖户引入加利福尼亚州，将其作为青蛙的饲料食物［图 2-4（a）］。然而部分个体逃逸后，大量繁殖，最后广泛分布在美国西部和夏威夷地区，为害严重。虽然人们已经体会到有意引入带来的风险，但是现在仍然存在引进并养殖稀有或昂贵食用生物的现象。

很多植物能够作为药用植物被引进，这些引进的药用植物曾经对我国的农业和医药起到了重要的作用。我国传统中药目前已经超过 12 000 种，其中大部分都是外来引进物种。在作为药用植物引种的过程中，很多植物在引种过程中发生了逃逸，最终成为入侵植物。蓖麻是一种药用植物，引入我国之后逃逸成为入侵种，在农田及自然环境中大量繁殖，造成了非常严重的生态和经济损失［图 2-4（b）］。另外，对奇花异草的追求，促使人们不断地引进外地或国外的花草品种。这些花草免不了从花园中逃逸，而在自然条件生长下，其中一些外来观赏植物逃逸后成为危险的入侵种。

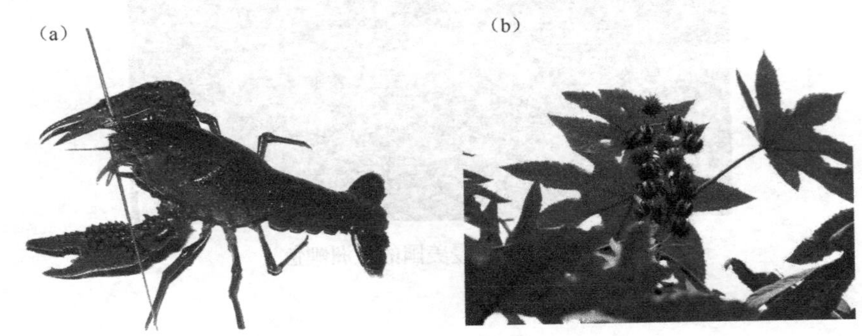

图 2-4　作为食物或者药用的外来种

（a）供食用的克氏原螯虾；（b）作药用的蓖麻

二、牧草和饲料

我国畜牧业一直发展缓慢，近年来由于牛奶和奶粉的需求量不断增加，对奶产业提出了更高的要求，我国的畜牧业得到了明显的进步。但牧草是畜牧业的基础，尤其是优质速生牧草的需求量不断增加，大量的牧草品种都是国外生产，因此为国外牧草品种向中国引进提供了大量的机会。引进前需要进行栽培试验，测试国外草种公司提供的品种是否能够适合我国，并作为优质牧草应用。但是，很多牧草引进中国后，不仅不能作为牧草，甚至一些草种已成为危险的入侵种［图 2-5（a）］。

我国养殖福寿螺 *Pomacea canaliculata* 等水生生物，造成外来种的传入与入侵。1981 年其由巴西籍华人引入广东中山市养殖，被视为高蛋白食品。1984 年福寿螺作为特种养殖对象在广东省被广为推广，并很快被人工引种到了广西、福建、四川、云南、浙江等地。但是，由于福寿螺味道不受欢迎，被大量遗弃野外，自然繁衍蔓延，如浙江的台州和宁波分别于 1999 年和 2002 年被福寿螺入侵。根据浙江省农业科学院研究，福寿螺在向北迁移的过程中，经历−3～5℃的低温考验后的种群存活率更高。目前，福寿螺在长江以南广大地区已有广泛分布，并且可以自然越冬。福寿螺在中国仍然在不断北移，自西向东，长江沿线各地均已成为福寿螺分布的地区，福寿螺已在中国长江以北的许多地区繁衍传播［图 2-5（b）］。

图 2-5 作为牧草和饲料的外来种
(a) 空心莲子草；(b) 福寿螺

三、非食用物种

对非食用物种进行有意运输和引进是常见现象。生物燃料物种的进口和种植就是一个很好的例子。这种作物是根据易管理、高燃料特性进行选择、育种和工程设计的，这也可能使其更具侵略性。种植和广泛传播这类物种的经济和政治压力越来越大，另外由于燃料来源递减，这种压力可能会进一步增加。

此外，有意引入的非食用物种还与娱乐活动有关。例如，在 20 世纪初居住在美国西部的主要是欧洲人，他们在捕鱼时更喜爱东部品种，并引入美洲红点鲑 *Salvelinus fontinalis*、黑鲈鱼 *Micropterus* sp. 和鲶鱼 *Ictalurus* sp. 等物种。另一个例子是世界性观赏鱼虹鳟鱼 *Oncorhynchus mykiss* 原产于美国西部的溪流和河流，1996 年已被运往世界的每个大陆、100 多个国家和海洋岛屿。

还有一种有意引入的目的是改善自然环境，即满足部分人审美或文化需求，丰富当地环境，包括观赏和园艺植物、宠物等的进口或繁殖。这类生物数量可能大得惊人，据估计，在 20 世纪 80 年代初，多达 1500 种用于水族贸易的淡水鱼定期被进口到美国，当然水族贸易不限于鱼类，还包括一些具有破坏性的入侵植物。在陆生植物方面，在美国建立的非本地植物中，有 60% 以上是有意引入的园艺观赏植物。这个问题并不局限于美国，据估计，57%～65% 的澳大利亚非本地树木和草本植物是为了园艺目的而引入，兔子最初被引入澳大利亚也是主要用于观赏和捕猎（图 2-6）。同时野生动物的进出口量也很惊人，其中大部分是因为宠物贸易，被交易的个体多数是野生捕获的，导致这些物种在非本地区域更容易建立种群，至少对于鸟类来说情况是这样的。野生动物贸易的管理是非常困难的事情，这也意味着活体野生动物贸易是引入各种非本地物种的一个重要途径，而且未来风险可能会继续扩大。

图 2-6 作为观赏的外来种——野兔

四、生物防治

生物防治是一种容易被大家忽视的有

图 2-7 作为生物防治因子引进的外来种——异色瓢虫

意引入方式。人类希望通过引入害虫的天敌，来将害虫的数量控制到无害水平。“害虫”原指对农业或人类健康有害的本地物种，但现在通常是指对经济或环境有害的非本地物种。在入侵生态学的历史背景下，早期的生防生物大多数是脊椎动物。例如，西部食蚊鱼 *Gambusia affinis* 已在美国西部大部分地区和世界各地被用来控制蚊子。20 世纪 30 年代，蔗蟾 *Bufo marinus* 被引入澳大利亚昆士兰的甘蔗田用于控制破坏农作物的本地甘蔗甲虫。食虫鸟类常被引入海洋岛屿，从而保护园艺作物免受虫害。异色瓢虫 *Harmonia axyridis* 也是一种重要的生物防治因子，能够捕食蚜虫和烟粉虱等多种小型害虫，近 20 年间被引入欧洲和美洲的多个国家，用于防治农业作物和果树上的害虫（图 2-7）。

五、科学研究与生态恢复

很多情况下出于科学研究或者物种保护的需要，人们需要把物种运送到新的地区。例如，为了进行贝壳形态的控制研究，有 10 种原产于巴哈马群岛、波多黎各和古巴的石螺被带到美国佛罗里达州进行保护和研究，随后这些物种在佛罗里达建立了种群。植物园展览也促进了非本地种的有意引入和种群建立，有时植物园会积极地将一些物种传播给当地公民和机构，一些植物爱好者采用剪枝等非法收集的行为，在参观的过程中进行采集，增加了物种逃逸和扩散的可能性。有些植物也能够作为生态恢复的重要材料，如互花米草 *Spartina alterniflora* 对气候、环境的适应性和耐受能力很强，对基质条件也无特殊要求，在黏土、壤土和粉砂土中都能生长，并以河口地区的淤泥质海滩上生长最好。同时，互花米草是一种典型的盐生植物，从淡水到海水具有广适盐性，适盐范围是 0～3%，对盐胁迫具有高抗性，是沿海滩涂的重要生态恢复材料，通过引进种植护花膜材，能够有效地保护滩涂，但互花米草繁殖量惊人，引入后扩散失去控制，大量疯长，改变土著生态环境，造成土著种灭绝（图 2-8）。

图 2-8 作为生态治理的外来植物——互花米草

六、引种的有效管理

近些年来，随着社会生产力的进步及大众物质文化生活水平的提高，作物及观赏动植物新品种资源开始越来越多地被我们发掘、引种、培育和利用，这也在一定程度上推动了社会的进步，但随之而来的，无论是有意引种还是无意引种，由于引种前缺乏科学的评估或者引种后缺少合理的管控，引种也给生物入侵创造了条件，酿成了很多生态事件，也带来了巨大的经济损失。以我国为例，有 63 种杂草是作为观赏植物、药用植物、蔬菜、饲料或牧草等引入的，占外来杂草总数的 58% 以上，因此我们必须给予关注和重视，以避免在引种过程中产生生物入侵事件，也能在维护生态系统稳定的基础上，最大限度地保护我们自身的利益。

有意引入若缺乏科学的评估和管理，则会导致生物入侵，带来巨大的经济损失。无意引入是导致生物入侵的一条不容忽视的途径。随着国际交往愈加频繁，旅游业和交通运输网络也在不断完善发展，再加上人类各种跨国跨地区活动，无意之中为非本地种往一个新生境的长距离迁移、传播及扩散创造了条件。各种商品和粮食的往来及旅游者携带也会无意之中带来非本地种的入侵，如松材线虫最初就是随包装材料从日本传入我国的。随着全球经济的发展，引种还会越来越多，涉及的范围也会越来越广，我们也看到了引种在我们生态环境改善及社会生活改变方面发挥的重大作用。但是无论是有意引种还是无意引种，其带来的生物入侵风险也不容忽视。在实际工作中，科学评估、合理管理，我们就能更好地达到引种目的。

第五节　新型传入模式与交通网

一、贸易

贸易与外来种的发生呈正相关，如在 20 世纪 80 年代，美国通过商品运输而引入的外来杂草占 81%，有研究表明 2000～2020 年进入美国的贸易量将会以平均每年约 6% 的比例呈指数增长，而入侵种数量因此也要增长 3%～6%。

国际贸易是造成当今世界生物入侵水平与分布格局的主要原因之一，贸易的数量和质量变化都会影响外来种的扩散。但各国之间在增速上存在明显的差异。发达国家的商业水平很高且进口频繁，增加了被外来种入侵的风险。发展中国家由于购买力偏低，进口量小，风险也随之减小。然而，全球从事入侵种研究最多的地区往往不是那些生物入侵对生物多样性影响最大、最需要保护的地区，入侵种的研究主要集中在发达国家，而自然生态系统和生物多样性热点地带却大多数分布在发展中国家。在处理入侵种的问题上，发达国家比发展中国家在社会意识、社会资源、经济预算、研究方法和防治措施等方面有着更多的优势，如美国、加拿大、澳大利亚、新西兰等都已建立健全法律法规，制定了相应的管理策略、技术准则和技术指南来加强对本国入侵种的管理。

随着全球经济的迅速发展，我国对国外产品的需求量不断提升，建设了大量自由贸易试验区。进口数量的迅速攀升使得检疫工作压力巨大，建立入侵种早期监测和快速鉴定系统，完善入侵种的应急根除基础对于抵御外来种入侵都具有重要的作用（图 2-9）。

欧洲 20 世纪的外来种传入表现出不断增长的趋势，1900 年之前，欧洲的外来种传入量非常小，类群包括维管植物、苔藓、真菌、鸟类、哺乳动物、爬行动物、鱼类、陆生昆虫及水生无脊椎动物。1900～1950 年，这些不同外来生物类群的传入数量明显增加，1950 年以

图 2-9 我国的自由贸易试验区
（a）上海自由贸易试验区；（b）广东自由贸易试验区；（c）天津自由贸易试验区

后外来种的传入加速，除维管植物外，其他生物类群都表现出暴发性增长。外来种的传入与经济社会发展指标密切相关，包括 GDP、人口密度和出口比例，它们带来的社会经济互动都是外来种的传播载体，尤其是出口比例，2000 年的出口比例出现了暴发性增长，这些社会经济活动通过大量的贸易活动，都会产生携带入侵种的风险，造成入侵种的持续引入量增加（图 2-10）。

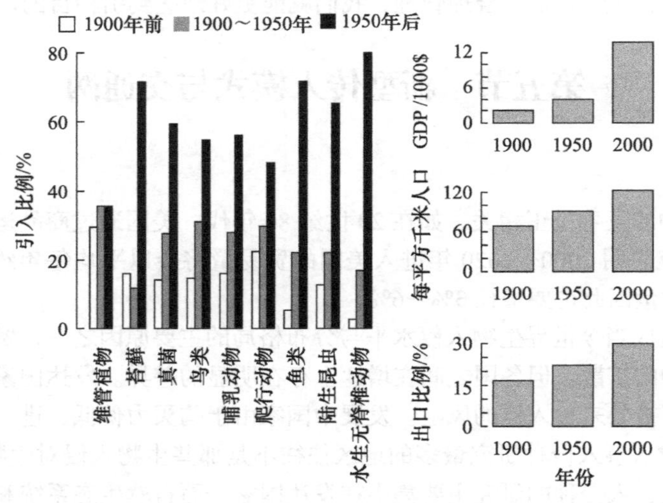

图 2-10 欧洲 20 世纪外来种传入趋势与社会经济指标（仿 Essl et al., 2011）

二、新型运输载体

全球经济一体化及信息与互联网技术的发展，催生了跨境电子商务这种新型商业模式。与传统的国际贸易形式相比，这种模式具有对市场变化反应迅速、成本低、效率高等优势，发展十分迅猛。随着“一带一路”等经济建设的不断发展，电子商务作为战略性新兴产业，将会得到国家更多的政策扶持，甚至成为未来国际贸易的主要发展方向。由于跨境电子商务以邮包、快件为主，具有门槛低、环节少、成本低、周期短等特点，增大了检疫难度。以我国广东省江门为例，仅 2015 年前 5 个月，跨境电商快件有 1145.95 万件，在此过程中截获了 600 多批禁止进境物，其中包括多种对外检疫性有害生物。

三、气候变化

随着社会工业化进程的加快，尤其是20世纪以来，人类工业活动不断增多，工业化及科学技术不断发展，这给人类社会带来了巨大的经济效益和社会推动力，但与此同时，高效益及高频率的工业活动也给人类的生存环境造成了难以预料的全球性生态变化和风险，全球气候变化就是其中之一。气候涉及温度、降雨、湿度和光周期等因素，气候会影响外来种及其天敌的生长、存活、繁殖和传播。因此会限制外来种的入侵与扩散。气候变化的重要表现之一为温度的升高。全球变暖可以促进生物入侵各个环节。由于昆虫是变温动物，相对于其他生物，其敏感性更强。例如，温度升高促进某些森林昆虫的范围扩大，特别是在较高纬度和海拔的地区。在欧洲，较高的冬季温度提高了松异舟蛾 *Thaumetopoea pityocampa* 幼虫的存活率，并促进成年飞蛾向北扩散。在北美，温度升高导致加拿大的松树害虫向北扩散并穿越落基山脉，从而威胁到东部的松树。

生物入侵作为全球气候大环境下的一种基于非本地种和生态环境之间的相互作用，面对变化的全球气候，必定也会在入侵方面表现出新的相互作用方式或者作用方式发生改变。这种由气候变化带来的生物入侵的改变可能是复杂的，但对于我们接触和更好地解释生物入侵机制，以及更加合理和准确地预测与评估生物入侵发展趋势和生物入侵带给我们的影响具有深远意义。因此，我们必须关注气候变化与生物入侵之间的相互作用，以采取全球范围内的有力措施来应对这些改变，更好地去保护地球的生物多样性，更全面地去服务生态系统，更准确地去预测和评估气候变化和生物入侵风险，以更积极地应对风险，解决问题，也是更好地在人与自然的和谐共生中保护我们人类自己。

四、交通运输网络和旅游宠物热

（一）交通运输网络的发展

交通运输贯穿于人类社会和各种自然景观中，其对经济和社会发展起着不可替代的作用。随着经济的快速发展，交通运输网络也在世界范围内开始加速扩展。在美国，截至2019年，全国公路网密度为0.75km/km^2，英国和日本的公路网密度则更高，分别达到1.90km/km^{2}和3.00km/km^2。截至2019年底，我国公路网长达485万千米，密度为0.6km/km^2，铁路网总长达13.1万千米。除此之外，全球各国相互联系的海上航路和空中航线也不断发展，形成覆盖全球的交通运输网。交通运输网络是一个涉及多层次、多变量的时间和空间相互协调的复杂系统，它连接着不同国家和地区，跨域不同的气候和生态环境，进行着复杂多样的人类活动，还贯穿各种类型的生态系统，是一个与环境、资源及人类活动相联系的开放系统，其对人类社会和生态环境的影响也极为深远，在促进经济发展、增加人类财富、给人类的社会发展提供保障的同时，也对周边生态环境产生着直接或者间接作用，影响着诸多生态过程。

（二）游客与生物入侵

每年庞大的旅游群体提高了全球各个国家或地区的生物入侵可能性。旅客经常有携带食品的行为，如新鲜水果，这些食品可能会隐藏有害生物，在行李中还可能装有苗木等植物，上面也有可能隐藏有害生物。对美国昆虫拦截数据的分析表明，1984～2000年空运的旅客行李中所检测出来的昆虫，多数与新鲜植物相关。

宠物伴随着人类的发展存在了数千年，是人们为了精神目的而豢养的动物。现在饲养宠物已成为人们丰富生活内容与缓解生活压力必不可少的娱乐、休闲方式。但由于缺乏规范的宠物监管制度与生物安全体系，在饲养、经营、治疗等过程中，存在很大的生物安全隐患。例如，原产于巴西的巴西龟是由人类出于养殖的目的而有意引入的，我国几乎所有的宠物市场上都能见到巴西龟的出售，一旦被放生到自然界，因其基本没有天敌，很容易形成优势种群，将严重威胁中国本地野生龟与类似物种的生存。

（三）交通运输网络促进生物入侵

交通运输网络的发展对自然生态系统和农业景观都能够产生显著影响，如生境丧失、破碎化及生物多样性减少等生态影响不断扩大，甚至影响生物入侵过程。并且，交通网络的扩张涉及全球，已经占据全球陆地面积的15%～20%，甚至20%以上。交通运输是促进经济发展的有效手段，交通运输的便利能够促进动植物商品的交换，并且提高人口的流动速度，这些都会对生物入侵有巨大的促进作用。

交通运输网的发展使得各国各地区之间的贸易逐步频繁，并且形成网格化和网络化。很多入侵种由一个原产地国家输出到其他国家造成入侵，这些被入侵的国家也就相继成为入侵种的来源地之一，随着被入侵国家的增加，入侵来源不断增加，在入侵来源的增加与交通运输网络的共同作用下，很多国家的入侵风险不断增加。很多其他的入侵种首次记录的数量也在不断增加，表明其入侵国家和地区的数量在不断上升（图 2-11）。

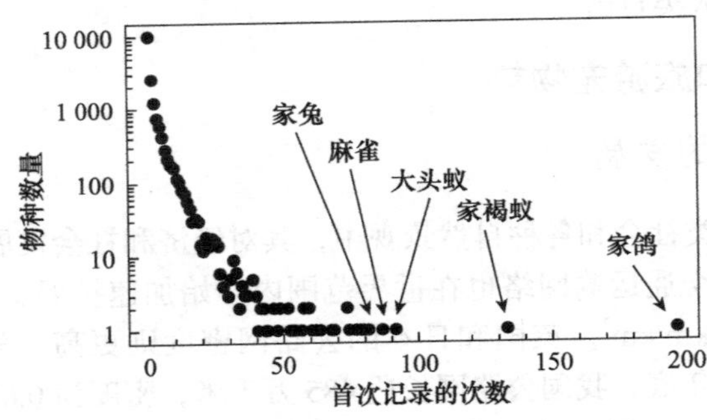

图 2-11 外来种首次记录的频率分布（仿 Seebens et al., 2018）

我国进口农产品的供给国多、渠道广、品种杂、数量大，其中很容易夹带许多个体极小甚至肉眼看不见的有害生物，如一些病原物、入侵昆虫、杂草籽等。旅客进境携带的行李物品中也极易携带外来种，如果旅客缺乏检疫常识，带回的熟食、水果等中可能含有外来种，行李衣物等也可能会黏挂到外来种。很多外来种通过两种或多种途径交叉传入，在时间上并非只有一次传入，它可能是两次或多次传入。

交通运输网络的发展最明显的是带来人口迁移速率的加快，不仅仅是旅游人数的增加，而且带来了全球人口的相互迁移。北美地区外来入侵脊椎动物从 15 世纪开始出现，一开始就是欧洲人进入北美洲，后来北美地区来自欧洲的入侵脊椎动物不断增加，到 19 世纪达到最多，北美地区脊椎动物的入侵与欧洲到北美的人口迁移速率显著相关。同样，欧洲也有来自北美的入侵脊椎动物，欧洲从北美传入的脊椎动物从18世纪开始增加，19世纪和20世纪分别是两个高峰期，这两个时期与北美到欧洲的人口迁移率同样密切相关。因此，交通运输网络带来了人口流动的便捷性，而人口流动的便捷性则导致迁移率增加，最终形成了入侵种的增加（图2-12）。

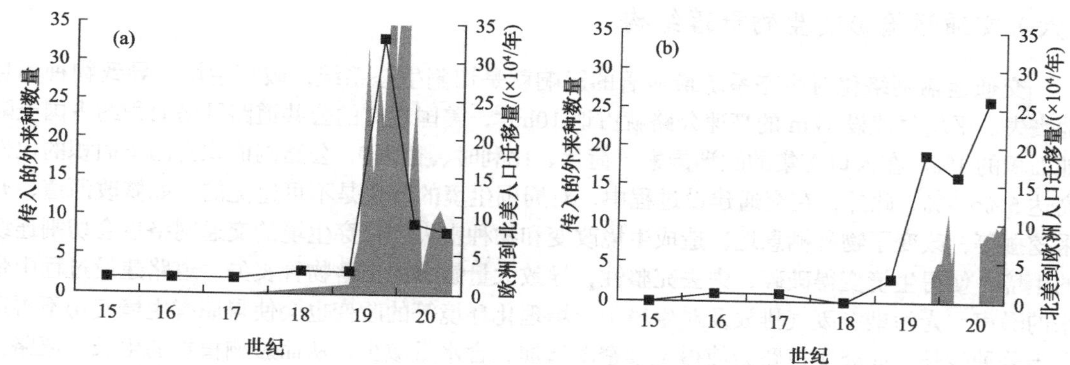

图2-12　入侵脊椎动物物种数量变化及与人口迁移之间的关系（仿Jeschke and Strayer, 2005）
（a）欧洲到北美的外来种；（b）北美到欧洲的外来种；黑色方块代表外来种数量；灰色阴影代表人口迁移量

（四）交通运输影响入侵种种群动态

交通运输的网络化建设和发展过程会影响到种群动态。密集的交通网络造成了生境丧失和破碎化，引起物种死亡率升高，种群数量减少，生境的剧烈改变甚至能够造成土著种灭绝。土著种的种群数量降低为外来种提供了空余生态位，使外来种在系统中扩张。交通活动也会有光源污染、尾气烟尘及噪声污染，或者直接导致某些生物个体死亡。每年由车辆造成的动物死亡非常多，英国20世纪60年代每年车辆致死的鸟类高达400万只。随着交通流量的迅速发展，交通导致的致死率还会提高。交通光源和噪声也会影响到物种种群动态，一方面，车辆灯光可直接加大趋光性动物的死亡率；另一方面，灯光和噪声等会干扰动植物的正常生长和繁殖活动。交通噪声会掩盖鸟类的求偶叫声，使得鸟类求偶交配成功概率下降，繁殖率也进一步降低；灯光和噪声则可以改变鸟类等动物的繁殖时间，从而导致种群数量下降；而像尾气烟尘等也会降低植物种子的发芽率。人为交通路线网络的建设在生境中也起到一定的阻隔作用，阻碍种群的交流与扩散，对于一些繁殖力弱的物种，高密度的交通运输网络很容易造成这些物种的灭绝。

（五）交通运输影响物种的分布

交通运输网络能够直接促进外来种的传入、传播与扩散，给生物入侵开辟了到达新生境的途径。交通运输是生物入侵的一条重要途径，其打破了物种分布的自然阻隔，为外来种的传播提供了多样的媒介。豚草是随火车运输从朝鲜传入我国的，海上航运过程中压舱水的释放也带来了海洋生物的生境转移。此外，交通运输网络的建设也可能为物种提供一定的自然庇护场所和特殊栖息地，还能起到廊道和媒介作用，也能在一定程度上利于生物入侵。交通路线两侧的人工草地、灌木丛或者乔木丛为物种提供了躲避尾气烟尘、噪声和灯光干扰的优良生境，也为很多植食性昆虫提供了充足的食物资源。英国有20%的鸟类、40%的兽类、所有的爬行类、

83% 的两栖类及超过 40% 的蝴蝶类栖息于道路两侧的生境中。一些研究也证实，分布于道路两侧的动植物主要是一些抗干扰能力强的物种或者是由交通工具携带而来的入侵种。交通路线的廊道作用则为物种的扩散提供了媒介，如在澳大利亚，一种蟾蜍就通过道路扩散在新的生境中建立了种群，从而扩大了其分布范围。

（六）交通运输影响生物群落结构

交通运输网络化对生态系统最显著的影响就是切割生态系统，破坏生境，导致物种栖息地丧失。平均每建设 1km 的高速公路就占地 $10hm^2$，美国现有的公共道路网络面积约占国土陆地面积的 1%。在人口密集的欧洲国家（荷兰、比利时、德国），公路网面积占国土面积的比例高达 5%～7%。此外，在交通建设过程中，对周围生境的改变是不可避免的，如修改河道、开采挖掘等，改变了物种栖息地，造成生境改变和物种丧失。贯穿生境的交通网络也会切割连续的生境，使得生境变得破碎，失去完整性，导致大量敏感的土著物种丧失。道路建设过程中带来的噪声、光污染、废气排放及对生境中土壤理化环境等的改变也会使得原有生境变得不再适合土著种生长，如夯实道路会使得土壤密度增加，含水量减少，从而影响植物的生长。道路交通网络的建设对物种生境的干扰都是显著的，造成生物多样性的减少，交通网络密度的增加在破坏生境同时进行的生境破碎也会使得生境更加脆弱，这就使得生态系统的结构和功能趋于简化，稳定性降低，也就更容易遭受入侵种入侵。

思 考 题

1. 世界动物地理区系的组成是什么？
2. 入侵种的传入模式主要包括哪些类型？
3. 入侵种的自然扩散方式主要包括哪些？
4. 有意引入都包括哪些途径及具有哪些特点？
5. 无意引入都包括哪些途径及具有哪些特点？
6. 新型传入模式如何影响生物入侵？

第三章 繁殖体压力

【关键词】
繁殖体（propagule）
传入频率（introduced frequency）
阿利效应（Allee's effect）
繁殖体压力（propagule pressure）
潜伏期（latent）
定殖（colonization）
孤雌生殖（parthenogenesis）
有性生殖（sexual reproduction）
无性生殖（asexual reproduction）

第一节 繁殖体概念

一、繁殖体

繁殖体是指任何用于生物繁殖目的的生物材料，可以是生物体的全部，也可以是具有发育成完整生物体的部分组织。对无性生殖的植物来说，繁殖体可以是木质、半硬木或软木的切段、叶片，或任何其他部位；在有性生殖的植物中，繁殖体主要是种子或者果实。对于动物而言，动物所有生活史阶段及形态的个体都称为动物繁殖体。当然，植物和动物本身也称为繁殖材料。

总的来说，在非原生地区释放的繁殖材料集合称为外来种的繁殖体。贸易中带来的动植物繁殖体非常普遍，很多是具有活力的繁殖体，这些繁殖体是否具有入侵潜力是入侵生态学中的重要问题。单次释放的繁殖体越多，释放次数越多，繁殖体的入侵性就越强。繁殖体本身的存活率也直接影响繁殖体的定殖。因此，释放数量、释放次数及存活率共同决定了繁殖体压力，其本质是揭示生物入侵潜力的大小和入侵可能性。

二、繁殖体类型

（一）繁殖体交流

地球从诞生至今已有大约46亿年的历史，漫长的历史过程伴随着极为复杂的生命演化过程。生物生存压力和种群扩繁等本能驱动生物在不同区域之间转移、定殖、再转移，进行部分种群的迁入与迁出活动。在风、河流、板块运动变化等外在环境条件变化的情况下，生物的这种迁入与迁出活动成为频繁的自然扩散现象。这种物种分布区域的改变就是最初的入侵过程，人类的出现与在世界各地的定居改变了地球原本的生物生存模式，人类日常的生活和社会发展，使得不同区域之间自然发生的生物转移增加了人为转移的途径，这种人为转移可能是有意的，也可能是无意的，人类活动无疑加剧了物种相互交换和传播的过程。

外来种的繁殖体从一个地区转移到另一个地区，这一过程就是物种的传入。一部分外来种能够对土著的其他物种起到较强的排斥作用，对土著的生态系统、栖息环境、经济发展或人的健康带来明显的损失，入侵种的传入过程也就是生物入侵的第一步。人类活动不断加剧外来种的入侵，我国古代就有有关外来种引入的详细记载，公元689年的《唐本草》记载了蓖麻 *Ricinus communis* L. 传入我国，这是我国最早有关外来种传入的记录。蓖麻原产于非洲，作为药用植物被引入我国，然而分布区域改变后也改变了蓖麻的生长，很快蓖麻成为生长不受控制的巨型杂草，对于我国土著植物群落和农作物造成了巨大的威胁，成为进入我国最早的入侵种。后来，《救荒本草》中也有外来种传入我国的记载，如野西瓜苗、野胡萝卜被相继引入我国。从19世纪鸦片战争开始，外来种进入我国的速度加快，很多植物在香港、烟台和上海等沿海口岸登陆以后就以极快的速度从沿海向内地扩散。最初外来种入侵现象只是发生在局部地区，对生态安全和环境并没有造成巨大破坏，但随着我国经济的加速发展和贸易增加，尤其是21世纪以来，我国国际贸易剧增，外来种入侵的形势日益严峻，这些外来种入侵给我国的环境、社会及经济都造成了巨大的压力。世界濒危物种的植物有35%～40%是由外来种入侵扩张造成的，外来种入侵已成为导致生物多样性灭绝的第2位因素，仅次于生境丧失。

我国是一个农业大国，人口规模巨大，高强度的生产和经济活动给外来种的传入创造了有利条件。同时，我国又是一个生物多样性大国，景观、气候、生态系统类型的多样性，造成了外来种很容易在我国领土上长期定殖。近30年来我国和全球经济始终处在高速发展期，与世界各国和地区的物品和人员交流不断增多，进一步增大了外来种繁殖体传入我国的数量和频率，因此造成了我国当前入侵种的数量相当庞大，影响也日趋严重。1960～2019年，我国经济增长了200倍以上，美国经济也增长了40倍，其中1990年以来更是经济增长的飞速期，我国2019年GDP达14.34万亿美元，美国GDP高达21.43万亿美元（图3-1）。庞大的经济体是由广泛的商品交流带来的，而商品交流过程中必然引发外来种交流频率上升，数量增多。生物入侵已对我国土著生态系统的生物多样性和生态系统服务功能造成了严重影响，打破了生态系统的固有平衡，危害或威胁到中国的农林牧渔业生产、交通航运、环境、人类健康和公共设施安全。出于国家公共安全的整体需求，我国科学家从20世纪90年代开始，逐渐重视生物入侵研究。针对生物入侵的管理与控制，我国加强了检测监测、风险分析、生物防治、扩散阻断、根治灭除和生态恢复等技术体系的研究和实施，并初步控制了一些重要入侵种的扩张。

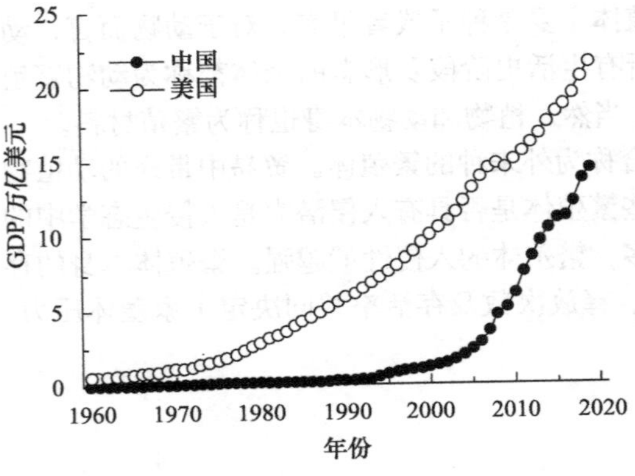

图3-1　中国与美国的国内生产总值（GDP）增长

（二）植物和动物繁殖体

目前，我国已知农林外来入侵生物接近900种，入侵种一般基于繁殖体的传入进行传播扩散，不同的入侵种有各种不同繁殖体类型。对于植物体来说，其繁殖体类型包括根、茎、叶、花、果实、种子、花粉等（图3-2）。一些植物的根、茎、叶可随饲料等进口夹带引入，另外花卉展览中观赏花卉的引入也可能造成植物入侵。植物的果实可通过人为携带、运输等途径进行传播扩散，甚至植物的种子和花粉可随风力传播。藻类具有微观繁殖体，如石莼属等绿藻微观繁殖体包含孢子、配子、合子等生殖细胞，以及处于早期微观发育阶段的藻体、藻段或断枝等。

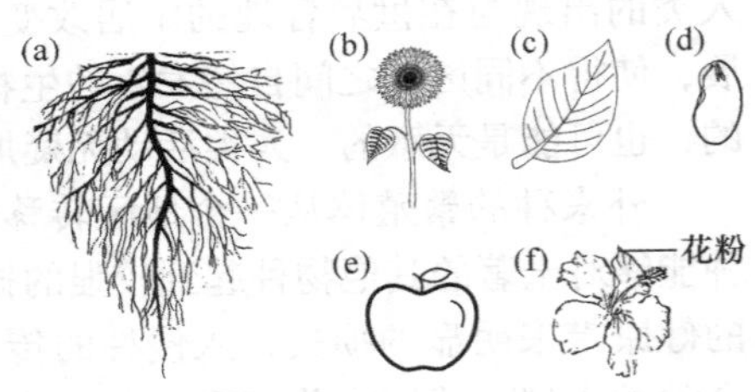

图3-2　植物的繁殖体类型

（a）根；（b）茎；（c）叶；（d）种子；（e）果实；（f）花

对于昆虫来说，其繁殖体类型包括动物本体以及其卵、幼虫等各个生活史阶段，不同生活史阶段的昆虫都有能发育成成体甚至是种群的潜力（图 3-3）。昆虫的繁殖体传入途径包括昆虫自身迁飞，如草地贪夜蛾等。另外，昆虫的卵、幼虫、蛹或成虫在运输的果实或材料中携带，如橘小实蝇成虫在水果中产卵孵化后随水果的运输而进行广泛传播扩散，一些小蠹成虫深藏于运输的原木中，从而进行传播扩散。其他非昆虫纲的动物繁殖体传入途径一般为人为引进，如克氏原螯虾作为牛蛙饵料引进，随后在我国大量定殖并成灾。货物运输时也能携带动物形成无意引入，如红火蚁主要随着苗木、草皮、废旧物品等运输而进行长距离的传播和扩散。动物成体作为繁殖体传入时，依靠其生态可塑性大、繁殖力强、生境适应性广等特点在入侵地大量繁殖进而快速定殖。动物体幼体作为繁殖体进行传入时，依靠其个体小、数量大等特点可以较好地隐蔽自身进行繁殖发育，进而在入侵地进行定殖及传播扩散。

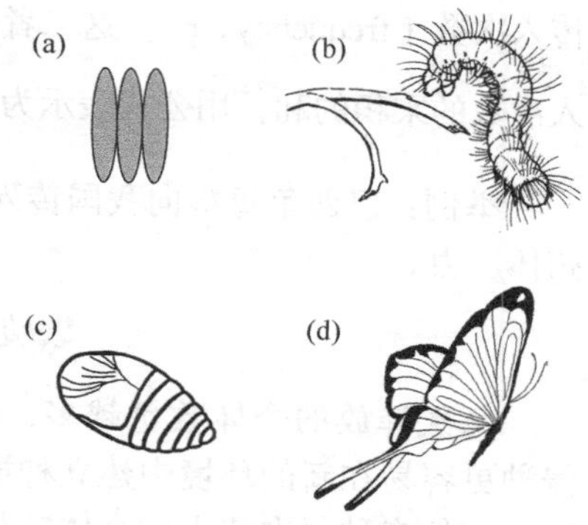

图 3-3　昆虫的繁殖体主要类型

（a）卵；（b）幼虫；（c）蛹；（d）成虫

第二节　传入频率和数量

一、繁殖体与入侵

对外来种传入的精确记载非常困难，这也严重阻碍了对外来种传入进行统计分析的进程，很多传入过程都是无意的，导致大量传入信息无法确认。除了无意引入，还有很多其他原因制约了外来繁殖体的研究，大多数国家并没有对本国所有土著物种有全面的了解，本国有哪些土著物种，是土著种还是外来种都没有清晰准确的记录与统计。据统计，世界上有超过 1000 万个物种，但已经鉴定和描述过的物种不超过 150 万种，分类的不完善导致信息的缺失，即使有国家对现有土著物种进行了统计与记录，对潜在的新物种也无法准确记录。此外，当外来种传入某一地区后，可能会对当地的生态系统产生一定影响，但外来种在传入后往往并不立刻表现出症状，而是存在一定的潜伏期，这个时期可长可短，没有一个固定的模式，在入侵种暴发前人们很难发现。所有这些因素都导致了对外来生物传入现状的统计是一件非常困难的事情。

外来种入侵也给我国生态环境、生物多样性和社会经济造成巨大危害。目前，我国已经产生严重危害的入侵种就有百余种，在世界自然保护联盟所列的全球 100 种最具威胁的外来种中，入侵我国的就有 51 种。我国已成为世界上遭受生物入侵危害最为严重的国家之一，1998～2017 年我国大陆农林生态系统新增入侵种共计 90 种，每年平均新增 4～5 种，入侵速度是 1950～1990 年的 20～30 倍。其中，2005～2013 年是入侵种快速增长时期，平均每年新增 7～8 种，1998～2004 年及 2013 年以后新增种类增长相对缓慢，平均每年新增 2～3 种。繁殖体是生物入侵的主要载体，也是这些生物入侵过程的重要信号，控制繁殖体是控制生物入侵的重要步骤。

二、繁殖体的入侵压力

（一）繁殖体的传入

繁殖体压力（propagule pressure，PP）由两方面决定，繁殖体的传入数量（number，N）和传入次数（frequency，F），这二者共同决定了繁殖体压力。因此，繁殖体压力是传入数量和传入次数的乘积的和，用公式表示为PP=$\sum_{i=1}^{k}N\times F$，k为传入的总次数。

举例：巴西龟每次向我国传入100头成年龟，每年传入10次，请计算巴西龟对我国的繁殖体压力。

$$\text{繁殖体压力（PP）}=\sum_{i=1}^{10}N\times F=1000$$

每次释放的个体数量越多，释放次数越多，繁殖体压力就越大。繁殖体压力增大，入侵种更容易在新的环境中建立种群。许多外来种的繁殖体压力与定殖概率之间存在正相关关系，即外来种每次传入的个体数量越大、传入的次数越多，繁殖体压力越大，就越有利于外来种的定殖。

（二）繁殖体定殖

繁殖体定殖可能性是一个概率事件，这种概率是繁殖体与环境互作过程的最终体现。繁殖体定殖可能性不仅仅依赖于这种外来种引入时的繁殖体类型，也和初始繁殖体数量和繁殖体存活能力有关，如以下公式所示：

$$P(n)=1-\left(\frac{d}{b}\right)^{n}=1-\left(1-\frac{r}{b}\right)^{n}$$

式中，P为繁殖体的定殖概率；b和d分别为出生率和死亡率，假设$b>d$；r为繁殖体的初始增长速率，$r=b-d$；n为外来种的初始繁殖体数量。

根据上述公式，在出生率和死亡率不变的条件下，外来种的初始繁殖体数量（n）较大时成功定殖的概率P（n）较高，反之则定殖概率较低；繁殖体的死亡率较低时（r值较高），定殖对初始繁殖体数量的依赖较小，但是当死亡率较高时（r值较小），则需要较高的繁殖体数量才能成功定殖。

对两性生殖的外来种而言，繁殖体压力较高时个体之间相遇的概率相对较大，有助于发现有效的配偶（配子），从而提高成功繁殖的概率，促进后代数量增长。对个体之间存在聚集、互作等行为的外来种而言，较大的繁殖体压力有利于不同个体合力抵御天敌，制服猎物和克服不利环境条件，提高外来种与其他物种竞争食物和生存空间的能力。较高的繁殖体压力还有助于提高外来种的遗传多样性，为未来的种群扩张和适应性进化奠定基础。尤其是当同一地区发生多次传入且传入个体来源于不同地区、各来源地种群又存在较大遗传差异时，外来种在该地有可能积累起接近甚至高于各来源地的遗传多样性。

（三）外来种入侵成功率

外来种繁殖体定殖概率并不代表入侵成功率，入侵成功率是入侵种的最终体现，需要克服生态系统的层层障碍。入侵成功率是繁殖体对新生态系统产生压力的关键指标，入侵成功是指繁殖体中至少有一个个体能够在新生态系统中存活并且繁殖种群。入侵成功率是一个概率函数，可用下面的公式表示：

$$\gamma=1-(1-P)^{N}$$

式中，γ为入侵成功率；P为繁殖体的定殖概率；N为繁殖体数量。

入侵种的入侵成功由两个因素决定，即繁殖体数量和繁殖体的定殖概率，繁殖体数量越高，入侵成功概率越大，同样繁殖体定殖概率大，入侵成功率随之增加。在同样的入侵成功率下，繁殖体数量越大，则要求的繁殖体定殖概率越低（图 3-4）。当然，入侵成功率也会受环境或其他生物因素影响，在考虑繁殖体本身时，繁殖体自身的定殖概率和数量就是决定入侵成功与否的重要因素。

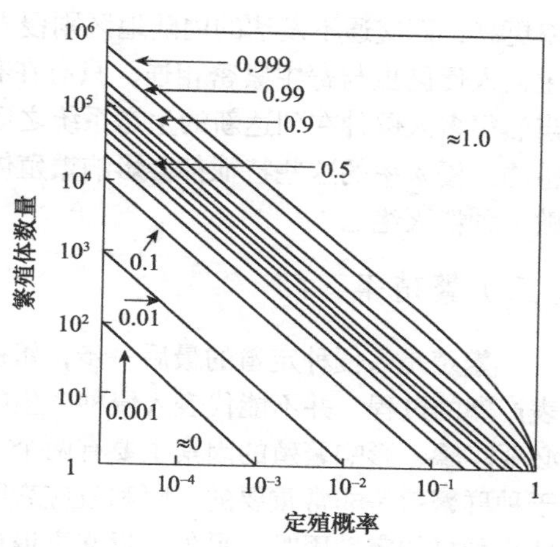

图 3-4 入侵种繁殖体数量与繁殖体定殖概率决定入侵成功率（仿 Davis，2009）

三、外来种定殖概率

定殖概率也就是定居并繁殖的可能性，一定数量的入侵个体到达新的生态系统之后，在一定条件下取得引入成功，在定居并繁殖过程中还需要突破多种困难，这种突破困难的可能性就是定殖概率。所谓入侵成功即完成全部入侵过程，显现入侵症状，与生物定殖过程的不同阶段相对应，定殖概率可以进一步分解为存活率、侵入率及繁殖率。其中，存活率指入侵繁殖体在一定条件下生存的概率。侵入率和繁殖率虽然密切相关，却不相等，侵入率需要通过生态学观察，计数侵入并定殖成功的点数，而繁殖率可以通过田间种群数量的调查来推算。

（一）存活率

传入新生态系统中的繁殖体首先需要存活下来才会有后期繁殖并扩散的机会，因此繁殖体的存活率对于定殖过程至关重要，存活率与繁殖体的类型与所处的环境都密切相关。在入侵管理中，尽可能地需要降低繁殖体的存活率来降低入侵的概率。对于入侵繁殖体而言，存活率主要与 3 个因素有关：第一，繁殖体数量。很多繁殖体之间存在化学信号联系，数量的不同会直接影响繁殖体的存活率，如苜蓿在种群数量达到一定的数值之后，其种苗的存活率很高，而在较低的种群数量下很难存活。另外，一个物种的不同个体之间往往存在相互协作的关系，较少的种群数量不利于种内的个体间协作，往往导致种群崩溃，很快消亡。第二，生物条件。繁殖体的存活总是需要在新的生态系统中占据新的生态位，也需要与其他物种竞争空间等资源。第三，环境条件。繁殖体需要从周围环境中获取营养等资源，并且需要一定的温度、湿度、光照等物理条件，不利的环境能够显著降低繁殖体的存活率。

（二）侵入率

空间分布也是入侵种群定殖的关键因素，一批繁殖体由原来的生态系统进入新的生态系统中时，在新生态系统中的空间分布称为侵入率。如果只是点状分布的繁殖体，那么通过根除技术消除入侵种就会非常容易，通常繁殖体在空间上会存在特有的分布型，能够占据空间中明显的位置。通常侵入率与 3 个因素有关：第一，载体分布。繁殖体大多都是通过载体被引入新的生态系统中，那么这些载体的空间分布与入侵繁殖体的空间就极为相关，载体能够携带大量繁殖体从一个空间点到另一个空间点，通过载体的分布研究繁殖体分布也是一个非常有效的方法。第二，廊道和交通。繁殖体在侵入新的生态系统中时，有些能够通过生态廊道扩散到附近的区域中，很多交通运输网络也是影响入侵种侵入率的重要因素，交通网密集的区域往往侵入率更高，而交通不发达的内陆地区则侵入的机会降低。第三，寄主分布。生物的分布离不开寄主，入侵昆虫与寄主紧密相连，只有在有合适寄主的条件下，寄生性昆虫才具有侵染的机会。当然很多入侵种在到达新的生态系统之后会发生明显的寄主跳跃性，取食原来并不取食的寄主植物。侵入率的这些特征都会影响繁殖体的定殖过程，往往一个条件的不满足就会导致入侵失败，种群灭绝。

（三）繁殖率

繁殖是入侵种定殖的最后一步，繁殖率代表入侵种能够顺利产生后代，但往往繁殖也只代表产卵的过程，并不能代表入侵种产生的后代能够顺利存活。因此，繁殖是定殖过程中的关键必要步骤，影响繁殖的因素主要有两个方面：第一，存活个体能够顺利找到配偶并交配，这对于种群繁殖是非常重要的，阿利效应表明小种群时由于个体在寻找配偶的过程中非常困难，因此小种群的定殖困难。另外，近交衰退也会导致小种群的繁殖力逐步下降，在维持几代后种群数量迅速降低，最终种群崩溃而消亡。因此，一定数量的个体是形成有效繁殖的重要条件。第二，产卵环境。不同的物种对产卵环境有一定的要求，如瓢虫总倾向在带有蚜虫的植株上产卵，橘小实蝇总是在形成果实的芒果上产卵。产卵环境的具备是入侵种群繁殖的另一个重要条件，甚至产卵环境有时会直接影响入侵种群的种群数量和习性。只有在配偶和产卵环境都具备的前提下，入侵种群才能够顺利地产生后代，并定殖。

第三节　潜伏与适合度

一、潜伏期

潜伏期是种群定殖后的一个相对稳定的时期，外来种入侵到新的生态系统之后，通常需要一个时期进行与群落和环境的适应。不同的物种潜伏期差异非常大，与物种的特征和接受的生态系统管理密切相关，潜伏期是入侵种和生态系统互作的最终结果。在不同的生态系统之间，不同入侵种的潜伏期也能发生明显的变化，如侵入森林生态系统过程中物种 A 比物种 B 的潜伏期短，但在侵入草地生态系统中物种 A 又比物种 B 的潜伏期长（图 3-5）。

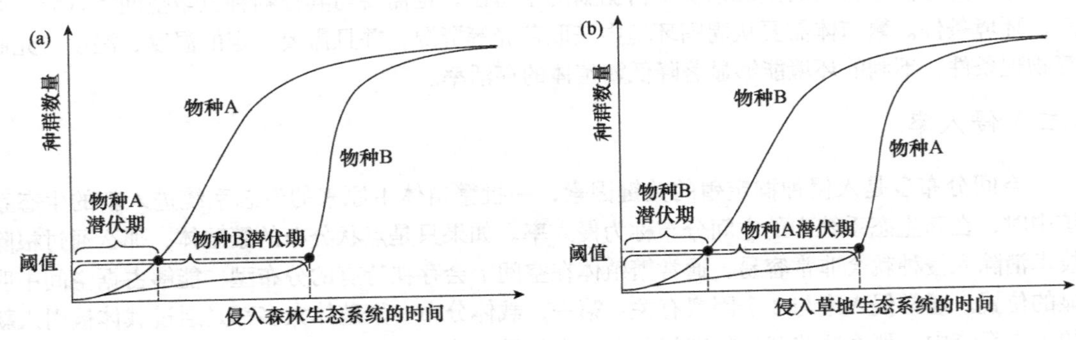

图 3-5　不同入侵种的潜伏期

（a）森林生态系统；（b）草地生态系统

几乎所有的入侵种在进入新的生态系统之后都存在一个明显的潜伏期，潜伏期过后这些物种就大规模暴发。新西兰的105种入侵性杂草都具有明显的潜伏期，最常见的潜伏期在20～30年，也有很少部分的入侵性杂草潜伏期超过40年。德国的184种入侵树木，灌木和乔木的平均潜伏期分别为131年和179年。入侵种在新的生态系统里找到合适的环境条件，在形成自我繁殖种群后为何还需要如此长的时间才能扩散暴发？这种潜伏过程可能有多种原因，并且这也是入侵种暴发的重要生态学机制（表3-1）。根据入侵种的扩散过程，几乎所有的物种都具备一个潜伏期，这种潜伏期与物种的特性密切相关，主要存在下面几个原因。

表3-1 入侵种的潜伏期与种群暴发原因

入侵类型	中文名	拉丁学名	入侵地	入侵时间	潜伏期/年	暴发原因
入侵植物	大米草	*Spartina anglica*	英国沿海	—	40	与欧洲米草 *S. maritima* 杂交后染色体加倍
	互花米草	*Spartina alterniflora*	美国华盛顿	—	100	密度效应
	巴西胡椒木	*Schinus terebinthifolius*	美国佛罗里达	—	100	环境变化
	牛津千里光	*Senecio squalidus*	英国	1891年	100	叶片面积和植株高度增加等表型变化
	川续断属植物	*Dipsacus laciniatus*	美国	—	70	交通运输网普及
	无花果	*Ficus* sp.	美国佛罗里达	—	45	传粉昆虫的不对称访花
	东北柳叶菜	*Epilobium ciliatum*	英国	1794年	100	气候变化
	阿拉伯婆婆纳	*Veronica persica*	英国	1826年	100	叶片形状和叶片面积增加等表型变化
	挪威槭	*Acer platanoides*	美国休伦湖	1965年	34	公路和火车廊道
入侵动物	棘烟管鱼	*Fistularia commersonii*	地中海	1975年	25	多次多地引入
	短齿蛤	*Brachidontes pharaonis*	苏伊士运河，地中海	—	120	土著种减少，生态位增加
	变色蜥	*Anolis sagrei*	美国佛罗里达	—	50～80	多次引入的遗传多样增加
	灰斑鸠	*Streptopelia decaocto*	欧洲和非洲	—	120	气候变化及土地覆盖类型变化
入侵微生物	噬虫霉菌	*Entomophaga maimaga*	北美	—	80	气候变化带来的休眠孢子释放

—代表无记录。

（一）种群增长

种群增长过程中一般都会存在相对静止的过程，这种过程形成可能存在以下几种原因：第一，种群增长轨迹的自然过程。当入侵个体定殖后，种群间还需要进行互作，寻找配偶，相互协作等过程，这一过程通常需要较长的时间来适应，并且在新的生态系统中建立新的模式。第二，种群监测的阈值。一般而言，任何一种监测方法都不是100%灵敏，只有种群数量在超过某一个阈值之后才能够监测到，很多监测手段都存在一个种群数量阈值，在阈值以下称作亚监测水平，种群数量处于亚监测水平之下是无法采用目前的监测系统进行有效监测，有些物种有较好的监测手段，能够在较低的种群数量被监测到，有些物种没有有效的监测手段，需要在一定的种群数量或者较高的种群数量下才能被监测到（图3-6）。第三，阿利效应。阿利效应与种群数量有关，在低密度下种群增长速度很慢，因此需要很长的时间才能积累较多的种群数量。实际上，这种种群增长的潜伏期最有效的作用就是积累指数增长前期的有效种群数量，在很小的种群中，即使很快的种群增长速度也只能形成种群数量的缓慢增长，如种群数量10以10倍的速率增加才为100，而大种群同样的种群增长速率会导致种群成灾和暴发，如种群数量100以10倍的速率增加就是1000，这已经是很高的种群数量。通常种群数量在较小时很难准确监测，因此在很长的时间段内都是种群低密度维持。

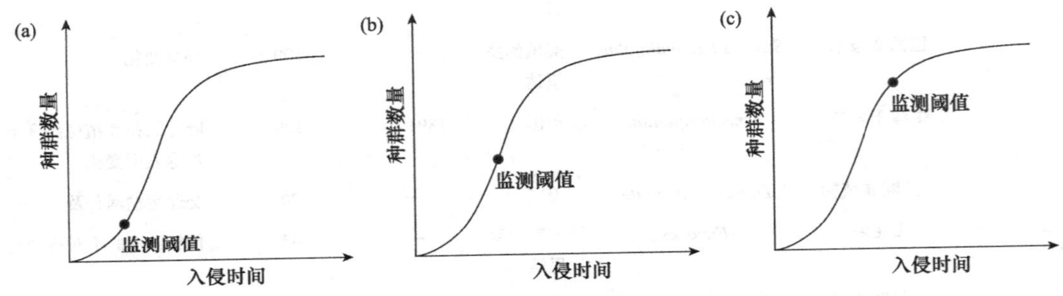

图3-6　入侵物种的监测阈值

（a）低监测阈值；（b）中监测阈值；（c）高监测阈值

并且，入侵种在定殖与扩散之间的间隔期对于调查人员也需要一个时间段进行接受，在初期的扩散往往不敏感，并难以发现。能够采用常规手段进行外来种数量监测时的种群密度成为监测阈值。监测阈值的存在会使外来种的空间扩散过程非常神秘而不可见，这种神秘的扩散过程尤其在动物中非常普遍，如动物身体的寄生虫及昆虫携带的寄生蜂等。生态系统中的大树要比土壤中的种子容易发现得多，并且羽化的寄生蜂同样要比隐藏在昆虫体内的寄生蜂卵容易发现。在入侵种种群的扩散阶段，环境变化通常并不明显，低密度存在的种群数量远远比高密度种群数量更难以监测。

阿利效应也是产生潜伏期的重要因素，种群数量与种群增长存在阈值效应，当种群数量低于阈值时，种群会逐步萎缩甚至消失。种群数量在阈值附近时，会产生波动，种群数量长期在较低的密度存在，并且不断地产生波动。入侵种在引入后，种群数量必须经过阿利效应，这种低种群密度和负种群增长率的规则使入侵种种群需要长时间克服阿利效应。弱的阿利效应会使种群在低密度时迅速增长到高密度，但仍然需要一段时间的潜伏期。

北美地区家雀的入侵扩散过程，阿利效应起到重要的作用，在种群数量较低时种群增长速度非常慢。相似的，美国西海岸的大米草 *Spartina alterniflora* 在种群数量较低时，花的授粉率很低，这导致大米草的种子结实率也很低。一旦大米草种群上升到一定的种群数量，种群增长率和扩散速度都随着增加。这种大米草的暴发可能是由于无性繁殖、基因及植食性害虫的复杂作用，但是阿利效应仍然发挥了重要的作用。阿利效应有时难以发现，因为在低种群数量的情况下很容易缺乏数据而难以分析，因此检测外来种的潜伏期非常困难。如果阿利效应还与环境因子相互作用，那么阿利效应还存在区域特异性，区域特异性的阿利效应使入侵种的潜伏期多变而难以估计，因此在这个入侵进程中充满了不确定性和随机性。

（二）扩散

入侵种的早期扩散使准确监测更为困难，当入侵种建立种群后，首先需要通过繁殖积累个体数量。在个体数量增加的过程中，能够突破监测阈值，这会导致突然发现入侵种瞬间分布很广，并且密度很高。如果扩散与密度是相关的，起始种群有可能会通过扩散丢失部分个体，在较短的时间内，扩散会逐步移除种群中多余的个体而降低种群密度，使得准确监测非常困难。同时，扩散的新个体重新建立种群也很难被发现，因为这些种群都在监测密度以下。这种双向的错觉使入侵的持续扩散更为隐蔽，而起始的种群始终维持在阿利效应的边缘波动，这些都延长了入侵种的潜伏期（图 3-7）。

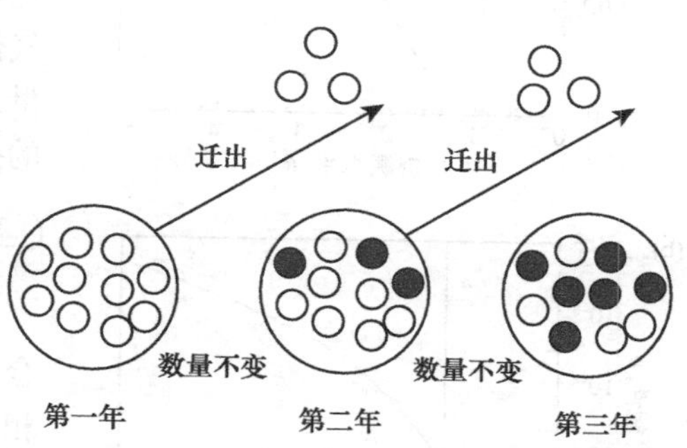

图 3-7　扩散与入侵种的种群平衡
白圈为侵入的个体，黑圈为新产生的个体

（三）生物互作

种群建立与扩散的潜伏期对很多入侵种的数量聚集非常重要，如传粉昆虫、捕食者及共生物种。在经过多年的潜伏期后，入侵种可能会存在显著的地理扩张过程，这一过程有时是需要其他生物的介导或种间互利。最直接的证据是通过种间互利定殖的物种，无花果能够存活几十年甚至上百年，在存在传粉昆虫的条件下，传粉昆虫能够使无花果突然从不繁殖状态转变到繁殖状态，并且使无花果分布区猛然扩大，在很短的时间内迅速扩散并成灾。种间互利也存在相同的机制，从不繁殖到繁殖状态是非常极端的，土地覆盖类型的变化对于所有的植物是平等的。局部稳定的种群也可能产生突然的入侵扩散，很多非本地的植物在种群数量没有显著变化时进行空间扩散，如日本小檗 *Berberis thunbergii* 一般随着人工种植只在农田中存在，一旦日本小檗与扩散载体建立互利关系，这种日本小檗就开始跳出农田在野生环境中疯狂地扩散和繁殖。

（四）时空异质性

外来种的繁殖体释放后，必须在运输载体释放它们的地点存活。这些入侵种的起始点能够为入侵种提供充足的生物和非生物资源来保证入侵种的自我维持，但是这可能并不是最优的环境条件。在最优的环境条件下，入侵种的数量能够迅速增长并扩散，但在一般的环境条件下，入侵种只能以较低的种群增长速度增长，直到这些入侵种种群缓慢扩散到最优的环境中。在生态系统中，入侵种在不同的环境条件下种群数量增长速度差异很大，空间资源的异质性也可能是入侵种产生潜伏期的重要原因。入侵种的存活有时依赖生态系统中的资源水平，当入侵种的资源需求水平较高时，新生态系统中的资源水平低于入侵种需求的最低资源水平，入侵种便难以存活和定殖，因而很难形成入侵。当入侵种的资源需求水平较低时，新生态系统中的资源水

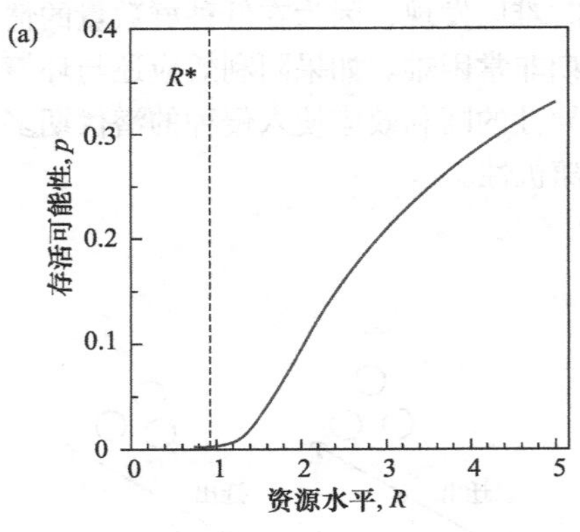

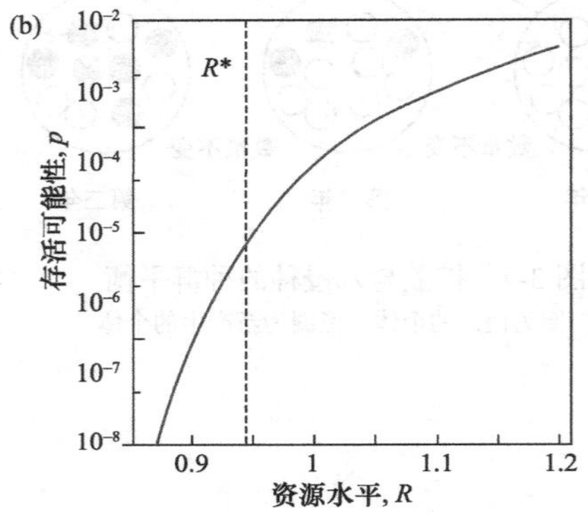

图 3-8　入侵种的资源依赖性存活可能性（仿 Tilman，2004）

（a）入侵种资源需求量高；（b）入侵种的资源需求量低；R^* 指入侵种存活可能性阈值

平高于入侵种需求的最低资源水平，入侵种便能存活和定殖，从而形成强烈的入侵（图 3-8）。

同样，生境适合度随时间的变化而变化也能够解释外来种的潜伏期，一些入侵种在环境不适宜的条件下种群增长速度缓慢，在环境不断改变的条件下，入侵种种群开始扩大分布范围。气候条件的时间变化也能与其他生物因素相互作用而产生明显的潜伏期，如气候条件与阿利效应的共同作用能够推迟入侵种的数量进入监测水平，因此低种群数量难以监测，而种群的扩散却在时刻发生。

（五）进化和基因加强

入侵种的潜伏期与种群的定殖和进化或基因杂合度的提高也非常相关，入侵动态与基因背景密切相关。在新的生态系统中，入侵种通常需要一定的时间与环境条件产生相互作用并适应，而在这种适应的过程中入侵种仍然在缓慢扩散。入侵种在定殖过程中由于要适应新天敌和新寄主，因此需要产生一系列形态学或生理学上的微进化。新生态系统中天敌的捕食使外来种在较低的种群数量下维持相当长的时间，然而并不驱动种群灭绝。一旦种群的进化产生，入侵种群就从这些限制中释放出来，并开始迅速地进行地理扩张。

基因的可变性是影响潜伏期的另一个重要因素，植物对病原物、寄生物、植食性昆虫取食的抗性受一系列基因调控，或者受一个基因调控。如果这些基因在入侵种群中不存在，外来种就会长期处于较低的种群增长过程。另外，小种群的基因漂移也会导致外来种的种群复杂性降低，功能基因的丢失导致外来种种群增长缓慢。因此抗性基因与生物间的相互作用共同导致了外来种存在较长的潜伏期，但多次的引入会逐步消除基因多样性较低的缺陷，随着基因多样性的提高，外来种将有更多的机会或者抗性基因来消除生物取食的负效应。一旦抗性种群建立，入侵种种群就迅速扩张并成灾。

二、适合度

适合度是指一个物种的种群能够生存并把它的特性传给下一代的能力，一般包括存活力和繁殖力。适合度包括繁殖体可塑性、突变、适应性和遗传选择，这些特征在繁殖体的存活和繁殖过程中非常重要。繁殖体可塑性和适应性在植物入侵过程中起着至关重要的作用。经过一定的生态适应后，植物与环境的互作可能会导致入侵种种群或个体具有更高的适合度。适合度是外来种定殖成功的重要前提，适合度能够保证外来繁殖体在生态系统中存活并产生后代。以鸟类为研究系统，繁殖体本身的特征是定殖成功的重要因素，生活史、生态因素、人类活动及环境匹配也能很大程度影响外来繁殖体的定殖成功。生态系统中非生物因子和生物因子则对外来繁殖体的成功定殖贡献度较小（图 3-9）。

繁殖体在新的生态系统中需要具备一定的适合度，这种适合度是环境依赖性的，不同的环境因子会导致繁殖体的适合度显著不同。适合度是生物对环境适应的量化特征，是生物各种特征对环境适应性的综合体现。适合度不仅是生物进化学的重要研究内容，也是生态学的重要领域。生物的各种行为特征，包括觅食、求偶、交配及哺育后代等，都是在不断地优化适合度。尤其是生物的最适觅食对策和最适繁殖对策，集成体现都是将基因传递给后代，也就是适合度。繁殖体作为从原产地到新生态系统中的有机体，如果要在生态系统中定殖，必须要有一定的适合度，这种适应过程会产生多个生态效应。

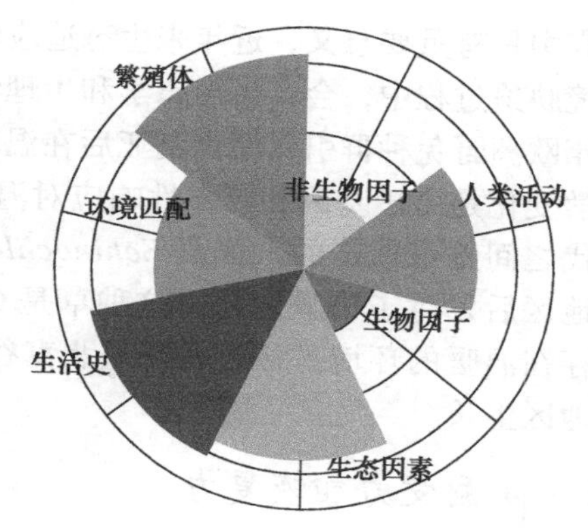

图 3-9　不同因子对外来繁殖体定殖成功的相对效应大小（仿 Redding et al.，2019）

（一）繁殖体存活力

外来繁殖体与土著物种不同，首次到达新生态系统的繁殖体一般数量有限，这些数量有限个体的存活率非常重要。这里外来繁殖体的存活率与存活率曲线不同，是指能够存活的繁殖体占总量的比例。过低的存活率会导致种群不断衰减，直到完全消失。

外来种传入经历传入、定殖、再转移的过程，定殖是为种群增长、物种延续和进化变化奠定基础的关键过程。定殖对于生物入侵来说是一个基本的生态过程，它不仅指外来种能在新生境存活下来，还要求外来种能在新生境中繁殖后代，持续不断的繁殖体的提供是外来种克服不利环境因素达到成功定殖的途径，繁殖体压力假说认为繁殖体压力越大，生物入侵的潜力就越大，成功入侵的可能性就越大。大量研究结果证实，入侵种通过大量繁殖以维持其在入侵地较高的繁殖体压力，从而促进入侵种群稳定增长和快速扩散。高繁殖体数量的入侵者往往分布范围更加广泛，这使其能够有效减少因偶然因素造成的死亡，并且有研究报道繁殖体数量大的种群往往能够避免因偶发自然现象而造成的灭绝和阿利效应的限制，进而促进其在新栖息地定殖和发展。繁殖体压力对本地群落的总生物量、地上生物量和地下生物量有显著影响。本地群落的所有生物量，在高繁殖体压力环境条件下都显著地低于在低繁殖体压力环境条件下的生物量。有研究提出繁殖体压力对第一代种群的定殖没有影响，但可维持第二代种群的丰度增加。

（二）繁殖体繁殖力

入侵性和繁殖体压力的交互作用对繁殖力有显著影响，在高繁殖体压力条件下，入侵种生长量显著高于其低繁殖体压力条件下的繁殖量。繁殖体压力能够影响入侵种的繁殖量，在多次施肥和高繁殖体压力交互的环境条件下，外来植物能够产生更多的种子，但是在均匀施肥和高繁殖体压力交互的环境条件下，外来植物的繁殖力相对较低。

三、繁殖体的生态适应性

生态适应性也称为生态可塑性或者生态弹性，是生物个体或种群表型及功能的维持能力，以及生物吸收环境变化和干扰后保持个体和种群状态的一种度量。生态适应性能够描述个体或者种群的变化，也能够描述生态系统的状态和行为。生态适应性在生物稳态转化的研究中具有重要意义，近年来生态适应性已经是生态学研究的热点问题。很多入侵种在响应环境胁迫过程中，会产生形态学和生理学上的适应性，从而维持适合度。为响应热胁迫，1859年欧洲野兔种群引入澳大利亚后在温暖的气候中进化出更瘦的身体和更长的耳朵。这种形态学变化是由于基因和可塑性响应对温度的适应性，在同样环境条件下，这种形态特征在两代之间是可遗传的。稗草 *Echinochloa crusgalli* 从北美南部地区入侵寒冷的加拿大魁北克地区后发生了明显变化，这种草是 C4 植物，这种机制限制了很多相似物种的分布，只能存在温暖的环境。最近发现魁北克谷仓草种群提高了酶的催化效率，使得谷仓草可在寒冷地区生长。

（一）耐受力和恢复力

耐受力指生物个体或种群抵御环境胁迫或人为干扰的能力。恢复力是指生物个体或种群在遭受环境胁迫或人为干扰后，偏离平衡的状态向平衡状态恢复的能力。耐受力和恢复力都是入侵种对环境胁迫响应后产生的生态学表性变化，这包括多个方面，如生物生活史的各个特征和指标。

被子植物中，开花时间是重要的入侵特性，影响入侵植物在不同气候下的存活。作为对纬度的响应，250 年前两种一枝黄花（*Solidago altissima* 与 *S. gigantea*）从北美传入欧洲，在开花时间表现出渐变过程，入侵地和原产地种群的物候和遗传都产生了明显差异，这种渐变种群是变异和自然选择的共同结果。同样，十字花科有一系列遗传基因决定的生态型，开花时间有显著差异，预先适应的生态型从欧洲引入加利福尼亚，入侵过程中自然选择导致了沙漠中只存在早期开花的生态型，而沿海地区却是晚期开花的生态型。

（二）定殖成功率

繁殖体压力是影响入侵生物成功定居新生境的一个关键因素，也是理解生物入侵风险和寻找有效预防措施的关键。许多案例表明繁殖体压力越大，繁殖体定殖的可能性也就越大。入侵的初始繁殖体数量为该入侵种的成功定殖可能性提供了基础。但阿利效应认为过分拥挤也会对生殖产生副作用，限制种群发展，这意味着外来种繁殖体数量达到某一阈值后，再增加繁殖体数量不会影响其入侵的成功率。

（三）入侵力

繁殖体压力决定入侵力，如引入的个体多就容易建立种群并具有较高的入侵力。繁殖体数量较多的外来种还可因少受阿利效应的负作用而保持强入侵性。*Ralstonia solanacearum* 细菌入侵土壤前期的成功率会受繁殖体压力的影响。在高繁殖体压力的情况下，入侵种比外来非入侵种生长得更好，其原因是入侵种的生长性能比外来非入侵种更好。虽然入侵种存活率比非入侵种低，但入侵种的生长量仍然比较大。但是，有研究提出繁殖体压力大小对豚草当年定殖植株数量影响不显著，但对下一年的种群大小影响显著，即最初引入的种子数量越多，下一年豚草种群密度越大。

（四）存活力

青枯菌在土壤中要达到一定数量后才能引起植物发病，这说明其存活状况或浸染能力与繁殖体数量关系密切。繁殖体数量较多的入侵者往往分布范围更加广泛，这使其能够有效减少由偶然因素造成的死亡，进而促进其在新栖息的定殖和发展。释放的繁殖体数量越多，种群越有可能在环境或人口统计的随机状态下生存下来，克服所有的影响，或者有足够的遗传变异来适应当地的条件，从而变得自给自足。外来种在高繁殖体压力条件下的存活率低于在低繁殖体压力条件下的存活率。

第四节　定殖与种群分化

一、定殖概念

定殖是指外来种繁殖体从一个生态系统传入新生态系统后，种群持续生长定居并产生稳定繁殖的现象。作物定殖是指将育好的秧苗移栽于生产田中的过程，植物将从定植生长到收获结束。定殖包括定居和繁殖两部分，繁殖又分为无性生殖和有性生殖两种。无性生殖是一类不经过减数分裂，由母体部分组织或器官直接产生新个体的生殖方式。有性生殖是指通过减数分裂产生有性配子，通过雌雄配子结合形成受精卵，再由受精卵发育成为新的个体的生殖方式。单性生殖是有性生殖的特殊形式，如动物的孤雌生殖，植物花药形成植物体。无性生殖和有性生殖的根本区别是减数分裂，无性生殖不经过雌雄配子结合，由母体直接产生新个体，有性生殖一般经过雌雄配子结合，成为合子，由合子发育成新个体。

（一）定居

定居是指外来种在新的生态系统停留并存活的过程。定居主要分为以下 3 种类型。

永久性定居：是指入侵生物繁殖体到达新的生态系统后持续生长并融入新群落的现象。永久性定居的环境条件一般比较适合入侵生物繁殖体的存活，并能够为这个入侵生物繁殖体提供必要的食物资源。永久性定居的外来种已经在生态系统中建立稳定的种群，并能够持续性存在，即使在传入不存在的条件下，这些物种仍然能够稳定存在［图 3-10（a）］。

暂时性定居：是指入侵生物繁殖体在新的生态系统中有时能够监测到，有时监测不到的现象。暂时性定居的入侵繁殖体在新生态系统的存活过程还暂不清楚，一般新生态系统环境条件只在某一段特定的时期满足入侵生物繁殖体的存活，在其他的时间内不适合入侵生物繁殖体的存活。例如，橘小实蝇种群在我国北方的 6～11 月能够监测到，在冬天和春天（12 月至翌年 5 月）监测不到，橘小实蝇种群只能在北方暂时性定居。暂时性定居又分为经常暂时性定居和偶尔暂时性定居，经常暂时性定居一般由人类活动引起，如频繁的国内农产品和蔬菜水果调运，能够携带有害生物的定向输送，造成暂时性定居的现象。偶尔暂时性定居也同样受人类活动影响，由于旅游的随机性，人们携带的水果等会到达某些随机地方，造成偶尔暂时性定居。暂时性定居的外来种有时能够监测到，有时又监测不到，完全受引入影响，外来种不能在入侵地长期稳定存在［图 3-10（b）］。

周期性定居：周期性定居是指入侵生物繁殖体在新的生态系统中循环出现，在一年的特定时间内周期性地出现。周期性定居通常由一些迁飞性有害生物引起，同样由于新生态系统中的环境和食物资源等只在某些时期内满足有害生物的存活，因此这些入侵生物繁殖体需要周期性地改变位置，以满足种群的持续存活［图 3-10（c）］。周期性发生的外来种存在非常稳定的发生规律，并且有稳定的传入来源，形成在入侵地的周期性发生，切断入侵来源便能彻底地消除入侵地的外来种种群。

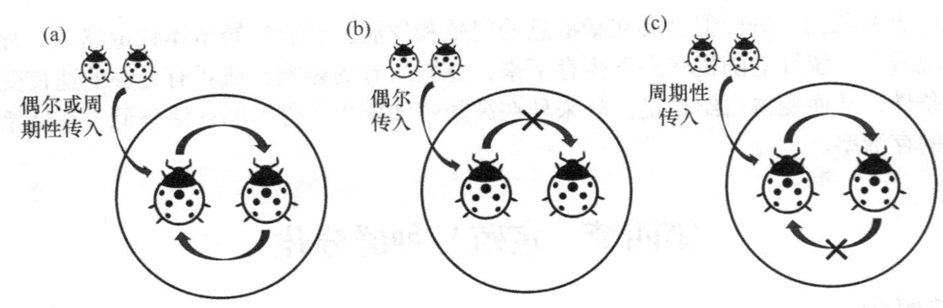

图 3-10 外来种的定居模式

(a) 永久性定居；(b) 暂时性定居；(c) 周期性定居

(二) 无性生殖

分裂生殖：分裂生殖又叫作裂殖，是无性生殖中常见的一种方式，即母体分裂成 2 个（二分裂）或多个（复分裂）大小形状相同新个体的生殖方式。这种生殖方式在单细胞生物中比较普遍，但对不同的单细胞生物来说，在生殖过程中核的分裂方式是有所不同的。无丝分裂又称直接分裂，是一种最简单的细胞分裂方式，整个分裂过程中不经历纺锤丝和染色体的变化，这种方式的分裂在细菌、蓝藻等原核生物的分裂生殖中最常见。

有丝分裂：有丝分裂是多细胞生物细胞分裂的主要方式，但一些单细胞如甲藻、眼虫、变形虫等，在分裂生殖时，也以有丝分裂的方式进行。甲藻细胞染色体的结构和独特的有丝分裂，兼有真核细胞和原核细胞的特点，细胞开始分裂时核膜不消失，核内染色体搭在核膜上，分裂时核膜在中部向内收缩形成凹陷的槽，槽内细胞质出现由微管按同一方向排列的类似于纺锤丝的构造，调节核膜和染色体，分离为子细胞核，最终分裂成两个子细胞（甲藻）。眼虫营分裂生殖时，核进行有丝分裂，分裂过程中核膜并不消失，随着细胞核中部收缩分离成两个子核，然后细胞由前向后纵裂为二（纵二分裂），其中一个带有原来的一根鞭毛，另一个又长出一根新鞭毛，从而形成两个眼虫。变形虫长到一定大小时，进行分裂繁殖，是典型的有丝分裂，核膜消失，随着细胞核中部收缩，染色体分配到子核中，接着胞质一分为二，将细胞分裂成两个子代个体。

出芽生殖：又叫芽殖，亲代通过细胞分裂直接产生子代，在身体的某一个部位长出与母体相似的芽体，即芽基，芽基与母体相连，并不立即脱离母体，母体为芽体提供养分，芽体成熟能够在与母体相接处形成新体壁，之后分离成为独立的新个体。出芽生殖与高等植物的芽不同，其是在母体上分出的芽体，出芽生殖是某些低等动物无性生殖的一种方式。珊瑚虫、水螅、海绵动物、酵母菌等的繁殖方式均为出芽生殖，出芽生殖让新生个体成熟后脱离，有利于生殖高效和能量不浪费，并繁衍出和母体遗传组成完全相同的个体。

孢子生殖：是很多孢子植物和真菌等利用孢子进行生殖。孢子是许多真菌、植物、藻类和原生动物产生的一种有繁殖或休眠作用的生殖细胞，孢子能直接发育成新个体，如分生孢子、孢囊孢子、游动孢子等。植物通过无性生殖产生的孢子叫作无性孢子，通过有性生殖产生的孢子叫有性孢子，如接合孢子、卵孢子、子囊孢子、担孢子等。衣藻和小球藻等原生藻类，其营养细胞长大，细胞壁加厚，形成孢子囊，在孢子囊内的原生质体进行多次分裂，形成多个无性孢子。多数蕨类植物产生的孢子在形态大小上是相同的，称为孢子同型，少数蕨类如卷柏属和水生真蕨类的孢子大小不同，即有大孢子和小孢子的区别，称为孢子异型。产生大孢子的囊状结构叫大孢子囊，产生小孢子的叫小孢子囊，大孢子萌发后形成雌配子体，小孢子萌发后形成雄配子体。因此，孢子生殖既包括有性生殖，也包括无性生殖。

营养生殖：是由高等植物的根、茎、叶等营养器官发育成新个体的生殖方式，是一种典型的无性生殖方式，高等植物具有根茎叶的分化，营养生殖能够保持植物本身的优良性状，加快繁殖速度。例如，甘薯的块根繁殖，草莓的匍匐茎繁殖，竹类、芦苇、白茅和莲的根茎繁殖，马铃薯的块茎繁殖，百合和洋葱的鳞茎繁殖，均为自然营养繁殖。农业、林业和园艺工作上常用分根、扦插、压条和嫁接等方法，把植物营养组织的一部分与母体分离，使其发育成新个体，这属于人工营养繁殖。组织培养也是人工营养繁殖的一种方法。营养繁殖能使后代保持亲本的优良性状，因此农业上人工栽培植物都广泛采用这种繁殖方式。

（三）有性生殖

有性生殖是通过生殖细胞结合的生殖方式，生物的生活史中一般包括二倍体与单倍体的交替。二倍体细胞借减数分裂产生雌雄配子单倍体细胞，单倍体细胞通过雌雄配子的融合形成二倍体细胞，这种雌雄配子融合过程的有性生殖称为融合生殖。这种雌雄配子融合过程主要分为3种不同的类型：①同配生殖。雌雄配子的形态和功能完全相同，无性别区分。②异配生殖。包括生理异配生殖和形态异配生殖，生理异配生殖中参加结合的配子形态上并无区别，但交配型不同，相同交配型的配子间不发生结合，只有不同交配型的配子才能结合，且具有种的特异性；形态异配生殖中参加结合的配子形状相同，但大小和功能表现不同，体积大的为雌配子，体积小的为雄配子，雌配子稳定，雄配子活跃，这表明雌雄配子已产生形态上的分化。③卵配生殖。雌雄配子高度特化，大小、形态和功能都明显不同，成为卵和精子。

孤雌生殖：也称单性生殖，即卵不经过受精也能发育成正常的新个体。孤雌生殖现象是一种普遍存在于一些较原始动物种类身上的生殖现象，简单来说就是生物不需要雄性个体，单独的雌性个体可以通过自身DNA的复制进行繁殖。在孤雌生殖过程中，卵细胞采用一种称为孤雌激活的方式，孤雌激活使体内未受精的次级卵母细胞与受精卵一样，发生卵裂，并最终发育成胚胎，整个生殖过程中不需要雄性精子。昆虫的某些类群中，孤雌生殖是重要的生殖方式，如蚜虫、介壳虫等。

幼体生殖：幼体生殖也是孤雌生殖的一种类型，是指昆虫母体尚未达到成虫阶段，在幼虫期卵巢就已经发育成熟，并能进行生殖。这是某些寄生性虫和昆虫的某些生殖细胞不经过受精而能独立长成新的幼虫后产出体外的现象。

多胚生殖：多胚生殖是一个受精卵产生2个或更多个胚胎的生殖方式，对于人而言，称为同卵双胞胎。多胚生殖常见于膜翅目的寄生性昆虫，如小蜂科、细蜂科、小茧蜂科、姬蜂科、蜜蜂科等一部分种类，在捻翅目中也有进行多胚生殖的。这些昆虫大多数是寄生性的，能够在寄主的体内产受精卵和未受精卵，非受精卵发育成雄虫，受精卵发育成雌虫。每个卵都可以形成2个或多个胚胎，多胚生殖的寄生卵在成熟分裂时极体不消失，而是集中在卵的一端，继续分裂，逐渐发展成为包在胚胎外的滋养羊膜。胚胎通过滋养羊膜直接从寄主体内吸取营养，滋养羊膜也称为营养膜。经成熟分裂后的卵核位于卵的后端，即与极体相对的一端。随着再次的分裂，卵的后端就膨大起来。只分裂一次的，以后就发生2个胚胎，分裂多次就会产生多个胚胎。胚胎量的多少常取决于寄主的承受能力，多胚生殖是寄生蜂对寄主的一种适应。

二、定殖模式

生物入侵的过程及对生态系统的影响涉及很多生态学理论知识，入侵种的定殖过程涉及入侵种本身的特性，也与生态系统特征密切相关。实际上生物入侵对生态系统的影响体现在很多方面，包括生物多样性丧失、土著生物群落结构改变、生态系统功能退化，甚至生态景观格局演替。更严重的是入侵种给生态系统带来了很大的风险和不确定性，甚至对生态安全和社会稳定性都能够造成很大的影响。定殖模式作为入侵生态学的一个重要方面，对于了解和定制入侵种的防控策略也具有重要的意义。入侵种的定殖模式主要有4种，包括自然定殖、人类辅助定殖、入侵桥头堡、基因重组或生物变异定殖。

（一）自然定殖

自然定殖是入侵种的配子体或者部分配子体在适合的条件下能够产生自我繁殖的种群。自然定殖在生物入侵过程中较为常见，很多植物在适合的营养条件下很快就能够生长繁殖开花结果，这一过程是入侵种和生态系统匹配的结果。当然，自然定殖过程更多的是与其他物种产生相互作用，这会决定定殖过程中入侵种的种群动态过程。

（二）人类辅助定殖

人类辅助定殖较为复杂，很多入侵种在新的生态系统中并不能定殖，但经过一段时间的人为驯化后，这些入侵种就会对新生态系统产生适应性。例如，外来种在引种过程中首先在植物园或者设施农业中种植，并且创造多种有利的环境条件使得这些外来种在新的生态系统中能够存活。有些入侵种的引入起初都是用于商业，用作食物原材料、饲料、花卉、固沙植物等，这些植物在引入初期都需要人类的辅助作用，甚至对生态系统的改造，使其有利于存活，但最终却会引起这些物种的大量繁殖而入侵。

人为干扰是辅助定殖的另一种方式，入侵种在人造景观中或者农业生态系统中的入侵可能性更大，而在自然或半自然生境中入侵概率较低，这是因为干扰的作用。干扰在农业生态系统中普遍存在，如农事操作、锄草施肥、灌溉收割等过程，这种干扰过程对土著生物群落的影响非常大。有些入侵种能够适应频繁的人为干扰，人们甚至提出了干扰假说，这些干扰事件则显著增加了入侵种的定殖可能性。

（三）入侵桥头堡

入侵桥头堡是近几年受到关注的定殖途径，很多入侵事件中的入侵种并不是来源于物种的原产地，而是通过入侵种的一个入侵地到另一个入侵地，而原产地的直接引入反而不能够很好地定殖。入侵种的首次传播非常关键，首次传播是离开原产地到达第一个入侵地，在这个过程中会发生表型分化，这种表型分化取决于入侵种的遗传基础，同时遗传分化也会影响入侵种的入侵力。首次入侵地的入侵种群是一种桥头堡种群，从桥头堡种群能够进行二次传播，这种桥头堡种群也会导致入侵种的不断二次传播（图3-11）。入侵桥头堡在入侵过程中更为普遍，同时也使得入侵过程变得复杂，由于桥头堡种群的存在，入侵种还会存在多次传播、重复入侵、返入侵等过程。

生物入侵通常呈现一种跳跃性的扩散，但这种跳跃性太大通常也会造成生态系统的差异性过大，很多入侵不能很好地定殖。而密集的交通运输网和复杂的国际贸易逐步打破这一过程，密集的交通运输网使入侵种的扩散更加便捷，也往往导致入侵过程更为复杂。桥头堡效应是指入侵种在向入侵地侵入的过程中往往会先找一个前适应区或者预入侵地，在这个前适应区入侵种能够进行很好的适应过程，一旦积累了足够的生态适应性，入侵生物就可以瞬间入侵到目的

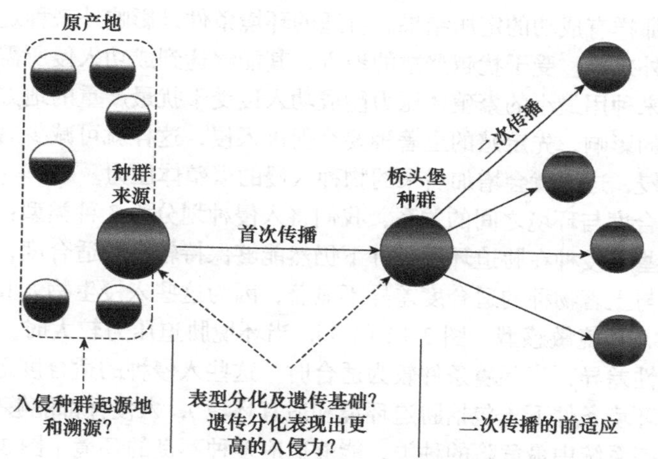

图 3-11　入侵桥头堡效应的传入途径和过程（仿 Bertelsmeier and Keller，2018）

地的很多地区，造成短时间的大面积危害。

（四）基因重组或生物变异定殖

入侵种在扩散过程中很多情况下不能在新的生态系统中自然定殖，种间或者种间杂交往往能够改变入侵种的基因组，带来新的功能基因，为适应新的生态系统提供更多的功能基因单元。并且入侵种尤其伴随着多次多地多种群引入，种内杂交与种间杂交往往引起入侵种能够获取新的基因而产生适应新生态系统的表型，这种定殖过程伴随着一系列的生物过程，是定殖中最为复杂的一种类型。

生物变异定殖是入侵种定殖中不太常见的类型，与基因重组类似，生物变异同样是遗传物种的改变。生物变异直接导致入侵种形成新的功能基因，是入侵种适应新环境的进化表现，为入侵种的定殖提供了最基础的资源。

三、繁殖体分化

外来种之所以能够成功入侵，是因为其具有独特的内禀优势（如形态、生态、生理、行为和遗传等）。相对于土著物种，入侵种由于在进化过程中存在更多的遗传变异，因此具有内禀优势，形成更适应环境条件和利用更多资源的生态型，或者具有对外界环境胁迫的抗性，如抵抗天敌的能力或性状，从而最终在竞争中取得优势，进而实现成功入侵。入侵种中，遗传和进化因素被认为是非常重要的方面，外来入侵植物通常占据广泛的地理分布，实现进一步的入侵，遗传、分化是其适应异质生境的两种策略。

（一）繁殖体压力与环境

一个外来种的定殖阶段还会受到很多环境因素的影响，每一次繁殖体引入可能会受到环境的随机性变化影响，从而使得入侵定殖和风险难以预测。自然状态下，入侵种在其定居新生境的过程中必然会受各种因素的限制，如引入生境、气候、捕食、生物本身的生活史特性和遗传特性等。由于环境条件的影响，有时具有大的繁殖体压力的入侵事件却没有像具有小的繁殖体压力的入侵事件那样有成功的定居结果。合适的环境条件是影响外来种定殖的重要因素，任何地方都可能传入外来种。受干扰越严重的地方，其能够达到成功入侵所需要的繁殖体压力越小，反过来说，外来种用最小的繁殖体压力能成功入侵受干扰最严重的地方。土著生物群落同样对外来种有很大的影响，先定殖的土著种要么促进入侵，这样就可减少后来种入侵的繁殖体压力，要么抵制入侵，这样就会增加后来的物种入侵的繁殖体压力。

根据入侵种适合度与环境之间的关系，我们将入侵种划分为 3 种类型：第一，胁迫适应型［图 3-12（a）］，有些入侵种在胁迫环境条件下仍然能够保持较高的适合度，在环境较为适合的条件下这些入侵种与土著物种的适合度差异不显著，因为这些入侵生物尤其适合在环境胁迫的条件下生存；第二，环境敏感型［图 3-12（b）］，当环境胁迫压力较大时，入侵种与土著物种的适合度没有显著性差异，当环境条件较为适合时，这些入侵种的适合度迅速提高，超过土著种；第三，在任何环境条件下（包括胁迫环境和适宜环境），入侵种都能够保持较高的适合度，这类入侵种也是生态系统中最危险的种类，能够适应多种不良的环境［图 3-12（c）］。

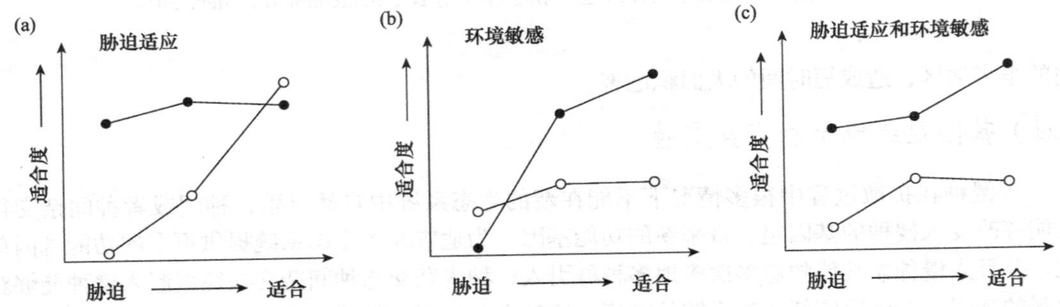

图 3-12　连续环境梯度下入侵种（●）和土著物种（○）的适合度可塑性（仿 Richards et al.，2006）

（a）胁迫适应，入侵种在胁迫环境下仍然能够保持较高的种群适合度；（b）入侵种在适合的环境下种群适合度增长更快；（c）在胁迫环境下入侵种能够保持高适合度，在适合环境下适合度增长更快

（二）繁殖体压力与繁殖体特征

外来生物的繁殖体压力因为会引起外来种自身特性、被入侵地的资源及其群落特征等其他入侵影响因素的效应产生波动。外来种繁殖压力也称为定殖压力，是指从引入地向入侵地引入时可繁殖个体的数量、引入频率、组成及引入个体的遗传多样性等。繁殖体特征包含繁殖体大小、单次引入数量、繁殖体引入频率、繁殖体质量及引入个体的遗传多样性等因素。繁殖体压力假说在生物入侵研究中具有重要地位，繁殖体压力假说认为繁殖体压力对生物入侵的初期阶段具有决定作用，繁殖体压力越大，入侵潜力越大，成功入侵概率越高。

繁殖体压力和入侵成功概率存在着正相关，繁殖体大小和繁殖体数量都与成功定殖呈显著正相关。因此，繁殖体压力对外来种入侵影响主要包括影响定殖成功率和定殖种群大小（也称为入侵力）两个方面。入侵种的有些特性能够帮助其成功入侵，即使在很小的繁殖体压力下也能够成功入侵，而有的入侵种的一些特性如易被捕食却不利其入侵，这就需要大的繁殖体压力才能达到成功入侵。环境的随机性，特别是入侵生境和入侵种特性会间接影响繁殖体压力与成功定殖的关系。繁殖体压力是解释生物入侵的另一机制，并没有否认入侵生物本身的入侵性和其他因素对生物入侵的影响，因此在用繁殖体压力解释定殖结果时，一定要清楚在某些情况下各因素可以相互协调、在同一个入侵事件的不同阶段发挥作用。

因此，繁殖体在生态系统中的数量和表现是与周围多种环境因子共同作用的最终结果，当然环境变量的动态过程也会影响繁殖体的动态和表现。环境变量主要包括促进因子和抑制因子，促进因子对繁殖体有利，抑制因子是减少繁殖体的生态因子，而繁殖体的数量动态和特征是促进因子和抑制因子的共同作用（图 3-13）。

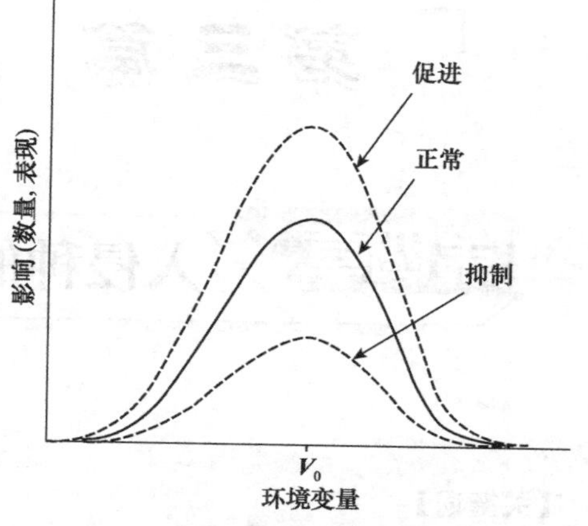

图 3-13 环境促进因子和抑制因子的变异和匹配程度影响繁殖体的数量和表现（仿 Ricciardi et al., 2013）

V_0 指繁殖体最适应的环境条件

思 考 题

1. 外来繁殖体的类型主要有哪些？
2. 入侵种为什么存在一定的潜伏期？
3. 外来种定殖的方式和类型有哪些？
4. 外来种定殖过程与资源及可利用性之间的关系是什么？
5. 外来种的繁殖体定殖类型主要有哪些？

第三篇　入侵种的定殖过程

第四章　入侵种的数量特征

【关键词】

入侵力（invasion potential）
入侵潜伏期（invasion latent）
稳定性（stability）
环境承载力（environmental capacity）
内禀增长率（intrinsic rate of increase）
生命表（life table）
虫口统计学（insect demography）
出生率（birth rate）
种群密度（population density）
性别比例（sex ratio）
逻辑斯谛增长（logistic growth）
指数增长（exponential growth）
年龄结构（age structure）

第一节　种 群 数 量

一、入侵种数量

入侵种数量是生物入侵和综合防治关注的核心问题，也是农业生产和生态安全的威胁因素。入侵种的种群数量变化是昆虫学研究的经典问题，国际上关于昆虫种群数量变化的假说有很多，分为生物学派和气候学派。其中，生物学派提出了遗传假说和天敌假说，气候学派提出了外源性种群调节理论。至今，昆虫的数量变化机制还存在巨大争议，虫口统计学是描述昆虫数量变化现象及机制的学科，其中虫口是指个体数量，其数量变化过程存在多种干扰因素，也反映了昆虫种群对外界环境变化的响应。经典的昆虫生态学以取样方法为基础，研究代表性个体的平均特征作为整个昆虫种群特征，这样实际上忽略了大量群体中特殊个体的有效信息。

虫口统计学是人口统计学的延伸，是研究昆虫种群的数量特征、变化过程、发展趋势及种群模式的一门综合科学。虫口统计学也称为昆虫数量统计学或者昆虫种群统计学，是通过静态的、动态的和虫口发展过程 3 个方面来研究虫口数量变化特征及其内在联系。昆虫或者其他物种的种群特征、数量变化及其过程反映了该物种与环境的互作、适应性和契合度，昆虫丰度的变化也是昆虫种群最为重要的指标。虫口统计学不是孤立地描述虫口的数量特征，还要进一步探明虫口现象变化的各种内在联系，以揭示虫口的变化过程、性质和特点，进而阐明其种群数量变化机制。昆虫种群的主要特征包括虫口量、性比、年龄结构、迁入率、迁出率、死亡率和出生率。昆虫种群特征和虫口统计学密切相关，环境胁迫一般都是通过改变昆虫的种群特征影响虫口过程，当然昆虫生理变化也同样能够改变虫口数量变化过程。虫口数量在生态系统中一般用密度表示，这是衡量入侵种丰度的重要参数。

二、入侵种的绝对密度

入侵种种群密度的调查与其空间分布密切相关，不同的空间分布类型需要采取不同的调查方法。入侵种的空间分布具有种的特异性，总体来说入侵种的空间分布型主要有3种：随机分布、均匀分布、聚集分布，其中聚集分布又分为泊松分布和负二项分布（图4-1）。随机分布是指入侵种呈现无规律的随机分布状态；均匀分布是指入侵种在空间的分布均匀存在；泊松分布是指入侵种存在一个分布核心，是离散型分布的一种；负二项分布是指物种的空间分布存在多个核心，泊松分布是负二项分布的特例。在自然的生态系统中，随机分布的物种罕见，仅仅在某些密度很低的濒危物种中存在。密度一般是指平均密度，空间分布型是影响入侵种空间取样的重要因素，不同的空间分布型需要采取不同的取样方法和取样数量，才能准确测定物种的种群密度。

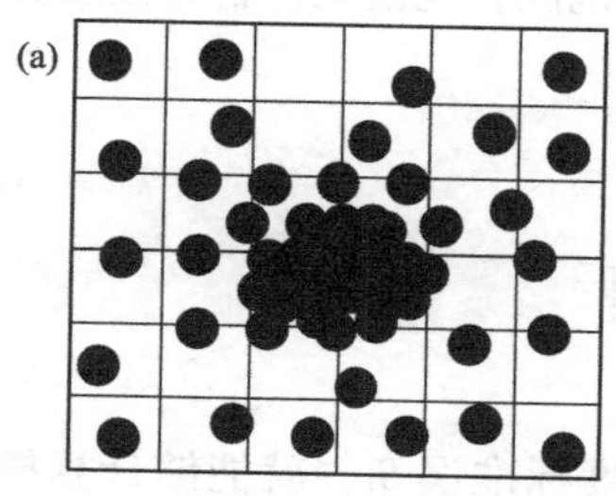

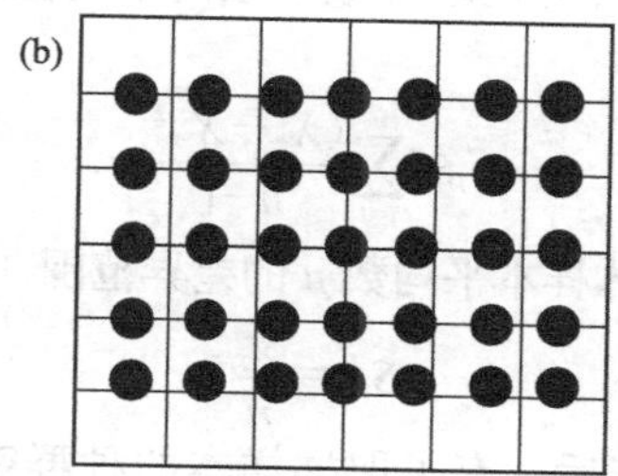

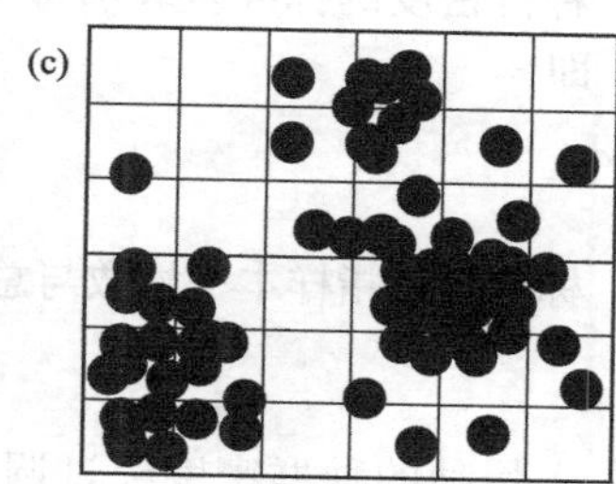

图4-1 物种空间分布的主要类型
（a）泊松分布；（b）均匀分布；（c）负二项分布

种群密度是指单位面积或空间内物种的个体数量。种群密度是物种的重要特征之一，是随环境条件和物种种群阶段变化而不断改变的变量。种群密度的调查反映了特定时间和空间中某个物种的种群个体数量，也反映了生物与生态系统之间的关系。

入侵种密度的调查是了解生物入侵发展阶段的重要研究内容，密度一般分为绝对密度和相对密度。绝对密度是指单位面积或空间内入侵种的个体数量，相对密度则用于衡量入侵种数量多少的相对指标。入侵种的绝对密度是种群在生态系统中的重要表现，也是其实现生态系统功能的基础，测定入侵种的绝对密度有重要的生态学意义。测定入侵种绝对密度的方法主要包括数量调查法和取样调查法。

（一）数量调查法

对一个区域内的所有入侵种的个体数进行直接计数，由此得到特定区域内的个体总数量，然后计算种群密度。人口普查采用的就是直接计数的方法，对于入侵种而言，这种方法几乎是不可行的。数量调查法需要花费大量的人力、物力、财力，而且需要精心的设计安排，工作量和时间投入极大，生态学上几乎不采用此方法，只有针对濒危的珍稀动植物或者大型入侵种，在种群数量极低的情况下才会采用数量调查法。

（二）取样调查法

通过在研究区域中选择代表性样点，调查入侵种种群的一部分，由此估计种群密度来代表整体的种群密度，这种调查方法称为取样调查法。

1. *样方法* 样方法种类繁多，具体操作方法就是将空间划分为统一的单元，选择其中一部分空间单元做调查。但样方法依据生物种类和具体环境的空间划分存在很大的差异，土壤动物需要选择一定面积的土壤，叶栖性昆虫需要选择一定数量的枝条。总之，样方法选择一定数量的样方，统计各个样方内的全部个体数量。最后通过数理统计，利用所有样方的平均数和标准误差，对入侵种的数量进行总体估计。

举例：假设研究一个生态系统中的草地螟种群数量，首先将研究区域划分为 N 个空间单元，而在这 N 个空间单元内草地螟的整体平均密度为 μ，这个整体平均密度需要对所有的空间单元取样，而在实际调查中只是取样一部分空间单元，因此选择随机样方 n 个来进行取样调查，每个样方的个体数分别为 X_1，X_2，X_3，…，X_n，则样本的平均数为 $X=\sum_{i=1}^{n}\frac{X_n}{n}$，接着还可以计算标准误 S_E 和标准差 S_D。

种群密度的标准差表示每个样方的取样数量距离平均值的范围，也就是种群密度变异范围，即

$$S_D=\sum_{i=1}^{n}\frac{(X_n-X)^2}{n-1}$$

标准误是指样本平均数与总体样本平均数 μ 的差异范围，即

$$S_E^2=\frac{S_D^2}{n}$$

入侵种的种群密度经过调查后，有了取样样本的种群密度标准误 S_E，就能够计算样本平均数作为整体样本平均数的可信程度。在 95% 的置信区间下，总体样本平均数范围为 $\mu=X\pm t_{0.05,\ df}\times S_E$。同样，在 99% 的置信区间下，能够计算总体样本的平均数范围为 $\mu=X\pm t_{0.01,\ df}\times S_E$。当 df>30（df=$n-1$），查表可知，$t_{0.05}\approx1.96$，$t_{0.01}\approx2.58$，由此能够对入侵种的总体平均密度进行精确估计。

在进行入侵种数量调查时，还需要确定理论的抽样量。抽样量过少，不能满足统计学的要求，造成结果不够准确；抽样量过大，则会浪费过多的人力、物力和财力，在实际调查中难以实现。理论抽样量是满足入侵种密度调查的最低样本数量，一般而言，理论抽样量的确定，主要依赖于下列 3 个因素。

入侵种的空间分布型：抽样数量与种群聚集度有关，聚集度越高，理论抽样量越大。

置信水平和允许误差：置信水平越高，理论抽样量越多；同样允许误差越小，理论抽样量越多。

种群密度：当聚集程度、置信水平与允许误差相同时，种群密度越高，理论抽样量越少。

在进行田间入侵种的抽样调查时，一般抽出的样本不再放回，即无放回抽样。

有放回抽样的标准误 S_E 为

$$S_E=\sqrt{\frac{S^2}{n}}$$

而无放回抽样的标准误应该校正为

$$S_E=\sqrt{\frac{S^2}{n}\left(1-\frac{n}{N}\right)}$$

在进行田间调查时，一般整体的样本数 N 非常大，因此 n/N 可以忽略不计，有放回的标准误与无放回的标准误基本相等。入侵种的空间分布型是影响理论抽样量的重要原因，一般根据分布型来进行理论抽样量的确定。

（1）泊松分布的理论抽样量。假设允许误差为 d'，根据允许误差的种群数量来计算理论抽样量，对于泊松分布，$\bar{X}=S^2$。

已知 $d'=t\times S_E=t\times\sqrt{\frac{S^2}{n}}=t\times\sqrt{\frac{\bar{X}}{n}}$，因此 $n=\left(\frac{t}{d'}\right)^2\times\bar{X}$。

当入侵种的种群密度不同时，确定了置信水平 t 及允许误差 d' 后，即可计算出理论抽样量的样本 n。

（2）负二项分布的理论抽样量。生物的分布几乎全部都是负二项分布，因此负二项分布几乎是所有入侵种的空间分布类型。负二项分布是一种聚集分布，因此每个负二项分布都有一个聚集指数 k。

对于负二项分布，已知参数 $k=\frac{\overline{X}^2}{(S^2-\overline{X})\ t}\times S_E$，

因此 $n=\left(\frac{t}{d'}\right)^2\times\left(\frac{k\overline{X}+\overline{X}^2}{k}\right)$。

如果允许误差用百分比表示 $D=\left(\frac{d'}{\overline{X}}\right)$，并且以小数表示，那么理论抽样量为

$$n=\frac{t^2\left(\frac{1}{\overline{X}}+\frac{1}{k}\right)}{D^2}$$

根据这个公式，能够得知，负二项分布的理论抽样数依赖于4个因素：聚集指标 k、置信水平 t、允许误差 D 及种群密度 $\overline{X}$。

2. **标记重捕法** 设在研究区域内的物种种群数量为 N，对一部分个体进行标记（设置标记的个体数为 M），然后放回到研究区域中，经过一定时间（让标记个体与种群其他个体充分混合），再进行重捕。假设重捕的个体数为 n，其中已经有标记的个体数为 m，根据标记个体比例相等原则，即 $N:M=n:m$，能够计算 $N=M\times\frac{n}{m}$。该方法由Lincoln首次提出，因此也称为林可指数法。由于计算出的 N 只是物种种群总数的估计值，因此与其他方法一样，需要估测该估计值的可靠程度，其中 $(S_E/N)^2=(N-M)\times(N-n)/[M\times n\times(N-1]$，有了 S_E 之后，就能够求解95%和99%置信区间下的该物种种群总数估计值。例如，有一个待测物种种群 N，标记了6个个体释放到种群中，然后重捕了8头，其中3头是标记的，5头是未标记的，根据公式 $N:6=8:3$ 进行计算，待测物种种群数量为16头（图4-2）。

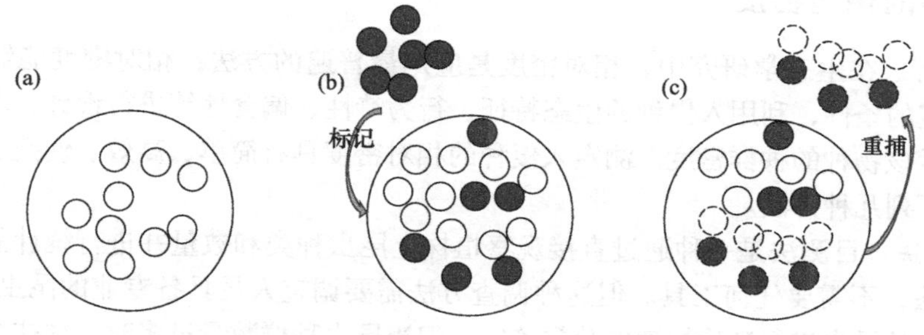

图4-2 标记重捕法进行种群密度测定

（a）待测种群；（b）标记个体的释放；（c）重捕，灰圈表示标记个体

标记重捕法是测定动物种群密度的重要方法，在保护生物学中发挥了重要作用。当然，标记重捕法需要满足以下几个条件。

1）被标记的个体不影响其寿命和行为等生物学特征，标记也不能丢失。

2）被标记的个体应该充分地混合在实际种群之中。

3）被标记的个体与种群中的任何一个个体被捕捉的概率应该完全相等。主要体现在两个

方面：一是被捕捉昆虫的种群特征完全一致；二是被捕捉的概率与空间位置无关，被捕捉的概率是一个恒定值。

4）在离散的时间间隔中取样，抽样本身所占的时间非常短。如果捕捉释放一次就进行回收计算，还需要满足物种种群是封闭的，如果不是封闭种群，还需要考虑种群的迁入和迁出。抽样的时间内还需要满足该物种种群没有出生和死亡，若有则需要扣除。

实际上，进行物种种群的标记重捕时，有时不仅仅进行1次标记重捕，可以连续几周甚至连续几个月进行标记—释放—回收，以研究准确的种群动态。这些方法不仅能够准确研究种群数量，而且可以估计种群的出生和死亡情况。

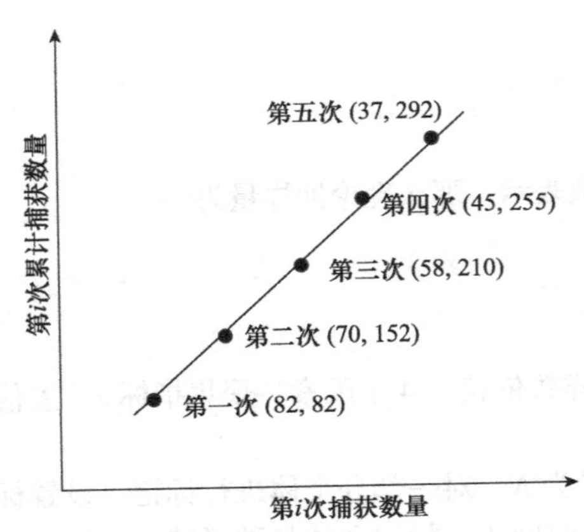

图 4-3　去除取样法估算物种种群数量

括号数字分别表示采集数量和累计采集数量

3. *去除取样法*　去除取样法是在研究区域中持续地捕捉样品，每经过1次捕捉，样品就会减少，因此研究区域中的样本数量会由于不断的捕捉而日益减少。然后，以每日捕捉的样品个体数为横坐标，以捕获累积的个体数为纵坐标作图，当每日新捕捉的个体数趋于零时，也就是个体数的累计增长趋近于零时，这意味着研究区域中的个体样本都被捕获（图4-3）。因此，通过不断地捕捉来获取研究区域中的整体样本数也是入侵种数量调查的一种方法。

去除取样法非常费时费力，但该方法得到的结果较为精确。去除取样法存在两个假设条件：①每次进行捕捉时，每个个体受捕的概率是保持不变的；②在整个调查期间，研究区域的物种种群无出生、死亡，也无迁入和迁出。实际上，去除取样法是标志重捕法的一个特殊形式。

三、入侵种的相对密度

一般而言，在生态学研究中，相对密度是应用最普遍的方法，相对密度能够采用一些工具，设置特定的条件，利用入侵种的生态特征、行为特性、偏食性等进行设计，获取一定量的样本数来表示该物种的种群密度。测定入侵种的相对密度具有简单、高效、便捷、低成本等优势，主要有下列几种方法。

1. *目测法*　目测法是一种通过直接观察植株上昆虫种类和数量并进行统计的一种最为简单的调查方法，不需要任何工具。但这种调查方法需要调查人员具备专业的昆虫分类学知识，能够对植株上的昆虫进行准确快速的分类鉴定。但当昆虫种群数量过多时，往往会造成误差。

2. *扫网法*　扫网法是一种较为常用、简单的采集昆虫样本的方法。捕虫网的制作和使用是第一步，使用白色纱网制成漏斗状网兜并连接竹竿制成扫网，现一般都已商品化生产。取样时使用网兜快速扫过植物上半部分，通多手臂挥动左右扫网将昆虫扫入网内。扫网时身体略弯曲，捕虫网在身前左右挥动180°为一复网，缓慢匀速向前步行。根据不同需求，每个样方扫网30～50次。使用乙醇保存采集的样品。为了提高采集效果，可以将网兜制作得更深，避免昆虫逃出扫网。

3. *盆拍法*　盆拍法是通过拍打植株收集昆虫样本的一种极为简单的方法，并且所用工具易得，高效，取样时间短。具体操作是将盆（或者盘）放置于所需要调查的植株基部，一般盆底放置一张白纸，便于观察，并用一只手保持盆与植株有一个45°夹角，然后用另外一只手迅速拍打整个植株2～3次，使植株上的昆虫落入盆中，之后进行计数。为了防止昆虫从盆中逃逸，可提前在盆中放置乙醇或少量带有清洁剂的水。

4. 陷阱法　陷阱法主要用于诱捕生活在地表的节肢动物。使用的工具通常由一个埋进土壤中的玻璃/塑料/金属罐组成，这个罐就是能够使土壤动物跌落的陷阱。具体方法是在样地中挖一个与所用罐子大小相似的洞，将罐子埋入洞中，使罐口与地表平齐。同时为了增加采集效果，需要在罐中添加引诱剂，一般为糖醋液或者其他化学试剂。路过陷阱的土壤动物会跌落罐中，并且不易爬出，根据采集不同的物种设置放置天数，一般为3～15d，陷阱法的优势是能够在一定持续的时间段内收集样本数量。

5. 性诱剂　性诱剂也称为性信息素，能够专一地诱捕同一种类的昆虫，此外还具有高效、低成本等特征。昆虫性诱剂具有专一性，对于昆虫具有强烈的吸引力，能够及时地监测昆虫成虫数量的变化。通过使用人工合成的性诱剂和配套的诱捕器完成采样工作。在诱捕前将性诱剂滴加在诱芯上，并放入诱捕器中。诱捕器中需要定期更换诱芯并且悬挂处要避免阳光直射。

6. 色板诱集　色板也叫作诱虫板，是利用昆虫的趋色性实现诱捕的一种方法，能够同时应用在大田和温室的监测。对于昼出活动较强的昆虫，会存在较强的趋色性，诱虫板表面为特殊的颜色并涂有黏胶，可以吸引并诱捕昆虫，通过诱虫板表面的昆虫数量进行昆虫种群水平统计。色板目前有很多种，主要包括黄板、蓝板、白板、绿板，不同种类的昆虫对不同颜色的趋性存在很大差异，诱虫板具有使用时间的限制，需要定期更换，一般一周更换一次。

7. 吸虫法　吸虫法是利用特殊的机器采集昆虫样本的一种方法。原理是利用机器产生的强大吸力将昆虫吸入收集装置后进行数量统计。使用吸虫器采集，采集效率较高，但同时也存在造价高、机器背负不便等缺点。同时机器吸力的大小也会影响到采集的效率，吸力过大容易损毁样本，吸力过小难以采集到足够的样本。

8. 生态痕迹法　昆虫的取食或其他行为都能够在生态系统中留下痕迹，即根据昆虫痕迹与数量成正比的关系来估计种群数量。昆虫的痕迹包括粪便、脱落皮、蛹壳、鸣叫声、危害率、危害状、巢穴等。

9. 灯诱法　灯诱法主要用于诱捕夜间具有趋光性的昆虫。主要部件有光源、挡虫布、漏斗和毒瓶。利用昆虫对于灯光的趋向性诱集昆虫并通过毒瓶收集昆虫。常用的光源有黑光灯、白炽灯和LED诱虫灯。灯光诱虫得到的种群数量只是相对的数量，与温度、空气、地形及灯管功率都有密切的关系，通常还需要结合其他的调查来判断昆虫种群的实际情况。

四、入侵种取样方法

虽然入侵种密度的调查方法很多，但如何取样是另外一个基础的生态学问题。科学的取样能够有代表性，使得所取样方能够反映研究区域的整体情况。因此，制定科学合理的取样方法是实现入侵种数量调查的重要环节，目前应用最多的是五点取样法、对角线取样法、“Z”字形取样法、平行线取样法等。

1. 五点取样法　五点取样法［图4-4（a）］是一种较为常用的取样方法，比较适合于方形调查区域。取样时，先确定调查区域内对角线的中点作为中心取样点，再在对角线上选择4个处于对角线中点位置的点作为其他4个样点，一共设置5个取样点。这种方法适用于调查样本个体分布比较均匀的情况。当调查区域呈长方形时，可适当调整取样点位置，中心点位置不变，其他 4 个取样点可调整到每条对角线上距边角 1/4 对角线长的位置上。但有时也可以在田间根据实际情况，随机进行五点取样。

2. **对角线取样法**　对角线取样法［图 4-4（b）］即调查取样点全部分布在调查区域的对角线上的取样方法，此种方法分为单对角线取样法和双对角线取样法两种。单对角线取样法是在某一条对角线上，按照一定的取样距离确定所需要取样的所有样点。双对角线取样法是在两条对角线上均匀分配所有样点，该方法适合植株比较大的果树取样。

3. **“Z”字形取样法**　“Z”字形取样法［图 4-4（c）］也称为蛇形取样法。此种方法适用于在调查区域边缘地带发生量多并且在调查区域内呈点片不均匀分布的物种。取样时，首先在调查区域相对的两边各取一条平行的直线，然后以一条斜跨调查区域的斜线将一条平行线的右端与另一条平行线的左端相连，形成“Z”字形的调查路径，之后在“Z”连线上均匀选取数个样点进行调查取样。

4. **平行线取样法**　平行线取样法［图 4-4（d）］适用于在调查区域内分布不均匀的物种，可以使得调查结果准确性较高。首先将调查区域划分为数个互相平行的小的调查区域，也可以选用自然或人工种植形成的平行植株行作为划分标准。调查时在区域内每隔若干行选取一行或者数行为取样行，所选取的取样行互相平行，这样能够使得取样点在研究区域中分布较为均匀。

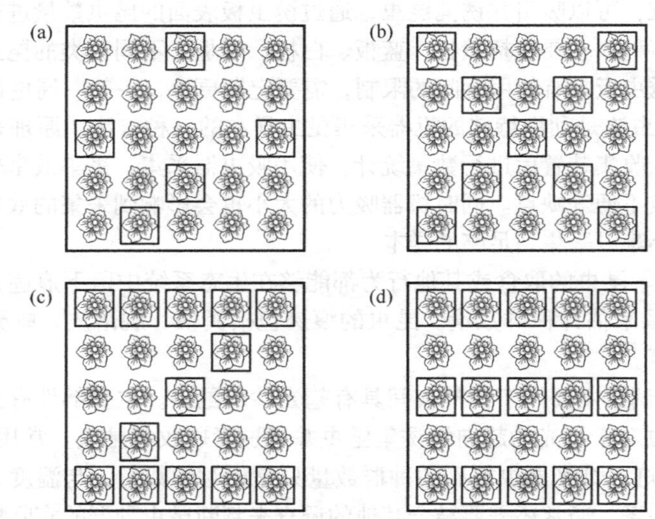

图 4-4　昆虫种群田间取样方法

（a）五点取样法；（b）对角线取样法；（c）“Z”字形取样法；（d）平行线取样法

第二节　种 群 参 数

一、基本参数

1. **出生率**　种群的出生率为单位时间内种群新出生的个体数占原来个体数的比例（图 4-5）。

出生率分为生理出生率和生态出生率。生理出生率是指在理想的条件下，即无任何因子限制，只受生理状况影响下，种群的最高出生率，这是一个理论常数。生理出生率时的种群增长为内禀增长率。生态出生率是指实际的出生率，指在特定的环境条件下种群的真实出生率。生态出生率时的种群增长为实际增长率。

2. *死亡率*　死亡率是指某一个时间阶段内种群的死亡数量占比（图 4-5）。

死亡率与存活率互补。同样，死亡率分为生理死亡率和生态死亡率。生理死亡率表示在最理想的条件下（没有任何环境胁迫），种群每个个体都因“年老”而死亡时的种群死亡率。生理死亡率下能够计算这个物种的最大生命期望。生态死亡率表示在特定环境中种群的真实死亡率。生态死亡率在不同的种群差异很大，环境条件能够直接影响生物的行为、生理及代谢等，因此生态死亡率主要受环境因子制约。

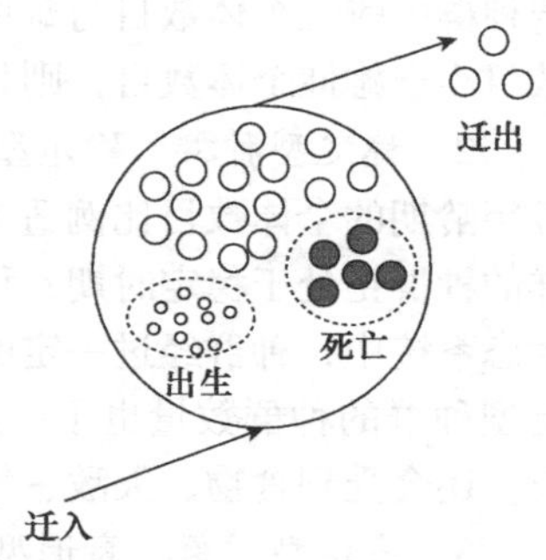

图 4-5　物种种群的 4 个重要过程

3. *迁入率*　迁入率是指一定的时间范围内向生态系统中迁入的个体数量占总体的百分率（图 4-5）。入侵种是本地原来没有的物种，因此所有的种群都是外来引入的。然而，入侵种被引入新的生态系统中，在不同的区域建立了地理种群。这些地理种群之间的相互迁移则会引起种群的短时间内变化，甚至通过种内杂交加剧生物入侵过程。

4. *迁出率*　迁出率是指一定的时间范围内向生态系统外迁出的个体数量占总体的百分率（图 4-5）。很多入侵种具有很强的迁移性，在防控过程中，入侵种可能产生集体迁出的情况，这时需要对迁出率进行监测，准确判定入侵种种群的流动，防止入侵种种群在多地间相互迁移为害。

二、种群年龄结构

种群的年龄结构又称为年龄分布，是指种群中的不同年龄大小的个体所占总体的比例。种群的年龄结构常常用年龄锥体表示，根据生物的生态年龄，大致可分为幼期、性成熟期、衰老期。根据这 3 种年龄期数量比例，能够将生物划分为 3 个不同的年龄结构类型（图 4-6）。

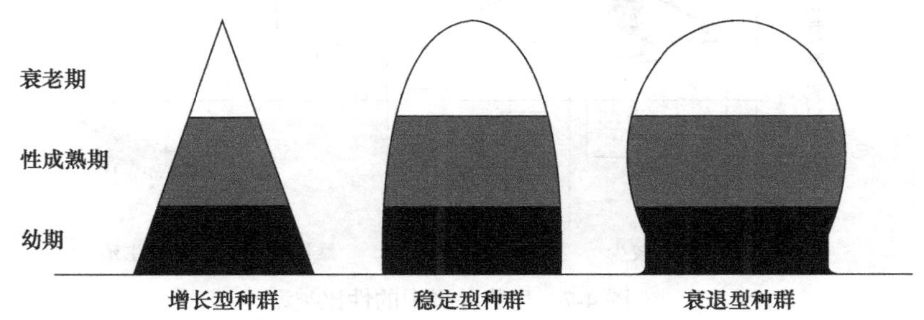

图 4-6　种群的年龄结构椎体（仿 Kormondy，1976）

1. *增长型种群*　增长型种群的年龄锥体呈典型的正金字塔形，基部宽阔而顶部狭窄。增长型种群表明在此种类型的种群中，幼期个体数量较多，处于衰老期的个体数量较少，整个种群的出生率大于死亡率，因此该类型种群正处于种群增长发展时期，密度会越来越大，种群内个体数目会进一步增加。此类种群的数量增长还与性别比例有关系，雌性一般是种群中繁殖的有效组成，雄性的繁殖作用稍弱：若种群中雌性个体数目大于雄性个体数目，则其增长较快；

若种群中雌性个体数目与雄性个体数目大致相等，则其增长速度相对稳定；若种群中雌性个体数目小于雄性个体数目，则其增长较慢。

2. 稳定型种群　稳定型种群的年龄锥体也称为静止型锥体，大致呈钟形，稳定型种群中各年龄期的个体数目比例适中，在一定时间内种群中的出生率与死亡率大致处于同一水平，这样的种群正处于稳定时期，种群密度在一段时间内会保持稳定。此种类型种群一般处于稳定的生态系统中，种群经过一定的发展，与周围环境和生物群落形成了平衡。然而，年龄组成为稳定型种群的种群数量也不一定总是保持稳定，这是因为出生率和死亡率不完全取决于年龄组成，还会受到食物、天敌、气候等多种因素的影响。

3. 衰退型种群　衰退型种群的年龄锥体呈壶形，此种类型种群多见于濒危物种，种群中幼期个体较少，而处在性成熟期和衰老期个体占比较大，种群中的出生率小于死亡率，这样的种群正处于衰退时期，种群密度会越来越小。这种情况往往导致恶性循环，种群最终灭绝，但也不排除生存环境突然好转、大量新个体迁入或人工繁殖等一些根本扭转发展趋势的情况。衰退型种群在保护生物学中受到的关注极大，有时能够最早监测到濒危物种的数量变化。

三、种群的性比

性比是指种群中雌雄个体的数量比值（一般指雌性比），一个自然种群的性比是长期自然选择的结果，是与种群内部婚配制度相适应的。自然界中，不同种群的正常性比有很大差异，性比对种群密度有一定影响，正常的性比或者说合适的性比对于保证种群的出生率很重要。因此，性比是通过影响出生率进而影响种群密度的，主要分为以下 3 种情况（图 4-7）：当种群中雌性个体数量小于雄性个体数量时，种群数量增长缓慢；当种群中雌性个体数量与雄性个体数量大致相等时，种群数量将保持相对稳定；当种群中雌性个体数量大于雄性个体数量时，种群数量将快速增长。此外，还有一些孤雌生殖的特殊物种。

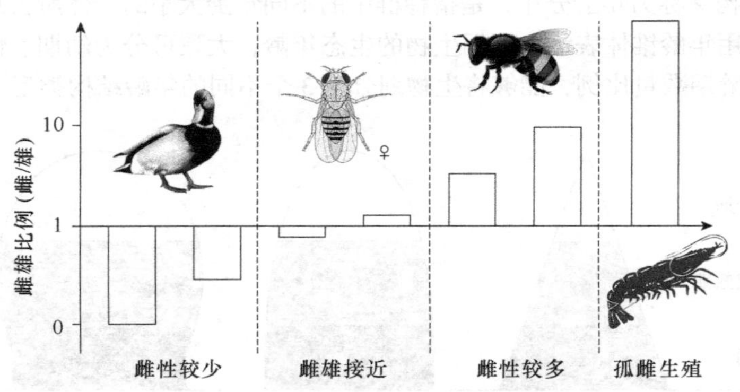

图 4-7　生物种群中的性比类型

（一）孤雌生殖

孤雌生殖也称单性生殖，即不经过受精的卵也能发育成正常的个体。孤雌生殖具有 3 种类型。

1. 偶发性孤雌生殖　偶发性孤雌生殖是指正常情况下进行两性生殖，但雌成虫产生的未受精卵也能发育成新个体的现象。偶发性孤雌生殖中未受精的卵比较少见，只有在特殊的环境下才会进行孤雌生殖，如家蚕、一些毒蛾和枯叶蛾等。

2. 永久性孤雌生殖　永久性孤雌生殖也称常发性孤雌生殖、经常性孤雌生殖。这种生殖方式比较少见，只在少量的昆虫中出现，孤雌生殖是这些昆虫的最重要的生殖方式，因此群体中不需要雄性个体。

3. 周期性孤雌生殖　周期性孤雌生殖也称循环性孤雌生殖。有些昆虫在经过一定阶段的孤雌生殖后，再进行两性生殖。这种以两性生殖与孤雌生殖相互交替的生殖方式，又称为异态交替或世代交替。很多蚜虫都会发生周期性的孤雌生殖，尤其是需要进行寄主转移的蚜虫。在春夏季，蚜虫种群中大多数或全部为雌性，进行孤雌生殖，这是因为越冬后所孵化的卵多为雌性。这时生殖方式为典型的孤雌生殖和卵胎生，减数分裂导致所产的卵在遗传上完全等同于它们的母体，无基因重组，遗传背景完全一致。卵形成胚胎后在母体卵巢管内发育，发育到一龄幼虫便会产出体外（卵胎生）。

（二）雌性较少

雄性占优势的特点是雄性个体多于雌性个体。在生态系统中，雄性不能直接产生后代，需要与雌性交配才能够发挥作用。因此，雄性在种群中的重要性往往低于雌性。另外，大多数雄性在繁殖过程中的代价较雌性低，且一个雄性往往能够与多个雌性交配。长期进化过程中，雄性占优势的种群非常少见。

鸟类中有些种类是雄性占优势，鸟类的性别决定非常特殊，鸟类 Z 染色体上有 1 个基因（*DMRT1*），它是睾丸发育的关键因素，但不是开关。ZZ 雄性胚胎中，2 个 *DMRT1* 基因诱导性腺前体发育出睾丸，产生睾酮，从而发育成雄鸟。在 ZW 雌性胚胎中，单个 *DMRT1* 使性腺发育成卵巢，产生雌激素，从而发育成雌鸟。相对于 ZW 型胚胎，*DMRT1* 在 ZZ 型胚胎中高剂量表达，从而诱导了睾丸发育，这种性别决定方式被称为基因剂量。这种剂量效应有时能够使鸟类灵活地调节后代的性别比例。

自然生态系统中，鸟类后代的性别比例还受母体健康状况、种类、环境等因素影响。鸟类产生的后代中，雄性要比雌性多，甚至有一些鸟类，如红隼，在一年中的不同时间会产生不同性别比例的后代。母体健康状态能够直接影响鸟类后代的性别比例，如身体较差、弱小的斑胸草雀会产生更多的雌性后代。鸟类本身进化也影响雌雄比例，如一种翠鸟通常先孵化雄性后代，再孵化雌性后代。

（三）雌雄接近

雌雄平衡是指雌性个体与雄性个体数量大致相等，很多高等动物的性比接近于平衡，即 1∶1。昆虫也有很多种类属于雌雄平衡型，如果蝇性比约为 1∶1，从而维持种群密度及数量的平衡。小鼠的生殖也基本属于雌雄平衡的性比特征。

雌雄平衡是大多数高等动物性比的特征，如猴子、猫、狗等。雌雄平衡对于死亡率较低的种群来说，能够显著降低种内竞争，有利于种群的发展和获取资源。

（四）雌性较多

雌性占优势的特点是雌性个体显著多于雄性个体，常见于人工控制的种群，如鸡、鸭等群体动物，以及海豹等群体动物。海豹营群体生活，成年雄海豹通过打斗，失败的雄性个体被逐出种群。群体中只有雌豹、幼豹和一只成年雄海豹。社会性昆虫的雌性个体也通常多于雄性，如蜜蜂，蜜蜂群体中蜂王和工蜂都是雌性个体，工蜂是不具有生殖能力的雌性，仅蜂王具有生殖能力。雄蜂相对于工蜂而言，数量非常少，因为雄蜂只局限于与蜂王交配，又不具备采蜜能力，过多的数量对于蜂群是一种负担。

第三节　入侵种的生命表

一、生命表研究方法

生命表是虫口统计学的基础研究方法，最初由英国数学家和天文学家埃德蒙•哈雷于1693年提出，其研究了德国1687～1691年的人口死亡情况，并提出了生存率和死亡率等参数，此表又称为哈雷生命表。之后，生命表方法被广泛用于研究昆虫种群的发育和繁殖过程，建立了一系列研究昆虫种群的方法。

昆虫生命表又称昆虫死亡率表，是根据昆虫群组的存活率或死亡率编制，反映了一个昆虫群组（insect cohort）从出生到陆续死亡的全部过程的一种数量统计表。昆虫群组指特定时期内出生或经历了共同事件的一组昆虫（数量通常大于100），昆虫由于生命周期短、样本量高等特点已成为研究生命表的重要模式动物。以昆虫群组进行虫口统计学研究的标准模式，具有出生年龄一致、遗传背景一致、生长发育一致3个特点。昆虫的生活史较为复杂，大多数分为卵、幼虫、蛹及成虫4个虫态，即完全变态昆虫，成虫期还包括交配开始、产卵开始、产卵结束及死亡等生命活动阶段（图4-8）。

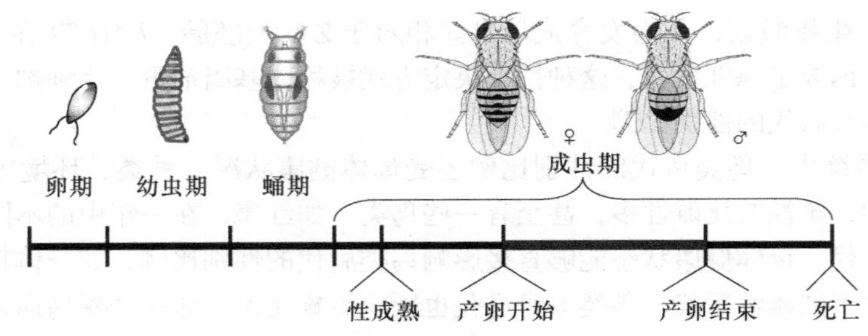

图4-8　果蝇生活史的不同虫态

昆虫不同虫态的相互转化过程是生命表研究的重要内容，昆虫生命表也用于分析昆虫群体的复杂生活史过程，主要包含4个重要的虫口统计学参数，即群组存活率、瞬时死亡率、死亡分布和生命期望，这4个重要的参数反映了昆虫群组死亡过程的不同方面，既相互影响又相互联系。此外，由于昆虫虫态较为复杂，有些研究只采用昆虫成虫的群组开展生命表研究，尤其是对于果蝇等双翅目昆虫。

1. *群组存活率*　由一种随时间递减的曲线或直线所呈现，能够用特定的时间下存活的昆虫个体数占初始昆虫群组总个体数的比值来表示（表4-1）。存活率的递减过程有多种类型，主要归纳为3种，即Ⅰ凸型曲线，一般指存活率前期下降慢，后期下降快的昆虫群组，如瓢虫、蚜虫等［图4-9（a）］；Ⅱ凹型曲线，一般指存活率前期下降快，后期下降慢的昆虫群组，如实蝇、线虫等［图4-9（b）］；Ⅲ直线型，一般指昆虫瞬时存活率保持不变，呈现恒定值的昆虫群组［图4-9（c）］。存活率曲线是昆虫群组自身或经历某一事件后的特定响应特征，存活率曲线的变化反映了种群生理、行为和生态等的综合表现，已经成为研究昆虫群组的标准模式。

表 4-1　昆虫生命表的主要数量统计参数及定义

昆虫群组参数	公式	定义
群组存活率	$l_x=\frac{n_x}{N}$	群组存活率是指在特定的时间（x）下存活的昆虫个体数占初始昆虫群组总个体数的比例
瞬时死亡率	$q_x=\frac{l_x-l_{x+1}}{l_x}$	瞬时死亡率是指一个昆虫群组从特定时间（x）到下一时间（$x+1$）的死亡率
死亡分布	$d_x=l_x-l_{x+1}$	死亡分布是指一个昆虫群组从特定时间（$x-1$）到下一时间（x）的死亡的个体数占初始群组总个体数的比例
生命期望	$e_x=\frac{\sum_{x>0}^{k} l_x}{l_x}+\frac{1}{2}$	生命期望是指一个昆虫群组从特定时间（x）到未来所能存活的平均时间，k 为最长个体的寿命

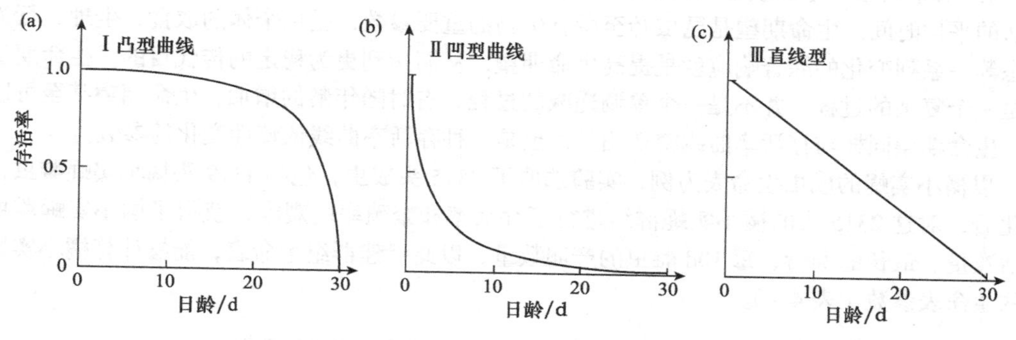

图 4-9　生物群组的存活率类型

2. 瞬时死亡率　瞬时死亡率是指一个昆虫群组从特定时间 x 到下一时间（$x+1$）的死亡率，瞬时死亡率反映了一个昆虫群组的即时死亡风险。瞬时死亡率曲线有多种模式，是一种昆虫群组年龄特异性参数，主要有 3 种类型，即Ⅰ线性递增，指昆虫群组随着昆虫年龄的增加，瞬时死亡风险不断增加，大部分昆虫都属于这种模式，人类群组同样属于瞬时死亡率线性递增的模式［图 4-10（a）］；Ⅱ线性递减，指昆虫群组随着昆虫年龄的增加，瞬时死亡风险不断下降，昆虫的野外群组较为符合这种模式，某些昆虫幼期容易被天敌捕食或者抵御外界胁迫能力弱，随着年龄增加，存活能力逐步上升，如野外的蚜虫种群［图 4-10（b）］；Ⅲ恒定速度，瞬时死亡率为某一固定参数，不随昆虫年龄的变化而变化，这是一类较为特殊的现象，生态系统中往往也存在这些昆虫群组，这类昆虫群组的死亡一般由外界因素决定，暴露的风险与死亡风险相关，暴露的过程呈现线性，就会导致瞬时死亡率为固定参数［图 4-10（c）］。瞬时死亡率是虫口统计学的重要参数，目前有更多精确的非线性函数可以刻画瞬时死亡率的变化过程，包括指数函数、逻辑斯蒂函数、冈珀茨函数及威布尔函数等。

3. 死亡分布　死亡分布是指昆虫群组在时间序列上的死亡个体格局，具体用一个昆虫群组从特定时间（$x-1$）到下一时间（x）的死亡个体数占初始群组总个体数的比例来计算。死亡分布实际上由存活曲线的变化速率决定，当然死亡分布对研究昆虫群组数量变化至关重要，

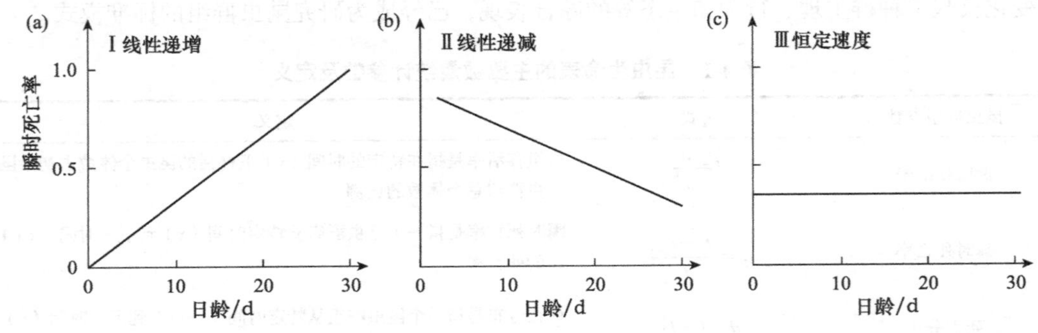

图 4-10 生物群组的瞬时死亡率类型

但死亡分布的变化多种多样，很难采用具体的函数进行描述。

4. 生命期望 生命期望又称为平均寿命，是指一个昆虫群组从特定时间（x）到未来所能存活的平均时间。生命期望是昆虫乃至所有生物的重要参数，昆虫个体的取食、生理、行为及生态等一系列变化的综合响应就是提高生命期望，从而达到更为稳定的传代目的。生命期望同样是一个复杂的过程，并不是一个单调递减的过程，有时随年龄的增加，生命期望甚至可以提高。生命期望同样与存活率曲线密切相关，也是一种存活率曲线依赖性变化的参数。

以橘小实蝇的成虫生命表为例，实验选取了 2315 头成虫，包括 1119 头橘小实蝇雌虫，蛹羽化后，对这 2315 头的橘小实蝇群组进行了存活率和繁殖率的观察，获得了橘小实蝇雌虫的存活数量、最长的寿命、每 10d 雌虫的产卵数量，以此组建群组生命表，能够计算橘小实蝇群组的生命表参数（表 4-2）。

表 4-2 橘小实蝇群组特定时间生命表和繁殖生命表

年龄 x/d	L_x	n_x	l_x	q_x	d_x	e_x	m_x
1	1 119	0	1.000	0.186	0.186	30	0
10	911	32 352	0.814	0.219	0.178	26	36
20	712	83 253	0.636	0.321	0.204	21	117
30	483	133 517	0.432	0.375	0.162	19	276
40	302	77 633	0.270	0.378	0.102	18	257
50	188	42 569	0.168	0.458	0.077	16	226
60	102	13 762	0.091	0.484	0.044	15	135
70	53	3 436	0.047	0.489	0.023	13	65
80	27	987	0.024	0.500	0.012	12	37
90	13	348	0.012	0.667	0.008	9	27
100	4	54	0.004	0.750	0.003	8	14
110	1	0	0.001	1.000	0.001	5	0
120	0	0	0.000	0.000	0.000	0	0

注：L_x. 存活个体数；n_x. 产卵量；l_x. 存活率；q_x. 死亡率；d_x. 死亡分布；e_x. 生命期望；m_x. 出生率

二、种群的内禀增长率

种群的内禀增长率（r_m）是指在食物、空间及其他生态条件确定的条件下种群的最大增长速率。因此，在计算种群内禀增长率时，环境因子主要分为两种情况：第一是最优的环境条件，包括空间、温度、食物、栖息地等所有的环境条件；第二是环境条件不是最优，在控制的条件下，包括食物、温度、湿度等条件。内禀增长率是特定条件下某一实验条件所观察到的最大种群增长率。

1. 净增殖率（R_0）　净增殖率是指生物群组中一个世代内所有雌性个体产生的后代数量的总和，净增殖率能够衡量生物群组在某一环境下产生后代的能力，即 $R_0=\sum_{x=1}^{k} l_x \times m_x$，同样以橘小实蝇为例，根据该公式计算和表 4-2 的数据，橘小实蝇群组的净增殖率为 346.9。

2. 平均世代时间（T）　平均世代时间是每个世代需要的天数，即

$$T=\frac{\sum_{x=1}^{k} l_x \times m_x \times x}{R_0}$$

根据公式计算和表 4-2 的数据，平均世代时间为 31.9d，这与橘小实蝇室内饲养观察得到的结果基本一致，也反映了橘小实蝇群组的平均寿命。

3. 内禀增长率（r_m）　内禀增长率是群组中个体的种群数量增长潜力，内禀增长率与环境密切相关，在优化的环境中内禀增长率高，在胁迫的环境条件下内禀增长率低。内禀增长率可用下面的公式计算：

$$r_m=（\ln R_0）/T$$

根据公式计算和表 4-2 的数据，橘小实蝇的内禀增长率为 0.18。r_m 实际上是生物群组的瞬时增长速率，在橘小实蝇内禀增长率中，瞬时增长率与平均增长率相同。

4. 周限增长率（λ）　周限增长率指在种群不受资源限制的情况下，种群内平均每个个体所能产生的后代数，用于与密度无关的种群增长模型，又称种群的无限增长模型。

$$\lambda=e^{r_m}$$

根据公式计算和表 4-2 的数据，橘小实蝇的周限增长率为 1.2，即橘小实蝇的下一天的种群数量是前一天的 1.2 倍。如果种群的出生率和死亡率是常数，种群增长也有其他更复杂的计算方法。

三、生命表的应用

生命表经过几百年的发展，已经渗透到社会、经济、健康、医学及管理等多个综合领域，并且发挥了巨大的作用。虫口统计学作为人口统计学的一个分支，其应用范围也颇为广泛，涉及昆虫发育、生理、行为、生态、繁殖、毒理等多种过程，甚至能够利用昆虫作为模型研究人类社会及其经济问题。在我国，生命表研究从 20 世纪 80 年代开始起步，但几十年间发展缓慢，至今仍然只是停留在测定发育速率和发育历期等简单生物学参数阶段。

1. 入侵种发育速率与增长率　昆虫的发育速率 μ 是生物学和生态学研究的基础问题，尤其是设置不同的温湿度条件监测昆虫的发育变化过程，在研究重要入侵种的基础特征方面发挥了重要作用。昆虫生命表方法经过不断的发展，提出了特定时间生命表、特定年龄生命表、繁殖生命表及两性生命表的研究技术，这些技术能测量实验室条件下昆虫的种群发展过程。这些

模型和方法同样能在田间条件下描述昆虫数量变化随时间和空间的变化，进而掌握昆虫田间的实际种群数量。

除了昆虫的发育速率和死亡曲线，昆虫繁殖生命表还能够计算种群数量的增长参数，内禀增长率 r_m、周限增长率 λ、发育起点温度 T_0 和有效积温 K 等都依赖虫口统计学的研究方法。这些参数的测定已经形成规范的方法，具体通过设定合理的温度梯度（T_1，T_2，…，T_n），结合室内观察昆虫群组的生长过程，然后建立方程，计算种群世代周期和其他参数。一般而言，实验室都采用发育一致的昆虫群组进行研究，而野外只能采用自然种群进行研究，自然种群的年龄组成、性比和经历的环境不同，导致自然种群虫口统计学参数差异很大。近年来，研究野外昆虫群组的数量变化过程和发育速率来反映昆虫经历的气候或环境变化，进而推测昆虫数量的变化趋势，对准确估测害虫种群数量发展具有重要的作用。

2. 入侵种行为生态　昆虫种群的行为生态反映了一系列的生理变化过程，如昆虫取食、起飞、交配及产卵行为。昆虫种群总是以群体形式存在，其个体间存在巨大的生理过程差异，个体间的差异会导致昆虫行为产生不同步性。并且昆虫群体行为学的数量变化差异及过程能够反映繁殖及寿命等其他种群特征，而生命表技术能够很好地应用于研究昆虫行为的数量变化差异。

昆虫一系列变化都存在行为上的标志，如衰老具有特殊生物行为标志或生物参数，能更好地预测个体的器官功能或死亡风险，比用年龄预测更为精确。行为衰老的生物标志非常重要，昆虫行为特征是年龄或健康特异性的，因此行为本身可以作为衰老的指标。地中海实蝇一生的行为非常不同，但有一个行为特征是老年实蝇普遍所特有的，尤其是接近死亡的个体。这种特性称为“仰卧行为”，与苍蝇在天花板的倒挂行为非常一致。仰卧的雄性地中海实蝇躺在笼子底部，看起来已经死亡或将要死掉。具有这种行为的地中海实蝇的个体数量能够解释这个种群的衰老程度，甚至能够预测潜在的繁殖能力等重要指标。当然昆虫一生的行为多种多样，行为的多样化和组成能够很好地代表昆虫种群所处的生活史阶段，进而对昆虫种群的其他特征做出更精确的评价。

3. 入侵种 - 环境互作　昆虫数量变化与环境密切相关，尤其是温度和湿度。温度直接改变昆虫的生理学过程，进而改变种群数量的变化过程，其他的环境因子均能够调节昆虫种群数量的动态，如湿度、光照、土壤 pH、营养等。昆虫种群数量变化与自身情况和环境都有关系，既存在自身的密度依赖性，也存在环境因子依赖性。因此采用生命表的研究方法估计环境因子对昆虫数量变化过程的影响非常有效。例如，橘小实蝇在幼虫期经历的短时低温刺激能够显著延长成虫期寿命，并增加成虫的产卵量。很多其他环境因子的瞬时刺激能够影响整个生活史特征，改变昆虫种群的动态过程。

4. 生物入侵空间扩散　生物入侵实际上是入侵种的空间扩张过程，将空间分割成标准的单元格，把空间单元格作为独立的个体，分别用空白和感染两种状态表示，探索入侵种的单元格占据其他单元格的过程，能够很好地采用生命表的方法研究入侵种空间扩张。入侵状态是入侵生态学的另一个概念，如每个空间单元格入侵种 100 个和 10 个明显不同，根据数量进行入侵状态划分，根据数量变化过程研究生物入侵的状态转移过程，能够在机理上解释新的生物入侵机制。另外，很多生物入侵是多物种的混合入侵，在时空上具有同步性，但时空不对称，利用多物种分解的生命表入侵模型能够很好地评价多物种入侵中每个物种的贡献率。

5. 入侵种群预测　虫口统计学能够应用于很多濒危动物的保护和预测研究，对特殊的重要物种的种群数量变化和预测非常重要。例如，世界范围内山地大猩猩数量约为 800 只，如果每年下降 1% 要多少年就萎缩到一半，这些都是利用生命表能够解决的问题。很多稀有昆虫适应了人类的存在，但它们都面临着同样的问题：人类采集、对稀有昆虫的商业需求及栖息地丧失。例如，冬虫夏草，在一年的生命周期中，需要如何采集才能维持冬虫夏草种群稳定则是非常重要的问题。

昆虫种群从出生起就开始逐步死亡，在一个昆虫群组中引起死亡的因素可能会有多种，包括衰老、杀虫剂、天敌及疾病等。不同的死亡因子对昆虫累计死亡率的贡献不同，衰老对死亡率的贡献随着寿命的增加而增加，杀虫剂的贡献取决于喷洒时间，天敌的贡献率与取食的偏好性有关，因此昆虫群组的死亡过程与死亡因素的作用密切相关（图 4-11）。死亡率是对昆虫种群进行预测的重要基础，也是种群的关键特征。

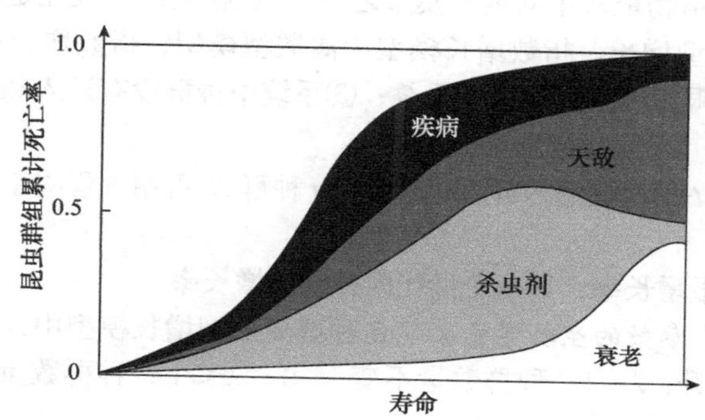

图 4-11　不同致死因子对害虫累计死亡率的贡献度动态

综上所述，虫口统计学能够在保护生物学、生物防治、生态学，甚至法医昆虫学中得到极大的应用，而目前虫口统计学还仅仅围绕着发育速率和有效积温等传统的昆虫个体参数展开研究。

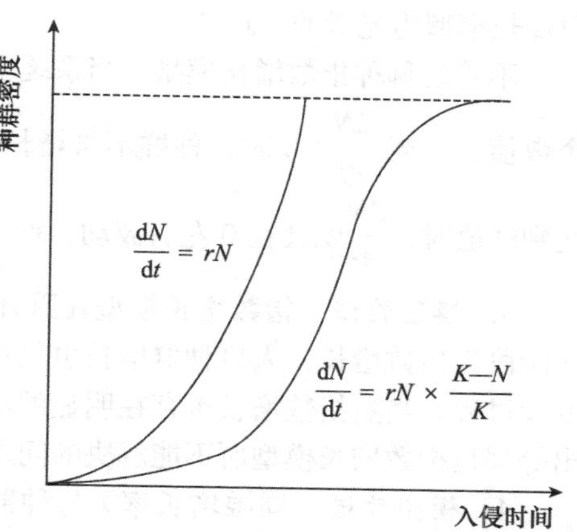

图 4-12　生物种群增长过程（指数增长与逻辑斯蒂增长）

第四节　种 群 增 长

一、种群增长分析

在一定的时空范围内，种群增长随时间序列所表现出的数量变化形式，主要分为“J”形和“S”形（图 4-12）。种群增长模型是指用来描述生态系统或其性质的一个抽象的简化的数学结构。理想的种群模型应有高度的普遍性、精确性、真实性、简便性，种群增长分析以数学方法为基础，分析种群增长过程中的特征和格局。种群模型的微分表示方法为$\frac{dN}{dt}=f(t)$。

二、种群增长模型的稳定性和灵敏度分析

1. 稳定性分析　种群平衡点：当种群增长为 0 时，即 $dN/dt=0$。种群的稳定性包括邻域

稳定性和全局稳定性。邻域稳定性：若系统受到少许扰动后种群数量会离开平衡点，在短时间内又回到那个平衡点，则该平衡点为邻域稳定性。全局稳定性：若无论系统起始自何处，经过一定的时间后都能达到某一平衡点，则称为全局稳定性。

2. 灵敏度分析　种群模型中一般含有多个参数，参数的设置对种群数量变化的影响非常大，分别改变种群模型各个参数，并分析改变的这个参数对系统（种群）的整体输出和动态贡献率，贡献率最大的参数，灵敏度最高。

三、种群指数增长模型

指数增长模型是动植物最常用的数学模型之一，一般在资源比较充足的条件下，生物的种群数量增长过程为指数型增长。指数增长模型为离散型模型，指数增长模型需要满足下列条件：①空间和资源不受限；②生物世代不重叠；③系统中种群没有迁入和迁出；④系统没有明显的年龄结构。

基于上述条件，则 $t+1$ 世代的种群 N_{t+1} 与世代 t 种群 N_t 可用方程构建：

$$N_{t+1}=\lambda N_t。$$

λ 为单位时间的周限增长率，如一个世代内种群的增长率。

1. 指数增长模型中参数的生物学意义　在种群离散型增长模型中，参数的生物学意义如下：$\lambda>1$，种群数量上升；$\lambda=1$，种群数量不变；$0<\lambda<1$，种群数量下降；$\lambda=0$，种群迅速灭绝。

2. 模型轨迹　离散型种群指数增长模型为台阶形的“J”形，是最为简单的模式，有时考虑种群的世代交替，会将离散型的指数增长模型转化为连续性的指数增长模型，而连续性的指数增长模型为光滑的“J”形。

不管是哪种指数增长模型，当系统中的空间或者资源达到饱和时，种群数量就会稳定在一个数值上。当 $\frac{\mathrm{d}N}{\mathrm{d}t}=0$ 时，种群不再增长，种群数量就会稳定在某一数值上，往往种群数量在达到峰值时，$\frac{\mathrm{d}N}{\mathrm{d}t}$就会在 0 左右波动，产生瞬时的上升和下降，最终呈现波动性发展。

3. 模型验证　指数增长模型在野外试验中经过多次验证，很多昆虫、细菌种群增长的某些阶段为指数增长，人口种群增长也是指数增长，很多时候指数增长很好地预测了生物数量的发展过程。当然指数增长也存在明显的不足，环境资源和空间不可能不受限，种群的迁入和迁出等都是指数增长模型所不能解决的问题。

4. 模型改进　周限增长率 λ 与种群数量密切相关，考虑种群数量改变对增长率的影响，种群的指数模型能够进行相应改进。

在 $N_{t+1}=\lambda N_t$ 模型中，假设种群的周限增长率 λ 与种群数量呈线性关系，且随种群数量增加而下降，则 λ 与 N 的关系式为

$$\lambda=1-\alpha\times(N_t-\bar{N})$$

因此，种群的指数增长模型就可以转变为

$$N_{t+1}=N_t-N_t\times\alpha\times(N_t-\bar{N})$$

式中，$\bar{N}$为种群平衡密度数量，α 为种群数量增长参数。参数 α 表示种群数量每偏离平衡密度一个单位，种群增长率 λ 改变的比例。这个改进的指数增长模型就能够更为精确地反映生物种群的数量变化。

种群的指数增长模型通过改进，改变了种群的动态类型和行为，表现出了从稳定点、稳定环境到杂乱的不规则波动过程（图 4-13）。在改进的指数模型中，参数 α 值的灵敏度极高，其微小变化都会对种群数量的变化产生重要影响。

α 的数值决定了改进种群模型的格局，英国著名生态学家 Robert May 进一步研究了 α 变化带来的种群数量波动，假设 $\beta=\alpha\times\bar{N}$，$0<\beta\leqslant1$，种群数量逐步趋向于平衡点，基本没有振幅；$1<\beta\leqslant2$，种群数量为趋向于平衡点的振荡，振幅逐步减弱；$2<\beta\leqslant2.57$，种群数量为周期性规律振荡；$\beta>2.57$，种群数量杂乱无章，表现为无规律地波动。

5. 模型的进一步改进　时间序列（时滞）是指种群数量的变化不仅仅是密度和平衡密度的关系，时间序列模型能够考虑上一个阶段的种群数量，每个时期的种群数量都是上一个时期种群数量变化的滞后效应。

同样，时间序列方法能够对上述模型进一步改进，假设种群的滞后性为一个世代，即 N_{t+1} 种群数量与 N_{t-1} 种群数量有关，则指数增长模型可以改写成

$$N_{t+1}=N_t-N_t\times\alpha\times(N_{t-1}-\bar{N})。$$

有时滞的离散型指数增长模型的种群增长率与上一个时间阶段的数量呈现线性关系。初始密度 $N_0=10$，平衡密度 $\bar{N}=100$，参数 $\alpha=0.01$，考虑时间序列的影响时，种群表现为波动性，不考虑时间序列的影响，则种群数量稳定。

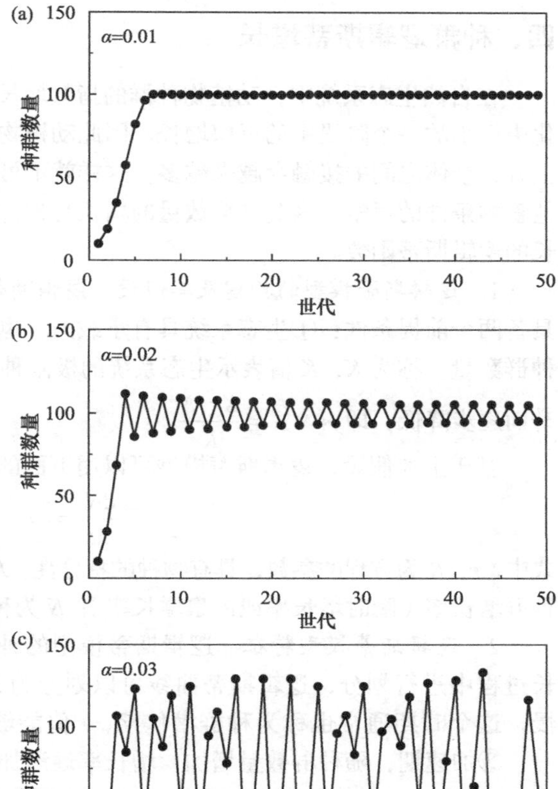

图 4-13　世代不重叠的种群增长率和种群数量呈线性函数的种群增长模型

初始密度 $N_0=10$，平衡密度 $\bar{N}=100$，种群数量波动与 α 密切相关，α 决定了改进的指数增长模型的整个动态过程。（a）当 $\alpha=0.01$ 时，种群稳定地向平衡数量发展，到达平衡数量后稳定不变；（b）当 $\alpha=0.02$ 时，种群数量连续地产生振荡，并在平衡数量上下不断波动；（c）当 $\alpha=0.03$ 时，种群不稳定，毫无规律性，杂乱无章地波动

考虑时间序列种群数量模型表现为周期性振荡，一个振荡周期为 6～7 个世代，这与不考虑时间序列平滑曲线相比，种群数量波动差异非常大。时间序列效应能使稳定的种群数量增长曲线变成有周期性的振荡或不稳定。

同样，Robert May 总结了具有时间序列的种群离散增长模型的规律。假设 $\beta=\alpha\times\bar{N}$，$0<\beta\leqslant0.25$，种群数量稳定，不产生振幅；$0.25<\beta\leqslant1.0$，种群数量呈现振荡，震荡幅度逐步降低；$\beta>1.0$，种群数量为周期性振荡。

指数增长模型当然还有很多其他的改进模型，均围绕种群增长率的驱动因素考虑，增长率不仅仅受种群数量的影响，环境、食物、种间竞争等都是影响种群增长的重要因素。

四、种群逻辑斯蒂增长

在自然生态系统中，动植物种群的指数增长完全是一种理想状态，或者只是在种群数量变化中很小的一个阶段中的近似增长。因此动植物种群在有限的空间中增长时，随着种群数量的上升，个体之间的接触会越来越多，这样就不可避免地产生竞争，尤其是对有限空间资源和其他食物条件的竞争。因此种群数量的增长与种群数量本身是密切相关的，这就要求构建种群增长的逻辑斯蒂函数。

1. *逻辑斯蒂模型的构建及其假设*　逻辑斯蒂模型比指数模型优化了种群数量的增长过程，具备两个前提条件：①生态系统具有承载力，也称为环境容纳量，是生态系统中所允许的最大种群数量，称为K，K值表示生态系统的极限种群数量；②种群数量的增长率随种群数量的上升而逐步降低，即$r(N)=\dfrac{K-N}{K}$。

基于上述假设，逻辑斯蒂模型可以用下面的方程进行表示：

$$\frac{\mathrm{d}N}{\mathrm{d}t}=r\times N\times\frac{K-N}{K}$$

式中，r、K为方程的参数，具有物种的特异性。K为空间饱和时的种群数量（环境容纳量）；r为种群增长率（瞬时增长率或内禀增长率）；N为种群观察数量；t为时间。

2. *逻辑斯蒂模型特征*　逻辑斯蒂模型的种群数量增长曲线为近似“S”形，从曲线的增长过程中进行划分，逻辑斯蒂曲线可以划分为5个时期：①起始期，种群数量很少，增长缓慢，这个时期通常也称为种群潜伏期，r值能够决定起始期的长度，是物种的生物学特征之一；②加速期，随种群数量增加，增长率逐渐加快；③转折点，当种群数量达到饱和数量的一半时（即$K/2$时），种群增长最快，这个转折点是种群数量增速的转变；④减速期，种群数量超过$K/2$以后，种群增长逐渐变慢，达到平稳；⑤饱和期，种群数量接近K值，种群不再明显增长。

内禀增长率能够显著影响逻辑斯蒂的曲线上升过程，主要体现在起始期的时间，高内禀增长率能够极大地缩短起始期时间，低内禀增长率会延长起始期时间［图4-14（a）］。环境容纳量也会很大程度上影响逻辑斯蒂过程，即使在同样的内禀增长率的条件下，由于环境承载力的

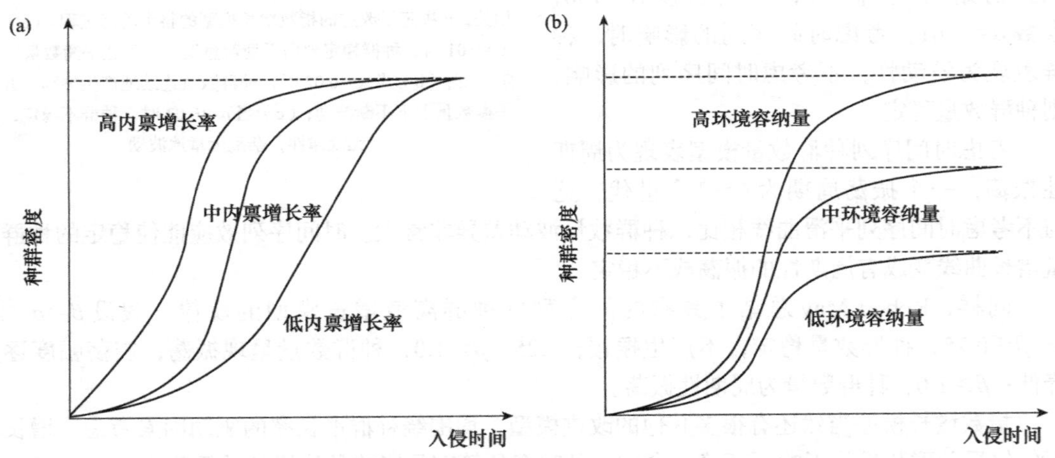

图4-14　生物种群逻辑斯蒂增长过程与环境容纳量

不同也会导致逻辑斯蒂过程完全不同［图 4-14（b）］。

例如，Crombie（1945）人工饲养小谷蠹 *Rhizopertha dominica* 的试验中，选取 10g 麦粒和一对小谷蠹成虫开始。因小谷蠹雌虫只在麦粒的裂缝中产卵，麦粒均经压挤。每周可将麦粒过筛 1 次，并用新鲜压裂的麦粒将其补足到 10g。这样食物资源是大致不变的。用这类昆虫作种群试验很理想，因为食物是恒定不变的，易于控制。而且成虫与幼虫取食同样食物。试验结果表明，该成虫种群稳步上升，直到成虫平均值为 338 头的稳定水平为止，符合“S”形增长曲线。

野外种群不可能长时期地、连续地增长。许多动物生活在季节性变化的环境中，在每年有利的季节才出现种群增长。长寿命的动物很少出现明显的种群增长。因此，在自然界中，像实验种群一样，由少数个体开始而装满“空”环境的情况是很少见到的，只有在把动物引入海岛或某些新栖息地，然后研究其种群增长的少数实例，才能够见到。例如，将绵羊引入澳大利亚马尼亚岛以后，增长初期呈现出一个“S”形曲线，1850 年后在 170 万头上下做不规律波动。

3. **模型的改进**　假设生物种群在增长过程中，从环境条件改变到引起种群增长的改变之间有一个反应时滞，将改变逻辑斯蒂方程中的（$K-N$）$/K$ 项，构建改进的模型为

$$\frac{dN}{dt}=rN\left(K-N_{t-T}\right)/K$$

式中，T 为反应时滞，其他参数同逻辑斯蒂模型。

逻辑斯蒂曲线有了这种时滞之后，变化很大（图 4-15）。当 $r\times T$ 为 0.35 时，种群增长呈平滑地趋向于一个稳定点（即 K 值）；当 $r\times T$ 为 0.7 时，呈“S”形增长；当 $r\times T$ 增大时，就产生振荡，先是减幅或阻尼振荡，然后是稳定的周期性振荡。

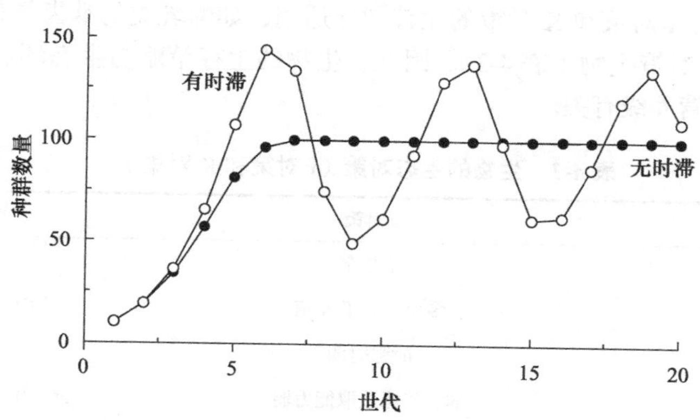

图 4-15　基于逻辑斯蒂生物种群的离散型动态过程

该系统的稳定性依于 T/T_R，即 $r\times T$ 值，$r\times T$ 值小，即时滞短、速度慢，系统稳定；$r\times T$ 值大，即时滞长、速度快，系统不稳定。

当 $1<r\times T\leqslant e^{-1}$，种群增长呈单调阻尼，达平衡点。$e^{-1}<r\times T<\frac{\pi}{2}$，阻尼振荡，$c<r\times T$，呈极限环。

只要 $r\times T>\frac{\pi}{2}\times r$，种群的振荡幅度和周期也就成为固定值，周期大约为 $4T$。

第五节　生态对策与复合种群

一、生态对策

生物能够在长期的演化中生活下来，就需要与周围的环境和生物发生多种相互作用，这种相互作用的过程中逐步形成了生物的独特生态对策。根据生物生活史特征的不同，生态对策可分为r对策和K对策。这两种对策也是生物应对环境的重要策略，r对策是指有利于繁殖力增加的选择；K对策是指有利于竞争能力增加的选择。甚至在同一个物种面对不同的环境也会产生不同的适应性，在r对策和K对策中相互转换。环境长期的胁迫和选择是生物必须面临的挑战，r对策和K对策是生物面对环境形成响应的理论基础。气候变化幅度较大的生态系统，r对策的生物会比较有利，气候变化幅度大，适宜生长繁殖的时间短，因此生物需要在短时间内将种群增长最大化，即高产卵量、快速发育、早熟、成年个体小、寿命短且单次生殖多而小的后代。在稳定的环境中，大多数时间都适合生物生长，资源比较充沛，通常生物多样性比较高，这种条件下竞争较为激烈，K对策生物对此环境比较适合。K对策者具有成年个体大、发育慢、迟生殖、产仔少而大、寿命长、存活率高的生物学特性，以高竞争能力使自己能够在高密度条件下得以生存。r对策和K对策在长期的演化过程中是两个极端的发展方向，这两种生存策略的最终目的都是提高种群适合度，在环境的胁迫下能够更好地维持自身种群，达到利益最大化。

因此，在生存竞争中，K对策生物以竞争取胜，而r对策生物则是以繁殖量取胜。K对策生物分配大多数物质和能量在个体的存活率，而r对策生物则是将大部分能量分配于繁殖后代。在生态系统中，大部分昆虫和一年生植物是r对策生物；大部分脊椎动物和乔木是K对策生物。在接近的类群中，r对策和K对策的比较同样适用，如哺乳类的啮齿类是r对策生物，而象、虎、熊猫则是K对策生物（表4-3）。因此，生物的生存策略与生态环境及栖息地的条件密切相关，有时也与营养级有关。

表4-3　生物的生态对策（r对策和K对策）

特征	r对策	K对策
存活率	不稳定	稳定
种群密度	多变，低于K值	稳定，K值附近
种内竞争	时强时弱	弱
种间竞争	弱，资源获取能力弱	强，资源获取能力强
种群特征	快速发育，早熟	发育慢，晚熟
	体形小	体形大
	高内禀增长率	低内禀增长率
营养级	低营养级	高营养级
寿命	短，不稳定	长，未定
种群增长	非密度制约	密度制约
生态条件	多变、随机、异质	稳定、确定、均匀

二、复合种群

（一）生物异质性空间分布

生物的空间分布是其种群存活及延续的重要生态学问题，空间分布与物种的特征和生存策略是密切相关的。不同生物物种的空间分布特征明显不同，有些物种属于均匀分布，但绝大多数物种的空间分布都是异质性的，由多个生境斑块组成。生物的空间异质性是指生态学过程和格局在空间分布上的不均匀性及复杂性，由空间的斑块性和梯度两者共同组成。

种群空间分布格局统计方法已经有很多，如频次分布、聚集度指标、扩散型指数等。这些生物种群的空间分布都存在前提条件，就是生境是均匀的，而这种均匀化的生境在实际中是不可能的，因此存在几个重要的缺陷：①传统的取样将样点值延伸到生境的不同位置，作为取样区域的平均值，这样会导致实际值与调查估计值之间存在很大的系统偏差；②统计样方值的频率分布只是数据关系，这些样方存在强烈的空间特征，忽略了空间特征不能反映生物的聚集强度；③假设已知数据独立于整体，并且分布相同或者相似，忽视了环境条件、生物分布之间存在的明显的空间相关性。

生物的空间分布也同样具有地统计学特征，既有随机性，又有结构性。生物的空间分布也是一个空间区域化变量，这个变量的大小与空间位置密切相关。区域化变量在空间上因其相互之间的位置关系或空间相关性而存在一定的规律性变化，即空间变异。地统计学能够定量描述并模拟生物的空间变异规律，或者说通过调查区域化变量的空间样点来研究区域化变量的空间相关性和空间结构。

空间相关是生物的普遍规律，也就是空间相距较远的样本比空间相距较近的样本间差异更大。空间上某一位置的变量值总与这个位置周围的值接近，生物密度高的区域周围生物密度也高，生物密度低的区域周围生物密度也低。

生物的空间相关主要因空间相互作用而产生，而空间相互作用与空间位置信息有着密切联系。一般而言，环境条件的空间相关性更强，如温度、降雨等，因为环境条件都是缓慢过渡变化的，这种环境条件的空间相关性会进一步导致生物分布的空间相关性。生物的这种因空间距离不同而导致的相互作用称为空间自相关。在农业景观中，生物种群间的空间相关性主要受环境因子的空间异质性影响，而在小生境中，生物种群内或种群间的空间相关除环境因素外，还受密度制约作用或生物间相互作用的影响，变差函数是分析一个区域内种群的空间格局的重要函数。

变差函数是指区域化变量 $z(x_i)$ 和 $z(x_{i+h})$ 的增量平方的数学期望，即区域化变量增量的方差。变差函数既是距离 h 的函数，又是方向 α 的函数。其计算公式如下：

$$\gamma(h)=\frac{1}{2N(h)}\sum_{i=1}^{N(h)}\left[z(x_i)-z(x_{i+h})\right]^2$$

式中，$\gamma(h)$ 为变差函数值，变差函数曲线图是变差函数 $\gamma(h)$ 对距离 h 的曲线；$N(h)$ 为被空间距离 h 分隔的数量；$z(x_i)$ 和 $z(x_{i+h})$ 分别为在空间点 x_i 和 x_{i+h} 处生物样本的测量值；h 为两个取样点之间的距离。

昆虫的种群分布一般都是距离分布，聚集分布的特点是变差函数随着距离的增大而增大，即区域化变量的空间变异越来越大，空间相关性逐渐减小，但空间距离增加到某一个阈值时，变差函数不再增加而是保持稳定，这表示两个取样点间的空间相关关系已经不再存在。将变差函数值不再增加时的距离称为空间依赖范围，简称变程，用 α 表示，此时的变差函数值称为基台值。

生物空间分布实验数据的变差函数值能够通过函数进行拟合，通过对变差函数值和模拟曲线形状特征进行分析就可以判断表征种群数量特征的变量的空间分布类型，同时计算样点间空间相关的范围和强弱。一般的，球形、抛物形、指数形和高斯形的变差函数表明的数据是聚集的，但不同的曲线所揭示的空间结构却存在很大变异。例如，球形模型的聚集分布所表明的空间结构是当样点的间隔距离达到变程之前时，样点间的空间依赖性随距离增大而逐渐降低；抛物形的聚集分布所表明的空间结构是当样点的间隔距离较小时，样点值有较好的空间连续性，而在距离较大时，空间连续性急剧下降。如果拟合直线的相关系数较小而方差较大，说明数据为随机分布；相反，如果相关系数较大而方差较小，则表明数据呈均匀分布。

（二）复合种群分析

复合种群研究作为生物空间分布更为普遍的形式，空间生态学提供了重要的研究方法和途径。复合种群将空间看成由生境斑块构成的生境网络，斑块网络中的多个种群的空间结构和动态是复合种群空间动态最核心的研究内容。复合种群理论很多，其中最基本的种群模型为 Levins 模型。

Levins 模型是基于局域种群灭绝和空斑块的局域种群重建的随机平衡上的复合种群持续存在。在单个生境中，所有的局域种群都趋于绝灭，而在多生境斑块组成的复合种群却能够因为斑块间的相互交流而存在，复合种群续存的可能性随着生境斑块和局域种群数目的增大而增加。

Levins 模型存在几个前提条件：①空间分离的生境斑块是无限的；②每个生境斑块大小相同或者相似；③这些生境斑块之间有相互联系，生物能够相互扩散；④生境斑块存在被占据和未被占据两种类型，种群数量大小忽略不计。所以，Levins 模型适用于斑块较小、复合种群可以迅速达到容纳量的系统。

一般而言，复合种群都是存在于一个相对较大的斑块网络中，斑块网络中的多个局域种群共同组成了复合种群，但局域种群间的种群动态并不一致。Levins 用时刻 t 被占据生境斑块的比例 $P(t)$ 来表示整个复合种群大小的变化率。假定所有局域种群有恒定的灭绝风险，斑块被占据的概率与已经被占据斑块的比例（P）及 t 时刻未被占据斑块比率（$1-P$）成正比，因此 P 的变化率为

$$\frac{\mathrm{d}P}{\mathrm{d}t}=cP(1-P)-eP$$

式中，c 和 e 分别为局域种群的重建率和灭绝率。P 的平衡值为

$$P=1-\frac{e}{c}$$

Levins 复合种群模型是建立在局域种群随机灭绝基础上给出的复合种群变化率描述。Levins 复合种群模型反映了生物种群的空间重建速率和灭绝速度，可以反映复合种群动态的基本属性：①复合种群平衡时，被占据斑块的比例随着 e/c 值的减小而增大，只要 $e/c<1$，即局域种群的重建速率增加，能够补偿灭绝速率，复合种群就能够维持（$P>0$）；②平衡时 P 随生境斑块的平均大小及密度的减小而减小，如果斑块面积太小或彼此相距太远，复合种群都会灭

绝（$P=0$）；③ $e/c<1$ 表明被空白生境斑块包围的局域种群（$1/e$）必须建立新的种群才能保证复合种群的续存。

近年来，有关复合种群的研究逐步增加，复合种群更接近于生态系统中物种的分布格局。未来复合种群理论还会得到进一步的发展，主要存在几个原因：①复合种群把种群的数量、时间、空间有机地结合并统一，是大尺度下生物种群分布的实际情况，预测更加准确；②复合种群提供了多个有效的种群模型，能够应用于分析大尺度空间、多斑块中局域种群的消亡、定居等生态过程；③复合种群借助于空间生态学的发展，在物种种群动态及物种间的相互作用都会发挥越来越重要的作用。

第六节　种群调节理论

一、种群动态

入侵种群是研究种群调节理论的重要模型，一个入侵种群从原产地进入新的栖息地后是一个非常标准的种群过程，经过种群存活到建立种群以后，一般会存在多种可能性，主要分为：种群的增长；种群平衡，长期维持在几乎同一水平上；不规则地波动和起落；种群振荡，规则或周期性地波动；种群衰落；种群灭亡。

有两种在入侵生态学上研究最多的过程，即种群猖獗和种群崩溃。种群猖獗指种群在短期内迅速增长，称为种群大发生或暴发。种群崩溃指种群在经历较高的数量后出现大量死亡，种群数量剧烈下降。猖獗和崩溃都是种群动态的极端情况，这种极端情况背后的生态学机制一直是生物入侵研究的热点问题。

1. *种群的动态与平衡*　在自然生态系统中，经过长期的演化过程后，由于种间的相互作用、相互制约，绝大多数种群在群落中处于一个相对稳定的状态。据报道，自然界中 99.9% 的生物种群数量相对较稳定，仅有 0.1% 左右的生物种群能够产生较大的波动，可暴发成灾。因此生态系统中由于环境因子的作用，生物种群或群落成比例地维持在某一特定种群数量水平上的现象叫作自然平衡，种群这个密度水平叫作平衡密度。

2. *种群调节与限制*　种群在生态系统中不断地处于动态的平衡，离开其平衡密度后又返回到这一平衡密度的过程称为调节。种群调节能够稳定种群数量，失去调节的种群呈现无序的波动，能使种群回到原有平衡密度的因素称为调节因素。种群限制指使种群数量减少到最小值或不至于出现过度上升的过程。种群限制因子是生态系统中制约关键因素，在害虫种群治理过程中，种群限制因子能够用于控制入侵种群，使其难以猖獗，有效地将种群控制在可容忍的范围内。

3. *种群与环境*　种群周围的环境主要包括两大类，生物因子和非生物因子。生物因子包括食物、竞争者、天敌及微生物群落等，非生物因子包括温度、湿度、光、pH 及土壤等。生物因子一般存在明显的密度效应，如食物资源，随着种群数量的增加，种群的每个个体获得的资源会减少，因此种内竞争会逐步加剧。同样，天敌的捕食和寄生过程也具有密度效应，较高的害虫种群数量能够稀释天敌的控害作用。非生物因子一般是非密度制约效应，非生物因子通过环境变化影响所有的个体，从而调节种群过程。

二、种群演化

昆虫种群是研究演化的重要模型，可对昆虫种群动态进行观察。引起昆虫种群数量变化的因素分为两大类，即选择性因子和灾变性因子。选择性因子一般由生物因子引起，天敌对害虫的取食具有选择性，寄生蜂很多倾向于寄生低龄的幼虫，很多瓢虫也更喜欢取食低龄的蚜虫，这种选择性因子能够促使昆虫种群的定向演化。灾变性因子一般是环境因素，如暴雨、低温、高温等，这些因子由非生物因子所组成。灾变性因子容易使昆虫种群数量产生剧烈的变化，暴雨的冲刷能够使蚜虫种群瞬间崩溃，大量个体死亡，极个别个体能够存活。适宜的环境条件能够极大地促使昆虫种群迅速繁殖，在短时间内积累大量的种群，并产生严重的生态灾难。

1. *密度制约因子与非密度制约因子*　调控生物种群的因子在生态学上主要分为密度制约因子和非密度制约因子。

1）密度制约因子：生物种群的死亡率随密度增加而增加，一般情况下由生物因子所引起，相当于上述的选择性因子。但也有非常特殊的过程，生物种群的死亡率随密度增加而减少，同样也是由生物因子所引起，称为逆密度制约因子。

2）非密度制约因子：种群的死亡率不随密度变化而变化，一般情况下由气候因子所引起，相当于上述的灾变性因子。

2. *生物种群演化动力*　那么，在影响生物种群动态众多的生态因子中，不同生态因子的地位如何？这就是种群调节的机制问题，也是种群生态学的核心。种群处于不断的动态变化过程中，随着环境因子的变化不断进行自我调整，种群动态是典型的环境依赖性过程。根据种群动态的动力来源进行划分，可分为自身调节和环境调节两大类。自身调节认为调节种群密度的动力在于种群的内部，如内部群体的分泌调节、行为调节、生长调节和遗传调节。环境调节则认为调节生物种群密度的动力是在种群的外部，如捕食、寄生、种间竞争等生物因素及气候等非生物因素。

三、环境调节假说

很多植物和昆虫都是外温生物，外温生物的体温由环境决定，环境也决定了外温生物一系列的生理过程和代谢速率。另外，生物总是生存在群落中，一个物种总是通过营养关系和其他物种相互作用，甚至这些物种间的关系能够驱动生物种群的过程。因此气候学派和生物学派是环境调节的两个重要分支，有学者还将气候学派和生物学派进行融合，认为气候与物种共同决定了生物种群的数量变化，称为中庸学派。

（一）气候学派

气候因子主要包括温度、湿度、光照、水分等。气候学派认为生物种群总是波动变化着，这种波动性的变化由气候决定，生物种群本身不存在着平衡密度。气候条件的稳定性决定生物种群波动的稳定性，也决定着生物种群数量的演化。

早期气候学派主要以昆虫为研究系统，如以色列 Bodenheimer（1928）研究低温对昆虫产卵率和发育速率的影响，认为气候因素对昆虫死亡率的贡献率在 80%～90%。英国的 Uvarov（1931）出版了《昆虫与气候》，完整论述了气候因素对昆虫的生长率、产卵率和死亡率的影响，强调了昆虫种群波动与气象因子的密切关系。Chapman（1928）提出种群增长和环境阻力的公式揭示了气候因子在种群动态中的重要作用。综上，早期的气候学派主要得到3个结果：①气候因子强烈调控生物种群参数；②种群成灾与气候因子的相关性显著；③种群不断波动和变化，种群自身无调节能力，只受气候调节。

现代气候学派将气候因子与生物种群相结合，提出了许多重要的理论模型。20世纪30年代，Andrewartha和Birch通过对蓟马种群变化进行研究，发现蓟马种群每年都随机无规则波动，冬季温度是引起蓟马种群波动最重要的因子，种间竞争等生物因子与蓟马种群数量无关。现代气候学派主要有3个结论：①环境因子的生物和非生物因子只是相对的划分，如植物叶片，既作为蓟马的食物，也可为蓟马的庇护所。生物因子和非生物因子应该统一为环境因子。②环境因子分为无密度制约因子与非密度制约因子。所有的环境因子都与种群数量有关，如当种群数量较大时，种群的分布也会更广，也会遭受环境异质性的影响。例如，生境的内部与边缘的温度不同，种群数量会增加环境的异质性效应，进行环境异质性调节生物种群。③种群生态因子应该根据生物的需求进行划分，分为气象、食物、其他动物、栖息地4个因子，这些都是影响种群数量和分布的重要因素。

（二）生物学派

生物因子主要是种群和群落结构，群落中不同的物种通过营养和竞争关系形成网络结构，这种食物网结构具有稳定特征。因此生物学派认为生物种群存在着平衡密度，且是由生物因子（食物、天敌）通过种内、种间的竞争、捕食作用和寄生作用等所决定的，这种平衡会随着群落结构的变化而演替。

生物学派曾经提出了多个经典的种群模型，从理论角度来看，生物种群在生态系统中处于平衡之中，并在一定的范围内波动。生物种群是一个自我管理系统，必然存在着平衡密度，这种密度是由于生物的捕食、寄生、竞争等密度制约因子来决定的。生物学派反对气候因子决定种群数量的观点，但生物学派认为气候也能调节种群数量，但并不起决定作用，也不会决定种群的平衡密度。群落中生物的捕食、寄生、竞争等密度制约因子才是决定种群平衡密度的动力，当种群数量高时，密度制约因子作用上升；数量低时，密度制约因子作用降低，最终将种群数量维持在平衡密度上下。

生物学派坚持生物因子的驱动作用，假设某个物种平均每个个体产生100个后代，气候因子导致98个个体死亡，尽管气候因子消除了98%的个体，但并不能使种群在平衡密度范围内波动（1个个体）。虽然天敌只选择取食或寄生1个个体（1%），生物间的作用只消除了1个个体，但生物因子却可以调节种群维持到原有的种群数量。由此，生物学派认为物种种群变化存在消灭和调节两个不同的概念。所谓消灭是使种群数量减少到最低值，而调节是使种群数量减少到某一特定值。

Smith（1935）进一步提出了密度制约因子与非密度制约因子概念，支持生物学派。Smith根据生态系统中种群数量变化的特性，认为种群的平衡数量特征既有稳定性，也有连续变化。生物种群存在一个平衡密度，而该平衡密度又不断围绕着一个“特征密度”变化。Lack（1947）通过研究鸟类种群的变化，得到了食物因素决定论，也支持了生物学派。Lack认为生物种群调节是由食物短缺、捕食和疾病等多种因子影响的综合过程，食物因子是调节鸟类种群的关键因素。Lack以鸟类为研究对象，提出了食物因子决定鸟类种群数量的4个原因：①鸟作为捕食者，成体极少死于被捕食或疾病；②食物多能够给鸟类提供更多的资源，鸟的繁殖量也会增加；③不同鸟的食物不同，食物与鸟的互作过程中逐步产生分化；④鸟为食物产生格斗，尤其是在食物短缺的冬天。因此，食物对鸟的数量是至关重要的，是维持鸟数量稳定的密度制约因子，且食物能够调节鸟的死亡率或繁殖率。

（三）中庸学派

气候学派和生物学派曾经产生了巨大的争论，并一度达到高潮。气候决定论有时过于简单，生物决定论很多缺乏可信的证据，一部分学者逐步发现气候和生物因子都有影响生物种群变化的道理，于是学者尝试将气候学派和生物学派相结合，提出了综合理论或中庸学派。

Milne（1957a，1962）综合研究气候学派和生物学派的观点，认为气候学派忽略了与密度有关的生物过程，这些过程在决定种群数量中起到非常重要的作用。同时 Milne 又认为生物学派过分强调了自然界中种间竞争发生的贡献率，也过高估计了自然天敌的作用。为此，Milne 提出了影响种群动态的综合理论，影响生物种群变化的因素主要包括 3 类：①非密度制约因子，包括气象因子和无选择性的种间作用；②不完全的密度制约因子，如种间竞争、捕食、寄生和病原菌等；③完全的密度制约因子，即种内竞争。在大多数情况下，抑制种群数量的增加是由于非密度制约和密度制约环境因子的共同作用。

Huffaker 和 Messenger（1964）既支持密度制约因子对种群数量的决定作用，也支持非密度制约因子对种群数量的决定作用，但因生态系统类型不同，密度制约因子和非密度制约因子的作用会发生转变。当环境条件对生物有利时，密度制约因子起主要调节作用。例如，生态系统的中心区域，适合的环境下生物种群波动由生物因子决定，Lack 研究的鸟类种群就符合这些特征。当生态系统在气候波动大的环境中时，生物种群过程的驱动力就会完全不同，波动的气候条件有时不适合生物的存活，这种情况下非密度制约因子起主要的调节作用。例如，暴雨对蚜虫的影响，越冬环境下蝗虫卵的存活率，这些都是非密度制约因素。考虑到物种 r 和 K 生态对策特征，r 对策的生物在多变的环境下存活，非密度制约因子对该类生物种群动态影响更重要。K 对策生物一般选择较为稳定的环境，密度制约因子对该类生物种群调节的作用更为重要。

（四）生物种群变化争论的焦点

生物学派与气候学派争论的焦点主要体现在两个方面：一是生物种群是否存在着平衡密度；二是种群动态由密度制约因子（生物因子）决定的，还是由非密度制约因子（非生物因子）决定的。生物学派支持生物种群存在着平衡密度，且平衡密度由生物因子所决定。气候学派则认为种群不存在着平衡密度，并认为种群波动的主导因素是气候。

实际上，很多学者发现气候学派和生物学派都提出了各自重要的证据，这些研究的对象及范围都存在很大的差异。生物学派多以逻辑斯蒂种群增长模型为基础，研究的大多是 K 对策竞争力强的生物（鸟类），强调生物种群的平衡，并且着重讨论生物种群的平衡波动和调节。气候学派一般从试验观察为基础，研究的大多是 r 对策繁殖力强的生物（蚜虫、蓟马），强调的是种群的数量波动，主要对种群数量波动的原因进行深入探讨。

四、自身调节假说

自身调节假说又称为自动调节学派或内源性调节学派，主要研究的是动物种内调节作用。

自身调节假说认为生物种群存在平衡密度（与生物学派观点一致），且种群内部因素起决定性的种群调节作用。这些调节因素包括生物行为、内分泌和遗传因素，因而分为行为调节学说、内分泌调节学说和遗传调节学说。

1. 行为调节学说　行为调节学说由英国生态学家 Wyune-Edwards（1962）提出。行为调节学说引入了社会等级和领域性的行为生态学观点。所谓社会等级是指同种动物种群中，不同的个体具有不同的社会地位，有些生物个体在种群中起领导地位，而有些个体在生物种群中只是从属关系。领域性是指由生物个体或群体单位所占据的，并积极捍卫阻挡同种其他个体侵入的行为。鸟类有很强的领域性行为特征，如保护鸟巢。

生态位理论认为，种群中的个体通常选择一定的时空位置（生态位）作为自己的活动范围，以保证个体存活和繁殖。在整个生态系统中，空间是异质性的，有利的环境条件非常有限。随着生物种群密度的不断增加，具备有利环境条件的时空位置都被领导地位的个体所占满，其他社会等级较低的从属个体只能向其他位置移动。而生态系统中不利的环境条件下由于缺乏食物及庇护所，这些从属个体易受捕食、疾病、不良气候条件所侵害，存活率和繁殖力都低。只有生活在适宜环境条件下的生物才能稳定地存活和繁殖，生态系统的异质性也就限制了生物种群的增长，有效的生态位使生物种群维持在稳定的数量上。行为调节学说认为生物种群通过等级制和领域性等社会行为有效地调节种群密度。

2. 内分泌调节学说　内分泌调节学说由美国学者 Christian（1950）提出。Christian 通过对野外啮齿类动物进行研究，发现啮齿类动物高密度种群总是伴随着肾上腺增大、生殖腺退化及低血糖等现象。Christian 认为种群数量上升会造成种群内部个体之间的压力，刺激了神经内分泌系统，影响下垂体的功能，减少了生长激素和促性腺激素的分泌，而促肾上腺皮质激素分泌增加，最终导致啮齿类动物出生率下降，死亡率上升，种群增长减速。

3. 遗传调节学说　遗传调节学说由 Chitty（1960）提出，遗传调节学说认为生物种群的边缘是由其遗传多样性决定的。Chitty 认为生物种群个体间存在着异质性，生物种群的遗传多型是遗传调节理论的基础。遗传二型现象是最简单的模型，即一种是繁殖低、适合于高密度条件下的基因型 A，另一种是繁殖力高、适合于低密度条件下的基因型 B。在低种群密度的条件下，自然选择有利于种群基因型 B，表现出种群相互干扰减少，死亡率下降，繁殖率增加，导致种群数量上升。但是当种群数量上升到很高的时候，自然选择则转向于种群基因型 A，表现出种群死亡率增加，繁殖率下降，部分个体需要外迁到其他生态系统，从而促使种群数量下降，达到种群自我遗传调节的目的。

五、现代种群调节理论及分析

种群调节既是一个经典的生态学问题，也是令全世界生态学家不断追求的问题。虽然关于种群动态调节的理论和文献层出不穷，证据也不断增加，然而实际上关于生物种群波动的机制仍然有很多方面不清楚。例如，生物种群的增长率与哪些因素有关，生物种群的平衡数量和周期性波动是否存在，生物种群成灾过程的驱动因素，这些问题都是种群数量变化的关键。很多证据在不同层面对这些问题进行了部分解答，但很难得到普遍一致的结论。并且，这些理论都是在解释生物种群的历史变化动态，预测性一般都比较差。现代生态学的发展，为推动种群调节理论提供了新的技术和模型。

思 考 题

1. 入侵种的定殖类型有哪些？
2. 入侵种的入侵力主要体现在哪些方面？
3. 种群特征主要体现在哪些方面？
4. 入侵种数量调查的主要方法都包含哪些？
5. 入侵种数量调查的取样方法主要有哪些？
6. 种群增长模型主要有几种？
7. 生态对策主要有哪几种，特征是什么？
8. 种群调节理论都包括哪些？

第五章 入侵种与土著种的种间关系

【关键词】

种间关系（interspecies interactions）
种间竞争（interspecies competition）
干扰性竞争（interference competition）
表观竞争（apparent competition）
种间互利（mutualism）
种间偏利（metabiosis）
种间偏害（amensalism）
化感（allelopathy）
基因渐渗（introgression）
杂交（hybridization）

近年来，生物入侵已经对入侵地的生态环境、社会经济及人类健康造成严重威胁，成为21世纪五大全球性环境问题之一。生物入侵事件在全世界急剧增长，我国已经成为全世界生物入侵最为严重的国家之一。大量入侵种能够和土著种构成复杂的种间关系，这些种间关系难以预测，但很多种间关系决定了群落结构的重组和生态系统的功能，因而需要我们对入侵种和土著种的种间关系进行研究。

自然界中的种间关系非常复杂，通常种间关系是指不同种群之间通过直接或者间接的相互作用而形成的多种联系。整体上，生物的种间关系分为正相互作用、中性作用、负相互作用三大类，其中正相互作用包括互利共生、原始合作、偏利共生等相互作用，中性作用为中性，负相互作用包括偏害、竞争、捕食、寄生等相互作用。在外来种的入侵过程中，入侵种和土著种之间、入侵种和入侵种之间的种间关系对入侵种能否成功入侵及定殖起着至关重要的作用。

第一节 竞　争

入侵种往往比土著种有更高的竞争力，因而在相同或相似的生态位上能够更好地利用空间和资源，入侵后得以定殖，建立种群进而扩散，最终能够和土著种在同一生境中形成相对稳定的共存局面。很多情况下，入侵种与土著种由于同生态位竞争，根据竞争排除理论，适者生存，土著种被逐渐淘汰，这也是入侵过程造成土著生物多样性灭绝的原因。入侵种与土著种的种间竞争过程非常广泛，也是种间关系的普遍模式。一般来说，种间竞争是指两个或者两个以上物种为争取共同利用的资源而形成的相互干扰或者抑制过程。种间竞争进一步还可分为资源竞争、干扰性竞争及表观竞争。

一、资源竞争

资源竞争是指两个物种存在共同的食物和空间等资源，在资源有限的情况下，各自种群对有限资源的争取和利用的过程。

土著种与入侵种的资源竞争过程与资源水平密切相关，竞争也是一种资源依赖性竞争。入侵种与土著种的竞争是长期存在的，入侵种是否能够顺利定殖与竞争过程密切相关。当入侵种对可利用资源的敏感度较高时，在较低的可利用资源密度下就能产生较高的种群增长速率，这是由于入侵种对资源利用能力的优势，使得定殖容易发生而形成入侵。当土著种对可利用资源的敏感度较高时，在一定的可利用资源条件下，土著种有着较强的种群增长优势，这时土著种对入侵种的抗性作用较强，定殖难以成功（图 5-1）。

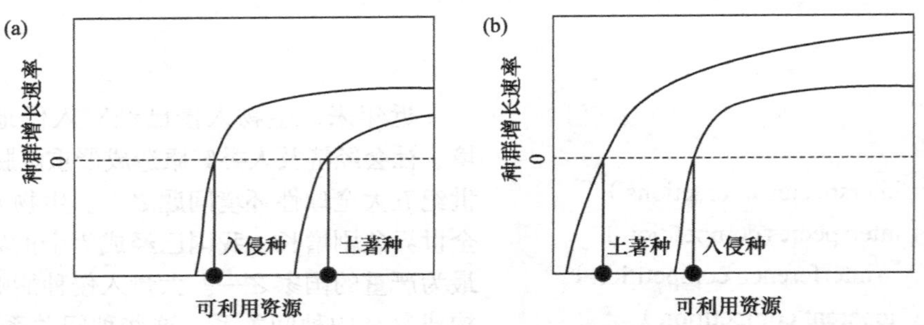

图 5-1　土著种与入侵种的资源竞争模型（仿 Goldstein and Suding，2014）

（a）入侵种侵入土著群落；（b）土著种抑制入侵种

（一）植物

自然的生态系统中，资源一般都是有限的，资源竞争是物种间最常见的互作模式。资源竞争一般发生在同营养级的物种之间，农田生态系统中杂草通过与农作物的竞争过程，争夺包括空间、光照、营养和水分在内的各种有限的资源。例如，棉花的生长发育需要地上部光合作用和地下部根系吸收养分的协调偶合，棉田杂草对资源的竞争会严重影响棉花的产量。另外，农田中苘麻利用株高和阔叶的优势能够和棉花竞争空间资源，并且遮蔽阳光从而对棉花形成隐蔽环境，大大降低棉花的光合作用。除了对光照资源的竞争外，苍耳和绿穗苋能够竞争土壤水分和养分，导致棉花根部水分吸收能力减弱，进而减缓棉花生理代谢过程而导致棉花减产。养分几乎是所有植物必需的资源，尤其是氮、磷、钾等资源，所有杂草都会和棉花竞争养分，导致棉花资源利用能力变弱，生长困难，最终造成减产和经济损失。实际上在自然的生态系统中，竞争无处不在，竞争体现了一个物种的生存能力，也代表这个物种在群落中的地位。不同的物种在生态系统中经过长期的演化过程形成相对稳定的格局。

在资源竞争方面，入侵种进入一个新的环境势必会和土著种竞争各种食物、养分、空间等资源，能否在资源竞争中获得优势则决定了入侵种能否在新的生境中定殖进而扩散、成功入侵。成功入侵的入侵种往往在生物学特性、生态适应性、繁殖能力等方面有更优于土著种的竞争优势，如凤眼莲的成功入侵就因具有极快的繁殖能力、极强的耐贫瘠能力、广泛的生境及 pH 耐受范围，因而其一旦进入一个新的生境，就可以迅速在和土著种的竞争中取得优势，连接成片的凤眼莲会和土著种竞争阳光、空间、水分及养分，造成严重危害。

在资源有限时，因对资源有共同需要而引起个体间的相互作用，从而导致个体存活力、生长与繁殖的降低。一般来说，竞争者的存在减缓了入侵种种群范围扩张的速度。通过减少对资源的获取，竞争者降低了繁殖，减缓了种群增长率。

（二）动物

动物的资源竞争同样发生在同营养级之间，主要体现在食物、空间、配偶的竞争。菜粉蝶和小菜蛾都能够取食同一种十字花科蔬菜，当菜粉蝶和小菜蛾幼虫在同一株蔬菜取食时，就会发生明显的竞争。同样，瓜实蝇和南瓜实蝇能够取食同一种水果，但它们也有各自的寄主，如果南瓜实蝇和瓜实蝇在同一个果实上取食为害时，就会发生明显的相互排斥，这种竞争过程还会随着寄主的不同而发生转变。

烟粉虱 *Bemisia tabaci* 是一种重要的入侵种，种群在寄主上通常呈现暴发性指数增长。但是在番茄潜麦蛾同时存在的条件下，烟粉虱种群动态就会发生明显的数量转变，烟粉虱的成虫密度只能出现小幅度的增长，在第 9 周种群数量会下降趋于灭绝；在烟粉虱和天敌 *Macrolophus pygmaeus* 的共同存在下，烟粉虱种群增长缓慢，并维持在较低的水平［图 5-2（a）］。同样，烟粉虱的幼虫密度与成虫表现出相似的影响，烟粉虱幼虫与番茄潜麦蛾共同存在的条件下，其种群数量于第 9 周下降趋于 0，烟粉虱幼虫和天敌共同存在的条件下，烟粉虱以较低的种群密度存在［图 5-2(b)］。这种种间竞争会导致其中一个物种种群数量下降，甚至消失，竞争与寄主的资源供给量有关，在充足的资源供给下，竞争过程会减弱。

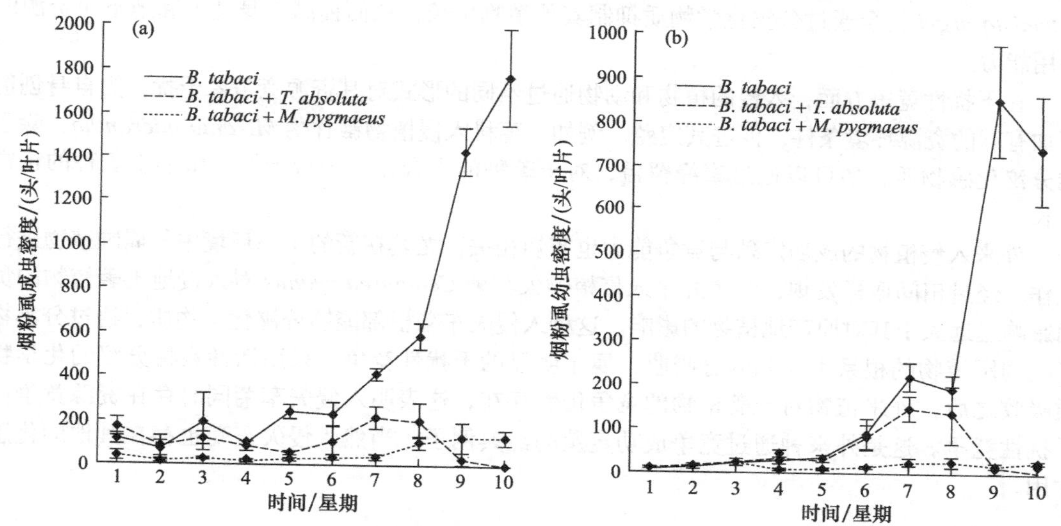

图 5-2　不同条件下番茄潜麦蛾 *Tuta absoluta* 对烟粉虱 *Bemisia tabaci* 种群动态的影响
（仿 Bompard et al. 2013）

种间竞争是一种负相互作用，有限的资源会导致更为严重的种间竞争。通常情况下，种间竞争并不能导致一个物种的消失，而是会形成两个物种种群数量平衡的局面。七星瓢虫和异色瓢虫对麦蚜的捕食过程中，两种捕食性瓢虫天敌会形成对猎物蚜虫进行竞争，虽然异色瓢虫种群在竞争中占优势，但七星瓢虫也以较低的密度存在，七星瓢虫和异色瓢虫最终能够形成稳定平衡的两个种群共同存在。

极端情况下，竞争双方的一个种群将占据所有资源，并不断挤占另一个种群占据的资源，种群比例不断扩大，最终发生种群替代而留下一个物种，甚至改变生态系统的群落结构。北美东方铁杉上存在两种盾蚧，其中一种能够较早建立种群，喜欢取食新生氮含量高的针状叶，后出现的盾蚧只能取食成熟或衰老的低氮针状叶，营养不良导致死亡率增加，经过一段时间，两种盾蚧只能留下一种，从而使该生境的群落结构发生改变。另一个经典的实验是大草履虫 *Paramecium caudatum* 与双小核草履虫 *Paramecium aurelia* 的竞争，这两种草履虫能够生活在同一环境中，由于争夺食物、空间等生活条件，这两种草履虫会发生斗争，竞争的结果对大草履虫不利，最后全部被淘汰。当然，封闭的容器与野外的自然生态系统非常不同，容器是同质性的，生态系统是异质性的，异质性空间下两个物种一般能够实现很好的共存。入侵的克氏原螯虾 *Procambarus clarkii* 食性复杂，对环境的容忍性强，能够和当地的淡水螯虾竞争生存空间，打乱生境原有的平衡的食物链，从而改变生态系统的原貌。

二、干扰性竞争

干扰性竞争是指两个物种在寻找共同资源的过程中，一个物种通过释放化学物质或者通过其他过程损害另一个物种对资源的寻找和定位。

（一）植物

植物的干扰性竞争主要是通过释放化学物质来对其竞争者的资源利用起到干扰作用。很多植物都可以通过释放化学物质来干扰其他植物的资源利用，从而起到抑制作用，如艾蒿 *Artemisia argyi* 就会通过分泌化学物质抑制其他植物生长，从而提高自身地上和地下对资源的利用能力。

在干扰性竞争方面，入侵的植物和动物通过不同的形式对其资源竞争者干扰，为自身创造更加有利的资源环境条件，促进其定殖。例如，菊科入侵植物薇甘菊 *Mikania micrantha*，除了能分泌化感物质，还可以通过攀缘覆盖，对土著种的光合作用进行干扰，影响土著种的正常生长。

外来入侵植物的成功定殖与竞争能力也密切相关，尤其在新的生态环境中与周围植物进行互作。经过田间取样发现，北美外来入侵植物矢车菊 *Centaurea cyanus* 对入侵地土著植物的负面影响远远大于其对原产地植物的影响。这种入侵矢车菊根部能够分泌化学物质，通过分泌物影响周围植物的根系生长和养分吸收，属于明显的干扰性竞争。采用活性炭将分泌的化学物质吸收之后，外来植物对土著植物的竞争仍然存在，这表明入侵矢车菊同时存在资源竞争和干扰性竞争。这是外来种通过竞争成功定殖的经典例子，当然入侵矢车菊也存在其他的化感作用。

（二）动物

动物的干扰性竞争比较复杂，因为动物的行为学特征具有多样性、复杂性及精确性。很多动物具有极强的领地意识，并且动物的大脑也开始发挥作用，因此干扰性竞争是动物竞争的主要形式，包括取食干扰和生殖干扰等。

1. 取食干扰　取食干扰就是共享猎物的捕食者为了更多地获取猎物，进行空间资源的竞争。例如，很多猫科动物具有极强的领地意识，会与进入其领地捕食的其他种动物进行激烈打斗，以捍卫其领地，并且阻止其他动物在领地内捕食猎物。黑头酸臭蚁 *Tapinoma melanocephalum* 与其取食或领地范围内的红火蚁存在激烈的干扰竞争，当两者觅食或者在其他情况下相遇发生冲突时，黑头酸臭蚁工蚁会主动对红火蚁工蚁发出信号和警告行为，主动发起攻击，叮咬打斗并做出防御姿势。黑头酸臭蚁与红火蚁接触后还会释放毒性化学物质，并且常采用多对一的方式，对其取食竞争者进行物理及化学的混合进攻。红火蚁也能做出相应的防御行为。通常在食物资源较为缺乏时，红火蚁会强烈干扰抑制黑头酸臭蚁的觅食行为，反之黑头酸臭蚁在竞争中攻击更主动，其臀腺分泌物对红火蚁来讲更是极大的威胁，这可能是土著黑头酸臭蚁在体形大小和上颚结构都不占优势的情况下，仍能与入侵红火蚁共存的原因，也成为能与入侵红火蚁相抗衡的土著种，可利用其抑制入侵红火蚁在入侵地的传播扩散。

阿根廷蚂蚁 *Linepithema humile* 是北美著名的入侵种之一，在阿根廷蚂蚁和 7 种土著蚂蚁（*Aphaenogaster occidentalis*，*Dorymyrmex insanus*，*Formica aerata*，*Formica moki*，*Liometopum occidentale*，*Monomorium ergatogyna*，*Tapinoma sessile*）同时发生的区域，阿根廷蚂蚁定位和搬运诱饵的速度比土著蚂蚁更快，并且阿根廷蚂蚁比土著蚂蚁控制了更多的诱饵。在阿根廷蚂蚁和土著蚂蚁一对一过程中，阿根廷蚂蚁工蚁能够战胜 7 种土著蚂蚁，对抗过程中，阿根廷蚂蚁同时使用物理攻击和化学防御物质，化学防御物质在威慑对手方面更成功。数量优势是阿根廷蚂蚁在干扰性竞争中取胜的关键，阿根廷蚂蚁与土著蚂蚁接触过程中获得了大部分食物，直接资源竞争和间接干扰性竞争使阿根廷蚂蚁具备了强大的入侵力。入侵阿根廷蚁会通过分泌毒液、扩大种群、多次蜇刺及利用强硬的上颚、螯针摆出威胁打斗姿势等对土著蚂蚁进行威胁，干扰土著蚂蚁进行资源争夺。阿根廷蚂蚁也会在遇到其他蚂蚁种群时首先发动斗争，以增强其干扰能力，减少其他蚂蚁种群对食物的搜寻。

巴哈马天堂岛位于中美洲，这里有众多的海岛，蜥蜴是这些海岛的顶级捕食性天敌。在 16 个小岛进行了外来蜥蜴的引进处理，其中 4 个岛屿作为未处理对照，4 个岛屿引进绿变色龙蜥 *Anolis smaragdinus*，4 个岛屿引进卷尾蜥 *Leiocephalus carinatus*，4 个岛屿同时引进绿变色龙蜥 *A. smaragdinus* 和卷尾蜥 *L. carinatus*，褐变色龙蜥 *Anolis sagrei* 是巴哈马的土著种类。引进两种入侵性蜥蜴后，单独存在条件与竞争条件下卷尾蜥种群增长过程无显著差异，而绿变色龙蜥单独存在条件下种群增长速度更快，4 个单独引进绿变色龙蜥的岛屿种群增长了 8 倍。土著褐变色龙蜥在竞争条件下种群数量逐步下降，呈现负增长（图 5-3）。

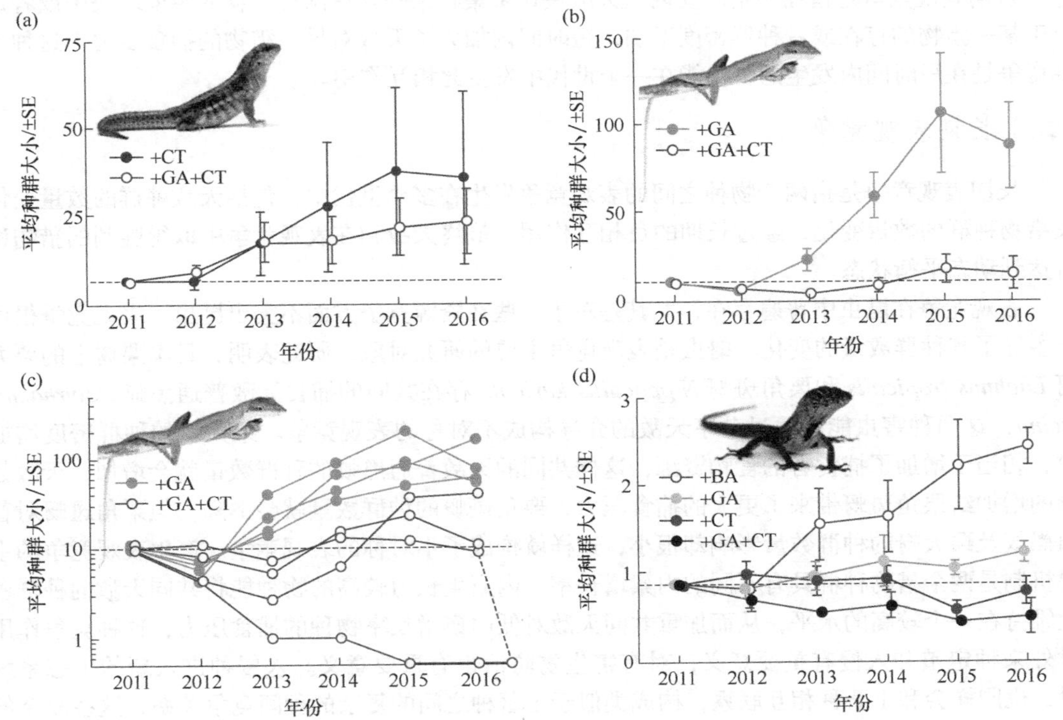

图 5-3　入侵性蜥蜴和土著蜥蜴的种群动态变化轨迹（仿 Pringle et al.，2019）

（a）卷尾蜥单独存在和竞争处理下的种群动态；（b）绿变色龙蜥单独存在与竞争处理中的种群动态；（c）绿变色龙蜥在不同处理中的种群增长；（d）褐变色龙蜥单独存在与竞争处理中的种群动态。CT. 卷尾蜥；GA. 绿变色龙蜥；BA. 褐变色龙蜥

2. 生殖干扰　生殖干扰也是物种干扰竞争的一种表现，由于物种在求偶和交配过程中可能会由于对雌性的辨别能力不强，不能区分同种或异种的雌性或者和其他种的雌性进行交配，这就会干扰原本物种间的交配，致使一些物种雌性的生育力下降，可能会导致物种的替代。

近年来，土著烟粉虱被入侵烟粉虱的取代过程研究得十分深入，并且提出了基于生殖干扰的非对称交配假说。B 型烟粉虱与 Q 型烟粉虱的竞争过程是一个非常成功的生殖干扰案例，将这两种生物型放在一起时，B 型烟粉虱的雄虫求偶和求偶干扰能力都非常强，能够频繁有效地对 B 型和 Q 型烟粉虱的雌虫求偶，而 Q 型烟粉虱雄虫的求偶能力明显减弱。因此，在 B 型烟粉虱雄虫存在的条件下，Q 型烟粉虱的雌雄交配受到严重干扰，从而导致 Q 型烟粉虱雌雄之间的交配次数下降，而 Q 型烟粉虱的雄虫并不影响 B 型烟粉虱的交配。在这种非对称交配互作的过程中，B 型烟粉虱通过交配干扰导致 Q 型烟粉虱繁殖能力下降，从而产生明显的竞争取代过程。

三、表观竞争

表观竞争是指两个种群存在共同分享的天敌，一个物种通过增加丰度来加速天敌的繁殖，进而增加对另一个物种的捕食压力。表观竞争是通过第三者的中介作用而产生的间接相互影响，按照作用时间长短，可分为短期表观竞争和长期表观竞争。

（一）短期表观竞争

短期表观竞争是指在一定时间内，天敌快速聚集在某一含有两种猎物的生境斑块中或者是由于某一猎物的存在或者种群密度增加，短时间内加大了天敌对另一猎物的捕食压力。这种表观竞争是在短时间内发生的，仅能在一个世代中发生此相互作用。

（二）长期表观竞争

长期表观竞争是指两个物种之间的表观竞争发生在多个世代中，包括天敌种群的数量变化及猎物种群的数量变化，经过长期的负相互作用，最终天敌和在表观竞争中取得胜利的猎物种群达到动态平衡状态。

表观竞争在昆虫中普遍存在，尤其是对于一些在资源竞争方面不突出昆虫，表观竞争很可能主导了其种群数量的变化。蚜虫是表观竞争主要的研究对象，研究表明，日本栗树上的栗大蚜 *Lachnus tropicalis* 和栗角斑蚜 *Nippocallis kuricola* 存在共同的捕食天敌普通黑蚁 *Polyrhachis vicina*，这两种害虫能够通过分享天敌的介导构成不对称的表观竞争。栗大蚜的种群密度增加时，相当于增加了捕食者的食物资源，这样共同的天敌普通黑蚁的种群数量就会增加，天敌数量的增加给栗角斑蚜带来了更大的捕食压力，栗角斑蚜的种群数量就会下降，但栗角斑蚜对普通黑蚁及栗大蚜的种群数量影响却很小，这样就构成了不对称的表观竞争。产生表观竞争的主要机制是两个猎物种群具有不同的内禀增长率，内禀生长力较高的物种能将共同天敌的种群密度维持在一个较高的水平，从而加重共同天敌对低内禀增长率物种的捕食压力，这种竞争作用对外来种定殖和入侵有重要意义，对有害生物防治也有重要意义。入侵种进入新的生态系统时，也同样会和土著种相互联系，构成类似于土著种之间的复杂的种间竞争关系，这些复杂的种间竞争关系在一定程度上决定了入侵种能否定殖和能否入侵成功。

在表观竞争方面，由于共同中介的作用，入侵种和土著种构成的表观竞争关系会因两者的竞争能力不同而对入侵种的入侵起到促进或者抑制的作用。如果共同天敌对土著种的种群数量抑制作用更强，则会促进入侵种的入侵。例如，相对于外来的玻璃翅叶蝉 *Homalodisca coagulata*，美国加州土著的西部葡萄斑叶蝉 *Erythroneura apicalis* 更容易被一种多食性的卵寄生蜂 *Gonatocerus ashmeadi* 寄生，这种情况下，土著种就更容易被寄生蜂抑制种群数量，因而土著种种群数量的减少会促进入侵种的入侵，同时，当入侵种成为优势种时，共同卵寄生蜂的数量也增多，这就进一步加重了共同天敌对土著种的抑制，从而进一步促进了入侵种的入侵。当然，入侵种和土著种表观竞争中共有捕食性天敌的存在也会阻止入侵种的定殖，这是由于土著种的存在维持了高密度的共同捕食性天敌，从而能迅速对入侵种的入侵做出反应，阻止其定殖。

第二节 捕食与寄生

捕食是生态系统物质流动和能量循环的重要过程，食物链中所有的物种都是通过捕食关系存在的。捕食是指一个物种通过行为取食或消耗其他物种活体的全部或者部分组织，直接获得对方的营养来维持存活和繁殖的过程。广义上，捕食作用是指高营养级的物种取食低营养级的物种的种间关系。捕食主要分为 4 种不同类型：肉食动物捕食、植食动物捕食、拟寄生捕食及集团内捕食。一般而言，种间捕食是指肉食动物对猎物的捕食，实施捕食行为的物种称为捕食者，被捕食的物种或对象称为猎物。捕食者和猎物都是相对而言的，在一个生态系统中的捕食者，在另一个生态系统中有可能成为猎物。

捕食者有可能减少或增加入侵生物的传播，对于被捕食者而言，捕食是一种消极的相互作用，会降低种群的增长。如果捕食者以分散猎物为目标，将其作为食物，那么这种效果就会增加。被分散的个体往往比留在稳定领地上的个体更容易受到攻击。因此，捕食可以将原本分散在增长的非土著种群中的个体清除。病原或拟寄生物控制者随其非原生寄主移动，随着寄主自身传播，该生物控制者被传播到新的寄主群体，从而降低了这些新群体建立稳定种群的机会。许多捕食者扩散的距离比它们的猎物更远，这是一种适应性，使它们能够在猎物丰富的地方聚集。这种远距离传播帮助捕食者减少入侵种的传播，因为入侵种无法逃脱捕食者。通过捕食者更好地分散还可以稳定捕食者和被捕食者的丰度，有助于在局部捕食密度降低时保持捕食者种群的存在。但当入侵种作为捕食者时，对土著种将造成巨大威胁，对入侵地生物多样性造成显著影响。例如，入侵种食蚊鱼 *Gambusia affinis* 和土著种唐鱼 *Tanichthys albonubes* 之间的种间关系研究发现，食蚊鱼很可能通过对唐鱼仔鱼的捕食而对唐鱼种群产生威胁。

在生态系统中，大量物种以群落的形式存在，任何一个动物既是捕食者，也同时是其他捕食者的猎物，大量的物种也保持着动态的种群平衡。即使在两个物种的博弈中，捕食者和被捕食者也同样保持着动态平衡，这样的多组动态平衡共同维持着生态系统的稳定性。如果捕食者对猎物的捕食作用过强，则会导致猎物种群数量的不断降低甚至灭亡，进而导致捕食者灭亡。因此在长期的群落进化过程中，捕食者和猎物一般都是长期稳定的动态平衡过程。但入侵种不同，入侵种没有经历与群落的协同进化过程，入侵种在新的生态系统中同样既是捕食者，也是猎物，但和土著种构成的这种复杂的关系还需要很长的适应时间。因此研究入侵种和土著种之间的捕食关系，能够间接了解生物入侵过程，也能够为入侵种的防控和管理提供思路。

一、捕食作用

（一）捕食模型

捕食通过某种生物不断地消耗其他的生物活体或者部分身体，获得营养供自己维持生命。

捕食作用模型是生态学中的重要模型，其中Lotka-Volterra模型是研究捕食者与猎物之间种群动态的经典模型，这个模型是根据指数模型转换而来的。

对于猎物，在捕食者不存在的条件下，猎物的种群数量（N）将会呈指数性增长：

$$\frac{dN}{dt}=r_1N$$

对于捕食者，在猎物不存在的条件下，捕食者的种群数量（P）将会呈指数性减少：

$$\frac{dP}{dt}=-r_2P$$

式中，N和P分别为猎物和捕食者的种群数量，r_1和r_2分别为猎物和捕食者的种群增长率。

如果捕食者和猎物共同存在一个有限的空间，猎物的种群增长率就会随着捕食者的增加而降低。因此，猎物的种群数量动态就产生了改变：

$$\frac{dN}{dt}=(r_1-\varepsilon P)N$$

式中，ε是猎物所受的被捕食压力，ε越大，猎物被捕食的压力越大。$\varepsilon=0$时，猎物种群完全不受捕食者影响。

同样，捕食者种群的增长率也受猎物种群数量的影响，猎物种群数量的增加会促进捕食者种群的增长。方程表示如下：

$$\frac{dN}{dt}=(-r_2+\theta N)P$$

式中，θ是捕食者捕杀猎物的捕食效率。通常θ越大，捕食效率就越大，捕食者种群数量增长就越快。

（二）捕食模型参数与过程

在捕食模型中存在多个参数，这些参数的设置对于捕食者和猎物种群数量的变化至关重要。

当猎物种群数量不变时，$dN/dt=0$，捕食者的种群数量也会成为常数，$P=r_1/\varepsilon$；而当捕食者的种群数量不变时，$dP/dt=0$，猎物的种群数量也会成为常数，$P=r_2/\theta$。如果将猎物和捕食者的种群数量进行合并，那就成了两条无限振荡的曲线，猎物和捕食者的种群数量也都和自身相关，当然如果环境中存在一定的干扰，捕食者和猎物的种群数量波动就会出现扰动现象。

捕食者和猎物的种群数量变化之间的关系：①猎物种群数量（N）零增长，捕食者的种群数量（P）只与捕食压力常数和自身增长率有关，捕食者数量较低时，猎物数量增加，捕食者数量高时，猎物数量减少；②捕食者种群数量（P）零增长，猎物数量较低时，捕食者数量增加，猎物数量高时，捕食者数量减少；③当捕食者和猎物的种群数量零增长重合时，就形成了捕食者猎物种群数量的振荡过程；④当外界受到干扰时，振荡就被打破，从一个稳定状态到另一个稳定状态。

这种周期性振荡的模型就是Lotka-Volterra周期振荡模型，这个模型是理论上的模型，在实际的捕食过程中很难观测到完全一致的振荡过程。例如，捕食者栉毛虫*Didinium* sp.总是把猎物草履虫*Paramecium* sp.全部捕食完，然后自己饿死，不会出现周期性振荡。即使是在实验中增加草履虫的庇护所，将一部分沉积物放入培养液，让草履虫躲避在沉积物中，栉毛虫在捕食完上清液中的草履虫后还会饿死，藏在沉积物中的草履虫则会增长。最终猎物种群数量急剧膨胀，而捕食者却不存在，Lotka-Volterra 周期振荡模型仍然没有得以表现。

Gause 认为这个系统太过简单，因此设计了捕食者和猎物的迁入过程，每 3d 在培养液中补充一只草履虫和一只栉毛虫，这样增加了系统的复杂性之后，捕食者和猎物的振荡过程最终出现，这种振荡过程并不是因为捕食者和猎物本身，而是来自外界的干扰。因此 Lotka-Volterra 周期振荡模型在很多条件下不能维持两个物种的长期共存，说明捕食者 - 猎物的关系还需要考虑其他因素，包括环境的异质性、捕食者和猎物的空间关系、捕食者和猎物的相对扩散率、捕食者因为食物质量变化影响捕食者种群增长过程等。

（三）捕食作用：功能反应

为了定量分析捕食者和猎物之间的相互关系，需要定量考虑捕食者种群数量变化与猎物数量变化之间的关系。捕食者的捕食率随猎物密度变化的反应称为功能反应，也指捕食者对猎物的捕食效应。捕食功能反应可以分为 3 种类型。

1. Ⅰ型反应　也称为线型反应。捕食者的捕食量随着猎物数量的上升而上升，呈线性增长，最终达到平衡值。捕食率在一定的猎物数量下维持不变，直到超出捕食者的能力范围才开始下降。大型溞对藻类和酵母的捕食就属于线型反应。

2. Ⅱ型反应　又称为凸型反应或负加速型。捕食者的捕食量随着猎物数量的上升而增加，直到饱和。捕食率的下降是由于猎物数量的增加，捕食者的饥饿程度下降，搜索成功比例降低，搜索时间延长导致。很多昆虫天敌对昆虫的捕食都属于凸型反应。

3. Ⅲ型反应　也称为脊椎动物型或“S”形。捕食率开始有正加速期，然后为负加速期，最终达到饱和水平。其中负加速期与凸型反应基本一致，捕食率在早期较低，因为猎物的数量太少，捕食者不能很快发现和识别猎物。随着猎物数量的上升，捕食者的捕食率很快增加。

（四）被捕食作用：数值反应

数值反应是捕食者取食猎物后，对自身种群数量影响的动态过程。数值反应是捕食者自身的数量变化，也分为 3 种不同的类型。

（1）Ⅰ型反应。正反应，捕食者的数量随猎物数量的增加而增加。

（2）Ⅱ型反应。无反应，捕食者的数量随猎物数量的增加保持不变。

（3）Ⅲ型反应。负反应，捕食者的数量随猎物数量的增加而减少。

从生态学的理论出发，捕食者的任何行动都会给自己带来效益，但是带来效益的同时也会造成代价，自然选择的过程就是捕食者在行为中能够获取最大的收益，这也是捕食者的最佳捕食理论。最佳捕食理论提出了边际值效应，即捕食者在一个斑块的最佳停留时间为捕食者在离开这一斑块时的能量获取率。根据边际值原理，捕食者在资源斑块的捕食过程有三方面的论断：第一，最优捕食者在优质生境斑块中停留的时间较资源差的斑块中要长；第二，资源斑块之间的迁移时间越长，捕食者在资源斑块中停留的时间也越长；第三，在环境整体资源交叉的情况下，捕食者在带有资源的斑块中停留的时间会延长。

二、入侵种的捕食

对于外来的入侵种来讲，捕食作用对其成功定殖和入侵具有重要意义。入侵种通过人为有意或者无意引种或者是自然扩散进入一个新的环境，针对捕食这一种间关系，入侵种可能会成为土著种的天敌，也可能成为土著种的猎物，或者和土著种之间不构成捕食关系。在捕食关系中，入侵种承担的不同角色会影响其入侵过程，进而产生不同的入侵结果。

外来的入侵种入侵一个新的生态系统可以充当捕食者，由于在新的生境中往往缺少入侵种的天敌，其往往处于最高营养级，因而入侵种的捕食作用会造成土著种的减少，甚至灭亡，进而导致整个生态系统遭到破坏。入侵性的植食性动物对植物的取食也会表现出与土著种完全不同的结果，最经典的例子就是欧洲野兔 *Lepus europaeus* 入侵澳大利亚，另外，“生态杀手”巴西龟 *Trachemys scripta elegans* 也是一种成功的入侵种，巴西龟容易饲养，体色鲜艳，其作为宠物被引入全世界很多国家。然而巴西龟适应能力极强，食性复杂，具有较强的捕食能力，能够捕食生态系统内包括泥鳅、青蛙、鱼、虾、水栖昆虫、蛇类、鸟卵、雏鸟等在内的多个物种，是名副其实的“顶级杀手”，巴西龟的超强捕食能力对土著生物群落造成了严重的破坏，威胁了当地环境的生态安全和土著种的多样性。

近年来，欧洲多种昆虫被传入世界各地，以针叶树种子为食的蝽 *Leptoglossus occidentalis* Heidemann 对欧洲针叶树构成严重威胁。利用 X 射线对不同针叶树种子进行了特异性的损伤分类，从而确定了针叶树种子的受害特征。种子的发芽试验表明种子被消耗 1/3 就会明显降低发芽能力，这种害蝽明显降低了欧洲针叶树饱满种子的数量。自然或半自然的高山松树林被为害尤为严重，高达 70% 的种子被这种害虫所取食。因此，害虫对天然林种子的危害是外来入侵害虫对土著植物的严重威胁。

捕食性入侵种能够捕食新生态系统中的猎物，狄斯瓦螨 *Varroa destructor* 是一种蜜蜂的捕食性天敌，这种捕食性天敌入侵夏威夷之后，对夏威夷的蜜蜂 *Apis mellifera* 种群产生了很大的影响。狄斯瓦螨不仅能够捕食蜜蜂，还能够改变蜜蜂残翅病毒在蜜蜂种群内的传播模式，其在取食蜜蜂后，能够携带残翅病毒，在蜜蜂种群中扩散时将残翅病毒传播到更多的蜜蜂个体。甚至，捕食性狄斯瓦螨能够导致残翅病毒由蜜蜂向天敌黄胡蜂 *Vespula pensylvanica* 传播。

捕食性狄斯瓦螨到达夏威夷之前，感染黄胡蜂的残翅病毒有 18 个品系，感染蜜蜂的残翅病毒有 3 个品系，而狄斯瓦螨到达夏威夷之后，感染黄胡蜂和蜜蜂种群的残翅病毒品系分别为 8 个和 7 个，4 个阶段都可以感染黄胡蜂和蜜蜂的残翅病毒有 3 种。捕食性狄斯瓦螨入侵后，感染黄胡蜂的残翅病毒品系多样性显著降低，有些残翅病毒感染品系消失。虽然残翅病毒品系多样性降低，但保存的残翅病毒在蜜蜂和黄胡蜂种群的流行性更强，降低了蜜蜂和黄胡蜂的种群密度（图 5-4）。

三、入侵种的捕食抗性

对于任意一个生境来讲，许多物种共同维持着生态系统的平衡，其中天敌发挥着重要的生态系统稳定性作用。广谱性天敌在生态系统中的取食谱较宽，分布很广，因此入侵种进入新的生态系统也能够被广谱性天敌捕食。例如，2019 年入侵我国多个省（自治区、直辖市）的草地贪夜蛾 *Spodoptera frugiperda* 就可以被我国土著的蠋蝽 *Arma chinensis*、益蝽 *Picromerus lewisi* 及大草蛉 *Chrysopa pallens* 等天敌捕食。异色瓢虫 *Harmonia axyridis* 也能够捕食草地贪夜蛾，并且发现异色瓢虫对草地贪夜蛾的捕食过程中，草地贪夜蛾 2 龄幼虫是最容易被捕食的阶段。异色瓢虫作为一种广谱性的捕食性天敌，对入侵性美国白蛾 *Hyphantria cunea* 的 1～2 龄幼虫也有较强的捕食作用，因而通过生物防治能够很好地控制美国白蛾的种群。尽管土著的广谱性天敌对入侵种的捕食作用受很多环境因素的影响，但土著的天敌对于入侵种的捕食作用对于控制入侵种群动态具有重要意义。广谱性天敌由于取食谱较宽，对事物的选择性较差，对很多入侵种的控制作用变异很大，并且难以定量化，因此入侵种的生物防治中一般采用寡食性天敌。

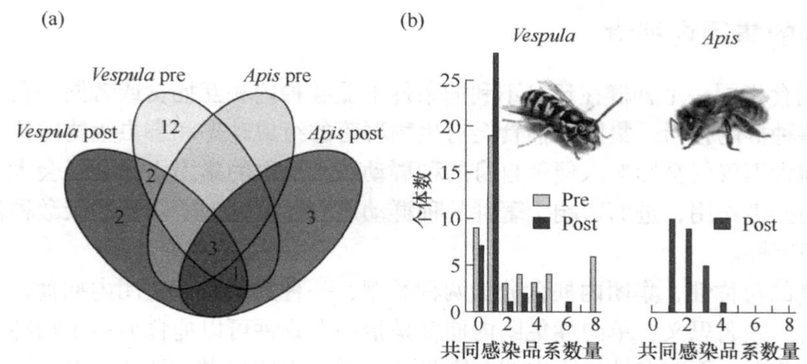

图 5-4　狄斯瓦螨 *Varroa destructor* 携带前后残翅病毒 *Deformed wing virus* 在黄胡蜂 *Vespula pensylvanica* 和西方蜜蜂 *Apis mellifera* 中的多样性（仿 Loope et al.，2019）

（a）残翅病毒的 34 品系在黄胡蜂和蜜蜂中的韦恩图；（b）黄胡蜂和蜜蜂共同感染的残翅病毒品系在个体中的分布

在入侵种入侵过程中，土著种的广谱性天敌作为捕食者能够捕食这些入侵种，捕食者的捕食率会随猎物入侵种密度的变化而发生改变，这就是捕食者的功能反应。功能反应分为Ⅰ型反应、Ⅱ型反应、Ⅲ型反应 3 种类型。例如，随着草地贪夜蛾的密度增加，异色瓢虫捕食量也会增加，当猎物达到一定种群密度后，异色瓢虫捕食量增速减缓，呈负密度制约关系。异色瓢虫对草地贪夜蛾的捕食功能反应符合 Holling Ⅱ模型，随天敌密度增加，异色瓢虫成虫对草地贪夜蛾 2 龄幼虫的捕食搜索效应下降。在入侵种的研究中，明确捕食者的捕食功能反应，能够精确评价捕食者对入侵种猎物的捕食能力，明确其捕食作用效果，对当地生态系统物种组成进行评估，并对入侵种入侵风险进行预测预报，以及通过对捕食者的人工释放，最大限度地发挥土著捕食者的捕食潜能来对入侵种进行控制。

当然，入侵种作为原生态系统以外的物种，当它进入一个新的生境时，必须存在一些自我保护能力也就是避害能力，才能够在新的生态系统中存活下去。入侵种在新的生态系统中有各种物理或者化学的避害措施，有些甚至演化成为独特的竞争过程和防御策略，能对其他土著种的行为进行响应和防御，从而避免被捕食，增加存活的机会。例如，入侵性红火蚁 *Solenopsis invicta* 能够释放毒液来防御天敌的攻击，大大降低天敌的捕食效率。入侵种褐云玛瑙螺 *Achatina fulica*，也就是非洲大蜗牛，其外壳比普通田螺更厚重，因此能够避免被捕食。并且非洲大蜗牛冬眠或者遇到不良环境时能够分泌白色黏液封闭壳口，与外界隔离，对自身起到一定的保护作用。入侵的福寿螺 *Pomacea canaliculata* 也具有很强的防御能力，其卵呈鲜明的粉红色，能对捕食者起到警戒作用。除了颜色上的警戒，福寿螺的卵中还含有难以消化的蛋白质和神经凝集素，这些物质会对捕食者造成明显的毒害，从而避免其自身被捕食。另外，福寿螺的血清还含有抗生素，对很多的微生物都有抵御作用，能抑制细菌和寄生虫的繁殖。此外，福寿螺受侵染后血细胞的修复能力也非常强。福寿螺甚至还能够通过化学信号感知天敌攀鲈 *Anabas testudineus* 和欧洲丁鱥 *Tinca tinca* 的威胁，进而通过不同的行为反应进行躲避，成螺会沉入水底逃避，幼螺会爬出水面逃避，在遇到捕食性草龟 *Mauremys reevesii* 时也会进入土中躲避天敌的捕食。不仅如此，福寿螺受到损伤后，能够释放带有警戒的化学信号，同类福寿螺能够很快感知这种信号，这种反防御策略也有利于其躲避天敌。总而言之，入侵种能够通过多条途径快速感知天敌的捕食，也能感知同类个体释放警戒信号，同时警示同类个体，从而进行躲避和快速逃逸，保证入侵种自身种群的顺利繁衍和延续。

四、入侵种的集团内捕食

集团内捕食指同一个种群在环境不利的条件下能够种内相互捕食或者同一营养级之间进行捕食从而维持种群的存活。集团内捕食会对生物群落的组成动态和害虫生物防治产生复杂的影响。集团内捕食不仅仅会影响入侵种自身的种群动态，严重的集团内捕食还会大大降低原生境中土著天敌的控害作用，进而影响土著种的种群动态，甚至使处于弱势的天敌种群衰退，严重影响群落的稳定性。

依据捕食的对称性，集团内捕食分为两种类型，一种是单向性集团内捕食，另一种是双向性集团内捕食。顾名思义，单向性集团内捕食是指一个物种可以捕食另一个物种，但是后者反过来不能捕食前者；而双向性集团内捕食则是两者可互为捕食者和被捕食者。这两种集团内捕食都非常普遍。

集团内捕食可以在多个物种间发生，入侵种入侵新的生境后，也会发生种内或者同一营养级之间的集团内捕食，影响着捕食者、被捕食者及其他土著种的种群消长状态。例如，原产于亚洲的异色瓢虫入侵欧洲和北美洲之后，入侵种异色瓢虫与当地的土著天敌形成了强烈的集团内捕食，异色瓢虫在捕食害虫的同时，也会捕食土著的天敌，异色瓢虫的捕食作用使其本身的种群增长，也使得食蚜蝇等天敌种群数量下降，天敌的控害作用也明显降低，这样，土著的一些受被捕食天敌食蚜蝇等抑制的害虫数量也会发生动态的变化。在美国密歇根州，异色瓢虫作为集团内的捕食者，主要是单向捕食关系，对土著天敌进行捕食，会导致土著种天敌食蚜蝇及普通草蛉的种群数量下降。

入侵性天敌有时还能够加剧集团内捕食，美国曾引进了大量的瓢虫，包括异色瓢虫、七星瓢虫 *Coccinella septempunctata*、多异瓢虫 *Adonia variegata* 及十四星瓢虫 *Calvia quatuordecimguttata*，最终却发现土著九星瓢虫 *Coelophora inaequalis* 和二星瓢虫 *Adalia bipunctata* 种群数量不断减少，甚至在某些区域内完全消失。后来发现引进瓢虫和土著瓢虫存在集团内捕食作用，并且引进瓢虫的入侵可能会加剧原生境中的原有的集团内捕食作用，这对害虫的控制非常不利，并可在集团内捕食过程中改变群落结构和种群动态。

天敌的集团内捕食有时会对生态系统造成巨大的影响，异色瓢虫已经被引进到欧洲、美洲、非洲等几十个国家和地区，其不仅仅能够作为害虫的天敌，激烈的集团内捕食效应还能够造成土著瓢虫的大量灭绝。异色瓢虫体内存在一种“微孢子虫”的寄生虫，但这种寄生虫不会危及亚洲瓢虫，却能对欧洲其他瓢虫产生致命打击。异色瓢虫因其好吃蚜虫的天性被美洲、欧洲的一些国家引入用于生物防治。但是，瓢虫还有偷吃同类虫卵和幼虫的习惯。欧洲土著瓢虫如果吃了异色瓢虫的虫卵或幼虫，便可能因微孢子虫而毙命。另外，异色瓢虫体内发现多种抵抗病原体的防御分子，异色瓢虫体内提取的 Harmonin 蛋白可有效对抗结核病和疟疾的病原体，这些亚洲瓢虫体内有大量抗菌肽，抗菌肽及 Harmonin 蛋白能够让异色瓢虫有能力抵抗微孢子虫，从而携带孢子虫迅速入侵。

对于入侵种本身而言，集团内捕食也是其适应新环境及维护自身繁衍的一种手段，作为新进入一个生境的外来种，其对环境一定有一个或长或短的适应阶段，当入侵种在新的生境中受食物资源胁迫时，集团内捕食作用可以帮助入侵种过渡和适应环境，维系种群的繁衍，促进其入侵。入侵种内的集团内捕食是一种双向的集团内捕食，很多研究发现入侵种存在种内集团内捕食，如美洲牛蛙 *Rana catesbiana*，即使食性复杂，其蝌蚪也会自相残杀；杂食性入侵种克氏原螯虾 *Procambarus clarkii* 也会在食物残缺的时候同类相残。这样的集团内捕食作用在一定程度上保证了入侵种在环境恶劣或者不适应环境的条件下能够获得食物资源，存活下去，也为入侵种挑选保留出了更具竞争力的繁衍后代，为其适应环境和更好地建立种群提供了有利条件。

集团内捕食直接影响着捕食者和猎物的种群动态，对天敌群落的控害功能也有很大影响。入侵种入侵后对同一营养级土著种天敌的集团内捕食会削弱天敌的生物防治效果，对土著天敌系统产生影响和威胁。这也提醒我们，在引进外来种进行生物防治时，不仅仅要考虑引入种的防治效果，还要考虑引进种与生态系统中土著种的关系，如集团内捕食，以对天敌昆虫资源进行有效保护和利用。当然，对于不同的土著种之间，也存在集团内捕食，甚至这种集团内捕食在不同的环境中还会产生功能的演替，我们应该进一步剖析彼此间的关系，以便于针对性地对天敌进行保护，促进天敌种群之间对害虫种群控制的协同作用。

五、寄生

生物入侵过程中与其他种群形成寄生关系，这种关系有可能利于非土著种的扩散传播，但有时也会阻碍其传播扩散。1979 年在我国辽宁丹东地区发现美国白蛾，其后快速扩散至我国多个地区，对林木和果树造成严重危害。利用寄生性天敌周氏啮小蜂 *Chouioia cunea* 防治美国白蛾是我国生物防治史上的成功事例之一，正是利用两者种群之间的寄生关系达到了对美国白蛾防治的目的。寄生植物日本菟丝子 *Cuscuta japonica* 与加拿大一枝黄花 *Solidago canadensis* 的研究发现，菟丝子寄生后，加拿大一枝黄花的营养生长和有性繁殖明显受到抑制，因此有望通过菟丝子实现对加拿大一枝黄花的控制。

入侵种从原产地进入入侵地后，寄生性天敌的组成和寄生率通常会发生巨大的改变。入侵地与原产地的寄生性天敌物种一般不完全重叠，但也有相同的物种，假设入侵地和原产地的寄生性天敌的种类为 N，寄生性的标准丰富度为 $N_r = N_f/N_n$，根据 26 种入侵种的原产地和入侵地寄生性天敌数据，寄生性天敌的标准丰富度分布明显偏向于原产地，入侵地的寄生性天敌标准丰富度较低［图 5-5（a）］。入侵种在入侵地的寄生率明显低于原产地，每个入侵种的平均天敌丰富度在原产地高于入侵地，然而，寄生性天敌的寄主种类在原产地和入侵地并没有显著差异［图 5-5（b）～（d）］。因此，入侵种在从原产地到入侵地扩散的过程中，寄生性天敌的种类数减少，总寄生率降低。

第三节　互利与偏利

种群建立和扩散传播之间的滞后时间可能归因于重要促进因子的缓慢积累，如最佳被捕食者种类、天敌或最大化资源获取的互惠者等。在数年的种群增长停滞之后，当与其他物种的这种相互作用有利于种群的高度增长或长距离扩散时，非土著种群可能开始经历显著的地理范围扩张。建立互惠关系是实现这一过程的有效方式。在生态系统中，任何物种的存在都不是独立的，它们往往会和其他物种相互联系，有一部分物种需要依赖于与其他物种的共生，种间互利就是其中的一种。种间互利是指两个种群生活在一起，彼此依赖，双方从彼此获利，如果离开对方，则另一方不能生存下去的种间关系。种间互利是一种正相互作用，两个物种通过构成互利关系，彼此从对方身上获取有利于自己生长的需求，构成稳定的联系，这种稳定的联系充分扩大利用了双方的特点，促进了两个物种的繁衍，也有利于维持整个生态系统的平衡和稳定。

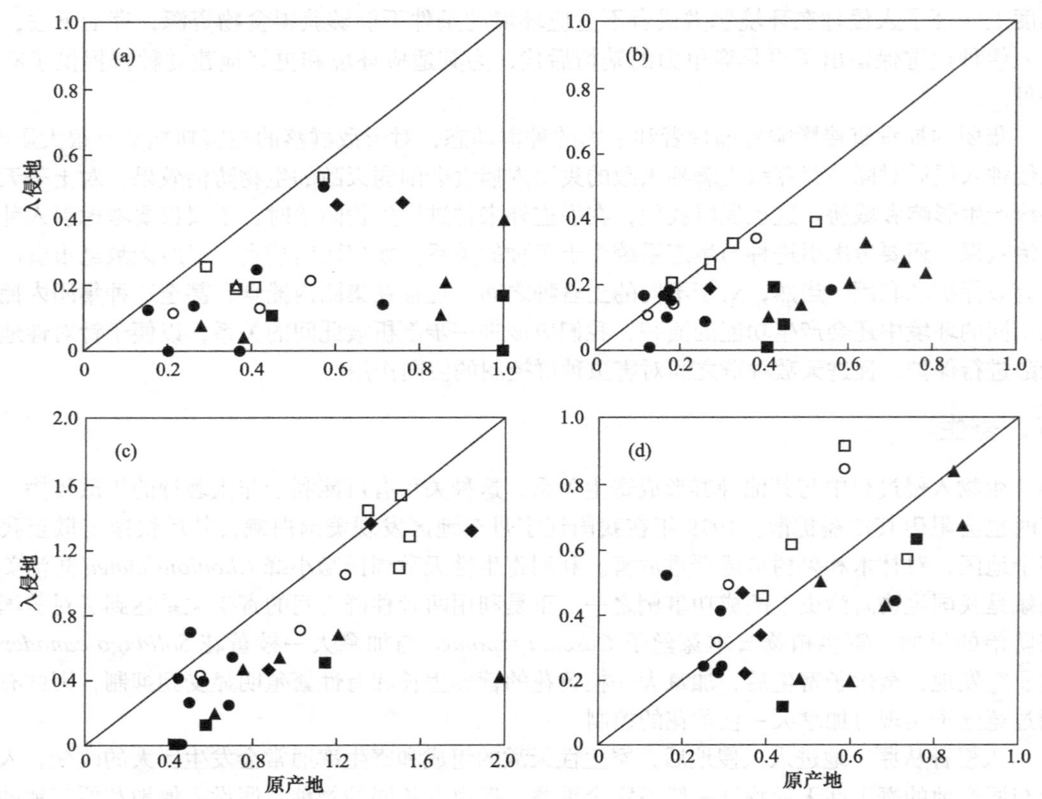

图 5-5　入侵地与原产地的寄生性天敌群落（仿 Torchin et al.，2003）

（a）入侵地与原产地寄生性天敌标准丰富度；（b）寄主总寄生率；（c）每个寄主的平均天敌丰富度；（d）寄生性天敌跨寄主平均寄生率；●为软体动物，■为甲壳动物，▲为鱼，◆为鸟类，○为两栖和爬行动物，□为哺乳动物

互利关系是两个物种的个体之间的联系，在这种联系中，双方都受益于生存、繁殖或扩散的增加。入侵昆虫松树蜂 *Sirex noctilio* Fabricius 能与一种真菌形成严格的互利共生关系，形成“虫 - 毒 - 菌”3 个致害因子相互协作的为害方式，加速树木的衰弱和死亡。互惠主义的建立可以通过多种机制加速非土著者地理范围扩张的速度，当互惠主义者增加入侵种的丰富度时，也就增加了可扩散的个体数量。互惠主义者也可以在某些环境中使非土著个体更容易获得营养，从而允许在其他不适宜居住的地区建立卫星种群，并帮助非土著个体穿越恶劣环境，如互花米草 *Spartina alterniflora* 和褐藻 *Ascophyllum nodosum* 共存时可借助褐藻给基质提供的营养而加强自身生物量的积累。由于互花米草的生长受到氮源不足的限制，所以它与根际固氮菌共生关系一定程度上改善了氮的限制，从而改善了光合作用等生理过程，有利于互花米草种群的维持与扩张。此外，与硫细菌的共生关系可改善互花米草根际的微环境。

一、种间互利

生物根据彼此依赖的程度，可以将种间互利分成专性和兼性两种，专性的互利也称为共生。专性的种间互利关系比较严格，是指互利的两个物种紧密联系，彼此的生存皆离不开彼此的支持，相比于专性的互利关系，兼性种间互利的物种能互相从对方身上获得好处，但是没有到离开对方不能存活下去的地步。根据互利共生作用表现的类型，可将种间互利划分为三种不同的形式：第一，互利物种从彼此获得营养或者能量；第二，一方从另一方获得食物或者场所，同时增加对方的防御能力；第三，显花植物和传粉昆虫之间为完成二者生长需要的散布方面的互利共生。根据互利共生的两个物种的空间关系，可将种间的互利共生分为体外、体内及体表互利共生三类。还可以根据互利共生生物的类型或者代谢互补、能量流动等不同方面划分为不同类型。

（一）土著种之间的种间互利

同一生境中土著种之间的互利关系非常广泛，可以发生在植物与植物之间，动物与动物之间，也可以发生在动物和植物之间，还可以发生在各种微生物与各种动植物之间。

1. *植物*　植物和植物间的互利作用常常是一种兼性的互利作用，通常两个物种在彼此的支持下会生长得更好，这种互利常常依赖于两物种之间生态位的互补及次生代谢物的中介作用，如我国内蒙古地区的林海中生长着很多落叶松 *Larix gmelinii* 和樟子松 *Pinus sylvestris*，而松树密集生长的地方往往也生长着很多山杨 *Populus davidiana*，这就是植物间的互利。这是因为杨树极容易受细菌、真菌及害虫侵袭，暴发各种病虫害，在人工培育的环境中，这些病虫害可以被各种农业或者物理、化学等措施控制，而在自然界中，山杨为了防止自己被侵袭，就会选择和松树共栖，松树可以分泌一种叫作“芬多精”的物质，可以保护山杨免受病虫害侵袭，同时，松树自身也利用山杨，在其周围立起来了自我保护的物理屏障，在长期的自然选择和演化中，利用互利共生，就形成了这种基于自我保护的“松杨共栖”现象。这种互利作用的原理常常被利用在农业生态系统中，也就是我们常常讲的间作和套种，如因为大蒜可以产生“大蒜素”驱赶棉铃虫，我们常常将大蒜和棉花种植地挨在一起，韭菜分泌的杀菌素可以抑制白菜的根腐病，我们也常常将这两种植物种植在同一片田地中。

植物的种间互利主要包括三方面：植物根基微生物互利促进生长，传粉者互利促进结实，传播者互利促进扩散。并且，种间互利具有重要的生态系统功能，土著种之间的种间互利能够影响生物入侵，微生物的多样性能够抑制生物入侵，土著种之间形成严格的传粉互利和传播互利也有利于隔离入侵种，降低入侵种的存活和繁殖。种间互利还能够降低气候变化和生境破碎化带来的影响，增强种群稳定性，使得土著群落在波动的环境中仍然能够维持较高的稳定性。土著植物群落的互利还会形成营养富集，对杀虫剂和除草剂的过度使用也有很好的抵御作用，实现土著群落的生态系统功能（图 5-6）。

2. *动物*　蚂蚁和蚜虫之间构成了典型的动物与动物之间的种间互利关系。在自然界，蚜虫通常与蚂蚁共存，这是因为蚜虫会分泌蜜露供蚂蚁取食，蚂蚁则能为蚜虫驱赶天敌瓢虫，蚂蚁还可以为蚜虫筑洞御寒，使其安全越冬，二者相互合作，互利共生。类似的动物之间的互利共生在其他物种中也存在，如小丑鱼和海葵的共生，小丑鱼自身可以分泌黏液，保护自己免受海葵的伤害，这样小丑鱼就可以生活在海葵的触手中，一方面，小丑鱼的存在可以保护海葵免受其他鱼类的捕食，另一方面，海葵触手带有毒刺，也可以在不伤害小丑鱼的前提下保护小丑鱼免受其他物种的掠食，还为其提供生活场所，二者各取所需，互利共生，因而小丑鱼也被称作“海葵鱼”。

昆虫传播植物花粉则是一种典型的传粉昆虫和显花植物之间的互利关系，传粉昆虫帮助植物传播花粉，植物则为昆虫提供花粉花蜜等食物。在传粉昆虫和植物的互利关系中，榕树和榕小蜂 Aganoidae 是典型的专性互利共生例子，榕树和榕小蜂形成了一对一的专性共生关系，二者缺一不可，关系密切，这种互利共生关系比其他的互利关系更为特殊。蜜蜂 - 月季、长舌兰

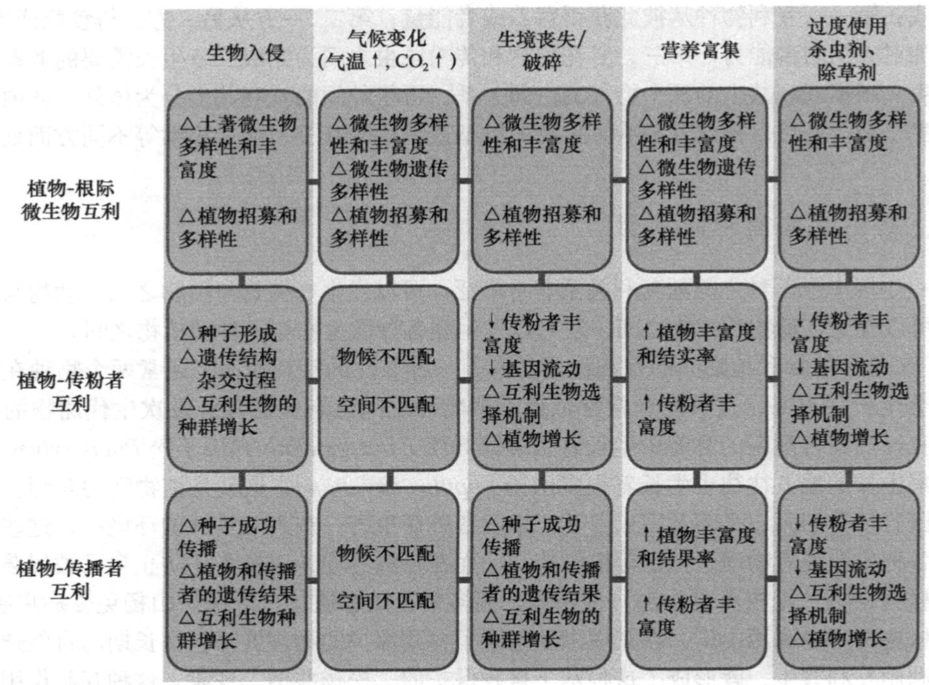

图 5-6 植物种间互利的主要过程及功能（仿 Traveset and Richardson，2014）

↑指上升；↓指下降；△指不确定

蜂 - 兰花也都是互利共生关系，蜜蜂可以为多种有花植物进行传粉，一种有花植物也可被多种虫媒昆虫传粉，在榕树 - 榕小蜂共生体系中，榕树只允许榕小蜂为其传粉，榕树可产生雌花、雄花及瘿花 3 种花，瘿花可为榕小蜂提供栖居和营养物质，帮助榕小蜂完成发育，而榕小蜂也只有在榕树的瘿花中才能完成生活史发育。严格的专一性导致互利共生双方产生了生态代价，经过长期的自然选择和进化，榕树和榕小蜂在形态结构、生理生态及生活史的时间和顺序上也形成了独特的配合，从而阻止了第三种物种的介入，长期稳定地协调生存下去。

3. 微生物　豆科植物和根瘤菌则是一种常见的植物和固氮真菌的种间互利关系，豆科植物通过光合作用为根瘤菌提供必要的物质和能量，根瘤菌在依赖于豆科植物生长的同时，固定空气中游离的氮元素，改善植物根系周围的氮素营养，促进植物生长。

根瘤菌与植物细胞之间的关系非常复杂，首先根瘤菌需要侵染植物细胞，而植物细胞需要识别根瘤菌，并不产生免疫识别，允许根瘤菌存活生长并繁殖。根瘤菌主要是通过 tRNA 的衍生片段 tRFs 向植物续保转运，这些 tRFs 定向结构植物细胞 AGO 蛋白并沉默植物免疫基因，促进根瘤的形成，植物细胞甚至帮助根瘤菌转运，使根瘤菌能够侵染更多的植物细胞，增加植物对土壤的固氮过程（图 5-7）。

类似的微生物和植物之间的互利共生关系还包括菌根菌与高等植物根系的共生，如菌根菌与杜鹃花之间的共生关系。地衣则是菌藻共生或者是菌菌共生形成的，在这对互利共生关系中，绿藻和蓝细菌可以通过光合作用为共生的真菌提供有机养料，而共生的真菌则可以为前者提供矿质元素。

昆虫共生菌是一种被广泛研究的微生物和昆虫之间的互利共生关系，根据共生菌的位置可分为体外共生菌和体内共生菌，体外或体内共生菌可以为昆虫提供生长和环境适应方面的协

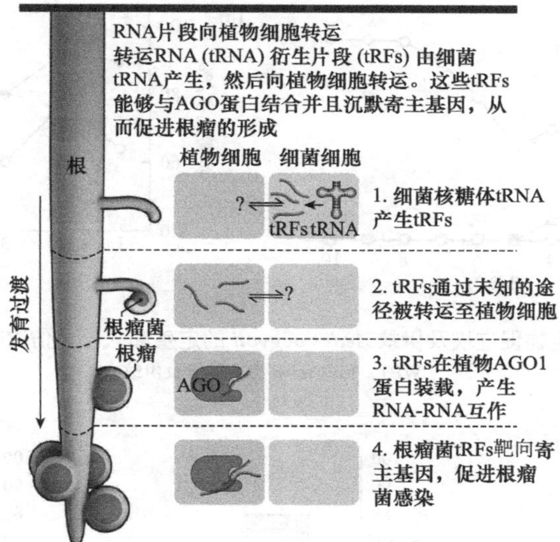

图 5-7　根瘤菌入侵植物细胞产生 tRFs 转运（仿 Baldrich and Meyers，2019）

助，如体外共生菌可以作为宿主定位寄主植物的信号物质，为共生昆虫提供生长发育必需的营养物质，参与共生昆虫的体外免疫等，而昆虫则可以为共生菌提供生活居所和充当传播载体。例如，植菌切叶蚁 *Atta colombica* 和护甲切叶蚁 *Acromyrmex echinatior*，蚁后下颚会携带一种共生菌，其建巢时会将共生菌培植于菌圃中，并用新鲜植物组织培育共生菌，共生菌则可以为切叶蚁提供富含维生素、蛋白质和氨基酸的子座供其取食。小蠹虫和真菌的共生也是一种广泛的互利共生关系，小蠹虫可以充当伴生菌的传播载体，伴生菌则在协助昆虫建立种群、协同克服寄主抗性等方面发挥着重要作用。典型的昆虫和微生物互利共生的例子还有白蚁和其肠内鞭毛虫的互利共生，白蚁依靠取食木材为生，但是白蚁肠道内却不含能够消化纤维素的酶，这个时候其肠道内共生的鞭毛虫就可以帮助其将木材纤维素消化成糖类，而白蚁也将这些糖类供给鞭毛虫利用，二者一旦离开彼此，都不能很好地生存。

埃及伊蚊 *Aedes aegypti* 在世界很多地区都是一种重要的入侵害虫，能够传播多种人类疾病，埃及伊蚊能够被沃尔巴克氏体 *Wolbachia* 感染，不同起始的 *Wolbachia* 感染率会导致 *Wolbachia* 在埃及伊蚊种群中的流行度不同。起始 20% 的 *Wolbachia* 感染率在埃及伊蚊的第 8 个世代后会上升到 100%，10% 的 *Wolbachia* 感染率在埃及伊蚊的第 5 个世代消失［图 5-8（a）］。然而，埃及伊蚊的卵孵化率会随着 *Wolbachia* 感染率的提高迅速提高，起始 20% *Wolbachia* 感染率在埃及伊蚊的第 5 个世代卵孵化率显著提高，与对照差异不显著［图 5-8（b）］。

烟粉虱 *Bemisia tabaci* 是一种重要的入侵害虫，目前已经入侵全球超过 100 个国家。烟粉虱能够被一种立克次氏体 *Rickettsia* sp. 感染，这种立克次氏体的感染并不引起烟粉虱的死亡，而是与烟粉虱形成了种间互利关系，感染立克次氏体的烟粉虱不仅单雌的平均后代成虫数增加，并且卵到成虫的存活率显著提高，甚至能够提高后代的雌虫比例。立克次氏体的感染对烟粉虱种群有巨大的促进作用，能够显著提高其适应性，增加其在生态系统中的种群增长率和适应性（图 5-9）。

种间互利是生态系统中物种之间相互协作的重要体现，也是群落演替过程中的重要组成部分。广泛种间互利关系维持了生态系统中群落结构的稳定，也在自然选择的过程中促进了两个

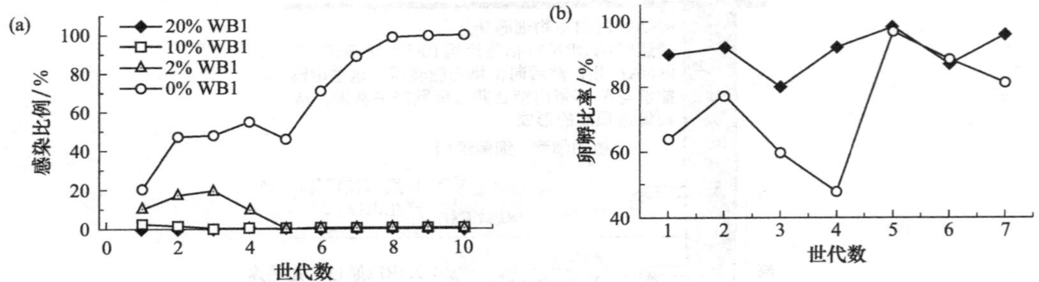

图 5-8　微生物促进埃及伊蚊 *Aedes aegypti* 的定殖和入侵（仿 Xi et al.，2005）

WB1. *Wolbachia* 感染的埃及伊蚊

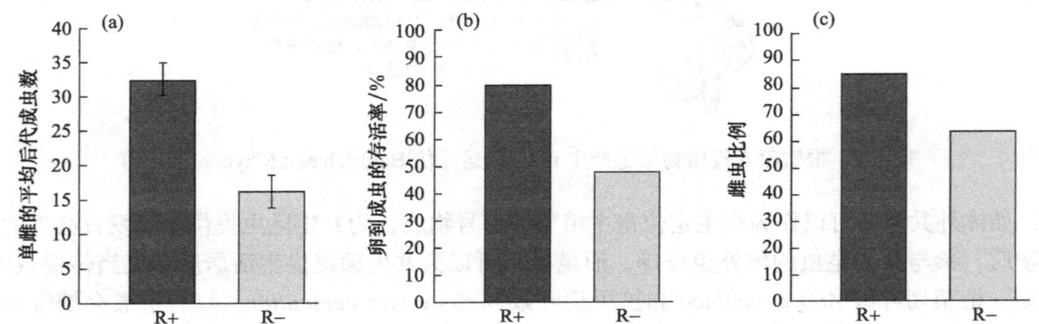

图 5-9　豇豆上烟粉虱感染（R＋）与不感染 *Rickettsia* sp.（R－）的生活史特征（仿 Himler et al.，2011）

（a）烟粉虱平均后代成虫数（产卵后 3d）；（b）烟粉虱后代卵到成虫的存活率；（c）烟粉虱后代的雌虫比例

物种的协同进化，但是在促进种群繁衍扩大的同时，种间互利为对方提供了更好的环境条件，这就会加重害虫种群的猖獗为害。例如，榕树 - 榕小蜂共生体系就是两物种协同进化的典型表现，而蚜虫与蚂蚁的种间互利作用则体现了另一方面，蚂蚁充当了蚜虫的“保护伞”，又为其驱赶天敌瓢虫，这为蚜虫的生长和繁殖提供了极其有利的条件，从而造成蚜虫猖獗为害，增加对农作物的为害。一般来说，生态系统中互利共生的两物种如蚜虫和蚂蚁是共同存在的，这也提醒我们在害虫防治时需要对种间互利的两个物种进行相应控制。

（二）入侵种之间的种间互利关系

同入侵种和土著种的关系一样，入侵种和入侵种之间也存在广泛的互利关系。由于种间互利是一种正相互作用，因而有互利共生种的物种将比没有互利共生种的物种更容易在共生种的支持下适应环境和存活下去。因此，如果入侵种在入侵时携带着其原产地的互利共生的物种一起入侵，则可以大大提高其定殖进而扩散、入侵的可能性。相反，如果入侵种在进入一个新的生境的过程中，其共生种未随其一起进入，那入侵种除非能在入侵地找到一个新的共生种，也就是说入侵种能在新的生境中和土著种重新建立新的种间互利关系，否则这个入侵种将很难定殖。入侵我国的红脂大小蠹 *Dendroctonus valens* 就是一个共生菌伴随其一起成功入侵的例子，红脂大小蠹的入侵还携带着其互利共生的长梗细帚霉 *Leptographium procerum*，二者的互利共生表现在小蠹虫可以帮助伴生菌扩散，将伴生菌带到新的树木上去，而伴生菌则可以帮助小蠹虫获得食物来源，更重要的是，伴生菌可以将菌丝渗入树木，释放毒素，致死树木，帮助小蠹虫降低寄主植物抗性，从而协助小蠹虫更加有效地定殖。因此，互利共生的伴生菌的伴随入侵很大程度上帮助了红脂大小蠹的定殖，并且这种真菌在我国还形成了独特的单倍型，演化出新的表型和功能，不仅能诱导寄主油松 *Pinus tabuliformis* 产生三萜烯来协助该红脂大小蠹的聚集，还提高了红脂大小蠹在油松上与土著种的竞争能力，这就更有利于红脂大小蠹建群成功。同时，作为能够协助红脂大小蠹入侵的伴生菌，其本身也是一种未曾在入侵生境中生长的病原物，具有一定的致病性，会导致松树发生多种病害，降低寄主活力，在环境胁迫下增加寄主的死亡率，也是一种生物入侵，并且这样的种间互利大大促进了两种入侵种彼此的定殖和入侵的成功率。

（三）入侵种和土著种之间的种间互利关系

一个外来的入侵种能否入侵成功，取决于很多因素，包括其本身的生物学因素、入侵生境的生态学因素及人为干扰活动等，在入侵种入侵的过程中，入侵种需要克服层层阻碍，如找到稳定的营养来源帮助其完成自身的形态建成，找到合适的传粉者，还有找到适合的种群扩散的方式及媒介等。在入侵过程中，能互利于入侵种的土著种就充当了帮助入侵种穿破生境层层阻隔的角色，因而能否和土著种建立稳定的互利关系则成为决定入侵种能否入侵的一个关键因素。有些入侵种在入侵过程中并未携带其原产地互利共生物种，但大多数入侵种能够在入侵地中找到合适的土著种，形成新的种间互利关系，从而提高入侵种的定殖成功率。这也提示我们，互利共生物种更容易获得的生境也就更容易被侵入，很多入侵种都是通过与土著种的互作从而形成大面积暴发。例如，土著的植物双生病毒与B型烟粉虱能形成种间互利关系，B型烟粉虱在取食植物时能够有效获取、携带和传播植物双生病毒，能向健康植株传播病毒并导致病害加重；反过来，当B型烟粉虱体内含有双生病毒时会表现出完全不同的生物学特性和表型，如成虫寿命和种群适合度都会显著提高等。因此，媒介昆虫B型烟粉虱能够促进双生病毒的流行，而双生病毒的流行又有助于B型烟粉虱的种群增殖，这样就构成了一种B型烟粉虱和双生病毒的种间互利关系。外来植物也可与土著传粉昆虫构成互利关系从而影响土著种的生长，促进外来种的入侵，如外来植物千屈菜 *Lythrum salicaria* 与土著植物蓝花沟酸浆 *Mimulus ringens* 共同分享类似的传粉昆虫，但是千屈菜对传粉昆虫的吸引能力更强，因此就降低了蜜蜂等传粉昆虫对土著植物的访花概率，导致土著植物的种子产量显著下降。在对小蠹虫的研究中也发现，入侵种红脂大小蠹很可能和土著的一种黑根小蠹 *Hylastes parallelus* 之间存在互利关系，二者常常相伴，黑根小蠹常常出现在被红脂大小蠹为害之后的植物根部，我们推测，红脂大小蠹的为害可以为土著的黑根小蠹创造取食条件，两者之间可能存在某种化学通信，而黑根小蠹能和红脂大小蠹相伴出现，并未进行某种激烈竞争，那二者也可能存在有互利的关系，黑根小蠹对红脂大小蠹的成功入侵有某方面的贡献。

入侵种在入侵到新的生态系统之后，其种群存活及增长与土著种的互利密不可分。任何一个生物的生活史都离不开种间互利过程，入侵植物从种子落地开始，种子在土壤中就形成了共生微生物，这些微生物对植物种子的生长和萌发有正反馈过程，促进了种子存活和获取营养。植物种子萌发生长开花之后，还需要一些其他传粉昆虫进行授粉，尤其是一些土著传粉昆虫的授粉，促进入侵植物的开花及结实。植物结实后，还需要一些种子传播者，鸟类是有效的植物种子传播者，能够将入侵植物的种子传播到很远的地方。在入侵植物的整个生活史过程中，种间互利过程都是普遍存在的，这种种间互利过程对入侵过程具有重要的作用（图 5-10）。

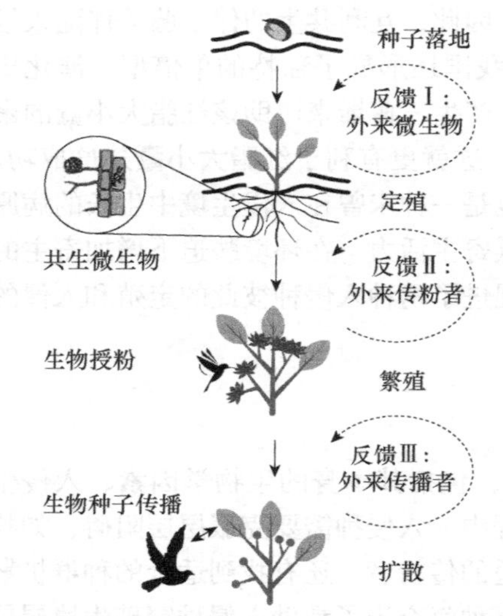

图 5-10 生态系统中入侵种和土著种之间的互利（仿 Traveset and Richardson，2014）

（四）互利的不对等原理对生物入侵的影响

在生态系统中，植物由于本身的特征难以移动，而动物能够自由活动，双方为了更好地生长繁殖及扩大种群，往往存在互利关系。动物能促进植物种子等繁殖材料的传播和扩散，植物也能为动物提供遮蔽场所等生存繁殖所需要的诸多条件，这就构成了互利性，植物通过为动物提供一些有利条件，诱导动物在其特定的生长繁殖阶段为其服务，在这个过程中，植物对动物的诱导作用往往要大于动物的反作用，这就构成了互利的不对等性。

这种互利的不对等性会改变入侵种的原生活史对策，影响着入侵种在新生境的进化，也影响着生物入侵的为害程度。研究表明，对入侵动物来讲，原生境和新生境资源环境条件的变化会引起入侵种生活史对策的改变。例如，营 K 对策的入侵种若从资源丰富的生境入侵到资源相对贫乏、生物多样性较低的新生境中，那么动物从新生境中植物上的获利就会减少，其生活史对策就会发生改变，竞争能力会增强；反之，营 K 对策的入侵种若从较贫乏生境入侵到资源较丰富的生境中，其在入侵地的受益会增加，那么生活史对策则会向 r 对策转变。营 r 对策的动物和营 K 对策的动物类似。这种生活史对策的成功改变也提示着我们，原产地营 K 对策的入侵种进入新的资源条件更丰富的生境，其扩散速度会更快，为害性较大；原产地营 r 对策的入侵种进入资源较贫瘠地区，其会向 K 对策转变，种群数量和为害性程度相对也会降低。对于入侵植物而言，由于新生境的动物与其协同进化程度低，土著动物很难利用入侵植物，因而土著动物很难通过各种活动影响到入侵植物种群的大小，入侵植物会占据生态位缝隙，在新生境中生长繁殖，降低原生物群落的丰富度和多度。同时，占据生态位缝隙的入侵植物会分散原来的土著动物和土著植物，也降低了原生物群落动植物之间的互利性，原生物群落的服务功能减弱，动物对植物群落的正作用降低，加剧了土著植物群落的不稳定性，一些植物种群的数量也会因此下降甚至灭绝，这就会进一步促进入侵植物的入侵。

互利共生是生态系统中非常重要的种间关系，甚至可以讲生态系统离开互利共生就无法存在，互利共生的存在使得生态系统中的物种更能紧密连接在一起，有利于生态系统的稳定。研究种间互利在帮助我们研究入侵种的入侵机制的同时，也有助于我们预测入侵种的入侵性及入侵地的可入侵性，预测入侵趋势，也启示我们可以从入侵种的互利共生种方向进行入侵种的控制，通过作用于更容易控制的一方，进而通过种间互利关系将控制作用传递给另一方。同时，入侵种和土著种的互利关系，也提示我们注意土著种的“帮凶”作用，注意了解入侵种的潜在竞争优势和入侵趋势。

二、种间偏利

当两个物种之间的互利关系不对称时，就构成了另外的种间关系——偏利。偏利是指两个物种生活在一起，其中一个物种依赖于另一个物种生存，但是这种依赖关系不是相互的，对于共生的两个物种来讲，这种依赖关系对一方有利，同时对另一方无害。

（一）偏利关系的种类

根据作用时间的长短可以将偏利分为长期性偏利和短期性偏利两种，我们常见的长期性偏利，如植物依附大树，地衣、苔藓等依附树皮生长，这些都是对被附着的植物无影响并且这种依附关系长期存在；像动物和鸟暂时在树上筑巢或以植物暂时为掩蔽所等，构成了暂时性偏利，这种偏利关系会随时间和环境条件的变化随时变化或解除。

（二）土著种和土著种之间的偏利关系

土著种和土著种之间的偏利关系对受利物种及生态系统结构的稳定有重要意义，和互利共生一样，偏利也是一种正相互作用，这种正相互作用有利于受利方物种的生存和繁衍，同时又对被依赖物种无害，因而被依赖物种会默许被偏利物种的存在，不会采取不利于被偏利物种生存的措施，因而就有利于被偏利种群的扩大，也在维持生态系统的稳定过程中发挥着重要作用。自然界中典型的偏利共生的例子是鲫鱼和鲨鱼的共生关系，鲫鱼顶端有由第一背鳍变形而成的吸盘，其可利用吸盘将自己吸附在鲨鱼、海龟、海象甚至船体上，取食大鱼吃剩的食物碎屑或者大鱼身上的寄生虫，或者在食物密集的地区脱离宿主，取食之后再重新寻找宿主吸附，但这种吸附在有利于鲫鱼生长的同时并不会对被吸附的大鱼有什么正面或负面的影响，二者就构成了偏利共生关系。另一个明显的构成偏利关系的例子是豆蟹和海产蛤贝的共生，豆蟹会共栖在海产蛤贝的外套腔内，取食蛤贝的残食和排泄物，这种共栖关系有利于豆蟹的生长，但对其宿主蛤贝不构成任何影响，豆蟹依赖于蛤贝能更好生长，二者稳定存在也维持了其所在生态系统的稳定。

（三）入侵种和土著种之间的偏利关系

同样，在入侵种入侵过程中，入侵种和土著种之间构成的互利关系并不是双方得利，而是一方得利，另一方不受影响，这也构成了典型的偏利关系。如果入侵种在偏利关系中处于受利一方，对其入侵会产生有利促进，入侵种可以从土著种那里获得有利于自身生长繁殖和扩张的资源，促进其入侵，但并不会回馈土著种利益，入侵后反而会对土著种造成影响，入侵种对土著种利益索取的这个过程就是一种典型的偏利过程。例如，在对B型烟粉虱的研究中发现，它可以和土著烟粉虱之间形成一种叫作“非对称交配互作”（asymmetric mating interaction）的关系，即在新的生境中，B型烟粉虱会与土著种烟粉虱共存，相互之间还会发生一系列求偶作用及行为，尽管二者并不会真的进行交配产生后代，但一系列的求偶作用和行为会促进入侵B型烟粉虱交配频率增高，提高卵子受精率，这样入侵种的种群增长就会加快，但对于土著种来讲，这种作用并不会促进土著种的交配频率增高，反而会干扰土著种的交配，降低其种群数量，这就是对入侵种的偏利。

三、种间偏害

物种间的相互关系中物种A对物种B产生有害的作用，但反过来物种B对物种A无明显的影响或者有利的作用，这样的过程就是偏害。偏害在入侵种与土著种之间的关系非常常见，很多入侵种对土著种都有偏害作用，如入侵种的化感物质能够对土著种产生很强的抑制作用，土著种对入侵种往往没有显著的影响。

四、种间互害

物种间的相互关系中物种 A 对物种 B 产生有害的作用，反过来物种 B 对物种 A 也产生有害的作用，这样的过程就是互害。完全互害作用在物种间的互相关系并不常见，但在不同的生态条件下，物种间的相互作用往往会产生明显的转变。例如，两个物种都能够产生化感物质，因而对对方产生不利的影响，甚至导致对方生长速度减慢、死亡率增加等影响。

第四节　化感与新武器

化感作用是指各种植物或者微生物通过向环境中释放某些化学物质，对周围其他生物的生长起到促进或者抑制的作用，产生有益或者有害的影响。环境中的其他生物受到这些化学物质的影响，会产生有利或者不利于自身生长的反应。

一、化感作用的方式

植物化感作用广泛存在于生态系统之中，植物的根、茎、叶、花、花粉、种子、果实等各器官中都含有化感物质，目前也对这些化感物质进行了化学上的分类。这些物质主要通过雨露淋溶、茎叶挥发、根系分泌和植株分解 4 种途径释放到环境中去，进而对环境中的其他生物产生影响。自然界中，水溶性的化感物质主要通过雨水和雾滴等的淋溶而进入土壤发生化感作用。

影响植物化感作用的因素很多，化感物质对其他植物的定殖和生长通常有很大的影响。环境条件中温度和降雨都会影响化感物质的浓度，土壤质地通过介导土壤水分影响化感物质，化感物质也会对植物产生反馈作用。植物的生产阶段也是影响化感物质浓度的主要原因，在高化感物质浓度下，植物也通过调节死亡率来改变密度（图 5-11）。

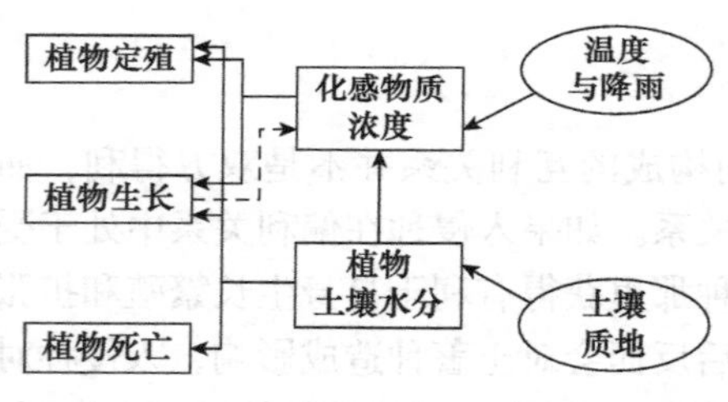

图 5-11　土壤水分、化感物质与植物生活史的关系（仿 Goslee et al.，2001）

化感作用不仅仅存在于入侵植物中，很大一部分土著植物也具有化感作用，能通过释放各种化学物质对周围其他动植物产生影响，不同植物的化感作用不同，通常呈现“低促高抑”的规律，这也体现着化感作用的两面性。有实验表明，土著菊科植物苦荬菜 *Ixeris polycephala* 的提取液对萝卜种子的萌发具有明显抑制作用，而黄鹌菜 *Youngia japonica* 对萝卜幼苗根长生长的影响就呈现很明显的“低促高抑”作用。在实际生产中，花椒树较少有虫害发生的很大一部分原因就是其分泌的化感物质对害虫具有趋避作用。根据作用方式不同，化感作用可分为以下几种不同的类型。

（一）化感偏害作用（amensalism）

化感偏害作用是种间偏害关系中的一种，化感偏害是植物能够产生明显对其他物种有损害的化学物质，包括抑制其他植物生长、减缓发育、造成死亡率增加等，而这种植物化感偏害作用对释放化感物质的植物没有显著性影响，只是单向地对接收化学物种的植物有不利的作用。

（二）自毒作用（autotoxicity）

植物化感自毒作用在农业上非常常见，作物连作障碍通常也是一种化感自毒作用，是指在正常栽培管理下，同一农田连续多年种植同种或亲缘相近的作物，会造成作物健康状况变差、生长变慢、病虫害频发、产量逐年下降，甚至品质变差。连作障碍在农业上是一个非常重要的问题，欧美国家曾经称这种连作障碍为土传病害。很多植物都有明显的自毒作用，花生连作后，会导致主茎变矮、病虫害加剧、产量降低、荚果变小，在连作 3 年后产量只能达到对照的 50%～60%。并且随着连作年限的增加，病虫害的发生也逐步加剧，减产幅度增加。

自毒作用是土著植物群落维持稳定性的重要机制，在自毒作用下，每个物种只能维持一定的种群密度，这种密度是自毒作用和种群密度的平衡点。通常来说，自毒作用是有害生物的积累，时间越长，种群数量越高，积累的有害生物就越多，对该物种的继续存活和繁殖就越不利。当然，自毒作用具有显著的物种特异性，有些物种就有很强的自毒作用，在极低的密度下就对自身产生非常不利的影响。有些物种自毒作用很弱，在很高的密度下也不会对自身产生不利的影响。

（三）自促作用（stimulation）

植物自促作用是一种特殊的植物化感作用，在作物生产过程中也称为连作促进作用，指耐连作植物随着连作年限的延长，作物生长势增强，产量增加、品质明显提高。植物自促作用并不常见，大约 70% 的作物存在连作障碍，能够产生自促作用的植物非常少见。怀牛膝 *Achyranthes bidentata* 是一种适宜常年连作的道地性中药材，多年连作条件下牛膝产量、有效成分含量及品质都有明显的提高。连续种植怀牛膝 20 年以上的农田干货产量比头茬种植的干货产量每公顷高 1t 多，连续种植怀牛膝年限越久的农田，怀牛膝地下部分长势越好，品质和外观都具有明显优势，主根明显粗长且须根和侧根较少，根皮光滑，同时其生长品质及其药用品质也越来越好。

自促作用一般与土壤的正反馈机制有关，自促作用与自毒作用正好相反，自促作用和自毒作用都与土壤微生物群落有关。自促作用能够增加土壤中的有益微生物，随着怀牛膝种植年限的增加，很多有益菌和功能菌（真菌、放线菌、原生动物和芽孢杆菌属、类芽孢杆菌属和链霉菌属等）不断富集，而有害病原菌（利用酚酸类代谢的有害菌、支原体属等）则不断减少，这些微生物群落的改变与怀牛膝根系分泌物密切相关。在怀牛膝根系分泌物的介导下，根际土壤微生物群落结构产生明显变化，有益微生物之间互利协作，改善土壤肥力和补给能力，提高了根系的营养吸收，加强了植物对有害生物的抗性，从而促进怀牛膝的生长，并提高其产量和品质。也有很多植物既没有明显的自毒作用，也没有自促作用，如小米和玉米，连年种植不会引起这些作物的生长变化，也不会对产量有显著性影响。

（四）化感互惠作用（facilitation）

植物化感互惠作用也是种间互利作用的一种形式，化感互惠作用是指植物能够产生某些化学物种，对自身没有显著的影响，而对其他物种产生明显的促进作用。化感互惠作用能够促进群落的稳定性，对维持群落种物种的互作过程具有重要的作用。化感互惠作用是物种间正相互作用的一种，植物间的正相互作用通常发生于一个物种对其邻体物种的增长、存活、繁殖有促进作用。植物 - 微生物互作假说通常也能够解释植物化感互惠作用，作物种间根际互惠是作物间套种系统超产和养分等资源高效利用的重要机制。然而，植物互惠作用主要是在根系分泌物介导下，根际微生物有利互作的结果。

二、化感作用在入侵过程的效应

（一）入侵种在入侵过程中对土著种的化感作用

化感作用被认为是很多入侵种成功入侵的武器，很多成功入侵的入侵种都具有显著的化感抑制作用，能抑制新生境中其他植物的正常生长，为其自身的生长繁殖创造更优的资源空间等生态位条件，促进其入侵。同时，入侵植物进入一个新的生境后，也会打破原有生境中土著种形成的化感平衡，影响原生境的稳定。例如，在上海九段沙湿地，互花米草分泌的化感物质能抑制土著植物海三棱藨草 *Scirpus mariqueter* 种子的萌发，从而实现入侵；三裂叶豚草 *Ambrosia trifida* 能释放多种化学物质影响昆虫及根际周围土壤中生物的生长发育，同时抑制周围其他植物的种子萌发与植株生长从而帮助自己实现入侵；飞机草 *Eupatorium odoratum* 周围一些植物的发芽也会因飞机草的雨水淋溶液影响而被抑制。当然，入侵植物的化感作用在一定程度上也会对植物的生长起到促进作用，如在实验室条件下研究发现，低浓度下，银胶菊 *Parthenium hysterophorus* 提取液对萝卜幼苗根长的生长具有促进作用，对萝卜幼苗苗高的生长也有明显的“低促高抑”规律。

入侵性植物的化感作用能够对土著种产生严重的影响，降低土著植物的生长速度甚至导致土著植物死亡率增加。斑点矢车菊 *Centaurea maculosa* 原产于欧洲，其入侵到北美后，产生的化感物质显著增加，超过原产地化感物质的两倍。而北美植物群落中植物化感物质含量比较低，土著植物对化感物质（－）- 儿茶酚的响应非常敏感，两种土著植物羊茅属 *Festuca* 和洽草 *Koeleria cristata* 在（－）- 儿茶酚处理中种子萌发率显著减低，并且生物量减少（图 5-12）。

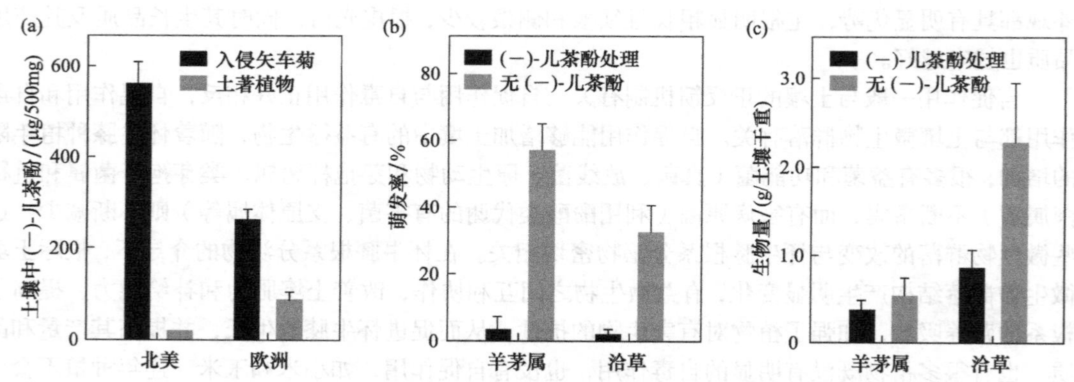

图 5-12　入侵植物化感物质的影响（仿 Bais et al., 2003）

（a）北美与欧洲矢车菊 *C. maculosa* 入侵后土壤化感物质含量；（b）化感物质对羊茅属和洽草种子萌发率的影响；（c）化感物质对羊茅属和洽草生物量的影响

（二）土著种缓解入侵种的化感作用

土著种并非只能被动地被入侵种化感作用所影响，有些土著种还可以分泌一些化感物质，与入侵种的化感作用进行对抗，这就可以缓解入侵种化感作用的影响。研究表明，在湿地生境中，土著种芦苇具有缓解外来入侵的互花米草化感作用的潜力，这就为其所在生境抵御互花米草的入侵提供了科学依据。

（三）化感作用对入侵的影响

根据入侵种的化感作用，有学者提出了新式武器假说，认为某些入侵植物能够成功入侵是由于其化感作用的存在。但是我们推测，几乎所有植物都具有化感作用，能不能发挥显著的作用只是其化感作用强弱和受体生物敏感性强弱的问题，所以尚不能明确化感作用是否主导了入侵种入侵的过程。我们也尚不能明确，具有高化感抑制作用的入侵种的成功入侵，到底是由于增强了其本身的进攻性还是减弱了土著种的防御性。但是目前我们已经明确，很多成功入侵的外来植物，尤其菊科植物，它们对土著种具有明显的化感抑制作用，并且不同入侵植物的化感作用不同，不同土著生物对入侵种化感作用的敏感性也不同。而入侵种表现的化感作用强弱及土著种对入侵种化感的敏感性差异则会影响到入侵种的入侵，因此我们需要进一步明确入侵种到新生境中化感作用的变化，以进一步明确化感作用在入侵种成功入侵过程中的地位。

（四）化感作用和竞争的关系

化感作用一度被认为是资源竞争的结果，也就是说，化感作用一度被认为是资源竞争的一个方式，生物利用化感作用增强其资源竞争的能力。但是不同生物的生存策略不同，生态机制也有所差别，所以二者的从属或者独立关系也需要根据生物物种及生态环境的差异进行分析。近几年有研究表明，能够成功入侵的入侵种在不同资源环境下其资源竞争能力较强且较稳定，但化感作用会随资源条件限制而显著增强。而土著种在资源限制条件下，其资源竞争能力会显著增强，化感作用的变化不显著。在不同氮水平下对加拿大一枝黄花和土著一枝黄花的研究中发现，加拿大一枝黄花可以保持稳定的高竞争状态，并且随资源限制，会显著提高化感作用来抑制共生植物的生长，而土著一枝黄花的资源竞争能力会随资源条件显著变化，由此我们推测，化感作用在加拿大一枝黄花的入侵过程中影响很大。对于化感作用和资源竞争的关系，还需要根据生物物种及生态环境的差异，进行进一步的探索。

化感物质分泌强烈的植物主要集中在菊科、禾本科和十字花科中，而这3科恰好是中国入侵植物种类最多的分类群，研究化感作用有助于更加合理地解释生态系统中植物组成与分布、群落演替、协同进化和生物入侵等现象。因此，研究入侵种和土著种之间的化感作用有利于进一步阐明生物入侵机制。同时，基于化感作用的双重性质，还可以为替代控制和研究生物源农药提供新的思路。

三、化感作用的时空过程

植物化感作用是植物生理学的重要过程，在不同的时空尺度下都能表现出生态功能。化感物种具有跨尺度效应，各种生态因子对植物化感物种都有巨大的影响，在微尺度上，化感作用主要是微生物与植物的互作及化学反应，这一过程也存在很多金属离子的螯合过程，植物化感物质的合成是这一尺度的重要内容。小尺度上化感物种影响土壤群落互作，以及植物化感物质对昆虫和病原菌为害形成的反应，反应过程对化感过程进行能量的再分配，化感物质的合成量会重新调节。中尺度上化感过程主要是植物群落互作，以及入侵种对土壤因子的影响，这一过程持续的时间较长，化感物质会影响植物群落演替过程，并影响生态系统物质循环和能量流动。大尺度上化感物种甚至影响植物的进化历史和生物地理，植物区系会因为化感物质的变化而改变（图5-13）。

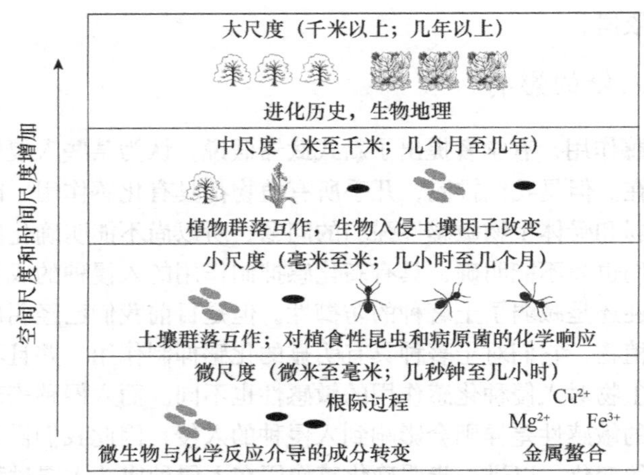

图 5-13 不同时空尺度下生态系统因子、生物地理变异与进化关系对植物化感物质的影响（仿 Inderjit et al.，2011）

四、化感作用的研究方法

当前研究化感作用的方法多为一种植物浸提液对另一种植物的影响，并未考虑土壤微生物的作用。尽管利用添加活性炭的方法也是研究植物化感作用的一个手段，但是活性炭会影响土壤微生物的效应。因此，目前为止还没有有效的方法直接区别资源竞争、微生物效应和化感效应。探索有效的研究化感作用的技术是未来研究方向的突破点。

第五节 种内杂交与种间基因渐渗

基因渐渗是指近缘物种之间产生的基因交流，通常是由种间杂交造成的，从而导致遗传物质的污染，产生不同于原物种的过渡物种。由于入侵种入侵新的生境时肯定会优先选择各方面都更适合自己生物学特性的环境，因而被选择的新生境中存在入侵种的近缘种的可能性很大，再加上多次引种及种内或种间杂交，使得入侵种和土著种在相互作用中发生遗传或者进化上的改变，这种改变会对入侵种和土著种产生不一样的影响，在相互作用过程中影响土著种的正常生长，同时影响外来种的入侵过程。外来生物传入常常把遗传上不同来源的种群聚集在一起，非常容易产生遗传上的混合，即杂交。一般而言，杂交存在种内杂交和种间杂交两种形式。种内杂交是指同一个物种的不同地理种群相互杂交，最终增加了遗传多样性。

一、种内杂交

杂交指两条单链 DNA 或 RNA 的碱基配对。不同基因型的个体之间能够通过杂交交配而获得双亲基因重新组合的遗传信息。通常情况下，把生殖细胞相互融合产生后代的过程称为杂交；而把体细胞相互融合达到产生后代的过程称为体细胞杂交。

无论动物还是植物，两种遗传背景不同的个体进行杂交，其杂交后代所表现出的各种性状通常优于杂交双亲，这称为杂交优势。植物的杂交优势有抗逆性强、生长迅速、高产、品质优良等特征，动物的杂交优势有体形大小改变、繁殖力强、免疫力强、蛋白质含量高等特征。

杂交优势是生物界的规律，杂交也是生物界最为常见的现象之一。杂交优势能够产生杂合体，这种杂合体在一种或多种表型上优于两个亲本。动植物的育种中杂交是极为常用的手段之一，如不同品系、不同品种，甚至近缘种属间进行杂交得到的杂合体往往比亲代表现更强大的生长速率和代谢功能，从而导致器官发达、体型增大、产量提高，或者表现在抗病、抗虫、抗逆力、成活力、生殖力、生存力等的提高。杂交优势几乎是生物界普遍存在的现象，其在入侵生态学上也逐步成为揭示入侵过程的重要理论。

（一）杂交显性优势

多数显性基因有利于生物个体的生长和发育，相反，隐性基因一般不利于生物生长和发育。生物的杂交过程或者杂合体的自交会提高后代纯合体出现的机会，而不利的隐性基因在杂交过程中由于自然选择的作用会逐步衰退。

如果采用遗传背景完全不同的自交系进行杂交，那么亲本带入子代的隐性基因会被另一个亲本的等位基因所掩盖，从而有利于杂交个体的存活和生长。杂交过程中涉及整个基因组，很多隐性基因和显性基因之间相互连锁，因此把所有的有利基因遗传给一个杂交后代几乎是不可能的，或者获取和杂合体生长势相同的自交系几乎是不可能的。在杂交的子一代中，显性基因基本可以覆盖大多数不利的隐性基因，这也是杂交优势的重要内在机制。显性假说所解释的有害隐性基因被有利的显性基因所覆盖表现出来了的杂交优势也称为突变性杂种优势，这是生物相互交配抵御环境胁迫的保护性措施。野生型基因一般都是显性的，显性基因编码的大多都是具有生物活性的蛋白，突变的隐性基因一般只会编码失去或者降低活性的蛋白。因此杂合体的存活力高、繁殖能力强、抗逆能力好，这都是显性假说中杂交优势的生化基础。

（二）超显性

杂种优势是基因型不同的配子结合后产生的一种增强生物体生长和发育的现象。杂种优势不仅仅与显性基因掩盖有害的隐性基因有关，还与基因的超显性有关。超显性作用是指一对等位基因的杂合体通过相关作用，表现出优于双亲表型的现象。某些座位上不同的等位基因（如 *B1* 和 *B2*）在杂合体（*B1B2*）中能够互作，进而刺激动植物生长，因此杂合体（*B1B2*）比两种亲本纯合体（*B1B1* 及 *B2B2*）有更大的生长优势，生长优势的程度与等位基因间的杂合程度密切关系。依照超显性假说，杂合体 *B1B2*、*B1B3*、*B2B3* 等始终具有较高的适应性，因此 *B1*、*B2*、*B3* 等基因都能够以各自的频率存在于整个群体之中，最终形成一种等位基因平衡的多型性状态，但这种等位基因的存在使群体蕴藏着可调整的适应能力。这样的杂种优势可以叫作平衡性杂种优势。

超显性假说的杂种优势需要具备两个前提条件。

1）两个等位基因分别编码一种蛋白质，这两种蛋白质能够产生相互作用，相互作用的结果比各自独立存在的等位基因纯合体更有利于个体的生存。例如，人类的镰刀状血红蛋白杂合体（HbA/HbS）的红细胞中同时存在着两种血红蛋白：成人血红蛋白（HbA）和镰刀状细胞血红蛋白（HbS）。HbA/HbA 纯合体容易被疟原虫感染，HbS/HbS 纯合体是贫血症患者，而杂合体 HbA/HbS 中的两个等位基因能够产生相互作用，杂合体既不是贫血症患者，又较不易为疟原虫感染，因而杂合体在疟疾流行的地区更有利于生存。

2）两个杂合等位基因所编码的多肽能够结合，并形成活力高于相同亚基所形成的蛋白质。等位基因相互作用是超显性假说的重要基础，这种相互作用在粗糙脉孢菌 *Neurospora crassa* 的谷氨酸脱氢酶基因中发现。

二、种间基因渐渗

入侵种入侵过程中进入新的生境会通过与近缘土著种杂交，提高其遗传多样性，同时，也使其基因渗入土著种，对二者都会产生影响。例如，互花米草和一种土著种欧洲米草 *Spartina maritime* 杂交后会产生不育种唐氏米草 *S. townsendii*，经过染色体加倍后会形成大米草 *S. anglica*，新形成的大米草入侵能力极强，不仅具有其两亲本的生存优势，还有其自身的入侵优势，生长生殖能力、资源竞争能力及环境适应能力都很强，能占据亲本不能生长的裸滩生境，在资源和空间的利用上对土著种的生长、分布产生严重威胁。同时，互花米草对土著米草的基因渐渗，会导致米草属内基因的同质化，大大降低遗传的多样性。这种基因渐渗会带来破坏性的影响，导致土著种基因多样性的下降，甚至导致土著种灭亡。

夜蛾属害虫是全球重要的粮食害虫，棉铃虫 *Helicoverpa armigera* 是分布最为广泛的地理亚种，在欧洲、亚洲及大洋洲都有分布。通过 6 种棉铃虫的全基因组分析发现，巴西采集的棉铃虫是多个物种的杂交后代，主要是 *H. armigera* 的基因组，也包括美洲棉铃虫 *H. zea* 的基因渐渗。杂交过程使棉铃虫之间获得了新的遗传资源，可能会形成新的生物生态学特征，给生态系统带来新的风险（图 5-14）。

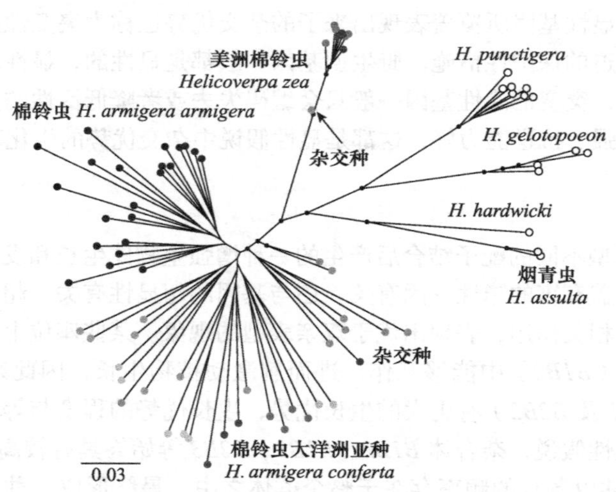

图 5-14 全球 6 种夜蛾属害虫的系统发育关系、基因流及杂交种（仿 Anderson et al.，2018）

入侵种和土著种杂交产生的后代也更容易和土著种进一步杂交，入侵种不仅可以与同属近缘种杂交，也可以和不同属种杂交，广范围的杂交会造成基因污染，最终有可能造成土著种的灭绝。例如，加拿大一枝黄花可以与假蓍紫菀 *Aster ptarmicoides* 杂交，二者杂交造成的基因交流可能导致后者的遗传侵蚀。再如，从美国引进的红鲍 *Haliotis rufescens* 和绿鲍 *Haliotis fulgens*，在一定条件下能和我国土著种皱纹盘鲍 *Haliotis discus* 进行杂交，这将会对我国土著种造成严重的基因污染。

（一）基因渐渗对入侵种和土著种的影响

对于入侵种而言，一个入侵种的入侵通常是由小范围内少数个体开始的行为，最新入侵新生境的入侵种的个体数量很少，由于“奠基者效应”，其遗传多样性较低，基因渐渗通过种间杂交会增加入侵种的遗传多样性，这会对入侵种的入侵产生积极影响。一方面，这会直接提高入侵种的竞争能力，入侵种直接与土著种争夺资源的能力增强，同时，入侵种和土著种杂交产生的后代往往具有两亲本的优势特征，产生杂种优势，有利于生活在双亲都不适应的环境中，能适应更加广泛的生态幅，加重入侵范围和危害。基因渐渗还会使得土著种的基因渗入入侵种，增强入侵种对新生境的适应性，当然，增强入侵种的适应性将进一步导致入侵，给土著种带来更大的威胁，也给防治带来困难。此外，许多入侵种还可以通过渐渗杂交获得很多优良的抗性，如抗病、抗药、抗逆性等，从而对生产实践中入侵种的防治和控制造成一定的困难，进而造成了很大为害。另一方面，基因渐渗使杂交后代可以拥有更大的遗传多样性，利用染色体加倍形成多倍体，可以固定杂种优势，摆脱亲本有害基因的积累，对入侵生境有更大的适应性，这也为进化提供了条件。

昆虫种间的基因渐渗过程非常复杂，在试验系统中也难以测定。但目前的分子生物学测序技术和生物信息学分析的结合就可以将进化过程中的基因渐渗关系进行解析。蝶属昆虫是一个非常有趣的类群，根据全基因组测序技术重建蝶属昆虫的系统发育关系。然后将 *melpomene*-silvaniform 分支的种类进行进一步分析，发现分支过程中存在很多基因渐渗现象，如 *H. cydno* 与 *H. pardalinus* 之间存在很多同样的序列，这种相同的序列表明进化过程中存在种间的基因渗入现象。同样 *erato*-sara 分支中也存在两个明显的基因渐渗事件，弱的基因渐渗现象更为普遍，在多个物种间都存在这种关系。基因渐渗能够使一个物种快速获得新的性状和功能，加速进化过程，这也使得系统发育关系会更加复杂（图 5-15）。

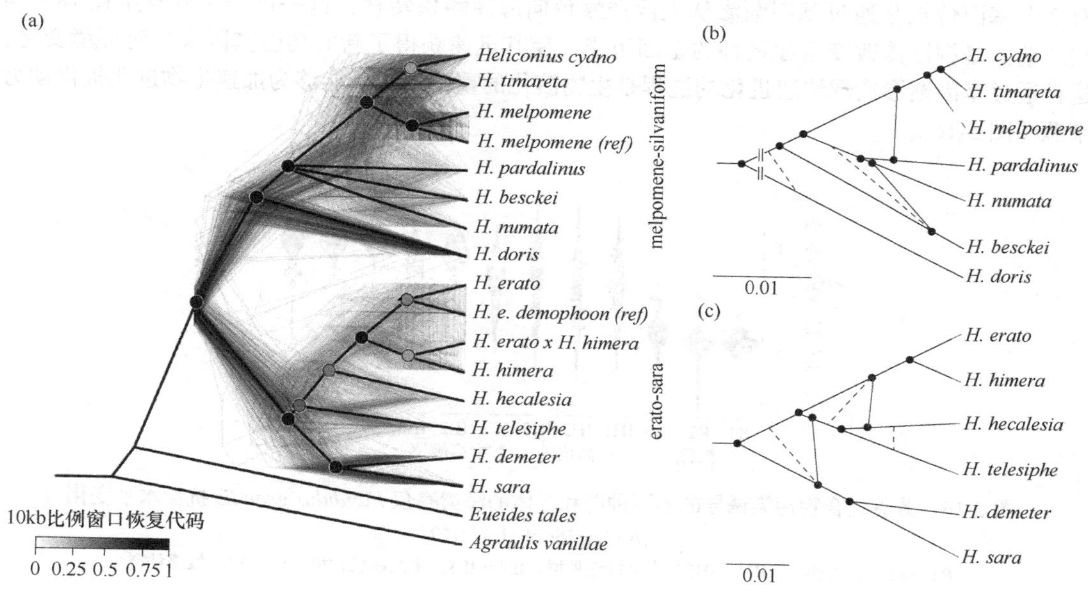

图 5-15 蝶属昆虫系统发育与基因组网络关系（仿 Edelman et al., 2019）

蝶属的系统发育关系（a），以及 *melpomene*-silvaniform 分支（b）和 *erato*-sara 分支（c）系统发育树关系和基因渐渗事件

对于土著种而言，基因渐渗在提高入侵种入侵能力的同时，将导致入侵种对土著种资源更加严重的竞争，影响土著种的生长，还会降低土著种的遗传多样性；基因渐渗还会侵占生态位，占据裸地，减少土著种之间基因流的流动；还会导致种群遗传同化，进而引起土著种的遗传侵蚀，这会引起基因污染、杂种不育等，甚至会使物种灭绝，也会使得土著种很多基因流失，对物种及生境的多样性和物种遗传资源都是很大的威胁。基因渐渗通过创造更有竞争力的

过渡种群和对土著种群造成污染破坏进而促进其定殖和入侵，也对土著种基因库造成污染，长久以往，对生境中的物种及生态环境都会带来严重损失。

（二）基因渐渗与快速进化

一个入侵种进入新的环境后会因为与环境的相互适应而表现出一定的进化趋势，同样由于入侵种和土著种依靠复杂的种间关系相互联系，土著种会对入侵种的一系列行为做出响应，也会表现出进化趋势，这是两者的适应性进化，包括形态、生活史、生态位或者行为等方面的进化。例如，入侵北美的阿根廷蚂蚁会在新的生境中改变行为，进入新生境后，其种内的冲突会更少，攻击效应会减弱，这样就更有利于入侵；北美的一种土著昆虫则会根据外来植物种子的大小做出吸管长度和摄食选择的适应性进化。还有研究表明，引入长叶车前牧草 *Plantago lanceolata* 的生境中的蝴蝶也会表现出摄食偏爱，发生食性方面的进化。

海湾鳉鱼 *Fundulus grandis* 是墨西哥湾一种海岸附近的常见鱼类，在墨西哥湾北部的分布更多。1960 年以来随着墨西哥工业的发展对墨西哥湾产生了很大的工业污染，尤其是芳香化合物污染导致海湾鳉鱼的种群曾经一度下降，在污染区很多种群已经消失。最近发现海湾鳉鱼已经扩大分布范围，甚至在重污染区同样有分布。根据采集样品的实验测定，海湾鳉鱼的抗性水平已经产生很大的分化，重污染区的墨西哥湾鱼是高抗的种群，而无污染区的是敏感种群。全基因组测序分析表明高抗水平的海湾鳉鱼带有大西洋鳉鱼 *F. heteroclitus* 的基因，推测至少有 2 个基因位点是通过基因渐渗从大西洋鳉鱼向海湾鳉鱼转移，这一过程大概发生在 18～34 代之前。基因渐渗改变了原物种的基因组成，使其迅速获得了新的功能基因来应对环境变化，这种通过基因渐渗实现快速进化的过程是生物演化的重要模式，能够为加速生物进化提供动力来源（图 5-16）。

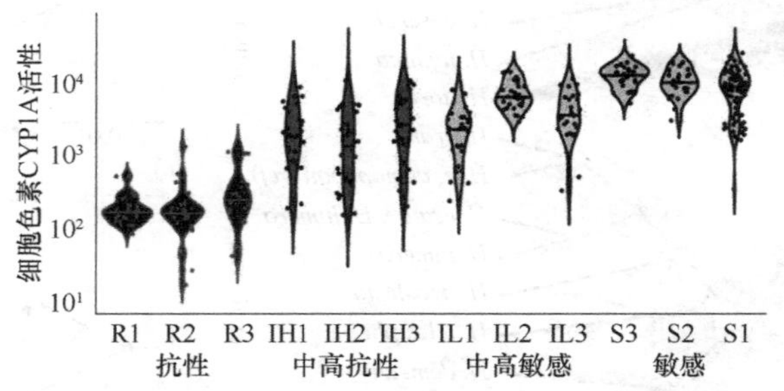

图 5-16 芳香化合物污染诱导的不同种群和个体的海湾鳉鱼 *Fundulus grandis* 抗性水平变化（仿 Oziolor et al., 2019）

R1～R3．抗性种群；IH1～IH3．中高抗性种群；IL1～IL3．中高敏感种群；S1～S3．敏感种群

基因渐渗会导致入侵种和土著种基因组的快速改变，增加入侵种的遗传变异，导致土著种遗传结构的改变，也会引起一系列间接进化的发生。例如，有研究表明美国东海岸的一种网茅属植物在被交通工具带到新的生境后会和当地的网茅属植物杂交，产生不育杂交品系，之后经染色体加倍产生一种新的可育的具有极强进攻性的网茅属植物，也就是我们说的杂交会产生新物种，引起进化。

基因渐渗引起入侵种和土著种遗传结构的改变，引起直接进化之外的间接进化，这可能是某些生物学特性细微调整，也可能是巨大的改变，当然也可能是产生新的物种。无论是直接进化还是间接进化，这些进化相对于生物的自然进化是迅速的，会有利于入侵种快速适应新的环境，也会让土著种产生相应的适应入侵种的响应。当然，对于土著种来说，入侵种打破了原有的生态平衡，除了会使土著种也进化出适应的形态、食性、行为等的新表现，土著种还可能进化出更有利的“武器”来阻挡“侵略者”的攻击和威胁，但是我们现在更多关注到负面的影响。快速进化也使得新物种的出现成为更大的可能，是产生新物种的源泉。

（三）基因渐渗的其他影响

雪兔 *Lepus americanus* 是北美非常著名的种类，雪兔具有两种体色，夏季会换褐色的毛，便于在草丛中躲避，冬天换白色的毛。雪兔在冬天也有一部分呈现褐色，尤其是在降雪较少的年份和没有雪覆盖的地区。全基因组测序后发现 *agouti* 是控制雪兔体色的关键基因，而 *agouti* 基因与黑尾北美野兔 *L. californicus* 的基因高度相似，黑尾北美野兔通过杂交进行基因渐渗，使雪兔获得了新的性状。这种新的基因带来的冬天褐色性状能够更好地适应冬天的环境，在循环变化的环境中获得新的伪装技能（图 5-17）。

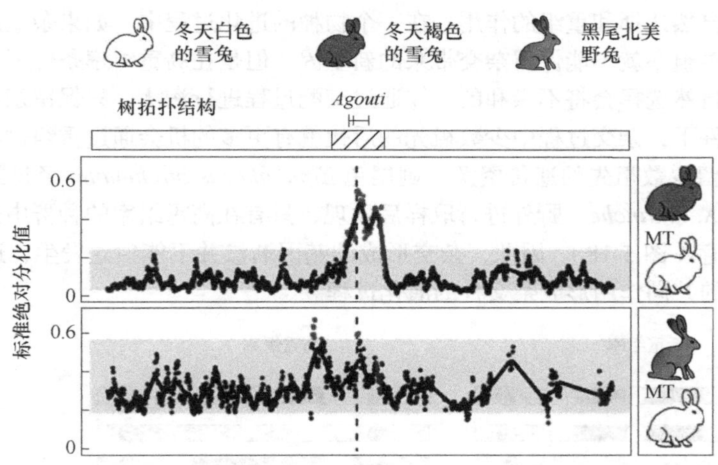

图 5-17　雪兔 *Lepus americanus* 的体色变化与基因渐渗（仿 Jones et al.，2018）MT. 蒙大拿

基因渐渗直接影响入侵种和土著种的遗传多样性，并且带来了巨大的间接影响。对于一个生态系统，土著种是在自然选择和与环境的相互适应下留下的经过自然选择的物种，这些物种对于地区资源、景观独特性及生态系统稳定性都具有重要的意义。基因渐渗直接导致土著种基因组成的改变，降低土著种的适应性，增加死亡率，最终造成生态系统中的土著种灭绝。生态系统中物种与其他物种都是通过营养关系联系在一起的，一个物种的灭绝会引发一系列的级联效应，造成其他物种的数量改变甚至减少。此外，各种方式的基因渗入，还会对土著种造成基因污染，导致局部野生和原始种群消失，遗传材料和资源减少，损害一个生境的基因资源，这对物种的潜在保留价值和遗传资源造成了重大经济损失。同时，入侵种还会占据新生境，导致当地生境破碎化，分割、包围、渗透处在竞争劣势的残存的土著种，导致生境进一步破碎化，造成土著种的遗传漂变和近亲繁殖，对土著种造成基因侵蚀。基因渐渗的这些负面影响都会在生物入侵的过程中逐步体现，直接作用是瞬时快速的，间接作用是缓慢长期的，还需要大量的研究来发现这种基因渐渗的长期负面效应。

（四）基因渐渗和生物入侵

入侵种能在短时间内迅速做出适应性的进化反应，和其本身的遗传结构是密不可分的，而无论是新生境的生态环境还是原有的土著种，都会因入侵种的进入而重新获得一种平衡或者失去平衡，基因渐渗会在根本上使得原有的生境和物种遗传结构发生改变。这对于生物入侵来讲，在入侵种的入侵性、生境的可入侵性及土著种维持环境的稳定性方面都会发生改变，影响到入侵。基因渐渗还会带来快速进化，这种进化相对于自然界的自然进化是快速的，相对于生物入侵是缓慢的，这也让我们思考，一个物种的可入侵性与其遗传结构的关系，提醒我们关注生物入侵和生物进化的联系，从而进一步思考入侵种的入侵机制。此外，生物入侵过程中的基因渐渗直接或间接导致的生态环境和遗传资源的影响及损失也在提醒我们，要关注入侵种的遗传结构，以便更准确地掌握入侵种的遗传特性，更精确地去界定入侵种，进一步阐明入侵机制，控制生物入侵；也要关注生物入侵对土著种遗传结构的影响，降低生物入侵在遗传多样性方面带来的各种直接或者间接损失，保护土著生境的多样性和稳定性。

自然选择、重组与杂交能够产生非常复杂的互作过程，往往杂交并不能产生直接的生态学效应，需要通过自然选择和重组的作用。在一个物种的进化过程中，如果杂交产生，在杂交不亲和的情况下低重组率就不能保留杂交带来的新基因，但是在高重组率条件下杂交产生的新基因就会被保留。自然选择会将不亲和的个体通过交配过程进行淘汰，只保留亲和的个体，但是在高重组率的条件下，杂交过程中少数祖先的后代就有更多的机会通过重组过程与不亲和的基因分离，从而保留少数祖先的遗传资源。剑尾鱼 *Xiphophorus birchmanni* 经过野外的自然杂交后产生了杂交种 *X. malinche*，野外进行取样后发现，只有在高重组率的种群中杂交种的少数祖先性状才得以保存（图 5-18）。因此，杂交形成的基因渐渗并不能独立发生，还需要通过基因重组和自然选择的共同作用形成杂交种的演化过程。

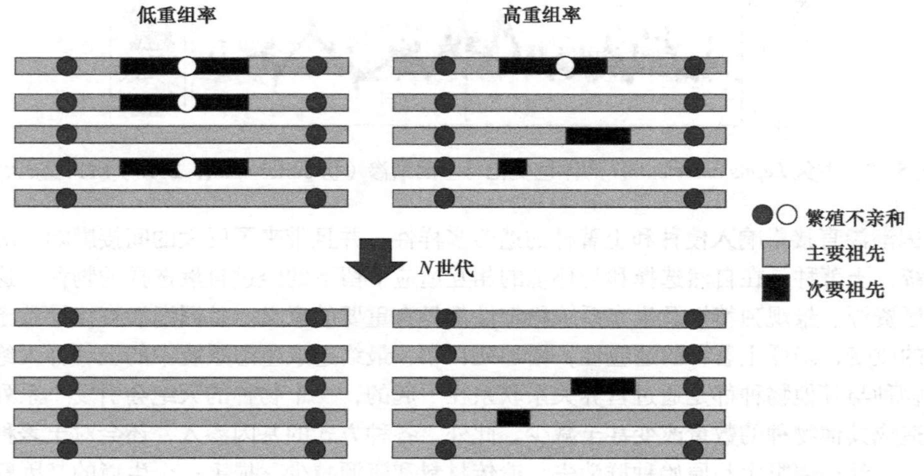

图 5-18　不同重组率下物种杂交的进化特征（仿 Schumer et al.，2018）

例如，剑尾鱼经过杂交后能够产生新的表型，杂交后的品种具有更强的入侵性，在单位时间内能够入侵占据更大的空间，这种入侵性还带来了表型上的变化，杂交后代的尾鳍上有大块的黑斑。这种基因渐渗能够带来巨大的入侵潜力变化，对剑尾鱼的入侵有巨大的促进作用（图 5-19）。

三、杂交的生态效应

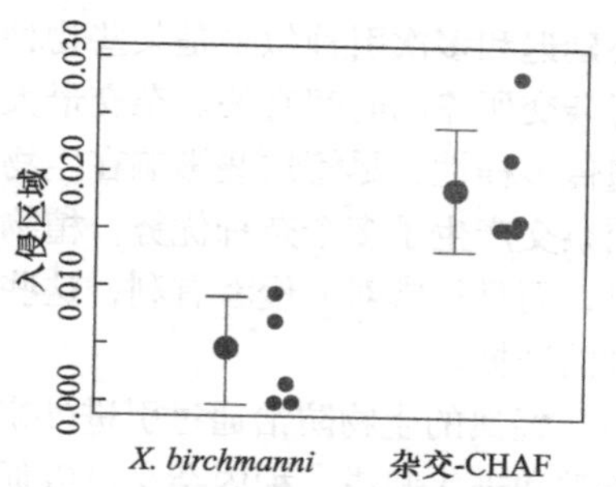

图 5-19　剑尾鱼 *X. birchmanni* 纯种与杂交种的入侵范围（仿 Powell et al.，2020）

入侵种的最终目的是更好地适应环境，环境的适应性往往是基因、生理及生态的综合表现，基因的改变是入侵种适应新环境的第一步。种内杂交形成的遗传多样性增加能够形成新的特征，促进引进种群的建立和入侵扩散，即杂种优势。种内杂交优势几乎是生物界的一种普遍现象，在植物界中，杂交是受青睐和有利的，而自交是被回避和有害的，因此植物的杂交被广泛应用在育种领域。在动物界，无论是昆虫还是哺乳动物都普遍具有杂交优势，杂交优势能够显著提高昆虫的适合度。甚至很多病原菌都会具有杂交优势，不同来源的病原菌杂交都会表现强的致病力。另外，种间杂交则更为普遍，种间杂交在植物、动物及微生物类群中都有发现。对于外来种来说，在传入的过程中难免发生种间杂交或种内杂交，那么传入或定殖在某地的外来生物有很大的可能就是一个杂交种，即传入和定殖的外来生物也普遍具有杂交优势，也就是传入的外来种较土著种在繁殖力、生活力或体形等表型或基因等方面更优化。随着物种在全球范围内的迁移频率越来越高，入侵杂种将继续被引入新的区域，新的种间交配机会无疑将导致新的杂交类群的形成。外来种在经过杂交后可能促进其入侵与定殖，因此人们提出种间杂交促进入侵的杂交入侵假说。

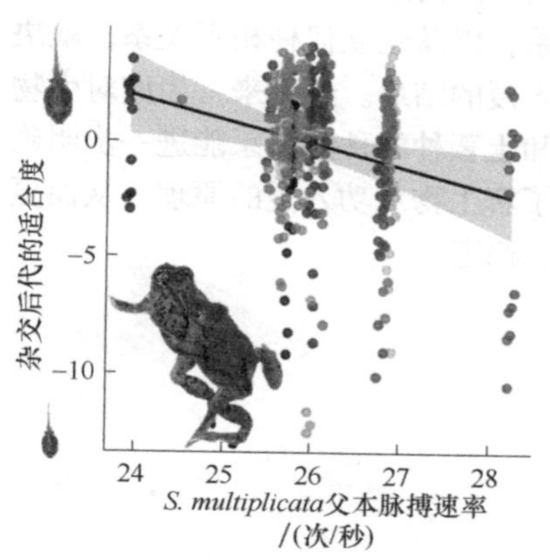

图 5-20　雌性平原锄足蟾 *Spea bombifrons* 选择雄性墨西哥锄足蟾 *Spea multiplicata* 的适应性杂交（仿 Chen and Pfennig，2020）

平原锄足蟾 *Spea bombifrons* 在交配过程中能够适应性地选择墨西哥锄足蟾 *Spea multiplicata* 的雄性进行杂交来提高适合度，并且墨西哥锄足蟾父本的脉搏速率能够对后代的适合度进行预测，脉搏越慢的父本产生的后代适合度越高。通过适合度选择的强化机制，平原锄足蟾雌性能够偏向选择脉搏较慢的墨西哥锄足蟾进行交配，这种非随机的交配能够引起两个物种间明显的基因流动和渗透，形成适合度的提高。因此，杂交和基因渐渗并不是偶然出现这么简单，有时是定向增加后代适合度的持续性基因流（图 5-20）。

入侵种的杂交能够明显增强入侵性，杂交种群相对于亲代类群能够产生新表型，增加在新地区存活和定殖的可能性。杂交种群的新表型主要是超亲本表型，即杂交种群性状值的范围会显著超过亲本，以及亲本性状的新组合。杂交种群相对于亲代类群可以导致表型和遗传变异的增强，这可能有助于杂交种群更好地应对环境随机性，并增加其进化潜力。杂种优势是遗传变异增加的一个特例，杂种由于杂合度的增加而获得性能的提高。当杂交伴随着稳定其世系的杂种优势生物机制时，产生的杂种可能会有更大的入侵力。如果亲本类群是相对孤立的，并且是小种群，杂交可能导致遗传负荷的清除，由此产生的适合度提升可能会增加入侵力。物种间或不同源种群间的杂交可以作为入侵性进化的刺激因素，大量的入侵种在定殖后产生种间或种内杂交。并且，具有杂交历史的后代可能享有一个或多个相对于其祖先的潜在遗传优势。入侵优势延迟和多次引种似乎是某些物种入侵进化的先决条件，这可能与入侵种的相对隔离环境和进行杂交所需的时间有关。杂交最大的好处是集成了原产地的多个地理种群的遗传物质，提高了遗传多样性，尽管这些影响在生物入侵中难以量化。入侵植物矢车菊的原产地种群杂交实验表明杂交产生了多个杂种优势，植物杂交引种具有广泛的遗传变异。虽然杂交在物种引进中很常见，而且经常对入侵者有利，这些条件可能受到遗传相互作用的限制，这解释了杂交对入侵有利的证据。

经典的生物防治通过引进外来种来控制害虫，这提供了一个应用框架来检验生物入侵的生态学和进化假说。种内杂交可以促进入侵，因为杂交表现出比亲本更高的表型特征和变异。寄生蜂 *Psyttalia lounsburyi* 是引进防治橄榄实蝇 *Daeus oleae* 的生物防治因子，实验室条件下来自南非和肯尼亚的 2 个寄生蜂种群在生活史对策上存在显著差异。南非种群雌性比肯尼亚种群雌性繁殖能力更强，而雄性的繁殖能力则相反。不同发育温度对生殖力的影响在不同的基因型中表现出明显的不同，然而，种内杂交没有杂种优势，也没有杂种衰退。因此，杂交的性别特异性效应和基因型 - 环境互作效应干扰了种内杂交对适合度的预测。

生物入侵已经导致全球生物多样性的丧失和全球生态系统的破坏，带来了很多负面影响。作为生态系统的一个种群，入侵种的特殊之处就在于其对于一个稳定的生态系统来讲是外来的，没有经历过和原生境中的其他生物的协同进化和相互作用，因而这样的外来种如何融入一个新的生态系统，如何与新的生态系统中的原有物种建立关系，以及建立何种相互关系，就决定了其能否在这个新的环境中长久繁衍下去，也就决定了其入侵的结局。近年来，为应对生物入侵，我们已经付出巨大的人力、物力、财力，研究入侵种和土著种的种间关系能进一步明确入侵种的入侵机制，阐明生物入侵机制将有利于我们更好地了解生物成功入侵的原理，从而更好地进行预测、防控、防治和管理，以保持生态系统的健康、稳定。

思 考 题

1. 物种间的相互作用关系都包括哪些不同的类型？
2. 种间关系都会受哪些因素的影响？
3. 微生物群落在植物化感作用中发挥着何种作用？
4. 竞争关系都包括哪几种不同的类型？
5. 偏害作用、偏利作用和互利共生关系的相同点和不同点是什么？
6. 基因渐渗能够带来哪些生态效应？

「第四篇 入侵种的扩散与暴发」

第六章 入侵种与生态系统

【关键词】

可入侵性（invasibility）或脆弱性（vulnerability）
生态系统入侵抗性（ecosystem resistance）
生态反馈（ecological feedback）
生态互作（ecological interaction）
正反馈（positive feedback）
负反馈（negative feedback）
优势种（dominant species）
关键种（key species）
多度（abundance）
生态系统（ecosystem）

第一节 生 态 系 统

生态系统是一定时空范围中生物群落和周围环境的总和，生态系统既包括环境中的有机生命体，也包括无机环境（土壤、空气、水分等）。因此生态系统就是生物群落和环境的统称，生态系统主要研究系统中和系统间的物质流动和能量流动，这是生态系统的两个功能。生态系统研究与许多应用型问题相关，已经成为现代生态学的重要组成部分。

一、生态系统组成

生态系统的重要研究内容是生物群落与环境之间的物种流动、能量流动、物质循环和信息传递形成的相互联系、相互制约并具有自我调节能力的统一整体。生态系统的范围可大可小，任何一个生物群落与周围的环境都可以称为一个生态系统。例如，一个湖泊、一片麦田、一块草地、一座城市等，这些都可以看作一个生态系统，甚至目前的生态酒店、室内种植一种或几种植物可以认为是一种生态系统（图 6-1）。生物圈是最大的生态系统，也是全球生态系统，包括地球上的一切生物及其生存条件。生态系统也可以分为自然生态系统（原始森林、海洋、荒漠）、半自然生态系统（人工草地、湖泊、农田）和人工生态系统（城市、工厂、酒店）三种不同的类型。不同生态系统类型具有多样性，结构和存在模式完全不同，自然生态系统中的物种多样性较高，人工生态系统中物种多样性较低。

生态系统的定义有 4 个方面的基本含义：第一，生态系统是客观存在的实体，是一定范围内的功能单元；第二，生态系统以生物为基础，由生物和非生物共同组成；第三，生态系统的生物要素和非生物要素是有机结合的，具有整体性；第四，生态系统是人类生存和发展的载体，也是人类生存的基础。在生态系统中，非生物环境为生物的生存提供了空间和环境，生物根据在生态系统中的作用和地位可划分为生产者、消费者和分解者。因此，生态系统都是由 4 个基本部分构成，即生产者、消费者、分解者和非生物成分。

1. 生产者　生产者是指所有的绿色植物和能够进行光合作用的生物，也就是自养生物，

扫码见彩图

图 6-1 生态系统的不同类型

自养生物能够利用外界的能量，主要是太阳能，把从周围环境中摄取的无机物转化为有机物，并且把能量储存起来，供给自己需要，也同时为其他生物提供营养。绿色植物除了能够固定二氧化碳进行光合作用外，还能够通过缩小温差，增加土壤肥力等多种方式改变环境，并有力地促进物质循环。在某种程度上，植物群落决定了该生态系统的生物物种和类群。植物类群多种多样，形态差异显著，对光照的同化过程也存在多种不同的形式。

2. 消费者　消费者是指不能利用无机物合成有机物、直接或间接以生产者为食的各种生物，包括植食性动物和肉食性动物。植食性动物也称为食草动物，以植物为食物，属于生态系统中的初级消费者，很多大型的牲畜都是初级消费者，如牛、羊、马等。在自然条件下还有很多啮齿类动物和植食性昆虫也都是初级消费者。肉食性动物主要以植食性动物或者其他动物为食，是次级消费者或者更高级的消费者，如老虎、狮子、豹等。初级消费者和次级消费者通过食物营养关系组成了复杂的食物网（图 6-2），这种取食关系也会随着物种的不同组成和时间的演替产生变化，物种的捕食习性和特征随之也发生明显转变。

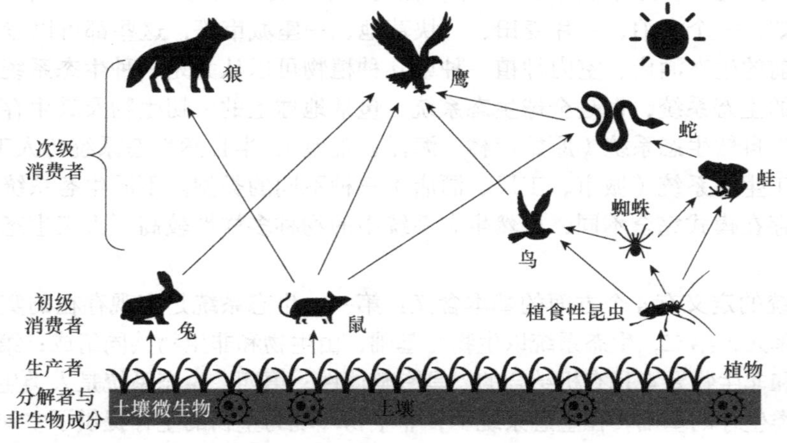

图 6-2 生态系统中的营养级组成简要示意图

3. 分解者　分解者与消费者一样，都属于异养生物，主要包括细菌、真菌、放线菌、原生动物和一些小型无脊椎动物。分解者主要靠分解有机化合物为生，从生态系统中死亡的有机体和废物中获取能量，把动植物等复杂的有机残体分解为简单的化合物，并释放到生态系统中，供给植物再次利用，分解者也称为还原者。

4. *非生物成分* 生态系统中的非生物成分非常复杂，包括光、温度、降水、土壤、空气等，土壤中的很多无机盐和代谢原材料也都属于非生物成分，这些非生物成分中的一部分构成了无机环境，一部分作为代谢原料被植物所吸收。生态系统中，生产者往往起到主导作用，生产者能够固定太阳能，将能量引入生态系统中，通过生态系统中的营养关系形成食物网，由食物网构成物质流动和能量循环的整体。

二、生态系统的功能

1. *物种流动* 物种流动是物种在时空范围内的流动，物种流动往往是以个体为单位，流动的过程形成了种群的动态变化和群落结构的演替。物种流动对生态系统有重要的影响，生态系统中物种的增加或者去除，能够造成群落结构的改变，从而导致其他物种数量的剧烈变化。群落结构的变换能够改变生态系统的物质循环和能量流动，甚至改变整个生态系统的结构和功能。物种流动的方式很多，有的小型物种能够直接借助水、风、动物等向周围环境扩散，动物主要靠自身的迁移能力扩散和移动，如昆虫的迁飞和鸟类的迁徙等。

物种流动也会造成生物入侵，生物入侵是物种出现在原分布范围以外的地区并产生危害的现象。物种流动带来的群落结构改变和生态系统功能下降已经成为制约生态系统可持续性的重要因素，物种流动降低了地域性动植物区系的独立性，打破了全球生物多样性的地理隔离，并影响全球的生态系统结构和功能。

2. *能量流动* 能量流动是指能量在生态系统中不断传递和转换的过程。在食物网中形成由低营养级物种向高营养级物种的单向能量流动。生产者主要通过固定太阳能，将无机物合成有机物，生态系统的能量流动是从生产者的体内分配和消耗开始的。生产者能量的一部分用于自身的生命活动，另一部分形成净初级生产力。净初级生产力主要向三个方面转移：一部分被植食性动物取食；一部分形成凋落物，成为穴居动物、土壤动物和微生物的食物；一部分存在于植物体内，作为植物本身的生物量。

消费者同样也存在着能量流动，食草动物取食植物后，一部分能量被消化吸收用于维持动物自身的生命活动，剩余的残渣被排出体外，成为微生物的食物。消费者的低营养级物种被高营养级物种取食后，同样形成类似的能量流动过程。生态系统能量流动过程中不同营养级能量的比值，称为传递效率。根据林德曼定律，一个营养级的能量转化为上一个营养级的能量大概是 10%，又称为 1/10 定律。

3. *物质循环* 整个生态系统是由物质组成的，物质由所有的化学元素组成。不同的化学元素在生态系统中传递，在不同的营养级连接，形成了物质流动。生态系统中，物质既是能量储存的载体，也是维持生命的基础，物质循环和能量流动是相互耦合不可分离的。能量流动是单向的，物质循环是多向的。各种有机物经过分解后，还可以被重新吸收，返回食物链。

利用稳定性同位素可以对食物来源和物质循环进行分析。例如，捕食性物种的食性会发生转变，在不同生活史阶段会根据生存需要进行取食偏好的转变。曾经有学者对奇异岛上的重要捕食性动物黑鼠的食物进行稳定同位素测定，能够很好地获知黑鼠的食物组成和变化。同样，猎物的稳定性同位素特征会包围捕食性动物的稳定同位素特征，因此黑鼠的同位素特征位于其中心。11 月［图 6-3（a）］至翌年 2 月［图 6-3（b）］，海鸟和海龟具有相似的同位素值，在这两个时期之间，黑鼠的同位素特征值仅产生很小的变化（图 6-3）。

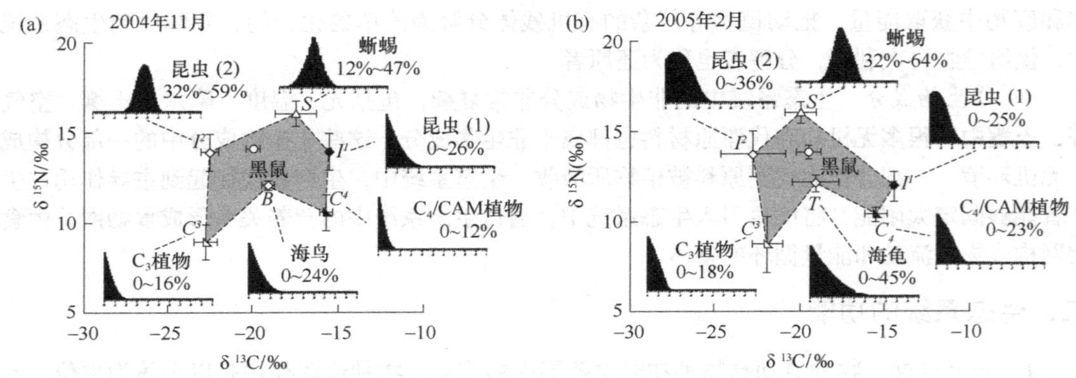

图 6-3 奇异岛上黑鼠的主要猎物类型的 δ 13C 和 δ 15N 特征值（仿 Caut et al.，2008）

昆虫（1）是直翅目昆虫；昆虫（2）是鞘翅目和鳞翅目昆虫

三、生态系统的平衡

生态系统的平衡也就是稳定性，是指生态系统的抗干扰能力及受到干扰后恢复到原来状态的能力，一般分为抵抗力和恢复力。生态系统也是一种控制系统或反馈系统，当生态系统中的某一部分发生变化时，也会引起其他成分产生一系列的变化。生态系统具备自我调节能力和维持自身稳定的能力。但是生态系统的自我调节能力是有限的，当外界环境的改变高过生态系统的自我调节能力时，就会造成生态失衡。生物入侵是造成生态失衡的重要因素，生物入侵主要通过竞争、捕食或者寄生三个方面改变生态系统结构从而导致生态失衡。入侵种涵盖多个类群，包括植物、动物、微生物，涉及生产者、消费者和分解者（图 6-4）。不同的入侵种类群对生态系统的影响明显不同，因为不同的入侵种在侵入生态系统中食物网的位置不同，对食物网物质循环和能量流动的影响也不同。捕食性的入侵种能够对初级消费者捕食，改变初级消费者的物种组成，从而产生明显的植物群落结构演变。另外，入侵微生物能够跨营养级感染土著物种，甚至会影响土著群落中物种的相互关系，进而影响营养群落的能量流动和物质循环。

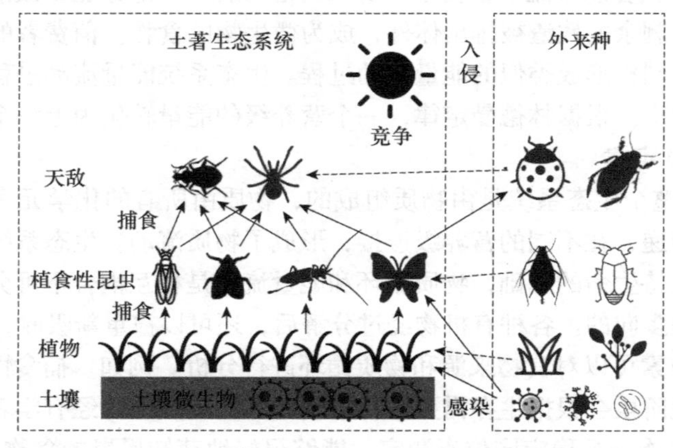

图 6-4 外来种通过生物互作入侵土著生态系统

1. *生产者的入侵种* 植物是入侵种中最常见的类群之一，入侵植物通常生长迅速，种子量大，能在较短的时间内占据更多的时空位置，并且拥有较高的个体数量。作为生产者的入侵种，对生态系统的影响主要有两个途径：第一，入侵植物通过与同营养级的土著植物竞争，吸取更多营养，或通过化感作用抑制土著植物生长，最终形成入侵植物的优势，改变植物群落的土壤营养利用形式，甚至改变土壤结构，影响生态系统初级生产者的组成；第二，入侵植物改变消费者的组成和丰度，很多植食性昆虫与寄主形成了长期的协同进化关系，尤其是寡食性昆虫，入侵植物和土著植物的组成变化极大地改变了高营养级物种组成，从而形成级联效应。植物入侵对生态系统的影响通常是比较明显的，如水葫芦的疯长、紫茎泽兰的迅速蔓延，使得整个植物群落结构发生显著的变化。

2. *消费者的入侵种*　动物也是入侵种的重要组成类群，动物一般以低营养级的物种或者植物为食，入侵消费者通常具有生长迅速、竞争力强、抗逆性强等特点。作为消费者的入侵种属于食物网的中间物种，对生态系统的影响与入侵植物不同。植食性的入侵者一般具有寄主的偏好性，倾向于先取食适口性好的寄主植物，这种取食偏好能够明显改变植物的组成，有些入侵种还携带植物病毒，在取食植物的过程中传播植物病毒，对寄主产生不利的影响，甚至造成寄主植物的减少和丧失。例如，入侵的烟粉虱 *Bemisia tabaci* 不仅能够取食植物汁液，还能够传播植物双生病毒，对生态系统造成巨大的影响。高营养级的消费者也可以通过食物网改变群落组成，如异色瓢虫入侵后，通过集团内捕食，造成欧洲土著瓢虫多样性的丧失和丰度的降低，改变了欧洲土著的天敌群落，对许多害虫的控制能力都有损害。

3. *分解者的入侵种*　分解者是生态系统中较为中性的物种，其功能主要是降解植物凋落物或者分解动物尸体，这种分解过程都是将有机物转化为无机物的过程。蚯蚓是一种非常好的分解者，对于增强土壤肥力具有重要的作用，但蚯蚓的随意引入也会造成生态入侵。北美洲北部地区的原生蚯蚓在 1 万年前的冰川期就已经完全消失，近年来欧洲南部的一些蚯蚓入侵美洲北部地区。这些蚯蚓是冰川期的幸存者，入侵北美洲之后，正在以加速扩散的方式入侵北部森林地区，蚯蚓进食时会把储存在森林里的大部分碳释放到空气中，这种取食过程加速了全球气候变化。蚯蚓的引进也会造成土著蚯蚓的消失，这对于土著生物多样性同样是不利的影响。

第二节　入侵种的入侵力和扩散

入侵种的入侵力体现在很多方面，包括物种的形态学特征和生理学特征。除此之外，在生态学过程中，入侵力主要体现在三个重要的方面：第一，新入侵的物种在生态系统中维持较高的生殖水平，包括生殖方式转变、繁殖量增加、繁殖时间延长、生殖系统早熟、孵化率提高及能量分配偏向于生殖等；第二，入侵种较快的生长发育速率有助于其占据更多的环境资源，生长发育主要包括生长速度、体型、存活率、寿命及密度制约性；第三，入侵种具有很强的空间扩散能力，能够在资源有限或者资源分布不均衡的生态系统中迅速获取资源，扩散包括迁飞性、空间占有率、飞行速度与时间、分布范围等（图 6-5）。因此，入侵力是入侵种在生态系统中的综合表现，是入

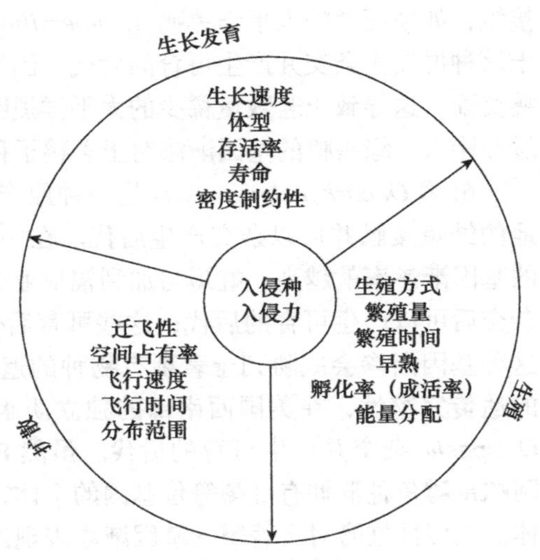

图 6-5　外来种对生态系统的入侵力表现

侵种定殖、扩散及暴发的重要指标，也是衡量入侵种入侵力的关键参数。

一、竞争力

竞争力是指某生物种群内的个体经过一定时限后的生存概率。竞争力被广泛应用于入侵生态学中，用于研究分析某一种类的种群动态，即时空变化的物种种群。人口统计学的生命表技术提供了重要的死亡率模型，通过研究外来种的存活、死亡、寿命和衰老等方面来揭示竞争力问题。

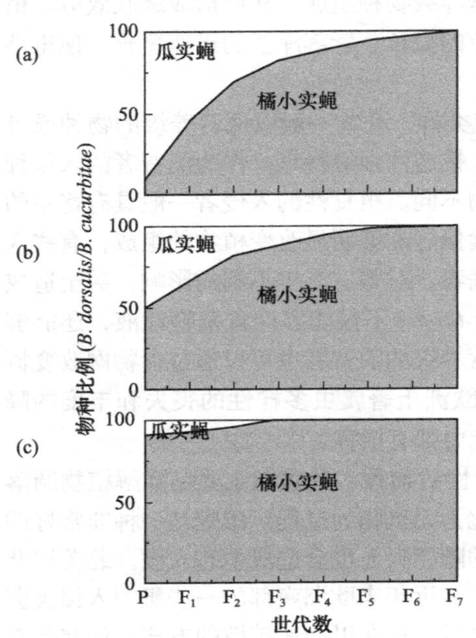

图 6-6 橘小实蝇 *Bactrocera dorsalis* 和瓜实蝇 *B. cucurbitae* 的种间竞争过程

（a）橘小实蝇：瓜实蝇起始比例＝ 10：90；（b）橘小实蝇：瓜实蝇起始比例＝ 50：50；（c）橘小实蝇：瓜实蝇起始比例＝ 90：10

竞争力是衡量入侵种存活能力的重要指标，竞争力是一个物种从环境中获取资源的能力，入侵种要在新的生态系统中定殖，必须通过强大的竞争力来获取资源。入侵种之间的竞争力也不同，橘小实蝇和瓜实蝇混合饲养后总是橘小实蝇种群替代瓜实蝇，无论起始比例如何，经过 5～7 个世代后，瓜实蝇就会消失，成为橘小实蝇的单一种群（图 6-6）。

入侵种的遗传影响通常是通过杂交或基因渐渗的方式对土著物种基因库造成的。基因渐渗是物种之间的基因流动，通过杂交产生的下一代可能不育。如果后代不育，那么这种情况会浪费土著种的繁殖配子并减少土著物种的繁殖量。如果后代是可育的，那么它们可能与土著亲本物种竞争并减少其存活或繁殖率。可育杂交种也可以回交导致基因渐渗。绿头鸭 *Anas platyrhynchos* 作为传统食物被人类有目的地运输到世界上许多地区，在这些绿头鸭的入侵区域，绿头鸭会与当地的同属鸭子种群发生接触，如新西兰的太平洋黑鸭 *A. superciliosa* 和夏威夷鸭 *A. wyvilliana*，引入的绿头鸭会与这些土著种群发生杂交并产生可育的后代。因为绿头鸭的数量众多，这些杂交后代更有可能与绿头鸭交配，这导致土著数量稀少的太平洋黑鸭或者夏威夷鸭种群繁殖数量的下降和绿头鸭基因的缓慢渗入，绿头鸭的基因渐渗对土著鸭子种群长期存在造成了破坏性影响。

虹鳟 *Oncorhynchus mykiss* 是一种原产于北美洲的鲑鱼，人为地引入世界各地之后，与当地的鲑鱼接触并可以杂交产生后代。在一个地区释放的虹鳟数量越多，外来虹鳟对本土鲑鱼的基因渐渗率就越高。虹鳟与加利福尼亚金鳟 *O. mykiss aguabonita* 和切喉鳟 *O. clarki seleniris* 杂交后可以产生可育的后代，这些可育后代与亲本种群继续交配后，导致大量虹鳟基因渐渗，这种基因渐渗会威胁到土著稀有物种的遗传完整性。同时这种基因渐渗并不会影响到入侵种的遗传完整性，在美国西南部的独立淡水水域中，虹鳟与阿帕奇鳟鱼 *O. apache* 和吉拉鳟鱼 *O. apache* 杂交并产生可育的后代。虽然 F_1 代会优先与虹鳟发生交配，但研究表明 65% 现存阿帕奇鳟鱼种群拥有虹鳟等位基因的个体，然而并没有发现带有阿帕奇鳟鱼等位基因的虹鳟个体。入侵性虹鳟对土著鳟的基因渐渗表现出明显的数量特征，随着入侵性虹鳟的数量增加，不被基因渐渗的概率逐步降低，甚至趋近于零，同样＜10% 的基因渐渗概率表现出先增加后降低的单峰曲线，而＞10% 的基因渐渗概率则呈现出不断增加的趋势（图 6-7）。很多其他的鱼类也是通过基因渐渗进行物种取代，非土著的溪红点鲑 *Salvelinus fontinalis* 种群正是通过杂交过程逐渐取代北美西北部的土著公牛斑鲑种群 *S. confluentus*。

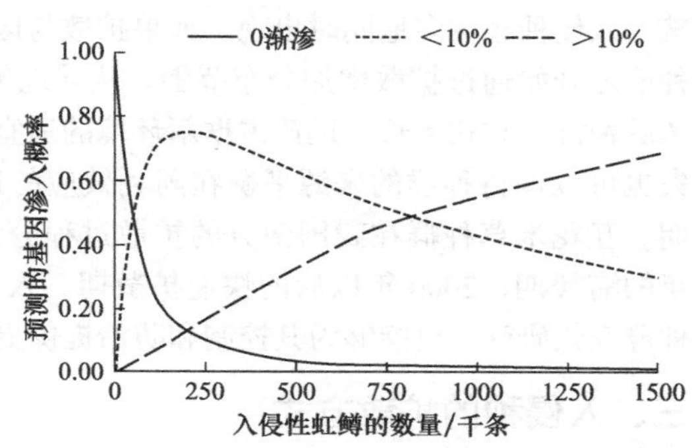

图 6-7　入侵性虹鳟的基因渐渗概率

F_1 杂交后代可能还可以比亲本种群更具有优势，其中一个最著名的例子就是入侵的互花米草 *Spartina alterniflora* 和当地的加利福尼亚米草 *S. foliosa* 之间的杂交。互花米草原产于北美东部沿海地区，几十年来一直用于盐沼填海和防治海岸侵蚀。由于这种应用的成功，互花米草在 20 世纪 70 年代被人为引入旧金山湾的盐沼中。这使得互花米草与土著同属植物加利福尼亚米草发生接触，很快就发现两种同属植物可以杂交并产生可育的杂交后代。由于入侵性互花米草的雄性繁殖产量比其土著同属植物高出 28 倍，因此造成了大量互花米草的基因渐渗，从而威胁到土著群落。更为严重的是，这种杂交形成了“超级杂交种”，其生长速度和繁殖活力都高于任何亲本物种。并且杂交种具有更高的耐盐碱能力，这使得它们拥有了更广泛的潜在生态位。互花米草和加利福尼亚米草的杂种在旧金山湾的浅滩快速定殖，然后从这些定殖集中区域向其他区域开始扩散。有研究表明，这些杂交种群，特别是形成定殖区域的种群，已经进化出自花授粉的能力。随着入侵植物的扩散，露天盐沼的消失对这些海滩地区的物理动力学产生影响，破坏了当地其余的食物网。除种间杂交之外，入侵种种内杂交也可以提高子代的入侵能力。研究表明，在入侵地不同种群之间的杂交可以提高外来植物子代的适应性，促进其入侵；尽管与一代相比，二代子代会出现杂交优势衰退，但是这种优势仍然会部分持续到二代。这种短暂的杂交优势可以避免外来入侵植物侵占新生境初期由于种群统计随机性而导致的灭绝风险。

二、入侵空间扩散

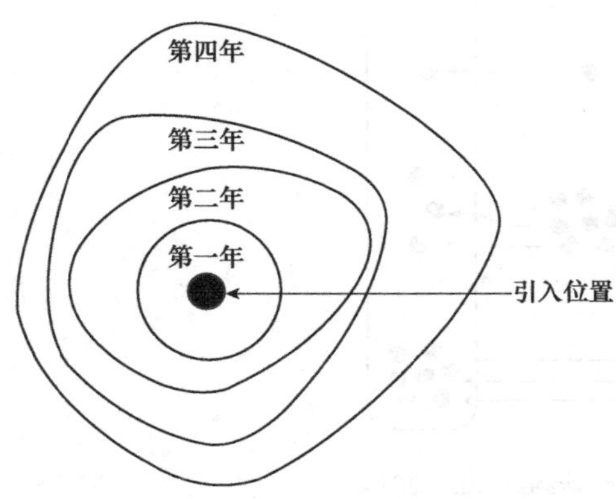

图 6-8　入侵种的空间扩散过程示意图
中心圆代表最初引入位置，随着时间的变化物种范围呈现扩张

生物入侵是指生物物种经过人为或自然的途径从原来栖息地入侵到另外的生存环境，从而对入侵地生态系统造成危害的过程。而地理扩散是生物入侵过程中最明显的一步，入侵种突然出现在新的地区，在非土著范围内建立新的种群，和其他土著种产生互作。理解入侵种地理扩散最简单的方式是将最初引进的位置作为一个起点，从起点开始向周围做不同步的扩散，不同方向的扩散速度存在明显的差异，每个范围代表入侵种在有限时间内成功入侵的地区分布。随着时间变大，入侵种慢慢分布在所有的适宜生境（图 6-8）。

入侵种地理扩张早期阶段的监测工作非常困难，当一个入侵种群建立时，首先通过繁殖积累个体。积累了一定的种群数量后，监测阈值被突破，入侵种会在多地同时出现。如果扩散与区域内的密度相关，只有在达到特定密度时，初始种群才开始通过扩散增加分布范围。从异地传入到发展为入侵种要经过一个相当长的滞后期，然后种群指数式增长，迅速占据新环境的适宜生长区并带来危害。在种群扩散初期对种群的流失也可以保持种群的来源平衡在阿利效应的边缘，这将延长初始建立和显著传播之间的滞后期。互花米草种群在我国南方的扩散过程分为 3 个阶段：1997 年的成活定居期、1998～2000 年的滞缓期、2000 年以后的快速扩散期。入侵种扩散过程各阶段定量化，能够更有效地进行种群变化研究，也能够为其控制和防治提供更科学的依据。

三、入侵种的扩散方式

入侵种的扩散过程非常复杂，扩散方式也非常多样。根据扩散的特征可以分为以下几种扩散模式：①界面扩散。一些个别的外来种通过生境界面向周围新的生态系统扩散。②廊道。由于人为活动建立了两个不同生境的链接，这种链接通常是运河、公路、防护林带等。③跳跃扩散。繁殖体有时能够进行跳跃性扩散，扩散到一些间距较近的生态系统。④超长距离扩散。繁殖体能够借助载体进行远距离的扩散。⑤大量扩散。繁殖体有时能够建立新的迁移路线，实现一个区域向另一个区域的大范围转移。⑥培育。人为活动有意地携带一些繁殖体从一个区域到另一个区域，并且在人为的培育下定殖和繁育（图 6-9）。一般而言，扩散是一种空间特征，主要分为以下几种。

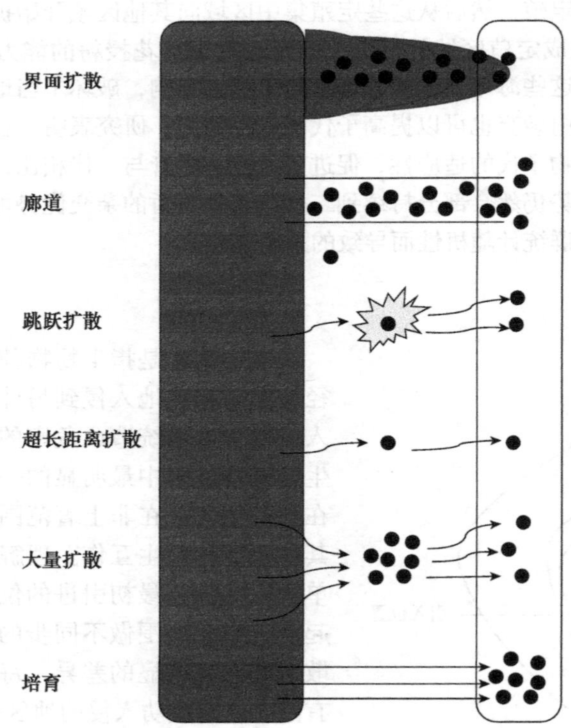

图 6-9 入侵种的扩散方式（仿 Lockwood et al.，2014）

1. 远距离 入侵种能够通过自然载体实现远距离扩散：①通过风力实现远距离扩散。菊科入侵种小飞蓬 *Conyza canadensis* 和钻叶紫菀 *Aster subulatus* 种子非常小，种子的脱落传播速度与风速密切相关，风速能够显著增加种子的扩散距离。悬铃木方翅网蝽 *Corythucha ciliate* 随气流进行远距离扩散，同时还会受到日龄数和温度的影响。②通过河流实现远距离扩散。入侵昆虫红火蚁 *Solenopsis invicta* 的自然扩散主要是生殖蚁飞行或随洪水流动进行远距离扩散；入侵植物空心莲子草 *Alternanthera philoxeroides* 可通过水流冲击进行远距离传播扩散。

通过自然载体进行远距离扩散传播的距离仍是有限的，并且需要载体和自身的生物学特征匹配，自然扩散传播仍会存在天然屏障。人类活动能够打破屏障，携带入侵种扩散到更广阔的区域中。入侵种可以通过人工载体进行远距离扩散：①通过货物进行远距离扩散。入侵昆虫烟粉虱 *B. tabaci* 可以通过其寄主植物及其繁殖材料的调运进行远距离扩散；入侵昆虫红火蚁 *S. invicta* 于 1918～1930 年入侵美国后通过苗木的调运迅速扩散至美国东南部地区。②通过运输工具进行远距离扩散。意大利苍耳 *Xanthium italicum* 原产于北美洲，跨越太平洋来到中国，是通过交通工具被无意引入的。③人为有意引入。互花米草是一种原产于美洲大西洋沿岸的多年生草本植物，我国于 1979 年从美国引入，之后在我国东南沿海暴发，2003 年被列入入侵种名单。20 世纪初，我国引入意大利蜜蜂 *Apis mellifera ligustica* 后，其种群迅速扩散，导致土著种中华蜜蜂 *Apis cerana* 种群数量急剧下降，破坏了土著物种群落结构及其稳定性。

2. 近距离　入侵植物可以通过根系实现近距离传播，加拿大一枝黄花 *Solidago canadensis* 通过侧生根实现近距离的无性繁殖。不同季节新入侵昆虫烟粉虱在入侵地的果树、园林植物和常绿植物之间转移为害，进而进行近距离扩散。入侵种松材线虫 *Bursaphelenchus xylophilus* 在通过传媒昆虫天牛进行扩散的同时还可以通过病材及制品沿铁路、公路线进行近距离扩散。黑荆 *Acacia mearnsii* 和银荆 *A. dealbata* 的繁殖扩散主要是自然扩散的近距离传播，土壤种子库的水平分布在树高的 2 倍以上，幼苗扩散最远距离是树高的 1.5 倍。

3. 定向　反应扩散模型的一个关键假设是：扩散是各向同性的。这意味着理论上扩散在所有方向上以相同的速度和相同的距离发生。这显然不是大多数物种的情况，包括淡水和海洋物种，它们通过水流传播，植物通过风力传播种子。在这些生物体中，风或水流的方向和速度驱动着物种的传播方向、距离和速度。在这种情况下，范围扩张的速度将在风和水流相同的方向上高得多，相反方向上低很多。

海洋生物会有相当高的范围扩张速度，因为海洋生物可以通过洋流传播到很远的地方，海洋物种和陆地物种在分散方式上有明显的差异，海洋生物在幼体发育阶段均通过海平面平流而分散，而所有陆地物种在幼体发育阶段均通过非定向传播而分散。洋流对海洋生物的传播有广泛的影响，因为水流速度不同，有时甚至方向与季节气候和年气候有关。因此在一些年份中，海洋生物是长距离扩散的，其他年份海洋生物不扩散或短距离扩散。随着水流的流动，海洋物种应该被运送到附近所有适宜的栖息地，事实上很多海洋生物入侵者没有随着洋流扩散，而是逆流扩散，很多入侵性海洋物种会逆流而上分散到更多的地方进行扩散。

四、入侵种扩散模型

入侵种的扩散是成灾前的关键阶段，也是判断其入侵规模和速度的阶段。入侵种扩散阶段数学模型的建立对准确分析入侵风险及经济损失评估非常重要，在入侵的背景下，地理扩散速度的预测模型能够实现多个目标：①预测哪些入侵种在分布区域之外的范围迅速蔓延；②确定入侵种迅速扩张的生活史；③优先考虑根除的作用；④评价抑制入侵种传播速度的策略。常见的模型主要有反应扩散模型、积分模型、空间离散模型和随机模型。

1. 扩散模型

（1）反应扩散模型。反应扩散模型是描述种群动力学最常见的模型，其假设种群密度为时间和空间上的连续或光滑函数，反应扩散模型适用于可以忽略局部离散与跳跃性的大尺度时空过程。反应扩散模型包含种群规模增长和空间扩散，是标准的入侵模型。反应扩散模型在动物入侵方面最早的研究源于对麝鼠种群在欧洲传播所进行的模拟，也成功应用于对昆虫的入侵扩散模拟。对于 10 种陆地和海洋物种进行模型预测比较，发现反应扩散模型对陆地物种的入侵格局预测相当准确，对海洋物种来说扩散速率估测值略高。

（2）积分模型。积分模型主要有积分差分方程和积分微分方程，模型中的积分常是因为种群的扩散服从某种概率分布，为表示加权意义上的种群改变量而采用的形式。关于积分差分方程，主要用于描述种群数量增长与位置转移之间存在时间差或时滞条件下的种群扩散过程。

（3）空间离散模型。由间断的或者部分连接的缀块所形成的镶嵌体（mosaic）生境结构使得一些种群的定居域呈现片段状不再连续有序时，可用空间离散模型来描述此情景。

（4）随机模型。生态种群动力系统往往受诸多因素的影响，有确定性的也有随机性的，一种简单有效的做法就是把这种随机作用视为噪声，做一定的性质假设后，直接运用到模型中。

2. 入侵种的大陆 - 岛屿扩散与灭绝　岛屿的物种演替速率总是比大陆快，岛屿通常是最容易受生物入侵的区域。根据负荷种群假说，岛屿的入侵种总是处于不断的重建与灭绝过程，首先陆地上扩散能力较强的个体才能扩散到岛屿上，一旦入侵种在岛屿上定殖，扩散能力便逐步退化，一般岛屿上风力较大，动物的飞行容易被随机吹散，通过自然选择的过程，在岛屿上建群的种群扩散力逐渐减弱。在经历中期演替种群后，岛屿上的入侵种群由高扩散性演变为中扩散性，再经过进一步的自然选择，这些种群的扩散力进一步衰退，甚至演化为低扩散力的种群，低扩散力种群抵御环境变化能力非常弱，因此成为一个非常脆弱容易灭绝的种群，很容易消失（图 6-10）。

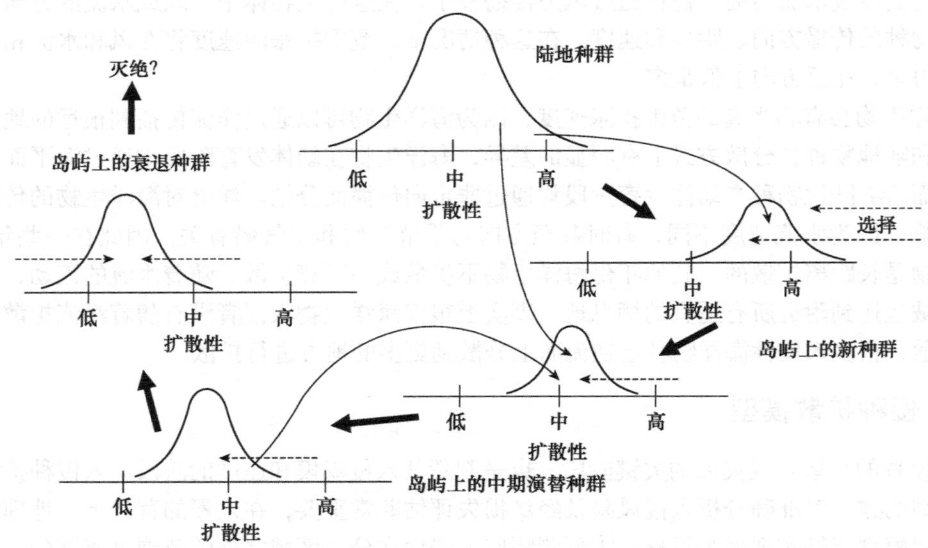

图 6-10　入侵种的大陆 - 岛屿扩散与灭绝模型（仿 Davis，2009）

第三节　入侵种与群落结构

入侵种的生态影响通常集中在种群水平上进行研究，这反映了生态学家常将物种作为生态学研究的基本单位，也可能是因为种群数量、分布和年龄结构等数据易测量。

入侵种对土著种的个体影响往往会使种群的繁殖和生存率下降，从而影响种群增长。如果入侵种对土著种在整个范围内的丰度有负面影响，并且这些影响持续数年，那么可能会造成土著种灭绝，但物种灭绝是种群水平影响的最极端形式。入侵种改变土著种的种群结构或丰度的生态机制是生态互作的重要研究内容，这反映了两个物种相互作用的多种方式，入侵种与土著种互作方式主要体现在种间竞争、入侵性捕食和在物理水平上抑制土著种的生长和繁殖三个方面。

一、种间竞争

种间竞争机制可能包括对食物资源或生存空间资源的竞争。入侵种往往具有更高的环境适合度，在资源和空间的有限的条件下，拥有更高的竞争优势。

斑点矢车菊 *Centaurea maculosa* 原产于欧亚大陆，于 20 世纪初入侵北美，现今已入侵北美西北部各省和北美洲数百万亩[①]的半干旱牧场。斑点矢车菊会产生一种阻碍土著植物正常生长的化感物质，以提高自身获取资源的相对能力。在蒙大拿州，斑点矢车菊入侵了当地本土植物 *Arabis fecunda*（十字花科植物）的地区。这种十字花科植物除了面对入侵植物的影响外，还可能面临来自牲畜和采矿活动造成的践踏影响。因此为了确定斑点矢车菊在土著植物衰退中所造成的影响，学者通过人为移除斑点矢车菊的验证实验，明确入侵影响。研究中，人为地从土著植物周围 $1m^2$ 的地块中移除斑点矢车菊植物，然后记录土著植物的生长、繁殖力、存活和更新（发芽的种子数量）情况。在去除斑点矢车菊一年的时间内，*A. fecunda* 的种群数量由下降转变为增加。这一变化首先是由于去除斑点矢车菊后，*A. fecunda* 的幼苗更新数量显著增加，其次是由于 *A. fecunda* 植株果实数量的增加。去除斑点矢车菊可能减少或去除了阻碍土著植物的化感毒素，同时也增加了有限资源，如水、矿物或光的可利用性。通过这种方式明确了，造成这种土著植物种群衰退的根本原因是斑点矢车菊的入侵。最后学者认为，斑点矢车菊种群密度的持续增加将导致 *A. fecunda* 种群数量的减少，并增大这种土著物种灭绝的风险。关于斑点矢车菊的研究还涉及根系分泌物的鉴定、土壤微生物互作的改变，甚至还有"新武器假说"用来解释入侵种的入侵和影响。

在河流生态系统中，同样存在入侵种群与土著种群争夺有限资源的种间竞争。巴西红耳龟 *Trachemys scripta elegans* 原产于美国密西西比河流域，巴西红耳龟被广泛引入全球除南极洲以外的所有大陆。在欧洲，巴西红耳龟的入侵已经对欧洲泽龟 *Emys orbicularis* 和西班牙拟水龟 *Mauremys leprosa* 等本土龟类种群造成负面影响。

除了竞争有限的食物资源，入侵生物还会与土著种之间竞争有限的空间资源。澳大利亚的入侵鸟类通过种间竞争，导致土著鹦鹉缺少了可以繁殖后代的巢穴，从而使得土著种种群数量不断下降。在澳大利亚，土著鹦鹉大多数是在老树上挖洞筑巢，但由于人类行为，自然景观中已经缺乏良好的筑巢地点。虽然也存在为了改善鹦鹉栖息环境而放置在林地中的人工巢穴，

① 1亩≈$666.7m^2$

但两种入侵性鸟类家八哥 *Acridotheres tristis* 和紫翅椋鸟 *Sturnus vulgaris* 与土著鹦鹉竞争巢穴，使得土著鹦鹉的种群数量大大下降。学者通过在堪培拉附近的两个自然保护区记录天然巢穴和人工巢穴的使用情况，研究了两种土著鹦鹉——深红玫瑰鹦鹉 *Platycercus elegans* 和东玫瑰鹦鹉 *P. eximus* 所面临的危机。研究发现，入侵种的种群密度高于所有地区［除了林地深处（远离保护区的郊区边缘）］的本土物种。家八哥或紫翅椋鸟占据了绝大多数有限的天然洞穴。虽然 4 个物种全部都会选择人工巢穴筑巢繁殖，但是结果显示家八哥占据了大部分人工巢穴。更为重要的是，学者观察到家八哥还会骚扰并经常驱逐巢穴中的土著成对繁殖的鹦鹉。在这种情况下，土著鹦鹉无法进入巢穴中孵蛋或喂养雏鸟。家八哥甚至还会啄杀鹦鹉的幼鸟。这种入侵影响极大地降低了土著鹦鹉的繁殖成功率。

二、入侵性捕食

入侵性捕食者对土著种的影响是非常重要的，可能是因为入侵性捕食者对生态系统和食物网的破坏，间接对土著动物造成进化上的影响。我们将在这里回顾一些入侵种捕食土著种的案例研究。捕食关系造成的影响十分深远，入侵性捕食者经常可以摧毁整个土著种组成，从而影响到土著环境中的整个生物群落。

斑点楔齿蜥 *Sphenodon punctatus* 是新西兰特有的爬行动物，在过去的 200 年里，由于栖息地改变及人类和入侵动物的捕食，新西兰大多数地区的斑点楔齿蜥种群已经消失。新西兰北部海岸附近的 25 个岛屿上存在斑点楔齿蜥，但其中一些种群的数量也在下降，在这些岛屿中有 8 个岛屿还存在着入侵性缅鼠 *Rattus exulans*。在缅鼠生存的岛屿上，楔齿蜥的数量急剧下降，通过野外观察发现，缅鼠会与楔齿蜥争夺有限资源并直接捕食幼崽和卵，从而极大地限制了楔齿蜥的繁殖和幼崽的生长（图 6-11）。在没有缅鼠存在的岛屿上，幼年楔齿蜥的数量占种群数量的 24%。而在缅鼠栖息的岛屿上，幼年楔齿蜥只有 8% 左右，甚至在楔齿蜥数量极低并且存在缅鼠的岛屿上，没有幼年楔齿蜥。进行过缅鼠根除措施的岛屿上，幼年楔齿蜥的比例在大约 10 年的时间里增加了 3～17 倍。在许多岛屿上，这些鼠类还可以捕食鸟蛋、幼鸟和成鸟，海鸟的整个生活阶段都会受到鼠类的威胁，入侵性鼠类（缅鼠、屋顶鼠、褐家鼠）甚至导致了许多海鸟的濒危或者灭绝。

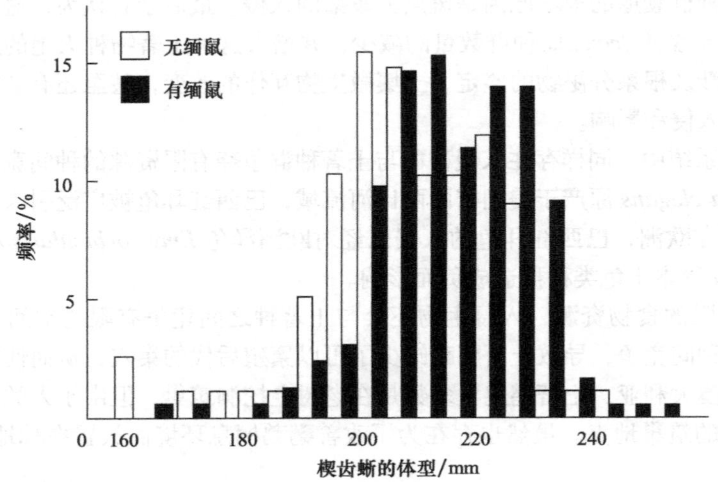

图 6-11　缅鼠入侵后楔齿蜥的体型（采用楔齿蜥鼻子到肛门的长度）变化（仿 Cree et al.，1995）

三、入侵对群落的改变

入侵种在新的生态系统中能够对群落特征产生显著的影响，当然生物入侵对生态系统的负效应影响关注较多。对于植物群落而言，入侵种对植物群落总生物量通常有促进作用，主要是由于入侵种的生长速度和单一生物量较大，使得入侵区域整体的植物生物量增加。但是除了生物量之外，土著植物的生长速度、丰富度、多样性及适合度都降低，因此入侵植物对群落的影响还是非常显著的，即改变了植物群落的结构，导致植物群落迅速演替［图 6-12（a）］。入侵种同样影响动物群落，对动物的习性、多样性、生物量、丰富度、生长及适合度都有负面影响，也就是入侵种对动物群落的所有群落生态参数都是负效应［图 6-12（b）］。

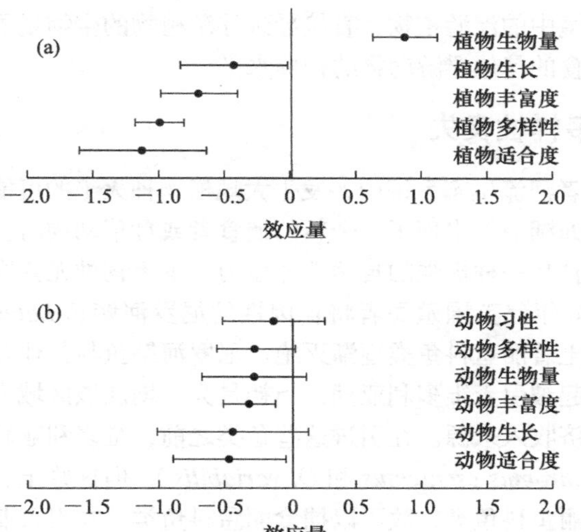

图 6-12　入侵种对生态群落的影响（仿 Vila et al.，2011）

（a）植物；（b）动物

入侵种能够对周围的环境产生重要的影响，在贻贝科中有几种贻贝可以附着在任何坚硬的基底上，包括本土双壳类物种的坚硬外壳上。这些入侵性双壳类生物中最值得注意的是原产于黑海和里海的斑马贻贝 *Dreissena polymorpha*，以及原产于中国和东南亚的淡水河流的河壳菜蛤 *Limnoperna fortunei*。斑马贻贝最初被引入北美五大湖地区，现已扩散到北美中部的许多其他流域之中。北美圣克莱尔湖土著蚌类贝壳上生长着超过 10 层的斑马贻贝，斑马贻贝具有类似的分层附着能力，其贝壳表面的螺纹使其能够附着在各种深度的硬底物上。这种过度的附着分层效应使得土著物种难以正常取食，并抑制了土著物种的正常生长。

入侵性哺乳类食草动物会改变入侵地区的植物群落结构，尤其是在岛屿地区。引入的哺乳食草动物对土著植物群落有相当大的影响，包括穴兔 *Oryctolagus cuniculus*、家山羊 *Capra hircus*、家猪 *Sus scrofa domesticus*、马 *Equus caballus* 和绵羊 *Ovis aries*。这些外来食草动物的入侵破坏了植被，因此它们对土著群落的影响是十分广泛的。

不同于岛屿脆弱的生态环境，在大陆环境中，由入侵种导致物种灭绝的可能性较低，即使发生了往往也只是造成较少物种的灭绝。红火蚁作为影响巨大的入侵生物，在入侵美国东南部后，使得当地本土蚂蚁群落结构发生了巨大改变。在红火蚁首次入侵亚拉巴马州的莫比尔市之后，迅速在美国南部不断扩大，并向城郊地区的草地和草皮扩散。红火蚁有两种种群类型，一种形成单蚁后种群（单后型），另一种形成多蚁后种群（多后型）。入侵美国的红火蚁是多蚁后种群，在20世纪70年代首次出现在美国，它对当地蚂蚁群落造成了巨大影响。多蚁后型的红火蚁会形成超级聚落，其种群密度为单后型蚁群的50～100倍。红火蚁分布的地区土著蚂蚁的物种丰富度（16种）是没有红火蚁的地区（32种）的一半，丰富度只有红火蚁入侵之前（57种）的30%。在多蚁后型红火蚁的存在下，非蚂蚁节肢动物的物种丰富度下降了30%，个体数量下降了75%。

水生生态学系统中，入侵鱼类往往会通过直接或间接影响改变水生植物组成和其他水生动物的种群水平。白鲢 *Hypophthalmichthys molitrix* 原产于东亚，被人为引入美国用来改善水产养殖设施的水质，随后逃逸到自然水域中，在密西西比河流域广泛分布。随着白鲢种群数量的增长，白鲢大量取食生境中的浮游植物，直接导致浮游植物的生物量显著减少，这一结果还间接影响到以浮游植物为食的其他浮游动物的种群水平。

四、入侵导致生物多样性丧失

在陆地生态系统或者河流生态系统中，发生大规模物种灭绝的可能性较低，但是当一个进化上独立的生态系统（如湖泊）出现了一个新的捕食者或食草动物时，由入侵者引起的大规模物种灭绝成为可能。捕食是一种极强的自然选择压力，本土物种尤其容易受到新的捕食者带来的选择压力。20世纪50年代英国殖民者将食肉性的尼罗河鲈鱼 *Lates niloticus* 引入维多利亚湖，随后造成湖中多种土著丽鱼科鱼类逐渐灭绝。尼罗河鲈鱼与其他几种杂食性鱼类（作为鲈鱼食物来源的鱼类）一起被引入维多利亚湖，当初是为了增加该区域人类的食物资源，并为湖周围的当地居民提供经济收入来源。在引进这些鱼类之前，维多利亚湖的渔业主要依靠两种土著的丽鱼科鱼类（*Oreochromus esculentus* 和 *O. variabilis*），但这些土著鱼类的产量很小，由于尼罗河鲈鱼体形远大于丽鱼科鱼类，故可以捕食丽鱼科鱼类。在引入非土著鱼类之后，由于杂食性鱼类的竞争及尼罗河鲈鱼的捕食，导致本土丽鱼科鱼类的种群数量有所下降。在引种最初的时段，尼罗河鲈鱼在渔民的鱼类捕捞量中所占比例并不大，但其数量在1980年左右迅速增长。尼罗河鲈鱼在1978年的年捕捞量（生物量）中所占比例不到总量的1%，到1987年已占到97%。而本土丽鱼科鱼类的生物量则呈现相反的趋势，从占总体的92%下降到几乎不存在。在1980年，大约有200种以前有记录的本土丽鱼科鱼类完全消失。1978～1982年可以捕获到110种丽鱼科鱼类，但在1987年却只能发现其中的10种丽鱼科鱼类。渔业管理已经使得湖中的尼罗河鲈鱼的平均体形减小和种群密度降低，在这种措施的实施下一些土著丽鱼科鱼类种群数量有所恢复。尽管如此，至少有一半的本土丽鱼科鱼类已经灭绝。

引进太平洋岛屿进行生物防治的捕食性玫瑰蜗牛 *Euglandina rosea*，导致该地区土著蜗牛 *Partula* sp. 灭绝。玫瑰蜗牛原产于佛罗里达州和中美洲，于1977年由政府机构引入太平洋塔希提岛，用于生物防治非洲大蜗牛 *Achatina fulica*。非洲大蜗牛是一种著名的入侵性农业害虫，危害花园植物和农作物。1967年，这种非洲大蜗牛最初被引入塔希提岛作为一种食物。几乎没有证据表明玫瑰蜗牛在防治非洲大蜗牛的种群数量方面发挥了作用，反而导致大多数土著蜗牛数量下降，特别是波利尼西亚特有的帕图拉蜗牛，1988年报告了帕图拉蜗牛灭绝。玫瑰蜗牛被误认为是一种“成功的”生物防治物种，它随后被引入其他太平洋岛屿，导致其特有的陆生蜗牛群落种群数量下降，甚至个别种群灭绝。

植物是研究最多的类群，植物入侵对土著群落的影响曾经是非常热点的问题。植物群落容易监测，群落结构有较为成熟的测定方法，入侵种对植物群落有显著的负影响，降低土著植物群落的丰富度，尤其在小尺度空间上容易造成生境群落单一化，群落结构简单。随着空间尺度的增加，入侵种对植物群落的影响逐步减小。因此，入侵种对植物群落的影响主要体现的小尺度的田间，造成田间生态系统功能下降甚至丧失（图 6-13）。

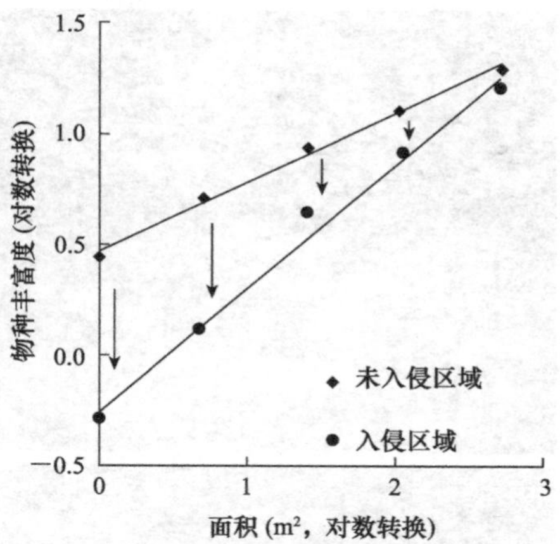

图 6-13　入侵区域与未入侵区域的植物物种丰富度（仿 Powell et al.，2013）

第四节　入侵种与环境因子

一、入侵种改变生态系统

入侵种对生态系统的影响可分为直接作用和间接作用，直接作用是指入侵种对生态系统中物种种群之间的影响，通过竞争、捕食、寄生等种间关系影响其他物种的种群动态及存活；间接作用是指入侵种通过对其他物种的影响产生级联作用，影响整个群落结构甚至生态系统功能。

（一）入侵种的直接作用

生态系统的可入侵性是入侵种定殖并适应的重要前提，生态系统由生物和非生物两个部分组成，这些组成对入侵种的成功入侵过程非常重要。生物部分包括物种组成、多样性、生物量、植被盖度等，其中，多样性是影响入侵成功的关键因素，是生态学领域研究的经典问题之一。生态系统的非生物部分可为植物提供资源和环境支撑，也是动植物赖以生存的环境，主要包括土壤类型、资源组成、酸碱度、温度等，这些非生物部分是影响动植物入侵成功的重要因素（图 6-14）。

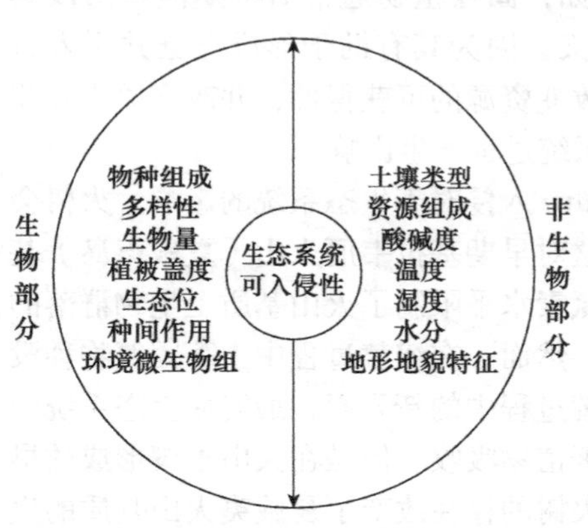

图 6-14　生态系统的可入侵性

入侵种个体行为、种群大小或群落结构的变化既能改变物质在生态系统中的流动，也会改变原生生态系统的扰动机制。一般来说，外来种在入侵过程中和完成入侵后，都会利用各种环境资源频繁改变土著原有的生态系统过程。

马里亚纳群岛的 Sarigan 岛原来没有山羊和野猪，后来山羊和野猪被引入，对当地的植被造成了极大的破坏，导致土著生境迅速丧失。1996 年开始了山羊和野猪的根除计划，但在山羊和野猪被根除两年后，一种新的外来藤本植物 *Operculina ventricosa* 迅速扩散，最终覆盖了全部裸露的土地，后经研究发现原来山羊和野猪对这种新的外来藤本植物都有很强的抑制作用（图 6-15）。入侵捕食动物的移除有时能够为其他外来种竞争者或者外来猎物提供机会，造成新的入侵生物泛滥，这种生态效应到目前还没有很好的研究。

例如，被称为“生态系统工程师”的斑马贻贝 *Dreissena polymorpha* 通过消化道过滤大量

图 6-15　入侵山羊和野猪防治前后生态系统的变化（仿 Courchamp et al.，2003）

扫码见彩图

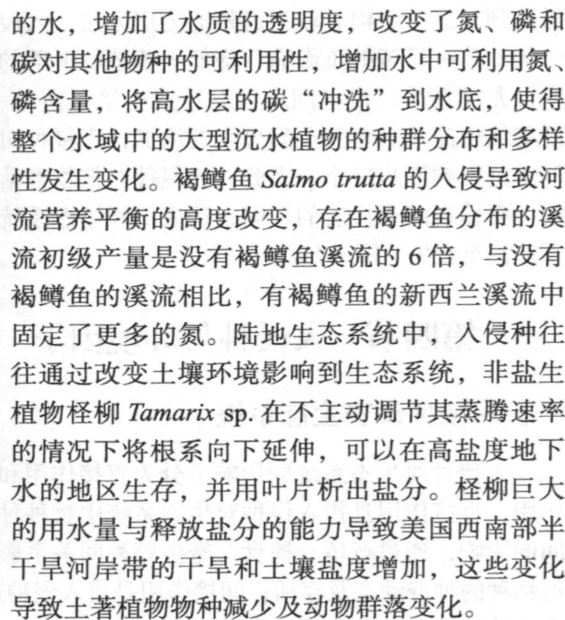
的水，增加了水质的透明度，改变了氮、磷和碳对其他物种的可利用性，增加水中可利用氮、磷含量，将高水层的碳“冲洗”到水底，使得整个水域中的大型沉水植物的种群分布和多样性发生变化。褐鳟鱼 *Salmo trutta* 的入侵导致河流营养平衡的高度改变，存在褐鳟鱼分布的溪流初级产量是没有褐鳟鱼溪流的 6 倍，与没有褐鳟鱼的溪流相比，有褐鳟鱼的新西兰溪流中固定了更多的氮。陆地生态系统中，入侵种往往通过改变土壤环境影响到生态系统，非盐生植物柽柳 *Tamarix* sp. 在不主动调节其蒸腾速率的情况下将根系向下延伸，可以在高盐度地下水的地区生存，并用叶片析出盐分。柽柳巨大的用水量与释放盐分的能力导致美国西南部半干旱河岸带的干旱和土壤盐度增加，这些变化导致土著植物物种减少及动物群落变化。

尽管非生物胁迫会造成许多土著物种获取资源困难，但它们还是都能够获取资源。而入侵生物利用新资源或在其他物种无法利用的地方获取资源的能力也常常会导致生态系统发生变化。例如，固氮植物通常对早期演替阶段具有重要意义，因为其有助于形成土壤并引入有限养分。然而当固氮植物作为入侵者时，可以从根本上改变资源的可获得性，并改变原生和非原生植物物种之间的竞争平衡，从而对群落结构和生态系统过程产生影响。

例如，19 世纪末被引入夏威夷群岛的火树 *Morella faya* 入侵对于生态系统的影响。火树会在其根部形成放线菌根，即共生固氮物质的木质结节，这对早期基拉韦厄火山（夏威夷岛）基质的初级演替有显著的影响。因为在夏威夷火山地区，氮素水平限制了火山基质上生物群落的形成，使得固氮物种在早期演替过程中具有明显的优势。然而，在演替过程中土著固氮物种没能定殖在早期的火山基质上，这使外来植物火树成为演替过程中的新元素，最终使生态系统中氮的输入增加了 4 倍，并且这些输入的氮可以供其他土著植物吸收。但是在火山土壤形成的早期，这些植物往往不是土著植物，而是外来植物，最终火树的存在改变了夏威夷火山基质的生态系统动力学，它将演替过程改变到了新的方向上，导致了非土著物种成为这些火山基质地区的优势物种。

（二）入侵种的间接作用

入侵种实际上是生态系统中增加的物种，也是食物网中新的节点。入侵种的增加能够通过种间关系改变其他物种种群动态过程，从而改变食物网结构，造成生态系统物质循环和能量流动的改变。蛙壶菌 *Batrachochytrium dendrobatidis* 是一种重要的两栖动物病原菌，能够引起两栖动物的大量死亡。蛙壶菌入侵南美洲后，导致南美洲多种两栖动物数量下降，甚至种类灭绝。由病原菌引起的寄主减少存在的生态级联效应在食物网中能够得到显著放大，南美洲蛇类在蛙壶菌出现前后，其种群和群落发生明显改变，大量种群在野外条件下数量减少甚至灭绝，个别种类有所上升（图 6-16）。

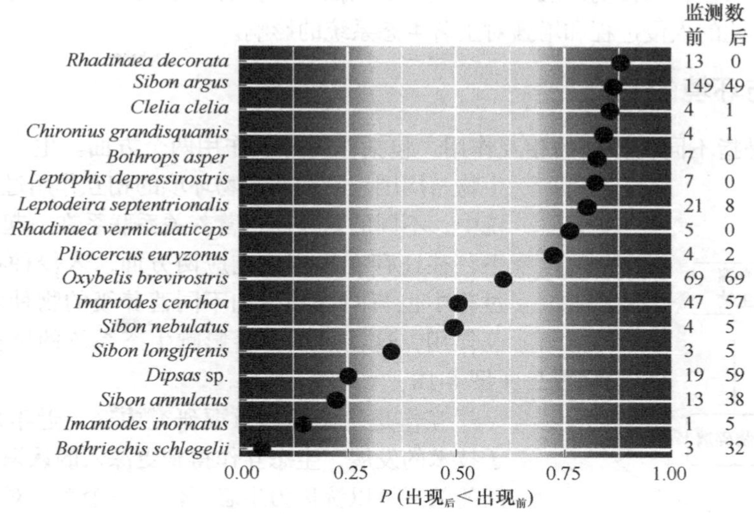

图 6-16　入侵病原物导致两栖类物种丧失引起的蛇类群落崩溃（仿 Zipkin et al.，2020）

P 指监测物种出现的概率在蛙壶菌出现前后的差异：P 接近 1 表明监测数值很低；P 接近 0 表明监测数值较高

不仅如此，两栖动物病原菌的入侵还带来了其他的生态级联效应，大量蛇的体形发生明显转变，并对 4 种蛇（*Sibon annulatus*、*Oxybelis brevirostris*、*Sibon argus*、*Imantodes cenchoa*）的身体状况进行测量，发现这 4 种蛇在两栖动物病原菌入侵后，单位面积的体重都显著降低（图 6-17）。

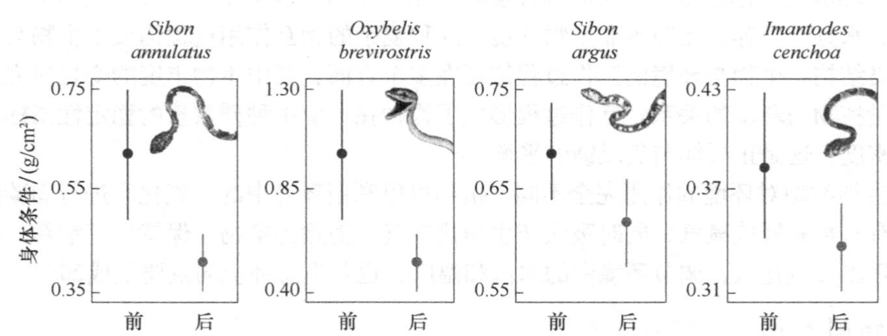

图 6-17　入侵病原菌导致两栖类物种丧失后引起的蛇身体变化（仿 Zipkin et al.，2020）

入侵种参与土壤养分循环，利用营养级对其他物种产生巨大的影响，主要存在以下特征：①生长速度快，具有较高的现存作物生物量和净初级生产力；②产生的凋落物腐烂速度快，能更快参与土壤养分循环过程；③具有较高的固氮作用，从而在土壤中固定了更多的可利用氮；④具有更高水平的氮矿化和硝化作用；⑤与固氮菌反生共生作用后，会对氮循环有较大影响；⑥绝对数量没有变化时，也会改变养分通量的时间和在土壤中的空间分布。无固氮作用的入侵植物可以通过与本土固氮植物的互作来影响土著植物固氮速率。土壤中的氮、碳和水会对入侵植物的存在做出反应，变化的方向不可预测，但入侵植物通常会促进初级生产和其他几个生态系统过程。土著环境中营养水平的提高通常对非本土入侵者的益处大于对土著物种的益处，并可能会增加其他入侵种入侵的成功率。入侵种之间似乎存在着一系列特殊的互作关系，从而相互促进，加速彼此的入侵进程和增强对土著生态系统的影响。

二、入侵种与环境的互作

生物互作是指不同物种间的相互作用，包括作用与反作用两个方面。生态互作就包括了生物与周围生物和非生物环境的相互作用过程。在生态系统中，不同的物种通过营养关系联系在一起，这种营养关系往往还存在作用与响应两方面，入侵种在入侵群落的过程中也与同营养级和不同营养级的物种发生显著的相互作用，这些过程都会影响生态系统的结构和整体功能（图 6-18）。

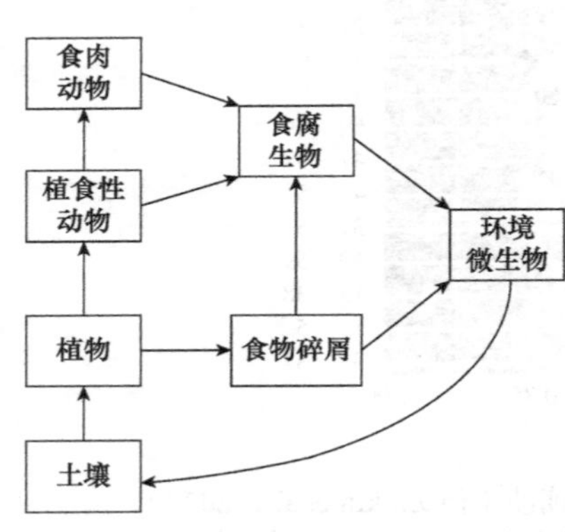

图 6-18　生态群落食物网结构和能量流动过程

互作是生态学的重要研究内容，近年来随着微观分子技术的发展，生态互作得到更深入的认识。两个系统之间的关系可以统称为生态互作，一个系统对另一个系统的作用可称为效应，另一个系统的反作用力称为生态反馈。生态互作决定了物种存在的定位和格局，是生物在生态系统中存在的重要机制。生物对环境及对其他生物的直接作用研究非常广泛。根据生态互作的双方不同，生态互作从宏观到微观可分为以下几种类型。

（一）生物与环境的互作

生物与环境的互作是指生物与周围环境间的相互作用，包括作用与反作用两个方面。环境包括土壤、水分、营养、光照等非生物环境，这种复杂的相互作用过程构成了生物与环境之间的稳定网络结构。生物与环境的互作过程体现在多个方面，其中生物丰度的变化研究得最为广泛，尤其是植物与环境的关系。互作过程形成了物种在环境中种群数量的稳定性指标，也能够形成平衡密度，这是正反馈与负反馈的平衡。

不同生物类型对环境的作用完全不同，植物可以利用环境中的二氧化碳进行固碳的光合作用，积累有机物并释放氧气，同时吸收灰尘净化空气，消除污染物，保持空气清新。而动物吸入氧气，呼出二氧化碳，调节环境中的水汽和温度，也是生态环境的重要组成部分。

（二）生物间互作

生物关系都属于生物间互作，微生物将环境中的有机物分解成植物能够吸收的养分，甚至能够改变植物生存的环境，调控植物群落的组成。生物间互作可参照竞争、捕食、寄生、拮抗、共生及偏利等作用过程。

植物与植食性昆虫互作主要通过抗性体现，在有限资源的条件下，植物在维持、生长、贮藏、繁殖和防御几个方面的生物量分配上会有一个权衡。入侵植物在长期与环境相互作用和生存竞争中，为了抵抗不利环境，形成了一套防御体系。根据植物对植食性昆虫及外界环境胁迫的防御及抵抗方式，可分为化学防御和机械防御。在化学防御中植物的次生代谢物起主导作用，机械防御通过改变形态结构如叶片厚度、枝干结构等来抵抗不利环境。

土著生物群落对入侵成功率有显著的影响，土著物种多样性越高，入侵种的生物量就越低［图 6-19（a）]，入侵种的数量也减少［图 6-19（b）]。因此土著生物群落种物种多样性是影响入侵种入侵过程的重要因素，这种土著物种多样性与入侵的关系曾经是生态学的经典研究领域，多样性具有重要的生态系统功能和服务价值，也是保护生物多样性的重要依据。

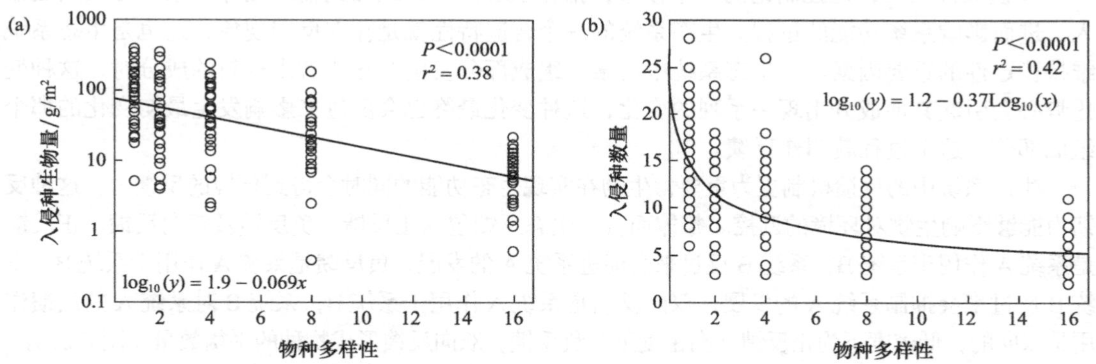

图 6-19　入侵成功率与物种多样性（仿 Fargione and Tilman，2005）

物种多样性对入侵种生物量（a）和数量（b）的影响

外来种在入侵过程中不断演化形成多样化，这与土著种的多样化过程一致。外来种的遗传学特征、入侵生态系统的特征及入侵种带来的生态学特征变化共同决定了入侵种的进化过程，一条途径是自然选择，另一条途径是遗传漂变。其中自然选择还分为定向选择和无序混乱演化两种方式，这些都能够形成入侵种的多样化（图 6-20）。

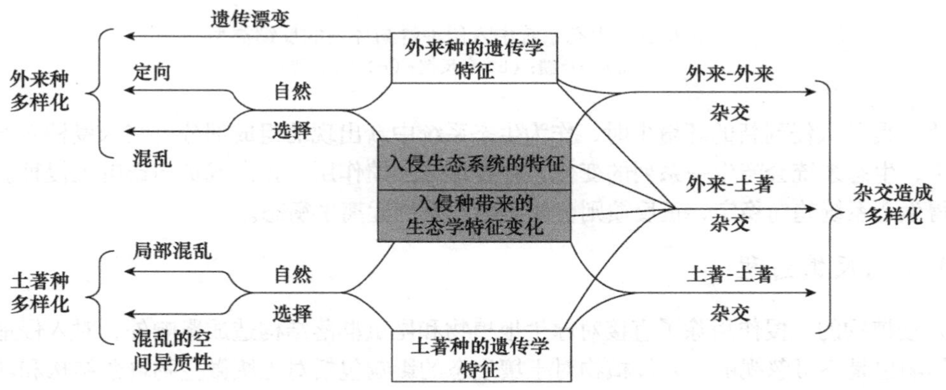

图 6-20　外来种入侵和土著种的进化多样化模式（仿 Vellend，2007）

（三）基因互作

基因互作是指基因之间通过相互作用影响同一性状表现的现象，基因互作的过程非常广泛，也非常复杂。广义上，基因互作分为基因内互作和基因间互作。基因内互作是指等位基因间的显隐性作用，基因间互作是指不同位点非等位基因之间的相互作用，表现为互补、抑制、上位性等。基因互作能够产生明显的生物表型差异，进而产生完全不同的生态学性状，甚至对整个生态系统功能都会产生明显的转变。

三、生态系统对入侵种的反馈

（一）生态反馈概念

反馈又称回馈，是控制论的基本概念，指将系统的输出返回到输入端并以某种方式改变输入，进而影响系统功能的过程。生态系统的一个普遍特性就是存在反馈现象，这也是生态系统维持稳定性的重要因素。当生态系统中的某一组成部分发生变化或者出现新的成分时，这种变化势必会引起其他成分出现一系列的变化，这种变化最终也会反过来影响发生最初变化的那个组成部分，这个过程就叫作反馈。

生态系统中的反馈机制更为重要，生物在实现生态功能的同时会得到环境的反馈力，这种反馈力能够影响生物对环境的调控。整体而言，生态反馈包括正反馈、负反馈及双向反馈。正反馈是系统A作用于系统B，系统B反过来会促进系统A的发展；负反馈是系统A作用于系统B，系统B反过来会抑制系统A的发展；双向反馈是系统A作用于系统B，系统B对系统A的反馈作用是双向的，低密度下为正反馈，高密度下为负反馈，双向反馈形成物种的平衡数量（图6-21）。

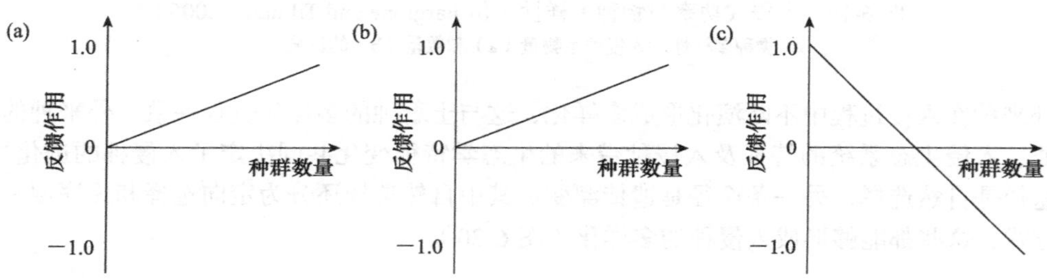

图6-21 生态系统中入侵种群与环境的反馈类型

（a）正反馈；（b）负反馈；（c）双向反馈

当入侵种入侵到新的环境中时，作为生态系统中新出现的组成部分，在入侵种入侵作用的影响下，生态系统会产生一系列的变化，并且形成反馈作用，正向或负向影响入侵种。负反馈会使得生态系统趋向稳定，正反馈则会使得生态系统远离平衡态。

（二）生态反馈过程

入侵植物的入侵作用除了直接对原生地植物和昆虫群落结构造成影响外，对入侵地土壤生态的影响也是不可忽视的。入侵植物对土壤生态的影响包括对土壤微生物群落结构和功能的影响，也包括对土壤的物理、化学和生物学特性的改变。发生改变后的土壤生态对入侵植物的生长发育的调控作用即反馈作用。土壤微生物是土壤生态系统中的重要生物组成部分，参与地上地下生态系统的物质分解、循环和能量流动等重要过程，在长期的协同进化中，地下土壤微生物与地上植物在同一生境中形成了稳定的生态关系。但土壤微生物的群落结构是易变的，会受到植物群落多样性和外来植物入侵作用的影响。而土壤微生物对于地上植物的反馈作用可能会决定植物的相对丰度，同样也会显著影响到入侵植物的入侵扩张。

在外来植物的入侵作用下，土壤微生物的群落多样性与稳定性会发生变化，这些变化在地上植物的互作关系中，可能会有利于外来植物的生长，增强其竞争力，直接或间接促进外来植物的入侵，这属于土壤生态的正反馈调节。具有入侵植物与土著植物的土壤反馈调节的方向和大小不同，入侵植物会显著改变土壤微生物的群落多样性和丰度，从而通过土壤的正反馈调控增强其入侵能力，而本土植物会受到土壤微生物的负反馈调控，生长能力显著受限。研究证明，土壤微生物的反馈调节作用是外来植物成功入侵的机制之一。例如，经过外来植物驯化的土壤，改变了土壤微生物群落结构，使其朝着更加有利于其他外来植物生长的方向发展。又如，丛枝菌根真菌分布广泛，会与多种植物形成共生关系，是土壤生态系统中极为重要的真菌，具有极其重要的生态地位和作用。一种入侵到加拿大西部森林的植物大蒜芥 *Alliaria petiolata* 会通过产生化感物质直接抑制土壤中丛植菌根真菌 AMF 的活性和数量，在这种入侵作用影响下的土壤环境会显著抑制土著植物的生长，从而促进了大蒜芥的入侵。这种土壤微生物对入侵植物产生正反馈调控作用还在斑点矢车菊 *Centaurea maculosa* 中发现。斑点矢车菊在入侵后会特异性地在其根部聚集有利于自身生长的微生物种类，从而导致土壤生态中微生物多样性降低。微生物多样性降低会导致依赖微生物获取营养的土著植物受到负反馈调控，而在这种土壤环境的正反馈作用下，斑点矢车菊的竞争力显著提高。

入侵种在入侵地多表现出较强的入侵能力，进化假说认为，在入侵地外来种能发生遗传变异，以适应新的环境，最终成功定殖和扩散。大量研究证明，入侵种在新的生境内，其形态、行为和遗传特征等都会发生明显变化。总之，入侵种与生态系统中各种环境因子密切相关，入侵种能够对周围环境产生巨大的影响，生态系统也能够通过反馈对入侵种产生作用。外来繁殖体首先通过定殖过程在新的生态系统建立种群，建立的定殖种群能够对周围的环境产生直接的生态影响，也能够与周围群落的物种产生互作，入侵种通常具有和土著种不同的功能，往往会改变生态系统的物质循环和能量流动。生态系统的干扰又能够影响入侵种的种间关系，入侵种通过环境忍耐力来适应，同样环境异质性也会导致入侵种分布的空间异质性，形成地域特异性的生态影响（图 6-22）。

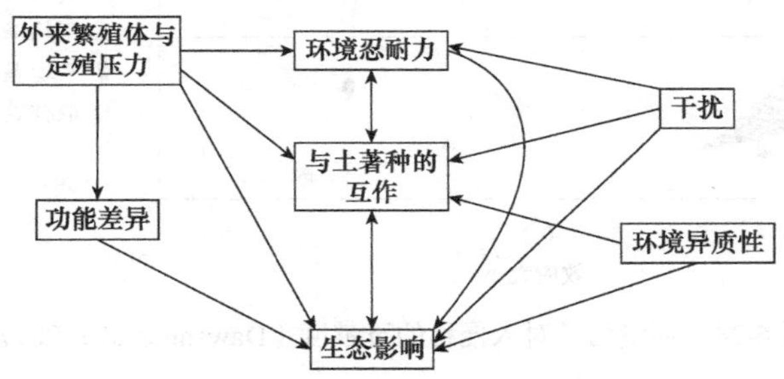

图 6-22　群落水平和生态系统水平上入侵种对周围环境的作用路径（仿 Ricciardi et al.，2013）

第五节　影响生物入侵的因子

外来种的入侵大多发生在不同于原来生境条件的地方，环境特征改变的非生物因子、缺少相关天敌制约的生物因子，这些生态系统因子都会影响到外来种的入侵性。

一、非生物因子

非生物因子主要指环境因子，包括环境资源和气候变化。环境资源又包含养分的可利用

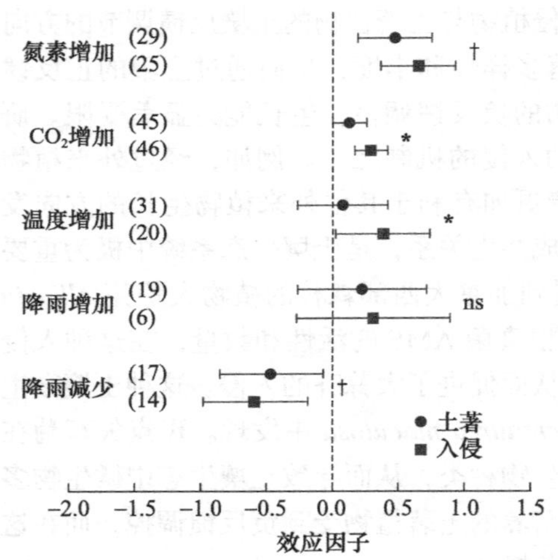

图 6-23 不同环境变化因子对外来植物和土著植物的影响（仿 Liu et al.，2017）

†为边缘显著差异；* 为显著性差异；ns 为无显著性差异

性、水分的可利用性、光的可利用性等。气候变化则包含温度、降水、湿度等变化。全球气候变化已成为重大的环境问题，一方面严重影响到原生地生境和生态系统，另一方面也为入侵种创造了机会和空间。例如，在许多环境因子的变化下，外来种往往具有更高的生态优势，能够迅速响应不同的环境变化（图 6-23）。

不同环境因子对不同类群的影响明显不同，对于两栖类，面积、GDP 及取样效应都会影响入侵种的丰富度；而对于昆虫和鸟类，面积、GDP、人口密度、平均降雨、平均温度及取样效应等均是影响入侵昆虫和入侵鸟类丰富度的重要因素（图 6-24）。

全球气候变暖会使得年平均气温升高，这会造成入侵种的发生边界向北扩散，还会提高外来种在寒冷地带越冬的存活率，造成连年暴发的严重危害。气候变暖的另一个变化就是大气 CO_2 浓度的升高，这同样会影响到外来种。在高浓度 CO_2 饲养条件下，B 型烟粉虱的卵期和若虫历期显著延长，世代周期呈增加趋势。同时气候变暖还会造成降水、湿度的变化，这些环境因子的变化都会对外来种的入侵能力而产生影响。

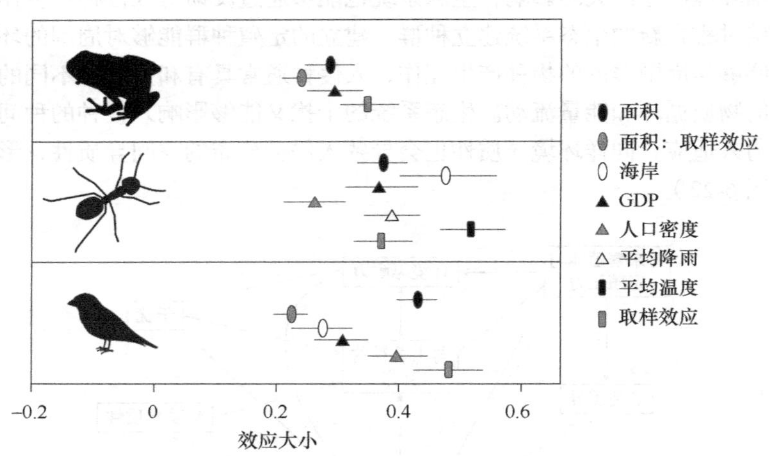

图 6-24 环境因子对入侵种的贡献度（Dawson et al.，2017）

1. 温度调控入侵种发育速率 植物和变温动物组成了入侵种的主要部分，变温动物对温度变化非常敏感。在适宜的温区范围内，温度升高能够加快变温动物的发育速率，发育历期缩短。但当温度超过适宜温区时，温度就会对昆虫的生长发育造成负面影响。当温度超过 36.5℃时，入侵种美洲斑潜蝇 *Liriomyza sativae* 的产卵期会明显延后。在相似温度（36℃）下，木薯单爪螨 *Mononychellus tanajoa* 的发育速率较快，发育历期显著缩短。不同的生物物种对于温度的响应特征完全不同，温度还会通过影响植物的光合作用和呼吸过程，从而影响入侵植物的发育速率。

与土著种相比，入侵种往往具有更高的温度耐受性，温度是紫茎泽兰 *Ageratina adenophora* 在入侵初期建立种群所面临的主要环境胁迫因子，不同地理环境的温度胁迫使紫茎泽兰产生不同的适应性性状。在温度升高的条件下，入侵种紫茎泽兰与其同属的植物相比，生长速度更快。在高海拔低温地区，其气孔密度和气孔器指数显著增加，光合作用速率提高。温度升高也使得加拿大一枝黄花 *S. canadensis* 的生长速率加快，并增加了总生物量和地上生物量，很多研究表明，温度增加对入侵种更有利。

2. *温度调控入侵种的繁殖*　温度影响入侵植物的资源分配，并通过调控资源投入使入侵种采取不同的繁殖对策。不同温度条件下，入侵种对繁殖的能量投入揭示入侵种在不同温度区域的繁殖倾向和繁殖限制条件。高温条件下，空心莲子草 *Alternanthera philoxeroides* 生物量显著降低，很多生物为了获得更高的存活率，会降低对繁殖的能量投入。在适宜温度范围内，温度的升高，会极大增强入侵昆虫的繁殖能力。温度上升会使欧洲玉米螟 *Ostrinia nubilalis* 产生更多的后代，原来每年发生 1 代变为每年发生 2 代。

3. *温度调控入侵种的行为生态*　温度除了直接影响入侵种自身的生理生化和生长发育外，也会调控入侵种的其他生物学特性，如飞行能力、觅食行为等。昆虫拥有很多温度感受器，不同温度会调控其不同的行为。稻水象甲 *Lissorhoptrus oryzophilus* 成虫飞行肌的发育和飞行能力与温度密切相关，在 15℃时稻水象甲没有飞行能力，在 30℃以上时飞行能力显著下降，在适宜温区范围内，稻水象甲的飞行能力随温度的升高而增强。温度同样能够调控其他物种的飞行能力，如南美斑潜蝇 *L. huidobrensis*、马铃薯甲虫 *Leptinotarsa decemlineata* 等。

红火蚁的觅食活动也受到温度的调控，越冬后红火蚁的觅食活动会随着气温的回升逐渐活跃，在 3～6 月和 9～11 月出现觅食活动的高峰。在 7～8 月夏季高温影响下，红火蚁的觅食活动会暂时减弱。温度是影响红火蚁的重要因素，尤其是极端低温，因此入侵地冬季温度是红火蚁能否成功越冬的关键因素。

4. *温度改变寄主物候期从而间接影响生物入侵*　温度变化会直接导致寄主植物的正常物候期发生改变。温度升高会影响寄主植物春季生长期，导致春季嫩叶迅速成熟变老，使得入侵种获取有限资源的时间缩短，入侵昆虫和寄主物候期的不同步性，会使得入侵昆虫没有食物取食。但入侵种往往具有更强的环境适应性，拥有较好的物候可塑性，可以跟踪寄主植物的物候资源变化，获得更长的取食时间，从而获得种群的扩张。研究发现，随着春季温度升高，悬铃木方翅网蝽会随着其寄主植物悬铃木物候期的提前而同步提前生命周期，这种物候同步性会造成严重的生态后果。入侵种会提前进入种群的高峰期，并获得更多的资源来扩张种群。因此在全球变暖的背景下，寄主植物的物候期提前可能不会成为入侵生物的阻碍，反而极大地增强入侵种的入侵能力，导致寄主植物受到更为严重的危害。

5. *温度调控入侵种和土著种的种间关系*　入侵种相比较土著种而言，往往具有充分利用资源和快速适应新环境的特性，对各种环境胁迫也具有更高的耐受性，处于同一营养级的入侵种和土著种对于温度变化耐受性的不同，会改变种间的相对优势度，导致种群的优势种发生改变，优势种会表现出更强的竞争力。例如，在增温条件下，加拿大一枝黄花的光合能力显著增强，使其在有限资源中获取更多的资源，使自身生物量和器官的资源投入高于土著植物。温度还会调控入侵植物与土著传粉者的种间关系，因为温度的改变会改变土著植物原有的物候期，而入侵种的物候可塑性和提供更高价值的花蜜，会使入侵种与土著传粉者建立新的互作关系，并影响到土著植物的繁殖。同时温度还会改变入侵种对于土著植物的化感作用，温度升高会促进入侵植物薇甘菊 *Mikania micrantha* 和三叶鬼针草 *Bidens pilosa* 根系分泌物的释放，增强对土著植物的化感抑制作用。

二、生物因子

生物因子主要包括入侵地原生物种的组成、物种多样性、种间竞争作用、种间共生关系、天敌是否存在等因子。外来种入侵后，会受到土著种的种间竞争作用，拥有高物种多样性的本土植物群落可以通过较高的生产力和互作来抵御外来种入侵。随着本土植物丰富度的提高，外来种飞机草 *Chromolaena odorata* 的生物量呈显著下降的趋势，群落可入侵性降低。入侵种的成功入侵往往还与入侵后与土著种之间的竞争关系有着密切联系。入侵植物会通过化感作用抑制原生植物的正常生长，同时入侵种往往具有更高的环境耐受力和资源获取能力，入侵种可以通过躲避因生态位重叠而产生竞争，从而获得更快的扩散机会。天敌也是影响入侵种入侵的重要因素，在新环境中原有天敌的缺失是外来种成功入侵的重要原因。从原产地引入原生天敌，已经成为控制生物入侵的重要手段，如通过引进澳洲瓢虫 *Rodolia cardinalis* 来防治吹绵蚧 *Icerya purchasi* 等。但是生物入侵的成功不仅仅与天敌存在有关，这是一个涉及入侵种的生物学特性、种间互作关系、群落生物多样性和环境气候变化共同作用的复杂问题，需要在生态系统的大局观念下进行生物入侵的防治工作。

三、入侵种适应与变异

1. *入侵种与环境互作的遗传变异* 入侵种在新的生态系统中通过与周围生物与非生物因子产生不断的适应，在适应过程中产生变异，变异在自然选择过程中不断地被筛选。这种入侵种与周围环境生态互作过程中不断地演化是其快速进化的重要途径，其中既涉及经典的遗传学过程，也与近年来发展的表观遗传学相关。当然，这种遗传学过程是生态因子和互作密不可分，生态因子形成了环境压力，互作提供了物种演化动力，不断驱使入侵种产生表观上和遗传上的变化。

经典遗传学总是通过基因表达产生表型变异来适应环境，一切的表型改变都来源于遗传物质的变化。表观遗传学提供了一个完全不同的可遗传系统，这种遗传过程与经典遗传学在表型上具有高度的相似性，同样，表观遗传学和经典遗传学形成的表型特征和分化都经历自然选择。表观变异完全不同于遗传变异，表观变异通常由生态互作过程引发，这是一种迅速的可加进化改变。在外来种入侵与环境的互作过程中，表观遗传学也成为生态遗传学，这种遗传过程与生态条件是密切相关的，一旦外界环境消失，这种生态遗传过程就会逐步减弱，甚至完全消失（图 6-25）。

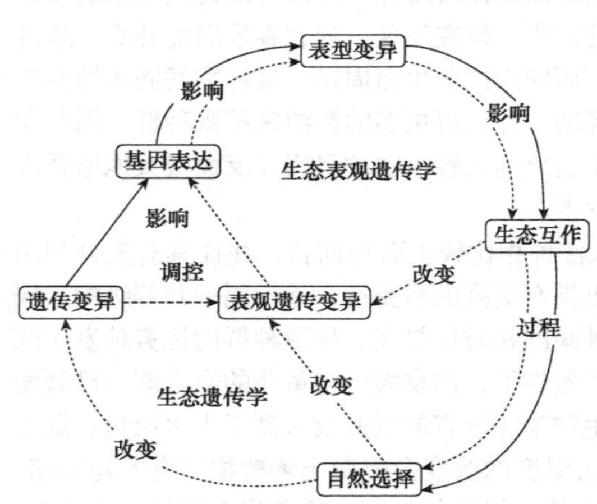

图 6-25 生态遗传学与生态表观遗传学之间的差异和联系（仿 Bossdorf et al.，2008）

→为直接影响；⇢为间接影响

2. *入侵引起的群落状态改变* 生物群落由多个物种组成，大量物种通过种间关系构建了复杂的网络拓扑结构，从而实现生态系统功能，这种生态系统功能与群落的状态是密切相关的。同样的群落组成可能存在多个不同的状态，这种多个不同状态是由于物种组成的差异及结构改变引起的，这种群落状态的变化也会直接影响生态系统的功能和服务。在一个生物群落中，物种间的相互作用及过程不断调控整个群落的状态和演替过程。土著种与外来种都能够影响群落演替过程，土著种通过在环境中的分布范围改变，收缩或者扩张地理分布，在土著群落内产生重要的生态作用。外来种的引入作为群落的新成员，通过种间关系或土著种产生互作，改变土著群落的营养流动和物质能量循环，对原有的群落结构和物种组成产生促进或抑制作用，将群落由 A 状态转化为 B 状态。这种群落状态转移的过程包括生物因素和非生物因素，生物因素包括天敌、竞争物种、传粉昆虫及微生物等，非生物因素包括资源、干扰及气候变化，这些因素持续性或间断性地影响生态系统结构，最终影响生态系统的结构和功能（图 6-26）。

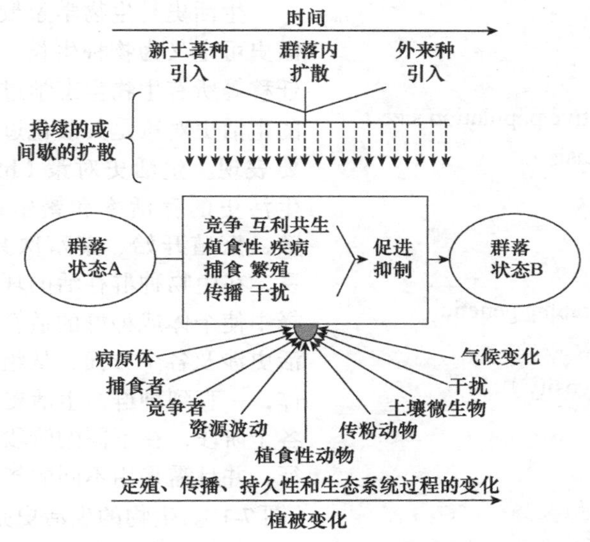

图 6-26　土著种与外来种互作调控群落过程改变（仿 Davis，2009）

思　考　题

1. 什么是生态系统？生态系统都有哪些重要的组成部分？
2. 简述生态系统功能的系统平衡。
3. 生态环境因子对种群的作用过程和机制是什么？
4. 温度与生物入侵之间存在几种关系？
5. 简述生态系统对入侵种的反馈过程和机制。
6. 入侵种如何调控生态系统的功能转变？
7. 入侵种表型可塑性在入侵过程中发挥的作用是什么？
8. 入侵种在群落和生态系统水平上与周围环境的作用路径是什么？

第七章 入侵种的生态适应和快速进化

【关键词】
加性遗传变异（additive genetic variance）
等位基因（allele）
优势度（dominance）
漂移（drift）
有效种群大小（effective population size）
基因上位（gene epistasis）
适合度（fitness）
基因型（genotype）
基因流（gene flow）
地理基因结构（geographic genetic structure）
基因杂合性（heterozyosity）
表型（phenotype）
近交（inbreeding）
异速生长（allometry）
滞育（diapause）
休眠（dormancy）
生活史（life history）

第一节 入侵种的生活史对策

生活史是生物学家最熟悉的概念之一，生活史可定义为物种生长、发育、生殖、休眠和迁移等所有生物生态学过程的整体格局，生物的生活史对策是其演化过程中与环境互作的重要表现。生活史对策（life history strategy）将生活史的存活率和繁殖性质（增长率、产卵数、繁殖开始、繁殖次数及寿命等）相互联系，在生物种群存活的环境条件下，在自然选择中使个体或种群的适合度最大化。生物的生活史涉及各个方面，从组织和器官、生理、个体，一直到种群，生活史特征贯穿生物生活的各个阶段，在不同的阶段都有不同的生活史特征，并且需采用不同的指标或者参数进行研究（图 7-1）。生物的生活史是其重要的属性特征，不同的物种都具备不同的生活史特征，生活史特征的差异是物种分化及形成新物种的动力。即使是同一个物种的不同地理种群或者不同生物型，也存在不同的生活史特征。生活史特征是生物与环境相互作用的结果，生活史特征表现出高度的可塑性，生物的生活史研究也是生物最基础的研究方向之一。

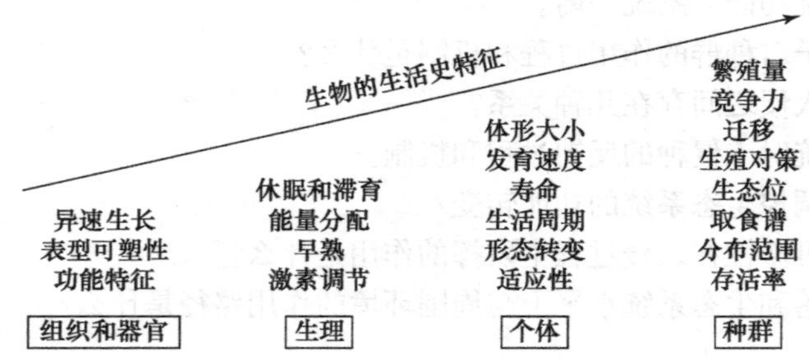

图 7-1　生物的生活史特征

由于生态系统的复杂性和异质性，不同的物种在与环境的互作过程中逐步演化出完全不同的生活史特征，如植物有一年生、二年生和多年生，草本植物为一年生，木本植物为多年生。

昆虫在一年中也分为一个世代和多个世代，有些种类还具有休眠和滞育等特征。整个生物界的生活史更为复杂，有卵、幼虫、蛹和成虫各个阶段的完全变态昆虫，有多寄生和复杂生活史的寄生虫，有迁移栖息地的候鸟，也有顽强生长的植物，生物的不同种类彼此间生活史的差别非常明显。研究比较不同物种的生活史特征，揭示其相似性和差异性，进而与栖息地环境条件相结合，分析其环境适应性，联系物种的分类地位，探讨各种类型和亚类型生活史在生存竞争中的功能、地位及意义，这些是现代生态学的重要研究内容。

一、生活史特征

生物的生活史对策指生物对环境变换产生的响应特征。生活史对策可以将生物生活史分为不同的阶段和不同的方面进行考虑，在演化过程中形成生物高度特异的适应性。生殖对策是生物对环境的重要响应特征，有些昆虫可以进行生殖方式转换，如两性生殖和孤雌生殖的相互转换。鸟通过窝卵数形成生活史响应，有的窝卵多，有的窝卵少，甚至鸟类通过改变卵的大小进行生活史调节，鸟卵变大能提高存活率，有的鸟卵变小来提高繁殖速度。生态系统中可利用的资源和能量是有限的，所以成鸟体形大小相似的物种，如果产大卵，生育力就低，如果产小卵，生育力就高。因此，鸟类在生殖对策的进化中，有两种相反方向可供选择，一种是低生育力的，母代有良好的保护后代的育幼行为；另一种是高生育力的，母代保护后代能力较弱。当然生殖对策还涉及很多其他的方面，并且针对不同的环境因子，生物的应对策略也会形成很大的差异。

环境条件变化下生物的生活史对策复杂而多变，体现在很多方面，生活史对策也是生物对环境响应研究最普遍、最经典的问题。入侵种从原产地迁入到入侵地之后，需要对新的生态环境产生快速的适应，其生活史对策是整个种群产生适应最重要的方面。很多生活史的研究都是基于一般的物种，在阐述生活史方面采用了很多例子。生活史方面众多，主要表现在6个方面：体形大小、生长、行为、繁殖、寿命及资源利用。但具体的生活史特征远远不止这些，在植物学或动物学生活史中，生活史对策是极为重要的内容，是生物响应环境的集成体现，历来都是生物学研究最为关注的内容。对外来种和土著种生活史进行比较是研究入侵特征的重要思路，通过对外来种和土著种的比较发现，植物外来种和土著种在不同方面具有不同的策略和优势，土著种的适合度、生长速率及代谢速率方面优于外来种，外来种在生物量大小、根系和叶片面积分配上优于土著种（图7-2）。当然，生物的生活史远远不止这些，对生物生活史对策进行总结，期待揭示入侵种的适应策略，只能选取部分研究较为广泛的特征。土著种和入侵种的生活史比较能够揭示生物的入侵特征，也能阐明入侵种群的快速适应和进化过程，生活史提供了大量能够比较的生物学指标，主要包括以下几方面。

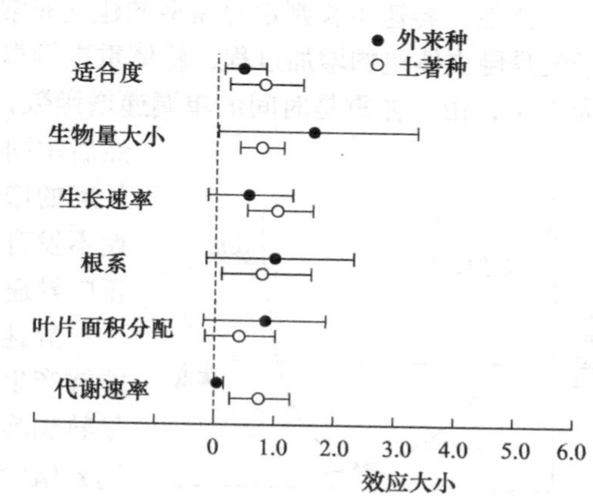

图7-2　外来种与土著种的生活史特征差异
（仿 van Kleunen et al.，2010）

（一）体形大小

贝格曼定律由Bergman提出，定义为在相等的环境条件下，一切恒温动物身体上每单位表面积发散的热量相等。贝格曼定律在解释恒温动物体形的地理变异时有另一种表述形式，同种动物生活在较冷气候中的个体体形比生活在较暖气候中的个体体形大。贝格曼定律在物理学上无疑是正确的，恒温动物通常要消耗巨大的能量来维持体温，因此寒冷的气候中恒温动物需要降低体表面积来减少热量散发以适应环境。

体形大小不仅仅与温度有关，而且与种间关系及群落结构都相关。很多入侵植物到新的生态系统后，生长加速，体形明显超过原产地种群。植物和昆虫虽然不是恒温动物，但是这些入侵种到达新的生态环境之后，体形也会产生显著的变化，不少学者也在研究入侵种的体形大小随气候及环境的变化。竞争能力增强的进化假说就指出植物入侵到新的生态系统之后，由于缺乏转移性天敌，能量重新分配，用于生态发育的能量增加，所以植物体形明显变大。动物的体形大小同样非常重要，动物体形大小与竞争力有关，入侵动物在原产地和入侵地的体形变化还缺乏证据。有些昆虫类群符合贝格曼定律，有些类群正好相反。无论是动物还是植物，体形大小都不是一成不变的，随着环境的变化，体形大小会产生明显的位移。甚至气候变化对生物体形也有重要的影响，从而改变种间关系和群落结构，造成生态系统功能的不稳定性。

（二）生长速率

生物的生长过程是对环境响应的重要方面，生长速率是适应环境的重要量度，也是生物本身的重要特征。生物为了更好地适应环境，产生了异速生长和等速生长两种模式，这两种模式在不同的条件下往往也会发生转变。异速生长是指生物的不同器官表现出不同的生长速率。相反，等速生长就是指生物器官表现出相同的生长速率。生物的生长速率响应是其应对环境变化的基础生物学变化，生长速率改变主要是为了更好地适应环境，保持个体的存活，稳定种群的增长。

除了生物体整体发育速率的改变外，异速生长是响应环境变化更为常见的现象，环境变化往往会引起生物的某个组织或器官发生改变和生长速率变化，因此需要准确地判定生物异速生长或等速生长的模式。考察变量间速率偏离程度能够很好地估测是否属于异速生长，这需要一个等速生长的零假设模型，将等速生长的模型斜率作为期望斜率，根据期望斜率，能够估测生物器官生长的期望值，用实际值与期望值进行比较，如果实际值落入期望值的置信区间，则接受零假设，如果不在置信区间，则视为异速生长，并且可以测定是正向异速生长还是负向异速生长。

当然，异速生长判定时模型的建立非常重要，这是异速生长测定的生态尺子。最简单的例子就是昆虫体重的增加过程，将体重进行离差标准化，然后以标准化的体重单位为 Y 轴，时间为 X 轴，由于体重是时间的单调递增函数，因此，根据体重的时间变化就能绘制出期望曲线，然后用同样的方法绘制器官的增加过程，如卵巢重量和肠道长度的增加过程，就可以判断是不是异速生长。卵巢通常前期不发育，后期发育加速，因此是前期负向异速生长，后期正向异速生长（图 7-3）。

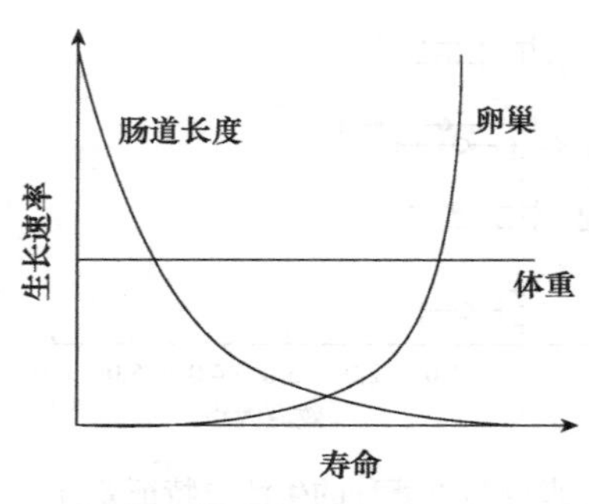

图 7-3 生物的异速生长过程

异速生长在植物界发生尤其普遍，针对气候变化，植物能够产生迅速而有效的响应。植物在繁殖上尤为明显，分为早熟和晚熟两种特征。早熟个体在幼体阶段时间短，因此到达繁殖阶段的概率高。早熟个体的后代出生早并且开始繁殖的时间早，因此适合度较高。晚熟个体推迟繁殖时间，如果大型个体的生育力也较高，那么晚熟个体会因为较大的体形获得较高的生育力。成熟时间推迟会使个体产生更高质量的后代，子代死亡率降低。个体间的差异是异速生长的主要原因，很多生物学研究主要研究群体的平均特征，而这些个体间差异有时是自然选择和进化的重要材料。

很多植物入侵到新的生态系统之后，异速生长更为明显，表现为整体生物量无明显变化，但开花和结果明显增加，繁殖系统的生长速度加快，对环境的适合度更高。同样不少入侵性昆虫也产生了明显的异速生长，如卵巢增加，产卵量增多，而体形并没有明显改变。这些都是入侵种适应新环境的生长策略，对入侵过程有重要的作用。

（三）迁移

迁移是动物的典型特征，具有定向性和群体性等特征。动物的迁移主要分为周期性迁移和非周期性迁移，这两种迁移都与环境条件有关，是动物与环境因子共同作用的结果。动物周期性迁移也称为动物迁徙，是指动物由于繁殖、觅食、气候变化等原因而进行一定距离的移动，周期性迁移已经在动物群体中产生了固化特征，某些环境因子的刺激能够很快诱发迁徙行为。非周期性迁移具有随机性和突发性，同样也是繁殖、觅食等环境条件变化引起的群体行为，非周期性迁移没有形成固化特征，能够随时产生，一旦环境条件变化，群体就会产生迁移。

很多动物都会产生周期性迁移，如候鸟、鱼类及食草动物等。冬候鸟主要由于食物原因随季节每年春季返回北方繁殖地，秋季迁向南方越冬地；夏候鸟则正好相反。每种候鸟的迁徙路线基本不变，食物是候鸟迁移的主要原因。以东亚为例，迁往南方的冬候鸟迁徙主要发生在秋冬季节，主要路线自西伯利亚、中国大陆东北部、日本、韩国等地经大陆沿海南迁至中国台湾、中南半岛或更南方的婆罗洲。春季时，候鸟则会返回北方繁殖地，每年循环一次。夏候鸟则选择与冬候鸟相反的季节，每年由中南半岛经广东、福建沿海往北避暑，如杜鹃。还有一些候鸟迁徙路线更长，包括东非—西亚路线等。鸟类迁徙主要根据天体变化、地球磁场或对沿途地理标识进行识别，人类活动与气候变化对鸟类迁徙能够产生重要的影响。还有很多哺乳动物的迁徙更为壮观，如东非的动物大迁徙，每年 6 月左右，随着坦桑尼亚大草原的食物被逐渐消耗，草原上的动物会迁徙 3000 多千米，目的地是肯尼亚的马赛马拉国家公园，整个动物迁徙过程是地球上最壮观的现象。

相对于大型动物，昆虫的迁移则更加频繁和普遍，并且是周期性迁移和非周期性迁移相结合。帝王蝶的生活史包括卵、幼虫、蛹、成虫 4 个发育历期，幼虫群集生活，以有毒植物马利筋为食，食毒以防身。帝王蝶分布广泛，从整个美国到加拿大南部，再到中美洲和南美洲。帝王蝶主要有两个类型，一种是北美的迁徙种群，在北美到墨西哥中部进行长距离迁徙；另一种则全在中美洲和南美洲常年定居，只在当地进行季节性迁移。大量的其他昆虫也具有迁移的习性，如非洲沙漠蝗、亚洲飞蝗、草地贪夜蛾、棉铃虫、黏虫等。大多数昆虫既可以进行周期性迁移，也能发生随机的非周期性迁移。环境条件的刺激能够显著改变昆虫的迁移行为，人为的农田景观更是大量昆虫的迁飞场，农作物收获后昆虫从农田迁出，在作物种植后昆虫迁入，形成与种植制度完全匹配的适应性行为。

动物的迁移习性能够帮助入侵种在新环境中迅速扩散，2019 年初草地贪夜蛾入侵中国，几个月的时间，其发生范围遍布大部分地区，对整个农业生产造成了巨大的威胁。这种迁移习性使得入侵种的防治更为困难，因为昆虫的很多迁移和鸟类不同，定向性不强，具有很大的随机性和不可预测性特征。2020 年初非洲沙漠蝗强势入侵我国周边国家，虽然没有进入我国，但这种害虫压境的威胁时刻存在，这些物种强大的迁移能力使得其能够跨区域进行远距离扩散，如果没有地理阻隔，我国可能要面临更多有害生物的威胁。

人类活动也会改变入侵种的生活史，很多入侵种在越冬北界以北还能持续性存活并产生危害，如白纹伊蚊、西花蓟马、B 型烟粉虱、蔗扁蛾、橘小实蝇及斑翅果蝇。对这 6 种入侵昆虫进行长期的观测后，科学家发现这些害虫都已经在我国绝大多数地区分布。越冬北界的自然环境并不完全适合入侵种的存活，自然条件下冬季低温能够将入侵种全部杀死，这些入侵种究竟是如何生存并繁殖的？当前有害生物风险分析在很大程度上低估了入侵种的影响，因为有害生物风险分析只考虑自然条件，却忽略了人为因素。人类活动改变了自然环境，导致入侵种冬天也能在大棚温室、建筑、花卉市场等地方生存，这些越冬场所是造成入侵种在非越冬区持续危害的重要原因。因此，入侵种冬天在温室或建筑中越冬，春天再扩散至大田危害，秋天再返回温室越冬，如此往复循环，导致了入侵种在非越冬区持续循环危害。

（四）生殖对策

生殖对策是指生物繁殖后代所面临的各种抉择。最常见的生殖对策就是 r 对策和 K 对策，r 对策是增加繁殖量降低竞争力，最极端的 r 对策是无性繁殖。无性繁殖具有古老、简洁且快速的特点，在微生物繁殖中占据绝对优势。生物的 r 对策可适应多变的局域性环境，并能够快速利用资源。r 对策物种更适应环境因子的大幅波动，利用极高的种群数量来降低死亡率。因此，r 对策繁殖代价低，而生存成本高。K 对策是增加竞争力降低繁殖量。K 对策是有性繁殖，有性繁殖具有相对进化史短、繁杂而慢速的特点，是大型动植物的主要繁殖方式。具有 K 对策的物种适合生存在具有稳定资源的生态系统中，K 对策利用较低的繁殖数量，注重提高存活率。因此，K 对策繁殖代价高，而生存成本低。

在植物生殖的辅助方面，显花植物以雌雄同花占优势，主要依赖昆虫传粉，存在自交与异交混合发生的现象，而自交率在小型植物（如草本）中更高。自交与异交的相互转换也同样是生殖对策，自交在遗传效应上与无性繁殖类似，在生态效应上 r 对策的生物，自交能够自身产生后代，效率更高。因此，显花植物的繁殖系统同样体现了 r 对策和 K 对策的结合。

生殖对策在入侵植物中研究是比较普遍的，对比原产地种群和入侵地种群，空心莲子草的生殖方式发生了明显变化，入侵种群的空心莲子草繁殖率更高。同样稻水象甲入侵我国后，由两性生殖为主转向以孤雌生殖为主，这种生殖方式的转变更有利于入侵种种群数量的积累，能够在短时间内扩大种群，提高适合度。

（五）寿命

寿命是生物的普遍特征，生物只要出生，就会死亡，从出生到死亡的时间就是寿命。寿命分为生理寿命和生态寿命，生理寿命由基因决定；生态寿命由基因和环境条件共同决定，生态寿命具有很高的可塑性。寿命在进化过程中不仅受到自然选择，而且也是生物适应环境的重要表现，因此寿命是生物与环境相互作用的共同结果。

生物生活史中寿命研究的难度最大，也是生活史最重要的特征。理论上，生物个体都倾向于延长寿命，淘汰短寿命个体。但在生态系统中，由于环境因子的复杂性，生物的寿命也是不断与环境进行权衡，最终形成每个物种高度特异性的特征。长寿命的物种通常种群数量稳定，体形较大，竞争力强，在生态系统中占据较高的营养级；短寿命的物种通常种群数量波动明显，体形较小，繁殖力强，在生态系统中一般是初级生产者或次级生产者。r 对策的物种通常具有较短的寿命，而K对策的物种具有较长的寿命。同样一个物种在不同的环境中，寿命差异也很大，如昆虫在食物资源较好的条件下寿命较长，在食物资源极度匮乏的环境中反而发育加速，产生后代后迅速死亡，寿命较短。

寿命也会影响其他生态过程，长寿命的物种通常种群动态及随机过程的变异都比较小，在不断的变化环境中能够维持种群稳定性，而短寿命的物种通常变异非常大，其种群参数和生态过程取决于周围环境，种群存活和繁殖存在极大的变异性。无论是动物、植物还是两者合并，在存活和繁殖两方面，长寿命的物种种群变异都比短寿命的物种小，寿命能够作为一个重要缓冲因子，在同一个世代内就能产生生理或行为变化来适应环境，这也表明长寿命物种在变化的环境下更能维持种群的稳定性（图 7-4）。

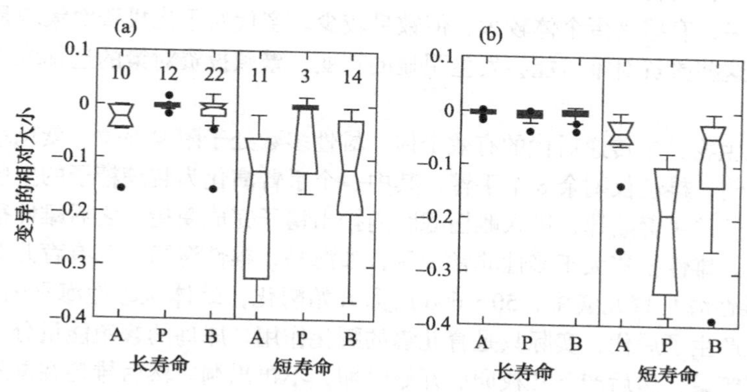

图 7-4　长寿命与短寿命物种的随机种群统计学参数变异性（仿 Morris et al.，2008）

（a）存活；（b）繁殖；A．动物；P．植物；B．动物＋植物

（六）休眠和滞育

休眠和滞育是生物应对不良环境的重要特征，广义上的休眠也包括滞育，但随着遗传学的发展，滞育的特征逐步被认识，并且和休眠相互区分。滞育是生物在环境条件的诱导下所产生的静止状态，属于遗传性特征。滞育常在固定发育阶段发生，非常稳定，滞育的表型为生长停顿和生理活动降低，而且滞育一旦开始，必须依靠固定的环境因子或生理变化才能打破。在生态系统中，温度、湿度、光照、食物及物种相互关系等因素总是不断地产生时空变化。不断变化的环境使昆虫反复面临着适合环境和不适合环境的周期性循环，昆虫的滞育能够很好地适应不利的环境，能使昆虫在不利的时期内生存。当昆虫进入滞育时，完全是一种不能发育的状态，尽管环境还在不断变换，滞育也会在一定的时期内保持。

有些动植物在不良环境条件下生命活动特征显著降低，进入昏睡状态，这种昏睡状态与滞育类似。不良环境过后，这些动植物会重新苏醒，继续生长和活动，但休眠是一种适应性特征，这种适应性特征与不利环境连锁，是一种应急性反应，在生物的各个生长阶段中都能产生。

昆虫也有休眠现象，环境条件的直接刺激或诱导会使昆虫出现暂时停止发育的生理现象，同样有越冬或越夏两种类型。昆虫的休眠由不良环境条件引起，一旦不良环境条件消除，昆虫便可恢复生长发育。例如，东亚飞蝗、蚜虫等以卵越冬，甜菜夜蛾以蛹越冬，这些都属于休眠性越冬。一般而言，休眠性越冬的昆虫耐寒力较差，滞育性越冬的昆虫耐寒力较强。生物通过滞育及与之相似但较不稳定的休眠现象来调节生长发育和繁殖的时间，以适应所在地区的季节性变化，这些已经成为生物适应环境变化生活史对策的重要方面。

（七）能量分配与权衡

生物体在不同的环境中总是能够将能量的利用不断优化，达到种群适合度最高的目的。生物将有限的资源在生长和繁殖对策上的再分配，不同物种能够产生非常多样的方式。有些鸟类具有抚育习性，这些鸟类产卵比较少，抚育上消耗了很多的能量，保证子代具有较高的存活率。也有一些鸟类没有抚育习性，这些鸟类产生较多的卵，投资在子代抚育上的能量非常少，需要大量后备子代个体来平衡较低的存活率。而且，对不具抚育习性的鸟类来说，亲本对子代的大小和数量上还会进行进一步权衡，鸟蛋的大小与孵化率呈正相关关系，因此有些鸟蛋个体较小，但数量较多；有些鸟蛋个体较大，但数量较少。亲代对子代投资对策均是有效的，在不同的环境条件下这些投资对策可能会发生明显的转变，繁殖投资对策的选择取决于生物与环境条件的结合。

雌性一般是生物界中传递后代的有效个体，雄性多数处于附属地位。紫毯章鱼雌雄个体身体大小相差 4 万倍，雄性仅剩余 8 个手臂，其中一个手臂演化为装满精子的生殖器官。性成熟后，雄性带有精子的手臂断掉，进入雌性鳃腔内排出精子完成受精。之后雄性很快死去，雌性单独抚育下一代。雄性投资大于雌性非常少见，如海马，雄性海马腹部有育儿囊，交配期雌性海马把卵产在雄性海马育儿囊中，50～60d 后卵开始孵化，幼体从雄性海马的育儿囊中释放。雄性海马表面上产生了后代，实际只是育儿囊的孵化作用。犀鸟的繁殖能量分配更为特殊，雌鸟首先选择树洞筑巢，然后产下几枚卵后开始孵卵，不再出洞。然后雄鸟在洞外用土不断将洞口封闭，雌鸟也吐出黏液掺入泥土，加固洞口。最终仅在洞口留一小口，雌犀鸟从小口中将嘴伸出，接受雄犀鸟的食物。整个孵化过程需要约 40d，全部依靠雄鸟喂食，直到雏鸟全部出壳，雄鸟帮助雌鸟出洞。

对植物而言，种子小利于传播，数量多可增加存活率；种子大利于种子定居，种子贮存的营养多可增加子代的竞争力。种子之间的重量差别有的高达几千倍，蚕豆的种子非常大，长度可达 2cm，一般一个豆荚只有几粒种子，而苜蓿的种子非常小，一次产生几千粒种子，可随风传播。另外，植物在不同的环境条件下，产生种子的方式也完全不同，环境适宜的条件下植物的生长期较长，个体较大，产生种子的数量较多，重量较小，能量较多地用于生长发育；而在环境不利的条件下植物生长期短，个体小，产生的种群数量少但质量大，能量较多地用于繁殖。入侵种与土著种的光合作用存在显著的差异，也会形成生长速率的差异。在光限制的条件下，入侵种的光合作用速率和荧光量子数量都比土著种要多，同样在氮限制和水限制的条件下，入侵种的光合作用参数也要比土著种高（图 7-5）。

（八）复杂的生活周期

生物的生活周期非常复杂，不同的生物类型已经演化成完全不同的特异性生活周期。植物的生活周期包括种子、幼年、性成熟、开花、衰老直至死亡等过程；昆虫的生活周期一般包括卵、幼虫、蛹及成虫；昆虫线虫包括卵、幼虫、侵染期幼虫及成虫；两栖动物的生活周期包括卵、幼体和成体。但生活周期的复杂性远不止如此，昆虫中每个物种还演化为特异的生活史，蚜虫的生活周期包括至少 6 种不同生物型，分别为干雌、干雄、无翅孤雌蚜、有翅孤雌蚜、雄性、雌性，这些不同生物型的转化过程异常复杂，在缓慢的进化过程中都得以保存。甚至生物在同一个生命阶段，也存在多个不同的生物型，这些生物型会随着环境的变化而不断改变，是

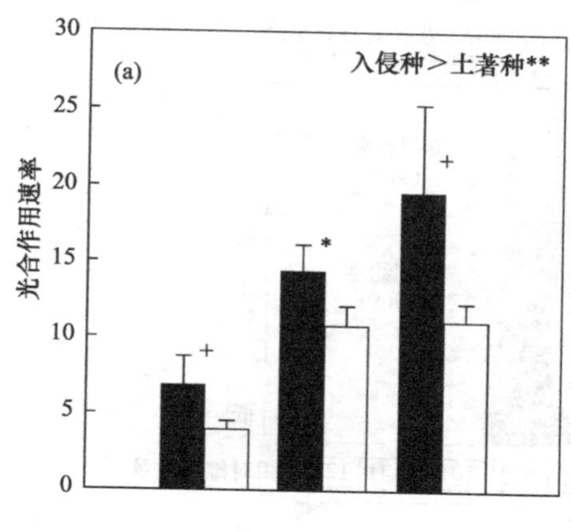

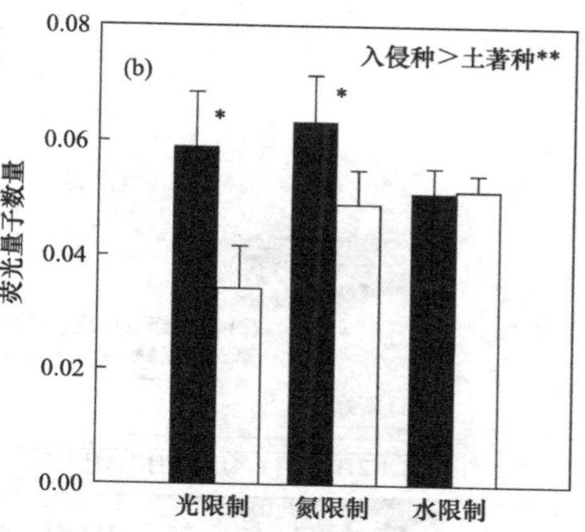

图 7-5　环境胁迫下入侵种和土著种的光合作用速率和光使用效率（仿 Funk and Vitousek，2007）
（a）光合作用速率；（b）荧光量子数量

应对环境变化的重要方面。

经典的东亚飞蝗主要有散居型和群居型两种，这两种不同的生物型具有完全不同的生活习性，适应不同的生态条件，在一定的条件下还可以相互转化，称为散居群居化和群居散居化。飞虱也同样存在短翅型和长翅型，短翅型又称为繁殖型，主要以繁殖为主，属于 r 对策，长翅型为迁飞性，主要以扩散为主，属于 K 对策，长翅与短翅的结合使飞虱既能适应多变的环境，也能在稳定的环境中快速繁殖。昆虫线虫在不同的环境下也都演化成不同的生活史，在营养丰富的寄主体内进行长周期的生活史，在营养匮乏的寄主体内进行短周期的生活史，长生活史和短生活史的结合使得线虫能够很好地适应变化的环境。很多生物都演化了大量的生物型和复杂的生活周期，是生物对环境长期响应的演变结果。

普通黄胡蜂 *Vespula vulgaris* 原产地是北半球西欧，在英国约克，普通黄胡蜂 7 月才会出现春季蜂王，8～9 月进入筑巢高峰期，紧接着雄蜂和蜂王开始交配，老蜂王死亡，10 月开始蜂王越冬。当普通黄胡蜂入侵新西兰之后，种群动态发生了很大的变化，1 月新蜂王出现，2～3 月进入筑巢高峰期，4～5 月老蜂王和老工蜂死亡，6 月蜂王越冬。南半球普通黄胡蜂的活动期比北半球延长了 1 个月，这是一种环境适应性的响应，也是与环境互作的综合结果（图 7-6）。

二、生活史对策与入侵

（一）生态位占据——鱼类入侵

理解外来种成功入侵新生态系统的机制是一个重要的生态学问题，生态位理论能够发挥重要作用。通过研究科罗拉多河流域整个鱼类种群的一系列形态、行为、生理、营养和生活史特征，以探索过去 150 年中人类引起的环境变化、生态位的创造和改变及外来种入侵之间的联系。鱼类生活史模型用于研究入侵过程，为定量评估外来种的传播速度和土著种范围的收缩，我们建立了重叠的生活史对策和景观变化的关系模型。外来种生活史上表现出强烈的适应性和可塑性，并且生态位紧紧围绕着土著鱼类的生态位，伺机竞争并侵占。种群数量下降最快的土著种是与外来种生活史重叠的种类，生活史重叠往往在资源利用上趋同，这也是形成资源竞争的主要原因，周期性生活史的土著种也容易被外来种所替代。在水生生态系统中，外来鱼类在

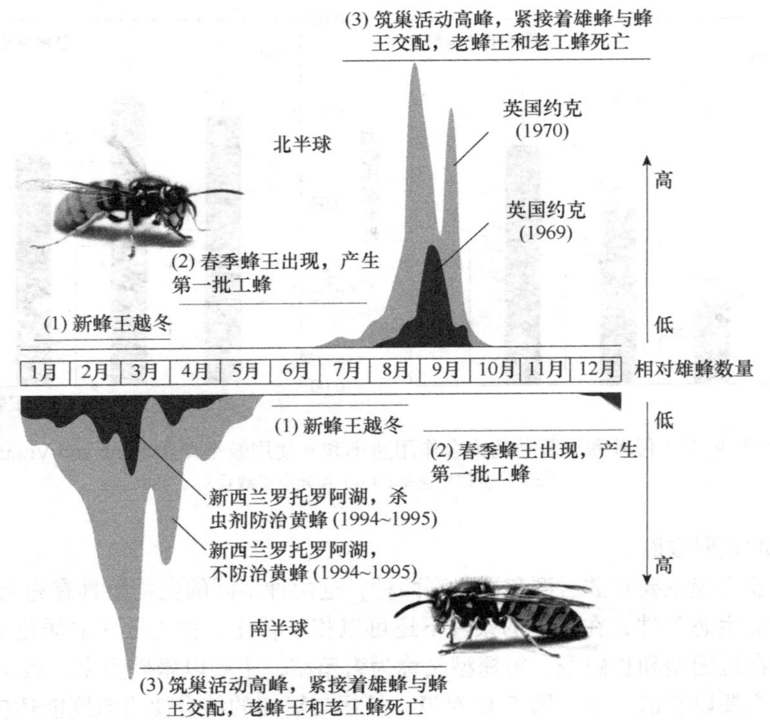

图 7-6 普通黄胡蜂 *Vespula vulgaris* 在入侵地新西兰与原产地英国的种群动态（仿 Lester and Beggs，2019）

生活史空间中对空缺生态位的占据速度最快，这与人类改变环境造成的生态位机会密切相关。与外来种生态位重叠的土著种越多，外来种越难侵入，这与生物多样性抗性假说一致。这些生态位占据对策与土著种的大范围减少和外来种的扩张有关，生态位占据的生活史观点对评估美国西南部鱼类入侵和灭绝模式发挥了重要的作用。

（二）能量分配——虾虎鱼

许多入侵种在入侵路线上表现出动态的生活史变化，在入侵的路线上形成了一系列的梯度变化生活史，这些变化能够代表特定物种范围扩张过程中一致的生态学反映。法国东北部和加拿大安大略省中部都遭受了虾虎鱼 *Neogobius melanostomus* 的入侵，分别在这两个气候和系统生产力不同的河流系统中进行取样，沿着入侵路线，分别在入侵前沿、定殖 1 年、定殖 5 年的 3 个不同阶段，对入侵路线上的虾虎鱼种群密度、生活史特征和年龄、性别及繁殖投资进行了研究。结果发现在这两个系统中，新入侵地的繁殖投入最高，并且随着入侵时间的延长，繁殖投入逐步减少。入侵定殖后在更温暖和生产力更高的系统中，繁殖投资下降的速度更快，这可能与种群数量增长和种内竞争增加有关。在这两个系统中，生长和繁殖性状的个体差异从新入侵地区增加到早期入侵的地区，因此这种生活史变化是独立于环境条件的共同入侵策略，入侵前到入侵后种群生活史产生了明显的动态性。入侵前能量分配策略倾向于繁殖，入侵后倾向于生长。入侵范围的扩大可能与生物快速适应引起的种群增长有关，而这种适应又与分布范围的增加有关。

（三）发育与繁殖——白鲈

生物入侵有时需要经过几个阶段，而且随着入侵种从一个阶段进入下一个阶段，生活史或营养对策会发生明显转变。白鲈是一种成功的入侵种，北卡罗来纳州立大学研究人员选择了白鲈入侵1年、11年和21年的水库，并取样比较种群年龄、成熟时间、生殖腺指数和生长情况。白鲈新引进种群中的个体都表现出生长速率加快，平均生殖投资高于入侵时间较长的种群。新入侵的种群中个体也比入侵时间长的种群成熟期提前，环境条件的变化导致入侵时间长的种群生活史发生变化。因此，生命史的可塑性似乎赋予了入侵种一个重要的优势，使它们能够在整个入侵过程中适应成功的转变，以及一旦它们完全融入已建立的群落中，就开始逐步适应新生态系统的环境条件。

（四）种子大小和比叶面积——入侵植物

澳大利亚是生物入侵最严重的国家之一，采用跨物种和独立对比等多元回归模型研究了澳大利亚东部非本土植物区域入侵成功的生活史对策。主要选择植物生活史变异的三个性状：比叶面积、株高和种子质量。在控制种子停留时间的基础上，小种子植物的入侵成功率较高。在大空间尺度上，比叶面积与入侵成功和强度显著相关。生活史对策的重要性表明很多性状与入侵成功率相关，在有限的时空范围内进行物种的性状调查，准确评估其入侵性，会更为准确。

（五）沙漠蝗两型转变——昆虫

沙漠蝗 *Schistocerca gregaria* Forsk是北非、西亚和印度等热带荒漠地区河谷与绿洲上的重大农业害虫，一般情况下，沙漠蝗主要分布在撒哈拉以南的非洲地区和南亚的部分地区，沙漠蝗种群的发生呈现不规律性分布改变，在沙漠蝗的发生历史上一直呈现不规律的种群动态过程，非洲地区沙漠蝗大规模发生后会开始集结并迁移，入侵非洲、亚洲和欧洲的邻近地区。沙漠蝗卵在42～43℃发育最快，卵期有效积温约为230℃·d。温度小于等于20℃时蝗蝻活动减弱，蝗蝻的发育起点温度为15.5℃。沙漠蝗完成一个世代需要高于15.5℃的765℃·d，在年平均温度20℃条件下完成一个世代所需要的时间超过160d［图7-7（a）］。沙漠蝗的年世代数具有很大的变异，由于没有滞育，沙漠蝗年世代数差异很大，不同分布区域内能完成1～10代［图7-7（b）］。

沙漠蝗是典型的多表型物种，在低种群密度下呈现散居型，体色为绿色和神秘的茄色，而在高种群密度下表现为群居型，体色为明显的黄色和黑色。群居型和散居型沙漠蝗随着环境的变化会产生迅速的转变，散居型是冷色的、独居的及不活跃的种群；群居型是暖色的、聚集的及活跃的种群。沙漠蝗的群居型是通过拥挤来形成的，主要是后足的相互接触，室内实验表明频繁的刺激沙漠蝗的后腿能够影响沙漠蝗的神经传递和生理过程，在处理4h后就能引起沙漠蝗显著的生理和行为变化，促使沙漠蝗由散居型向群居型转变。沙漠蝗后足的不断接触和摩擦引起的刺激导致个体从散居状态转变为群居行为状态，身体接触是唯一最有效的刺激，视觉和嗅觉刺激效应都比较弱。沙漠蝗的后足覆盖着触觉敏感的刚毛和机械感受器，机械刺激直接导致沙漠蝗行为模式转换，随后沙漠蝗的体色、生理及生殖都会产生巨大的变化［图7-7（c）］。当然，沙漠蝗的行为特征转变既可以通过独居个体4h的拥挤物理刺激形成群居，也可以通过母体遗传在4～7世代逐步累积形成群居，运动行为随着聚集程度的增加而增加。拥挤诱导的“独居”和“群居”形式之间的转变涉及行为、形态、颜色、发育、繁殖力和内分泌生理学的一系列变化。沙漠蝗卵主要在黑暗条件下孵化，而飞蝗卵主要在白天条件下孵化［图 7-7（d）］。

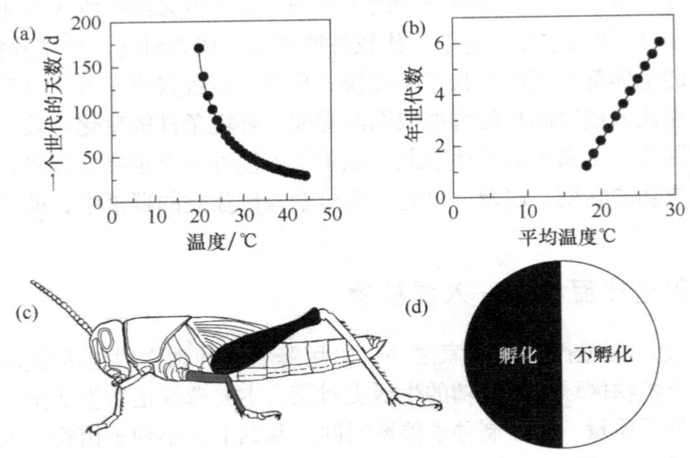

图 7-7　沙漠蝗的主要生态特征

（a）沙漠蝗不同温度下一个世代所需的天数；（b）沙漠蝗世代数与温度的关系；（c）沙漠蝗行为转变感受［沙漠蝗感受物理刺激后会由散居型向群居型转变，黑色表示最敏感（后足腿节），灰色表示次敏感（中足腿节与胫节），白色表示不敏感］；（d）沙漠蝗卵的孵化规律（黑色表示夜晚，白色表示白天）

（六）迁移变化——昆虫

入侵种与土著种的生活史差异是能否入侵的重要因素，尤其是土著种在起源地已经成为害虫。澳大利亚桉树上有些已经成为特异性害虫的土著种类，将这些土著种类与入侵种进行生活史的 13 个特征对比，发现种群的迅速增长特征是相同的，但土著种和外来种存在显著的生活史差异。距离种群来源的位置对入侵种没有显著影响，50 年之前建立入侵种与过去 50 年内建立的物种有完全不同的生活史特征，可能是检疫方式更为有效。桉树上的外来入侵昆虫和土著昆虫之间的差异主要表现为外来种的长距离移动更为有效，而入侵种和土著种建立和扩散等性状无差异。外来种的成虫期有较长的飞行时间，体形较小，与寄主关系更为密切（隐蔽的卵和幼虫），滞育发生率较低，每年的繁殖代数较土著种多。另外，对物种入侵起源国的研究可以有助于了解入侵种的生态学特征。

（七）早熟及繁殖力——昆虫

成功的入侵种都需要一个时空生态位，生态位竞争作用有利于生物入侵。一个物种入侵成功的生活史特征在阐明入侵过程与种间竞争方面有非常重要的意义。法国东南部种子小蜂 *Megastigmus schimitscheki* 对雪松林的入侵，与取食雪松种子资源的土著昆虫 *M. pinsapinis* 产生了激烈的竞争。入侵性种子小蜂成功地占据了生态位，在这些生活史特征中，成虫羽化时间、初始产卵量及雌性繁殖年龄，都是在竞争中获得优势的原因。在自然条件下，入侵性种子小蜂春季成虫出现的时间明显早于土著种，这表明入侵种在种子资源获取方面具有优势，入侵种的初始产卵量显著高于土著种，雌虫的生殖力也是同样的结果。早期物候学和较高的繁殖能力都通过增强种子资源的抢占在竞争环境中赋予入侵种优势，法国的不少入侵种都是通过高的繁殖力入侵，尽管还存在近缘的土著竞争者，但生活史差异使外来种在竞争中更具有优势。

（八）取食谱——胡蜂

入侵种的生态学效应与土著种显著不同，这种差异的生态学机制一直是各国学者关注的焦点。许多外来种无法在新生态系统中与新群落融合共处，而通过捕食、竞争和其他机制造成对土著种的破坏侵入新生态系统。在整个生态影响的背景下，生物入侵研究很少考虑表型或微进化在入侵种引进后的演化过程。一种胡蜂 *Vespula pensylvanica* 侵入夏威夷之后产生了生活史特征（种群大小和寿命）的可塑性，这种胡蜂杂食性放大了对夏威夷节肢动物群的捕食效应，取食范围急速扩大。通过分子生物学、实验学和行为学方法的结合，发现这种寄生蜂捕食了大量的节肢动物资源，并抑制了夏威夷生态系统中猎物种群的增长速度。这些胡蜂从小型一年生群体转变为大型多年生群体时，捕食效应更强，这种特性的可塑性影响入侵的成功率和对生态系统的破坏程度。引入后的表型变化有利于入侵者弥补由于奠基者效应和小种群造成的瓶颈效应。

（九）存活率可塑性——蟾蜍

海蟾蜍 *Bufo marinus* 是一种从南美到澳大利亚的入侵种，标记重捕研究表明入侵地澳大利亚的蟾蜍种群密度比南美洲原栖息地的种群密度高得多。此外，这种蟾蜍向澳大利亚北部的迅速扩张蔓延，给澳大利亚的生态系统造成了巨大的压力。当前，影响种群密度巨大差异的生态学机制还不清楚，通过种群模型发现澳大利亚蟾蜍的平衡密度比南美洲的平衡密度高。此外，在高密度下蟾蜍平衡密度对存活率的变化影响较大，成年蟾蜍的存活率在澳大利亚和南美洲之间存在显著差异，澳大利亚的高密度蟾蜍很可能是蟾蜍存活率较高的结果。蟾蜍平衡密度对成虫存活率的高度敏感性，也是入侵种的快速生态可塑性，对澳大利亚控制该蟾蜍有重要意义。

（十）寿命权衡——石斑鱼

寿命是自然选择决定的生活史特征，寿命性状如何影响物种组合的多样性和分化过程还不清楚。研究北太平洋不同石斑鱼群落发现寿命与竞争力之间存在非常有趣的权衡关系。通过竞争模型能够揭示物种多样化和共存的潜力，寿命的生活史特征权衡能够减轻竞争过程的影响，并有利于少量入侵种数量的物种共存。这种多物种相互作用中的生态位分化、限制相似性和组成动态对于生物入侵具有重要的意义。

（十一）高表型可塑性——九带犰狳

入侵种的高表型可塑性是成功入侵的固有属性，表型可塑性在生物入侵中有重要的作用。九带犰狳 *Dasypus novemcinctus* 是成功入侵新北界的少数新热带界哺乳动物，其颅骨在入侵后发生了明显的表型变异，其在土著分布范围内和新入侵地区中的表型明显不同。入侵犰狳表现出的形态差异可能与减少了食蚁动物有关，北美温带开阔地区的犰狳能够捕食更多的猎物种类。九带犰狳的高表型可塑性和巨大的环境耐受性有助于解释其在原生生态系统中分布极广，并且可成功入侵新北界。形态学和气候跨越原生和入侵范围的一致性变化对于理解新环境中的入侵反应非常重要。

（十二）寿命和繁殖——异色瓢虫

长期以来，生物入侵者大多表现出生活史的特征改变，很多具有早期繁殖和短期寿命的特征。异色瓢虫 *Harmonia axyridis* 是一种全球扩散的入侵种，异色瓢虫曾经被用作生物控制天敌昆虫，但目前已经严重威胁多个国家的作物生态系统。异色瓢虫作为生物防治天敌在实验室饲养期间，进化出了典型的快速生活史。入侵者与土著者的能量分配不同，更多的资源用于繁殖，繁殖过程还可以延长寿命，这种生活史被描述为一种双向策略。入侵种群内部生活史进化可以迅速进行，并在入侵环境和入侵种之间形成不断优化的进化匹配。

第二节　基因重排与遗传重组

一、基因重排

基因重排是指将一个基因从远离启动子的位置移到距启动子很近的位置从而启动转录的方式。重排是染色体断裂、融合，导致基因和基因之间的相对顺序发生了改变，核苷酸序列改变的过程可以产生新的基因。因此，基因重排的机制是一种 DNA 双链断裂的修复过程，在等位基因内或等位基因之间，出现了重复单位复杂的转换式移动。DNA 双链断裂常发生在靠近串联重复序列的 5′ 端的重复单位内，形成 DNA 分子的两个游离的、突出的单链末端。目前在核基因与线粒体基因都发现基因重排现象，线粒体的基因重排在某些类群中非常多变。到目前为止，引起基因重排的分子机理仍不清楚，损伤和修复可用于解释重排过程。在修复的过程中，两末端因摆动或错位，没有按照原配对碱基的位置进行修复，出现以下两种后果。

（一）基因内重排

错位链的修复过程中会出现一些问题，如果最末端的碱基率先恢复，就会形成局部空缺的碱基，经过修复过程形成一个或几个插入重复碱基单位。基因内重排过程是发生在同一个 DNA 分子内的单链插入，因此这种基因的转移是一种基因内转换形式。基因内重排能够反复出现，每出现一次就增加一段插入序列，这种错位复性及修复方式在小卫星座位都是增加了重复单位数。

（二）基因间重排

DNA 断裂端的游离单链 DNA 末端侵入对应染色单体上的等位基因，与另一条染色单体的 DNA 发生复性，形成了两同源染色单体的基因间转换式移动。这类单链侵入过程导致异源链合成、延伸，会出现三种不同的后果。

第一种是从重复基因间重排序列开始的错配新合成链，多数在达到重复序列的侧翼序列前就被 DNA 错配修复系统终止，最终形成基因插入转换。被侵入的 DNA 链错配修复体系终止后，又回到原单链继续复制过程。此时，单链上已经插入来自对应的另一姐妹染色单体基因重复单位。这种被修复系统监测并终止的 DNA 杂合双链可能再次分离，开始新一轮的链侵入、合成和单链复性，引起杂合链的再次延长。最后单链缺口被填充，杂合双链区被修复。

第二种是对应同源染色单体的等位基因为模板合成的错配链一直延伸到小卫星重复序列的侧翼区，并连同侧翼序列中可能存在的单核苷酸多态性（SNP）基因座的碱基变异一起发生了基因间转换，这种重排同时涉及小卫星重复单位和侧翼序列 SNP 基因座，因此称为基因共转换。共转换的方式相对较少。被修复系统终止后，再回到原来的单链按原来序列继续复制。

第三种更为少见，即延伸的杂合双链没有终止，越过串联重复区段，最后形成典型的霍利迪（Holliday）结构，然后出现基因间重组交换过程，经过不同的拆分方式形成同源染色单体之间的互换产物，在配子细胞中，基因转换和重排引起的突变率要比传统概念的配子不等交换突变高 70 倍，因此基因重排是微卫星多态性形成的主要原因。男性配子基因转换突变率远高于女性配子，试验数据显示男性配子突变率为 13%，女性仅 0.4%。对小卫星和侧翼 SNP 标记的基因共转换观察，也发现转换事件与侧翼 SNP 基因座的某种单倍型有明显的关联，推测微卫星序列的基因转换重排可能受到侧翼 DNA 序列的调节。

二、遗传重组

遗传重组是由于细胞或 DNA 之间核苷酸片段的交换或迁移，形成新 DNA 分子的过程。指整段 DNA 在细胞内或细胞间，甚至在不同物种之间进行交换，并能在新的位置上复制、转录和翻译。它包括同源重组、位点专一性重组、转座重组和异常重组四大类，是生物遗传变异的一种机制。其目的是将一个个体细胞内的遗传基因转移到另一个不同性状的个体细胞内，使之发生遗传变异。只要有 DNA 就会发生重组。

狭义的遗传重组仅涉及 DNA 分子内断裂 - 复合的基因交流。从广义上任何造成基因型变化的基因交流过程，都叫作遗传重组。真核生物在减数分裂时，通过非同源染色体的自由组合形成各种不同的配子，雌雄配子结合产生基因型各不相同的后代，这种重组过程导致基因型的变化属于广义上的重组。

（一）同源重组

同源重组是指发生在非姐妹染色单体之间或同一染色体上含有同源序列的 DNA 分子之间或分子之内的重新组合。同源重组的完成需要：①较大范围的 DNA 同源序列；②非碱基序列特异的重组蛋白质因子。同源重组反应通常根据交叉分子或 Holliday 结构的形成和拆分分为三个阶段，即前联会体阶段、联会体形成阶段和 Holliday 结构的拆分阶段。

同源重组的机制主要有三种：第一，Holliday 模型。Holliday 模型说明 DNA 链入侵、分支迁移和同源重组的核心的 Holliday 中间体解析过程。两个单体 DNA 是否出现重组与交联桥的断裂方式有关。但无论重组与否，都新出现有一段异源双链 DNA，这是发生基因转变的遗传基础。这一模型涉及两次断裂和重接：前一次断裂、重接和分支迁移造成了异源双链；后一次断裂和重接则决定是否出现重组。如果两次发生在相同的两条链上，只造成异源双链，在这段异源双链区两侧的遗传学位点将不会发生重组；如果两次断裂重接涉及四条单链，则除了有异源双链区之外，在这段异源双链区两侧的遗传学位点还将发生重组。第二，单链入侵模型。该模型开始只在单个染色体上造成切割，Holliday 模型是在两个染色体上都造成切割，按照单链入侵模型，异源双链区可以只发生在两个染色体的其中之一上，也可以发生在两个染色体上，取决于交联桥是否迁移。第三，双链断裂修复模型。两个交联桥以同样的方式切割只形成断口两侧的异源双链区，没有重组；两个交联桥以相反的方式切割，则除了有异源双链区外，还发生重组。双链断裂修复模型更准确地描述了许多重组事件。同源重组通常是由 DNA 中的双链断裂（DSB）引发的，而 Holliday 模型则是由一对相同位置的缺口引发的，DSB 发生的频率相对较高，但相同位置的缺口频率较低。

(二)位点专一性重组(转化)

这类重组在原核生物中最为典型。这种重组依赖小范围的同源序列的联会，重组也只限于在这一小范围内，其重组事件也只涉及特定位置的短同源区或是特定点碱基序列之间。重组时发生精确的切割和连接反应，DNA 不丢失也不合成。两个 DNA 分子并不交换对等的部分，有时是一个 DNA 分子整合到另一个 DNA 分子中，因此这种重组又称为整合式重组。位点专一性重组完成需要具备一些前提条件：①小范围的特异同源序列；②位点专一性蛋白质因子，要专一识别位点，交换的为短同源片段，这些蛋白质因子还能够专一识别和结合；③细胞调节过程引发这些酶活性增加而发生作用。

噬菌体 DNA 通过其附着点(att)P 位点与大肠杆菌 DNA 的 attB 位点之间的重组就是典型的位点专一性重组。当噬菌体侵入大肠杆菌细胞后，噬菌体 DNA 有两种存在形式：裂解状态和溶源状态。在裂解状态下，噬菌体 DNA 在被感染的细菌中以独立的环形分子结构存在，在溶源状态下，噬菌体 DNA 则整合到宿主基因组中，成为细菌染色体的一部分。游离的 λ 噬菌体 DNA 必须整合到细菌 DNA 中才能形成溶源状态，噬菌体 DNA 从细菌染色体 DNA 上切离的过程就是裂解状态。溶源状态与裂解状态的转换，即整合和切离，都是通过噬菌体 DNA 和细菌 DNA 之间的位点专一性重组实现的，这些特定位点叫作附着点(att)。位点专一性重组的方向性特征是由重组位点的特征所控制的。虽然重组过程是可逆的，但溶源状态与裂解状态过程并不相同。这是噬菌体生命过程中的一个重要特征，因为这种方式可保证整合的过程并不会被切除过程所立即逆转，反之亦然。

(三)转座重组

转座因子从染色体的一个区段转移到另一个区段或者从一个染色体转移到另一个染色体上。不需要同源序列和 RecA 蛋白，需要转座酶，常伴随着复制，也叫作复制重组。这种使某些元件从一个位置向其他位置移动的方式是转座。这段可以发生转座的 DNA 元件，称为转座子。转座中涉及的机制依赖于 DNA 链的切割和重接，因此与重组过程联系起来。转座重组会破坏染色体上基因的排列顺序。几乎所有生物的基因组中均有转座子。其特点为转座子是不必借助同源序列就可以移动的片段，即转座作用与供体和受体的序列无关；转座序列可沿染色体移动，甚至在不同染色体间跳跃(跳跃基因)；转座子对基因组而言是一个不稳定因素，它可导致宿主序列删除、倒位或易位，并且其在基因组中成为“可移动的同源区”。位于不同位点的两个拷贝转座子之间可以发生交互重组，从而造成基因组不同形式的重排。有些转座子与基因组的关系犹如寄生，它们的功能只是为了自身的扩增与繁衍，因此称为“自私”的 DNA。共有三类转座因子：DNA 转座子、类病毒反转录转座子和反转录病毒、聚腺苷酸反转录转座子(也称非病毒反转录转座子)。

(四)异常重组

异常重组是指发生在彼此同源性很小或没有同源性的 DNA 序列之间的重组。可发生在 DNA 很多不同的位点之上。异常重组可能是最原始的重组类型，不需要对特异性序列进行识别的复杂系统或对 DNA 同源序列进行识别的机制。异常重组按其机制主要分为末端连接和链滑动。许多 DNA 序列都可能发生上述两类的异常重组，这直接威胁着基因组的完整性，但同时也是进化的重要途径。异常重组能够产生许多不同的结果，如转码、缺失、倒位、融合和

DNA 扩增。末端连接是指断裂的 DNA 末端彼此连接。然而，如果断端不能直接相连（如两末端的极性相同时），它们可以通过碱基配对，末端合成修复，断裂连接后产生新的连接体。该过程和末端 DNA 的序列无关，也不要求两端之间有任何同源性。链滑动是指 DNA 赋值时，由一个模板跳跃到另一个模板引起的重组。通过新合成的 DNA 链在其模板的错配可导致移码突变。同样的机制在较大范围内发生时，可以产生 DNA 的缺失和扩增，某些正向重复序列似乎是链滑动发生的热点。

三、基因变异

（一）碱基置换突变

基因碱基置换突变是指 DNA 分子中一个碱基对被另一个不同的碱基对取代所引起的突变，也称为点突变。点突变分转换和颠换两种形式。如果一种嘌呤被另一种嘌呤取代或一种嘧啶被另一种嘧啶取代则称为转换。嘌呤取代嘧啶或嘧啶取代嘌呤的突变则称为颠换。由于 DNA 分子中有 4 种碱基，故可能出现 4 种转换和 8 种颠换。在自然发生的突变中，转换多于颠换。镰刀状贫血就是一种典型的碱基置换导致的血红蛋白和红细胞异常疾病，碱基对的转换也可由一些化学诱变剂诱变所致。

（二）移码

移码突变是指 DNA 序列中某一点插入或缺失了 1 对、2 对或几对碱基（不是 3 或 3 的倍数，即加减的碱基不相当于 1 个或多个三联码），造成氨基酸三联密码子转录时的移位，从受损点开始碱基序列完全改变，并翻译成不正常的氨基酸。在移码突变中，如果所形成的错误密码中包含有终止密码子，则肽链还会缩短，而产生一个无功能的肽链片段。发生移码突变后由于基因所编码的蛋白质活性改变较大，所以较易成为致死性突变。在自发突变中，移码突变占很大比例。移码突变所造成的 DNA 损伤一般远远大于点突变。已知能诱发移码突变的诱变剂是吖啶类染料，如吖啶黄、吖啶橙、2- 氨基吖啶等。

（三）缺失

缺失突变是指编码某种氨基酸的密码子经碱基缺失以后，变成编码另一种氨基酸的密码子，从而使多肽链的氨基酸种类和序列发生改变。基因也可以因为较长片段 DNA 的缺失而发生突变。缺失的范围如果包括两个基因，那么就好像两个基因同时发生突变，因此又称为多位点突变。由缺失造成的突变不会发生回复突变。所以严格地讲，缺失应属于染色体畸变。缺失突变的结果通常能使多肽链错误，丧失原有生理功能，不能组成所需蛋白质。

（四）插入

一个基因的 DNA 中如果插入一段外来的 DNA，那么它的结构便被破坏而导致突变。大肠杆菌的噬菌体 Mu-1 和一些插入顺序（IS）及转座子都是能够转移位置的遗传因子，当它们转移到某一基因中时，便使这一基因发生突变。许多转座子上带有抗药性基因，当它们转移到某一基因中时，一方面引起突变，另一方面使这一位置上出现一个抗药性基因。插入的 DNA 分子可以通过切离而失去，准确的切离可以使突变基因恢复成为野生型基因。这一事件的出现频率并不由于诱变剂的处理而提高。

四、上位基因

上位基因（epistatic gene）指一对等位基因受到另一对等位基因的制约，并随着后一对等位基因的不同，前一对等位基因的表型有所差异，这种现象称为上位效应。能够起遮盖作用的基因如果是显性基因，称为上位显性基因，这种基因互作称为显性上位作用。例如，影响昆虫的显性白眼基因（*W*）对显性红眼基因（*R*）有显性上位作用。在两对互作基因中，如果一对隐性基因对另一对基因起上位作用称为隐性上位作用。例如，玉米胚乳蛋白颜色的遗传就属于隐性上位作用。

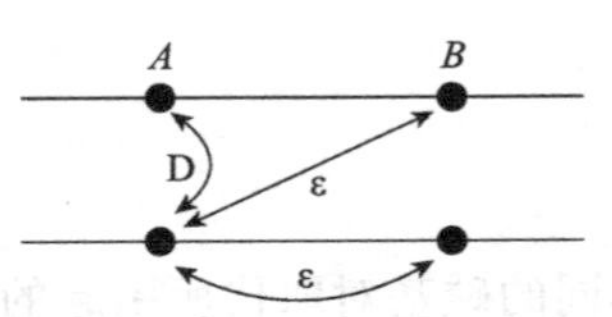

图 7-8　两个基因之间的互作
直线表示有 *A* 和 *B* 两个座位的一个二倍体个体的两条基因序列。显性是同一座位上同源基因之间的相互作用（D），而上位则是不同座位上基因的相互作用（ε）

上位基因的主要机制是两个非等位基因之间的互作过程，*A* 和 *B* 是两个座位上的不同基因，同一个座位上基因的作用称为显性或者隐性作用，这一过程由基因内部互作形成。但有时 *A* 基因的存在也会影响不同座位上 *B* 基因的表达和性状表现，有 *A* 基因存在的条件下 *B* 基因无法体现出表型特征，这种不同座位间的基因相互作用称为上位效应，*A* 基因为上位基因，*B* 基因为下位基因（图 7-8）。

第三节　遗传漂变与分化

一、随机遗传漂变

生物入侵与生物种群分布不同，入侵种群难以与原始种群有基因交流，而形成一个单独存在的孤岛。这种入侵种群孤岛是随机遗传漂变产生的重要原因，入侵种从原产地进入入侵地之后，由于种群数量较少，其种群特征与原产地种群完全不同，在遗传、交配、行为上都会产生一些明显不同的现象，也同样需要新的研究方法来研究这种小种群的建立和遗传过程。通常小种群由于在新的生态系统中，以单一种群的形式存在，与原产地的复合种群不同，入侵种群属于一种明显的种群孤岛，具有以下特征。

1. 遗传变异的保存　大种群中个体的遗传变异很难保存下来，而小种群的遗传变异通过漂变效应保存下来的可能性更大。这是一个概率问题，假设有一个基因突变，种群中个体有同样的交配权和产生后代的能力，在 10 000 个个体的种群中保存下来的概率是 0.01%，而在 100 个个体的种群中保存下来的概率是 1%。

2. 有限的性选择　作为入侵种群，雌雄个体都非常少，这种情况下无论是雌性还是雄性，对于交配个体的选择非常有限。并且由于个别个体的不正常死亡或其他原因，只能有一部分个体的基因得以保留，经过几代后，这个入侵小种群很快就成为一个近交种群，近交种群的特征也会逐步得以表现。

3. 有害等位基因固定　大种群中由于个体数量庞大，有害等位基因在自然选择的作用下很快淘汰，小种群中个体少，有害等位基因固定的概率更大。因此有害等位基因会发生高频率的漂移，甚至可能置换优势等位基因。

4. 群体获得有利的突变而分化　当群体数量足够大时，进化就会起作用，个体的有利突变可能在等位基因中被掩盖，很难得到迅速的分化。小种群中一旦产生有利突变，这些有利个体就迅速适应并占据优势。

因此，小种群和大种群具备完全不同的特征，小种群灵活性强，稳定性差，有时能够形成巨大的变异；大种群稳定性强，难以发生改变，分化过程慢。随机遗传漂变使入侵种群表现与原产地种群完全不同的基因型组成和表型特征，在原产地，土著种都是大种群繁殖，并且在大种群中已经成为固定的基因型比例和遗传选择结构，在繁殖过程中大种群的基因型结构一般比较稳定。当大种群中的一部分个体随着载体或其他人为活动扩散到新的生态系统中，这一部分个体本来就存在很大的随机性，遗传结构与原产地种群可能存在区别。在小种群繁殖的过程中，随机遗传漂变就会产生明显的生态学效应，遗传结构会与原产地种群产生明显的改变，有些基因型甚至消失，极大地降低了入侵种群的遗传多样性（图 7-9）。

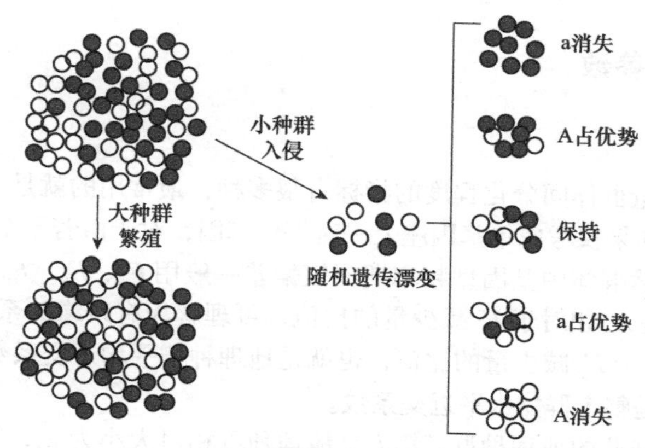

图 7-9　随机遗传漂变产生的生态效应

二、遗传平衡定律

（一）哈迪 - 温伯格（Hardy-Weinberg）平衡

在一定条件下，群体中的基因频率和基因型频率在世代传递中保持不变。如果一个群体达到了这种状态，这就是一个遗传平衡的群体，具有以下特征：①群体很大；②随机婚配；③没有突变；④没有选择；⑤没有大规模的迁入和迁出。

（二）小种群的随机遗传漂变

随机遗传漂变又称随机遗传漂移，是指在一个小群体内由于基因频率不能随机地使上下代保持不变，而受种群个体影响较大，从而形成的波动现象。种群越小，单个个体产生的遗传效应越明显，随机效应越明显；种群越大，单个个体的遗传效应越容易淹没在大种群中，随机遗传效应越弱。入侵种群往往是较少的种群数量，因此在生物入侵过程中随机遗传效应能够发挥重要的作用。

A，*a* 是一对等位基因，频率分别为 p 和 q，长期的进化过程中，根据 Hardy-Weinberg 平衡定律，p 与 q 形成长期稳定的参数，作为 *A* 和 *a* 的基因频率，因此 $p+q=1$，那么

$$p^2+2pq+q^2=1。$$

举例，一个入侵昆虫种群，存在 *A* 和 *a* 的等位基因，*AA* 比例为 0.2，*Aa* 比例为 0.7，*aa* 比例为 0.1，请计算此种群是否处于遗传平衡状态？

$$p^2+2pq+q^2=0.2^2+2\times0.7\times0.7+0.1^2=0.53$$

此种群属于非遗传平衡种群。

如果该种群进行自由组合，下一代 A 的基因频率为 0.55，a 为 0.45，假设产生 100 个个体，那么子代自由组合的结果 AA 为 30，aa 为 20，Aa 为 50，这个种群即一个遗传平衡状态，也就是说，不平衡的种群，经过一代的自由组合就可以形成一个 Hardy-Weinberg 平衡种群。而对于入侵种群而言，引入的繁殖体大多都是原产地种群的一部分，并且处于遗传不平衡状态，到达新的入侵地之后，很快形成新的遗传平衡状态，这种新的遗传平衡状态与原产地种群可能完全不同，通过自然选择、新的遗传变异或者遗传漂变的作用，这种新的平衡状态会不断地发生转变。

三、群体遗传分化参数

（一）F- 统计量

群体遗传学中衡量群体间分化程度的指标有很多种，最常用的就是 F_{st} 指数。自然界生物群体并非理想群体，如果仅考虑单基因座上一对等位基因，对于由若干个来源的群体组成的生物大群体，各层次自然群体中基因型频率期望值偏差一般用 F_{st}、F_{is}、F_{it} 三个参数来度量，统称为 F- 统计量。F_{st} 是 H_s 相对于 H_t 减少量的比值，可理解为有亲缘关系地理种群间的平均近交系数；F_{is} 是 H_i 相对于 H_s 减少量的比值，也就是地理种群平均近交系数；F_{it} 是 H_i 相对于 H_t 减少量的比值，也就是整个群体水平近交系数。

假定有 s 个不同来源的地理种群，第 k 个地理种群相对大小为 w_k，第 k 个地理种群中第 i 个等位基因频率为 $q_{k(i)}$，杂合体频率观测值为 H_k，整个群体中观察到的杂合体频率平均值为 H_i（$H_i=\sum_{k=1}^{S} w_k H_k$），地理群体为理想群体的期望杂合体频率平均值为 H_s（$H_s=1-\sum_{i=1}^{2}\sum_{k=1}^{S} w_k q^2_{k(i)}$），整个群体为理想群体的期望杂合体频率 H_t（$H_t=1-\sum_{i=1}^{2}\bar{q}_i^{\,2}$）。因此，$F_{st}$、$F_{is}$、$F_{it}$ 三个参数分别为

$$F_{st}=\frac{H_t-H_s}{H_t}$$

$$F_{is}=\frac{H_s-H_i}{H_s}$$

$$F_{it}=\frac{H_t-H_i}{t}$$

从配子间亲缘关系角度分析，F_{is} 和 F_{it} 分别相当于地理群体和整个群体中携带的一对等位基因是同源的概率，而 F_{st} 是从两个地理群体中任意抽取的两个配子是同源的概率。从两个地理群体中任意抽取的两个配子是同源的概率大，表明两个地方群体的遗传组成相似，分化程度低；反之遗传分化程度高。

F_{st} 取值范围为［0，1］，最大值为 1，表明等位基因在各地方群体中固定，完全分化；最小值为 0，意味着不同地方群体遗传结构完全一致，群体间没有分化。实际研究中，F_{st} 为 0～0.05：群体间遗传分化很小，可以不考虑；F_{st} 为 0.05～0.15，群体间存在中等程度的遗传分化；F_{st} 为 0.15～0.25，群体间遗传分化较大；F_{st} 为 0.25 以上，群体间有很大的遗传分化。

（二）Nei's 遗传距离

量化群体间遗传分化程度的另一个参数是遗传距离，它常用群体中等位基因频率的函数

来度量。最理想的遗传距离度量方法是使遗传距离取值范围为［0，1］。0表示两个个体或地理种群中所有遗传标记都存在，1表示在两个个体或地理种群中没有共同的遗传标记。遗传距离是一个进化度量值，与进化趋异相关。进化上，两组个体分化越大，其遗传距离值就越大。

遗传距离是另外一种遗传算法，假定X和Y是同一个物种的两个不同地理种群（假定地理群体为理想群体），x_i、y_i分别表示X地理种群和Y地理种群特定座位上第i个等位基因频率，那么随机从X地理种群中抽取一对等位基因是完全一致的概率为

$$j_x = x_i^2$$

从X和Y两个地理种群中抽取一对完全相同的等位基因的概率为

$$j_{xy} = x_i \times y_i$$

如果m为检测的基因座位数，x_{ij}、y_{ij}分别表示X地理种群和Y地理种群中第j个座位上第i个等位基因频率，r_j表示第j个座位上等位基因数。j_x、j_y、j_{xy}分别为上述三种概率的算数平均值，那么随机从X地理种群中抽取一对基因组间的不同等位基因的比例为$D_x=1-j_x$，随机从Y地理种群中抽取一对基因组间的不同等位基因的比例为$D_y=1-j_y$，分别从X和Y地理种群中各抽取一个基因组间的不同等位基因的比例为$D_{xy}=1-j_{xy}$。

Nei's最小遗传距离是由群体中等位基因频率直接确定群体间遗传距离，但是D值表示的是不同来源的基因组间不相同等位基因的比例，这种变异是不可加的。为了更精确地估测D值，将D_m进行标准化，称为Nei's标准遗传距离，计算公式为

$$D_m = -\ln \frac{j_{xy}}{\sqrt{j_x j_y}}$$

四、遗传分化

物种的遗传多样性是生物界经过几十亿年的进化所积累的宝贵资源，是量化种群内遗传可变性的一个重要指标。遗传多样性是指分子、细胞和个体三个水平上的种内或种间的遗传变异度，即生物所携带的遗传信息的总和。狭义上讲，遗传多样性是指种内不同群体和个体间的遗传多态性的程度，或称为遗传变异。遗传多样性的本质是生物在遗传物质上的变异，即编码遗传信息的核酸的组成和结构上的变异。遗传多样性能够通过不断地表达产生更多的差异，如个体水平上可表现为生理代谢差异、形态发育差异及行为习惯的差异，细胞水平上表现为染色体结构的多样性及细胞结构与功能的多样性，分子水平上可表现为核酸、蛋白质和多糖等生物大分子的多样性。有些生物地理分布广泛，遗传多样性被分散在不同的地理种群中，所有的地理种群的基因总和就是该物种的基因库或遗传多样性。

遗传分化与遗传多样性不同，遗传多样性是物种内部发生的不同性状的遗传，所包含的是整个物种之间基因差异。遗传分化是个体的成长和分化，是由不同基因的变异造成的，遗传分化有好有坏，通常有不同的方向。遗传多样性离不开遗传分化，离不开染色体变异，因为这些变异和分化，丰富了遗传的多样性。

（一）遗传的表型分化

入侵植物在异质生境中通常也会具有不同的表型，这可能是不同环境条件下植株表型可塑性的体现，也可能是种群间遗传分化的结果。因此，对具有不同表型的入侵种进行种群遗传多样性和遗传结构的研究，一方面可以探究外来种表型变异的原因，另一方面也有助于揭示外来

种的入侵机制。遗传多样性除了在生态学时间尺度上产生影响物种进化这样的长期效应外，也能在某些特定种群中产生短期效应。遗传多样性作为种群的一个重要的基本特征，决定了自然选择可筛选的遗传变异甚至是性状变异的范围，在相对长的生态学时间尺度上，使物种发生进化。保护生物学领域也提高了对遗传多样性短期效应的关注，尤其是在一些对小种群和濒危种群的保护和研究工作中。这些研究兴起于对种群大小、遗传多样性和适合度之间关系的探讨，主要研究一些受高度关注的但遗传多样性很低的物种。遗传多样性水平较高的种群具有更好的稳定性和维持能力，在群落中有更好的表现。

（二）遗传分化与繁殖体压力

繁殖体压力与基因多样性之间的关系对建群效应的影响应该受到特别注意，因为这两者之间的关系可能比现在人们的共识要复杂。一般来说，外来种在其初始到达地的基因多样性都低，低水平的基因多样性将会降低外来种成功定居的可能性。另外，高水平的基因多样性能够在以后的入侵和扩散过程中提供遗传分化的原料，使得入侵种能够更好地适应不同的生境。此外，外来种从定居新生境到扩散暴发而成为入侵种存在一段时滞期，不同来源的繁殖体在这一时期内会通过基因的或表型的变化来适应新环境，从而达到成功定居并蔓延为入侵种。因此，增加繁殖体压力对提高外来种群的基因多样性有利，从而提高了外来种成功入侵的机会。而且也有学者证明繁殖体总迁移次数多的种群通常拥有更加多样化的基因库，有助于其适应度的提高和快速融入新栖息地。

遗传多样性是生命进化和适应的基础，生物的演化导致不同的分布和不同的适应性在遗传上表现为遗传的多样性。它与物种的适应力、活力、繁殖能力等有着密切的关系，种内遗传多样性越丰富，物种对环境变化的适应能力也越强。具同样遗传基础的同一物种的不同个体在不同的环境条件下会表现出不同的生理、生化和表型特征，以适应相应的环境条件。我国互花米草引种后在国内大量种植，不同纬度的 10 个种群在不同水位条件下的生活史和生长特征表明互花米草具有较高的表型可塑性与遗传分化能力。

许多遗传多样性的种群水平研究中表明，种群内个体间的差异及个体基因型间的相互作用可能对种群生产力或种群适合度产生显著影响，并且基因型多样性常与繁殖力存在正相关关系。模式植物拟南芥种群遗传多样性的研究表明，基因型多样性能够显著提高种群水平的适合度，随着种群内基因型的增多，整个种群在发育历期、生物量和种子萌发率等适合度性状上都有显著优势的表现。在食草昆虫密度胁迫和营养胁迫条件下，具有较高水平种内变异的拟南芥种群比对照种群具有更高的生产力和适合度。在其他物种研究中，具有较高遗传变异的种群对繁殖力和适合度也有不同程度的增幅，一种海岸植物 *Cakile edentula* 中多基因型的混合种群比单种种群的繁殖力高出 14%，月见草 *Oenothera biennis* 中高出约 17%，加拿大一枝黄花 *Solidago canadensis* 中高出 36%，羽扇豆 *Lupinus micranthus* 中高出 39%，大叶藻 *Zostera marina* 中高出 58%。遗传变异较高的种群具有较高的适合度和繁殖力，使得这些种群对极端气候事件的抵抗能力也较高，能够顺利完成灾后恢复、入侵定居等生态过程。

第四节　遗传多样性与加性遗传变异

一、遗传多样性

遗传多样性是指生物所携带的遗传信息的总和，即种内个体之间或一个种群内不同个体的遗传变异总和。种内的遗传多样性是物种以上各水平多样性的最重要来源。遗传变异、生活史特点、种群动态及其遗传结构等决定或影响着一个物种与其他物种及与环境相互作用的方式。而且，种内的遗传多样性是其遗传物质的丰度，是一个物种对人为干扰进行成功反应的决定因素。种内的遗传变异程度也决定其进化的趋势，高的遗传多样性一般具备较高的遗传变异，在进化过程中也可能适应多变的环境。

遗传多样性是生物多样性的重要组成部分。一方面，任何一个物种都具有其独特的基因库和遗传组织形式，物种的多样性也就显示了基因遗传的多样性。另一方面，物种是构成群落的组成单元，群落进而组成生态系统的基本单元。生态系统多样性离不开物种的多样性，也就离不开不同物种所具有的遗传多样性。因此遗传多样性是生态系统多样性和物种多样性的基础。生态系统多样性或物种多样性也就包含了各自的遗传多样性。

（一）遗传多样性的量化

遗传多样性，定义为任何量化种群内遗传变异性大小的度量，是生物多样性的一个基本单元。遗传多样性的研究主要是在进化生物学领域，现代遗传学研究建立了遗传力和遗传方差等遗传多样性的新定量指标。遗传多样性的热点问题主要是基因的形成和维持，以及在有性生殖进化中的作用及遗传变异的类型如何调控种群内进化率。遗传多样性为自然选择进化提供了原材料，自然选择进化的广泛证据证实了影响适应性的性状存在遗传变异，个体基因型是自然选择的直接靶标。遗传性状变异并不代表遗传多样性具有自然选择下的生态一致性，具有不同遗传特征和性状的个体能够以不可预测的方式相互作用。尽管生态形状存在明显的遗传变异，但遗传多样性对种群动态、物种相互作用和生态系统过程的潜在生态影响范围的了解还非常少。遗传多样性的生态效应在农学研究也被关注，如田间种植基因多样的品种来提高作物产量。有证据表明品种多样性可导致更大的产量，以及减少食草动物和病原体的损害。

生态学领域内两个方面为研究遗传多样性的生态效应提供了基础。首先，生物多样性研究热点集中在物种组成和功能群，这些物种组成和功能群影响生态系统的稳定和功能。其次，特定解释变量的平均值有时不能反映种群过程，而那些偏离平均值的特殊个体可能有重要的生态效应。例如，描述特定树种对环境变化的反映，通过个体响应预测群落变化有时不能很好解释现象，个体间的相互作用会弥补个体变化增加群落的稳定性，个体间的遗传差异直接影响物种相互作用和生态动力学过程。群落遗传学能够将进化生物学、种群遗传学和群落生态学领域连接起来，生物多样性本质上是一个分层概念，物种内的表型变异可以比物种间的变异大。生态性状有变异（生长速度、竞争能力、免疫功能及毒力等），任何层次的多样性都会产生重要的生态效应，因此人们合并生态和进化研究的兴趣激增。单个物种种群的遗传多样性也能够对群落产生直接的生态效应，种群遗传多样性能够影响群落内部的生态相互作用。

（二）遗传多样性的测定

遗传多样性的生态效应由于多样性而变得复杂，群体水平上可测量的遗传多样性与特定基因型间的差异不同（表 7-1）。个体基因型对生态过程和模式的响应体现在个体水平，群体的遗传多样性涉及多个个体间的相互作用。

表 7-1 遗传多样性的性状特征及测定指标

性状特征	遗传多样性指标	定义
离散的等位基因状态	等位基因多样性	分子遗传多样性的指标，包含每个位点等位基因的平均数量和相对频率的信息。等位基因的多样性通常用假定的中性位点的分子标记来测量
	等位基因丰富度	每个位点的平均等位基因数
	基因型丰富度	一个种群中基因型的数量。基因型丰富度可以通过使用分子标记单倍型的数量来衡量，也可以改变克隆基因型或亲缘关系家族的数量来进行设计
	杂合度	个体一个基因位点上携带两个不同等位基因的平均比例。杂合度用共显性分子标记来估计，但受抽样个体数量的影响。当对遗传模式及种群的大小做假设时，可以用显性和共显性标记来估计杂合度
	核苷酸突变多样性	一种核苷酸多样性的测量方法，提供了有效种群大小和突变率的综合测量方法，两个基因型之间分离位点的期望数目
	核苷酸多样性	从一个群体中随机选出的两个个体之间每个位点的核苷酸差异的平均数量
	多态性位点百分比	多态性位点的百分比
连续性状	遗传变异系数	性状的遗传方差（V_G）由性状平均值修正。与遗传方差不同的是，变异系数（CV）不受性状平均值大小的影响，当变异与性状平均值成比例时，CV 可以说是表型性状遗传多样性的最佳量度
	遗传方差	个体间由于遗传差异而产生的一个表型性状的差异。遗传方差的测量使用的是子代回归，结合近亲分析或系谱繁殖。总遗传方差可划分为加性和非加性遗传方差。遗传方差常与性状平均值成正比
	遗传可能性	种群中遗传方差与总表型方差的比例，遗传受遗传变异和环境变异的影响

遗传多样性最常用于描述离散等位基因状态，等位基因状态或表型性状的变异可能是中性的，也可能不是中性的。虽然分子标记是在自然种群中测定遗传多样性最常见的方法，但中性变异本身不具有生态效应。中性性状通常是离散等位基因状态，但并非所有离散等位基因都是中性的，如花卉颜色。理论上，数量性状也可能是中性的，大多数情况只有已知功能意义的数量性状才会受到关注，遗传多样性的度量反映了群体中等位基因或单倍型的数量，以及等位基因或单倍型频率。一个群体中两个随机选择的等位基因或单倍型差异能够衡量群体的遗传多样性，其他指标也可用于描述离散性状的遗传多样性，在大多数情况下遗传多样性都反映了等位基因的数量或相对频率。对于数量性状，遗传多样性开始于个体间表型的差异，最简单的遗传多样性度量是一个性状的总遗传变异，通常被进一步划分为其加性成分和非加性成分。同一个世代中特定性状的遗传变异可能会产生重要的生态后果，不同世代中遗传多样性如何影响进化速度是加性遗传变异。

德国黄胡蜂 *Vespula germanica* 和普通黄胡蜂 *Vespula vulgaris* 是全球两种重要的入侵性黄胡蜂，这两种黄胡蜂分别原产于德国和英国。德国黄胡蜂原来主要分布在欧洲，现已经扩散至南非、英国、澳大利亚、新西兰、阿根廷等地。德国黄胡蜂的种群与单倍型数量密切相关，阿根廷的单倍型最少，其种群数量也最低，南非的单倍型较多，种群数量也较高［图 7-10（a）］。普通黄胡蜂原产于西欧，目前在东欧、北欧、英国和爱尔兰、新西兰等地的单倍型都较多，这些地区普通黄胡蜂也成了重要的入侵种，种群数量高，而阿根廷的普通黄胡蜂单倍型较少，其种群数量也较低［图 7-10（b）］。

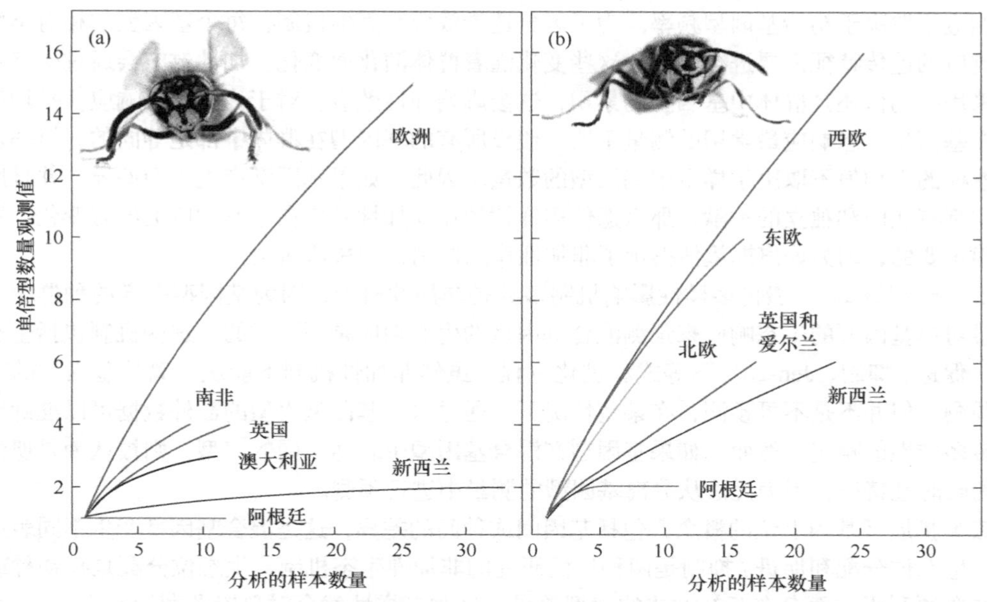

图 7-10　黄胡蜂入侵种群的线粒体单倍型多样性（仿 Lester and Beggs，2019）
（a）德国黄胡蜂 *Vespula germanica*；（b）普通黄胡蜂 *Vespula vulgaris*

采用遗传多样性指标能够研究遗传多样性与生态效应之间的相关性，遗传多样性也可能与其他变量相关，间接调控生态过程。取食植物的昆虫多样性与植物的关系经常用多样性解释，很多特定的性状被假设为重要性状。特定的性状形成的遗传多样性发生变异在理论上是可能的，但是遗传性状能否影响植物和植食性昆虫之间的定量关系的形成是难以确定的。

遗传多样性能直接和间接地影响种群、群落和生态系统过程，然而这些影响取决于遗传多样性与表型性状变异的关系。因此假定中性分子标记多样性的生态效应取决于这些中性标记与表型变异之间的关系，尽管中性标记衡量的多样性没有生态效应，但分子标记与生态相关性状的遗传多样性水平有关。当遗传多样性与群体内的表型多样性正相关时，遗传多样性的生态效应可能是多种机制共同作用的结果，确定各种机制之间的共性和差异有助于了解遗传多样性产生不同生态效应的过程。

二、加性与非加性遗传

（一）遗传机制

1. 加性机制　加性机制即测量单个基因型的生态响应及一个群体中每个基因型的相对丰度，然后预测多样性种群的生态响应。例如，植物混合基因型上的植食性昆虫的丰度可能是分离生长时每个植物基因型上的昆虫丰度的平均值，由种群中每个植物基因型的相对丰度进行加权计算。加性遗传并没有考虑不同基因型间的相互作用，加性机制的必要条件是基因型在单一基因的群体和混合基因的群体中表达相同的表型。

在混合的基因型中，往往有些基因型个体的表型不同，抽样过程中如果抽到某种基因型的个体进行测量就会造成取样效应，尤其是某一基因型在群体中占优势时，取样效应将会更加明显，这种取样效应与基因型的环境有关，也称为选择效应。选择效应不是加性的，因为这种生态学响应不取决于初始基因型频率。为了区分选择效应和其他机制，每个基因型的相对丰度或进化响应的遗传特征需要进行测量，这些变化随着群体演化而变化。加性效应会通过生态响应测定采用平均值还是群体中基因型的累积，这会影响加性效应。对于许多生态响应，平均值一般是多基因型生态响应最常用的测量手段。假设所有的基因型在群体中都是等同的，概率理论表明取样的平均值不取决于样本中基因型的数量。因此，如果基因型产生表型差异，并且所有基因型都有相同和独立的贡献，那么遗传多样性的预期加性效应在生态响应上没有变化。零期望是很重要的，因为偏离期望值揭示了非加性作用机制，如快速演化。

2. *非加性机制* 遗传多样性影响机制多数是非加性机制，因为基因型多样的种群中，仅仅通过对单基因型的生态响应来预测混合基因型的生态响应是不可靠的。这些机制包括生态位分配、促进 / 抑制、Jensen’s 不等式和进化过程。虽然非加性机制不能从分离的基因型的响应进行预测，但并不是不可预测，在某些情况下，通过每个基因型表型的额外数据可以准确地预测遗传多样性的响应。然而，如果基因型在混合基因型中表达不同的表型，则被认为是遗传多样性的临时性特征，因为无法从分离基因型的测量中进行预测。

表型扩展了基因上位的概念，包括基因间或种间的差异，这是混合基因型产生不同表型的原因。生态位分配和促进 / 抑制是两种广泛研究的非加性生态机制，生态位分配是指物种或基因型在资源利用方面存在互补方式的表型差异，这时多样性就会对总资源利用产生积极影响。如果每个基因型的密度不同，则是生态位的非加性效应，假设基因型内的竞争较小，遗传多样性高的群体比单一基因型的生产力高。这些过程都属于促进 / 抑制的广义范畴，也都属于非加性机制，个体基因型表型或其他相互作用导致多基因型种群中的响应发生变化，因此基因型相互作用很难预测。物种遗传多样性的非加性效应的其他机制包括可塑性和频率依赖性竞争、捕食或其他相互作用，这些相互作用能够导致稀有基因型优势。个体对多样性和均一环境的可塑性响应通过配偶和亲属识别系统，这代表了遗传多样性的机制。

进化也属于非加性机制，能够促进遗传多样性的生态效应，也是遗传多样性的生态效应不同于物种多样性的原因。进化在种群中创造新的表型，并在遗传多样性丧失后恢复遗传多样性。种群内进化存在几种机制，如突变、迁入 / 迁出、遗传漂移和自然选择，这些都可以改变种群内遗传多样性。当进化由自然选择引起时，这种生态效应取决于遗传多样性的水平，因为加性遗传方差增强了种群内的遗传多样性。

遗传性状对生态响应有非线性影响，那么遗传方差的变化也会影响生态响应过程，因为遗传特征与生态响应不同，这种非线性函数称为 Jensen’s 不等式。例如，植物质量性状与植食性昆虫种群增长速度呈正相关，并存在加速过程，那么植物质量遗传变异增加将导致更高食草动物种群数量，而尽管植物遗传多样性均值不变。随着遗传性状效应的非线性程度增加，群体间遗传差异对生态效应的重要性逐步增加。

（二）加性遗传变异的生态特征

1. *种群水平* 遗传多样性最重要的生态效应是群体的生产力或适应性，藻类的混合基因型比单株生产力更高。混合基因型的表现与单组分基因型的表现密切相关，混合基因型的生产力受取样效应影响，因为生产力高的基因型会主导混合基因型并驱动高生产力，农业生态系统中增加特定遗传品种也会增加作物产量。海草的混合基因型却是低生产力的负选择效应，单作中高生产力的基因型在海草中很少。基因型之间的生态位分配能够超过这种负效应，从而提高初级生产力，增加优势植物。基因型的相互作用也有助于种群水平，如菌株之间的竞争，单株疟疾感染比混合菌株感染表现出更高的寄生虫密度。此外，遗传互补性有助于蜜蜂群落多样性，高多样性群落在温度压力下保持比低多样性群落更恒定的温度，这可能是因为感受温度阈值上存在遗传差异，多样化的蜜蜂群落也表现出更高的生产力和寿命。

2. *群落水平*　植物遗传多样性如何影响较高的营养级涉及植物 - 昆虫的相互关系。植物基因型的数量能够影响节肢动物群落，转化为对整个节肢动物丰富度的影响。这些影响机制因节肢动物营养水平而不同，捕食者丰富度和丰度的增加是由于取样效应，基因型之间的生态位互补有助于多食性物种丰度的增加。海草混合基因型在扰动后增加植物丰度来增加取食海草相关物种的丰度，最终海草通过增加植物资源的总丰度促进节肢动物物种的丰富度。遗传多样性对不同营养水平的群落动态影响也能发生快速进化，一个基因型的变化通过驱动种群动态影响整个群落组成和格局。

一个群体内的遗传多样性水平会影响该群体的生产力、增长和稳定性，以及群落内的特定相互作用和生态系统过程。遗传多样性相对入侵生态学的重要性还远远没有揭示，需要研究遗传多样性在更广泛的系统多样性中的生态效应，并使用包括遗传、丰富度、方差和均匀度等方法进行研究。遗传多样性的生态和进化效应将有助于确定遗传多样性的生态学意义，并且在组装不同遗传多样性水平的种群或群落时发挥重要的作用，提高对进化和生态相互作用的理解。

（三）加性遗传变异的类型

遗传变异是生物体内遗传物质发生变异并且可以遗传给后代的一种模式，这种变异与遗传多样性关系密切。遗传多样性最重要的方面就是衡量遗传变异性的变化，对任何一个物种来说，个体携带的遗传信息非常有限，由个体构成的种群系统能够实现遗传多样性及变异，才是进化的基本单元。这些种群系统有稳定的分布格局，遗传多样性不仅包括遗传变异高低，也包括种群的遗传结构。对连续分布的异交植物来说，遗传变异存在于种群内；对自交为主的植物来说，种群间遗传变异非常小；对无性繁殖的植物来说，无性种群大部分位点都是纯合的，形态变异也很小，但无性种群间存在明显的差异。遗传变异分布在生物种群内的差异非常大，生殖方式决定了遗传变异的分布，种群遗传结构的差异是遗传多样性的重要体现。生物的进化潜力和抵御不良环境的能力既取决于种内遗传变异的大小，也依赖于遗传变异的种群结构。

1. *种群内变异*　种群内变异指生物种群内部个体间的遗传差异，种群是一个物种多个个体的集合，也是某一物种在一定时空范围内的存在形式。种群内变异主要强调生物个体间的差异，对于两性生殖的物种，雌雄配子不断发生重组，遗传变异主要存在于种群内部的个体间。遗传变异储存在种群内主要有两个优势：第一，个体间遗传信息差异大，重组过程中基因组进行交换，加速了进化速度，能够迅速适应多变的环境；第二，种群内变异大时小种群就能够携带大量的遗传信息，种群扩散过程中能够突破瓶颈效应，在种群建立过程中更有优势。

种群内变异增加能够加大个体间遗传物质的差异，通过基因流甚至会影响局部的一些个体甚至种群。种群内变异是小种群进化的重要动力，尤其是个体间的差异，由于初始传入个体的遗传结构和基因型存在很大的不确定性，传入后的遗传结构变化动态有可能产生极大的差异。不同外来种的进化潜力和变异极大，有些物种需要数百年才能产生种群内变异，有些物种能够在几年内产生。

2. *种群间变异*　种群间变异是指一个物种不同种群之间的遗传差异，由于生物分布的空间异质性，一个物种往往以复合种群的形式存在，复合种群中亚种群之间的遗传差异就是种群间差异。一般而言，生物种群间的遗传差异主要由自然选择和遗传漂变产生，种群间的遗传差异最终体现了种群空间分布的差异。两性生殖的物种种群间遗传差异较小，而无性繁殖或孤雌生殖的物种往往种群间变异非常大。有些物种存在一定的生殖转换，如蚜虫在恶劣的环境中进行两性生殖，通过基因重组增加环境适应性，在食物充足的环境中进行孤雌生殖，通过迅速繁殖增加种群适合度。因此，同一个物种种群间遗传变异往往也是不断产生变化的，物种应对不同的环境会产生不同的生活史对策。

3. 加性遗传效应　加性遗传效应是指影响数量性状的多个基因的基因型累加，是生物数量性状的重要组成部分。自然选择基本定理预测自然种群中的适合度没有加性变异，野生种群研究表明适合度重要的性状几乎不能产生狭义上的加性遗传。然而，有些适合度能够产生遗传，这就需要对加性方差的演变进行深入了解，适应性差异和混合群体都是进化重要性状的加性遗传方差来源。通过检测一组由1000个酵母分离剂产生的两个酵母菌株的混合物，这两组酵母首先经过适应性分化，然后进行酵母细胞的形态特征测定，最终发现加性遗传变异和进化间存在很强的正相关性。由于适应性差异伴随着混合种群结构的不断改变，因此对地理分布广泛和迁徙能力强的物种，重要进化性状的加性变异与适合度累积的效应并不明显。加性遗传变异多个基因之间的相互作用使得遗传多样性的机制更为复杂，加性遗传变异是生物数量性状的内在机制，在生物适合度是数量性状的重要体现，这些在生物育种上已经得到大量的应用。并且，基因间的相互作用也会影响基因的加性遗传变异，自然界的正向选择在促进而不是消耗加性遗传变异的作用，这也解释了加性遗传变异在群体中占主导地位，而在功能性试验中基因间上位掩盖了加性遗传变异。

三、功能基因

（一）单功能基因

少数功能基因可能对入侵能力产生深远的影响，一个单功能基因对红火蚁 *Solenops isinvicta* 的社会组织产生显著的改变，60年前来自南美洲的红火蚁入侵了美国东南部。进入美国后，红火蚁多个互不相关的蚁后聚集非常普遍，巢密度更大，对土著蚂蚁种群的影响更大。甚至形成了多蚁后型的巢穴，这种巢穴的工蚁有特异的基因 *Gp-9*，该基因编码一个信息素结合蛋白，其能够影响蚁后的识别并调节其数量。通过不同的机制，多蚁后型红火蚁与阿根廷蚂蚁 *Linepithema humile* 相似，自我识别机制的丧失导致了一个大而密集的巢穴结构。这种战略对外来种入侵新生境非常重要，但这并不是长期的进化稳定。在新生态系统建立种群后，种内选择促进了自私工蚁的资源获取能力，将会导致超级巢穴的崩溃。同样，少数功能基因可能会影响某些植物的扩散能力。例如，异源多倍体高粱 *Sorghum halepense* QTL 图谱显示影响生长、扩散和持久性相关的基因数量很少，这与相近的集中作物存在显著的区别。不同生境中的入侵荠菜，QTL 图谱也只发现了很少与开花时间相关的基因，这些少数基因对于荠菜入侵不同生境极为重要。

（二）多功能基因互补

很多入侵生物能够与微生物进行互利共生，这种互利共生在很大程度上是功能基因的互补。微生物群落的组成和结构所遵循的原则是微生物生态学领域长期关注的问题，绿藻 *Ulva australis* 的细菌群落及藻类表面定居细菌模型表明不同藻类样本的微生物相似性极为不同，尽管不同绿藻的微生物组成具有相对的系统发育变异性（样本间仅有15%的相似性），但微生物群落功能组成相似性极高（70%），甚至所有的藻类相关群落中都存在一些功能基因的核心，这些功能基因与绿藻表型的生态学一致，不同类群或系统发育群中这些功能基因广泛分布。通过对不同功能基因而不同种类细菌生境的观察，细菌共享遗传物质非常容易，微生物群落组成和结构的关键水平不一定是物种，而是功能基因的组成。

第五节　表观遗传与表型可塑性

一、表观遗传学

表观遗传学是研究基因的核苷酸序列不发生改变的情况下，基因表达的可遗传变化的一门遗传学分支学科。表观遗传学过程极为复杂，甚至超过传统的遗传学，大量的生命过程、生长、发育、衰老、凋亡都与表观遗传学有关。表观遗传学是基因序列与生物表型的桥梁和通道，基因序列决定起点，生物表型决定终点，表观遗传决定过程。

1809年拉马克发表了动物学哲学（Philosophie zoologique），系统阐述了进化理论，也就是拉马克学说。拉马克学说主要包括用进废退与获得性遗传两个法则，这两个法则是生物产生变异的原因，也是适应环境的过程。用进废退和获得性遗传相关，长颈鹿的脖子在用进废退法则上表现在生物本身，而这些特征还可以稳定遗传。获得性遗传指生物在个体生活过程中，受外界环境条件的影响，产生带有适应意义和一定方向的性状变化，并能够遗传给后代的现象。获得性遗传强调外界环境条件是生物发生变异的主要原因，并对生物进化有巨大推动作用。1858年达尔文发表了进化论，阐述了自然选择的作用，虽然达尔文也多次引用了拉马克学说，但却否定了获得性遗传，认为生物的进化是自然选择的作用。传统的遗传学支持了达尔文的观点，拉马克的观点一度成为唯心主义的笑话。现代遗传学的发展带来了研究手段的提高，表观遗传学曾经广受争议，用进废退是否在生物界存在又一次成为生物学的重要问题。

表观遗传学的证据很多，其中Dias博士进行了有趣的实验，他进行了气味环境对动物后代大脑产生影响的研究，采用一种有甜杏仁味的化合物乙酰苯对雄性小鼠进行实验，将雄性小鼠暴露在乙酰苯环境下，同时对这些小鼠进行连续3天的电刺激，每天5次。小鼠会对电刺激产生记忆，因此一旦有乙酰苯的味道小鼠就会僵住不动。将这些实验的小鼠和正常雌性小鼠进行交配，并产生后代，后代成年后仍然对乙酰苯敏感，乙酰苯的气味会令这些小鼠后代惊慌失措，甚至这些小鼠的F_2代还会对乙酰苯敏感。通过解剖学发现小鼠肾小球结构明显增大，对乙酰苯敏感的神经元增加。这表明环境信息可通过表观遗传机制传递给小鼠后代，这个发现简直令人震惊。回想起来19世纪拉马克学说的失败，获得性状遗传给后代的结论没有被学术界认可，这些表观遗传学结果颠覆了人类对遗传学的认识。

后来，表观遗传学的证据越来越多，拉马克学说似乎重上历史舞台，并在进化中扮演越来越重要的作用。有学者尝试将达尔文学说和拉马克学说进行结合，将自然选择和生物本身在进化中的作用进行整合，进而综合阐述生物的变异和进化。随着现代遗传学的发展，表观遗传学也得到了更多的关注，关于表观遗传的现象很多，主要包括DNA甲基化、核仁显性、基因组印记、母体效应、转录后调控等。

（一）DNA甲基化（DNA methylation）

DNA甲基化是DNA化学修饰的一种特殊形式，是在不改变DNA序列的基础上，改变生物的遗传表现。所谓DNA甲基化是指在DNA甲基化转移酶的作用下，在基因组CpG二核苷酸的胞嘧啶5′碳位共价键结合一个甲基基团。DNA甲基化能引起染色质结构、DNA构象、DNA稳定性及DNA与蛋白质相互作用方式的改变，从而控制基因表达。

DNA甲基化是表观遗传研究最成熟的机制之一。DNA甲基化主要分为两种类型：一种是2条DNA链均未甲基化，然后被DNA甲基化酶同时甲基化，称为从头甲基化；另一种是双链DNA的一条链存在甲基化，另一条未甲基化的DNA链被甲基化，这种类型称为保留甲基化。甲基化在生物的生长发育过程中可能被随时去除或改变，哺乳动物在整个生活史中DNA甲基化水平存在显著变化。受精卵在最初卵裂过程中，去甲基化酶对DNA进行清除，从亲代遗传下来的所有甲基化标记被清除。当哺乳动物胚胎植入子宫时，新的甲基化模式会覆盖全基因组，甲基化酶促使DNA重新建立全新的甲基化模式，一旦细胞和组织内新的甲基化模式形成，维持甲基化酶就会将新的DNA甲基化模式传递到所有细胞中。因此，基因印记不是突变的一种，也不是永久的改变。基因印记是可逆的，通常只会在个体的生活史中持续，下一代配子形成后，旧的基因印记会被消除并重新形成新的基因印记。

（二）核仁显性（nucleolar dominance）

核仁组织区（NOR）是生物杂交过程中形成核仁的染色质区，核仁在核仁组织区产生，核仁组织区的染色体称为核仁染色体。染色体的次缢痕部位是核仁组织区，核仁组织区是rRNA基因的所在位置，与细胞核仁形成有关。核仁显性是表观遗传学现象之一，指生物杂合体中核糖体位点基因受到抑制，父母中一方的染色体得以表达。在远缘杂交后代和多倍体中，只有来自单亲基因组的NOR正常转录，形成核仁。而来自另一亲本基因组的NOR却不转录，不形成核仁，这就是核仁显性现象。核仁显性现象中，通过对NOR转录的调控，不但调节自身的表达水平，还通过控制核糖体的数量影响着整个细胞的基因表达。rRNA基因的拷贝数影响核仁显性。基因组中rRNA基因都是多拷贝的重复序列，rRNA基因的拷贝数也影响核仁显性。

（三）基因组印记（genomic imprinting）

基因组印记也称为遗传印记，是通过生化途径在基因或基因组域上标记其亲代信息的遗传学过程。这些标记基因就是印记基因，印记基因的表达取决于在染色体的位置，也与亲代染色体中该基因是否表达有关。印记基因可以只在母源染色体上表达，也可以只在父源染色体上表达。

1993年，Rainier等和Wgawa等首次发现基因组印记也存在于人类，印记缺失可能导致癌症，90年代末到现在，相继在羊、牛和猪等家畜中发现印记基因的存在，一些印记基因还是重要经济性状的主效基因，对家畜的胚胎发育和出生后生长起着重要的调控作用。迄今为止，除人类和哺乳动物外，报道印记的物种还有有袋类动物和种子植物，而在鸟类、鱼类、爬行类和两栖动物中普遍认为不存在印记。基因组印记既影响雄性后代也影响雌性后代。例如，父系印记基因*H19*（母系表达，父系印记），在母系遗传的染色体中有活性，在父系遗传的染色体中沉默，呈现单等位基因表达，而无论在雌性后代还是雄性后代*H19*都是这种表达模式。哺乳动物孤雌胚胎和孤雄胚胎，由于仅含父系或母系二倍体基因组，因此印记基因表达并不相同，当然也不同于正常胚胎，不能正常发育。另外，许多重大疾病包括多种癌症中都伴随着印记丢失的现象，因此印记基因的正确表达在正常生长发育过程中十分重要。

（四）母体效应（maternal effects）

母体效应又称母体因子，卵在母体卵巢内形成，不可避免地带有部分母体的 mRNA，这些母体的 mRNA 称为母体因子。卵母细胞中母体因子呈极性分布，一般在卵孔的一侧，受精后被翻译为转录因子和翻译调节蛋白的 mRNA 小分子，母体因子的这些产物在胚胎发育过程中起重要的调控作用。

随着对有机体生活史、行为和发育的深入研究及数量遗传学的发展与表型可塑性现象的发现，野生哺乳动物母体效应引起了国内外一些学者的重视，如母体状况或环境条件对胎仔数、子代生长发育及存活等方面的影响。但通常认为，母体效应的具体含义是指母体的表型直接影响其后代表型时所发生的效应或后代中所有与母体有关表型的效应。实际上，在许多动物中亲代父体对后代表型常以不同形式产生影响，如雄性抚育或双亲抚育、雄性交配时转移营养、雄性筑巢、防御创造良好的生育场所等均能影响后代的适合度。可见，母体效应确实应该是双亲的表型影响其后代表型的直接效应。种群调节的假说有很多，大致可以分为外因性假说和内因性假说。通常，外因性假说只能说明种群高峰期后数量下降的机制，很难解释种群的持续低密度；而内因性假说认为种群内的个体在生理、遗传或行为等方面存在差异，并通过母体效应的方式成为种群数量的密度制约因子。有研究表明，母体效应的存在能延缓或加速某个特征的进化。目前广泛认为，母体效应是表型对环境异质性适应的反应机制。因此，对母体效应的研究有助于加深对种群调节等问题的理解。影响母体效应的因素有母体营养状况、光周期、激素等，如在妊娠期受过应激刺激的母体，其婴儿出生后 HPA 轴（下丘脑 - 垂体 - 肾上腺轴）会变得敏感，对应激源的反应较强烈，可持续到成年或更久。母体效应对个体发育的调控机制的研究还不完善，目前主要通过人为表观修饰的方式影响个体的发育，主要存在三种类型的表观遗传：DNA 甲基化、染色质重塑和染色质结构的远程控制，虽然存在明显的不同，但是它们之间相互依赖、相互作用。

（五）转录后调控（post-transcriptional control）

mRNA 的转录后调控是基因表达的重要过程，是指在转录后水平上对 mRNA 的修饰和剪接，包括真核生物基因转录产物的一系列修饰和加工。转录后调控能够将同样的 mRNA 表达为不同功能的蛋白，主要通过对 mRNA 前体 hnRNA 的剪接和加工、mRNA 转运到细胞质的过程及定位、mRNA 的稳定性及降解过程等，这些都是转录后调控的重要方面。近年来 RNA 编辑和 RNA 干扰等也逐步被发现，这些也都被归入转录后调控范畴。

二、表型可塑性

表型可塑性是指同一个基因型对不同环境应答所产生不同表型的特性。表型可塑性具有独立的遗传基础，并可以承受选择而独立进化，其可能直接或间接地影响入侵种的入侵能力。表型可塑性与入侵种的入侵能力之间存在关联，表型可塑性可以通过以下方式来增强入侵种的入侵能力：①拓宽入侵种的生态幅，扩展入侵种可利用的潜在资源；②缓冲甚至屏蔽新环境对入侵种造成的选择压力，使其种群数量能够维持相当的水平。紫茎泽兰对氮营养变化的响应反映了较强的适应性，且在光照条件不同时，其形态特征、光合特性和生物量分配等方面均表现出一定的可塑性。加拿大一枝黄花的各指标在两代生长的表型变化之间均有不同且存在显著性差异。

（一）形态学上的可塑性

形态学是动植物的基本特征，到目前为止，很多动植物的传统分类仍然是以形态为基础的。形态上的变化是最容易观察到的，也是在生态学研究中最普遍采用的特征。形态学上的可塑性包括动植物的可度量性指标，这些形态学差异是入侵种适应新生态系统的重要基础。

1. *植物* 株高和生物量是反映植物形态学的基础功能性状，一般在有环境胁迫或在竞争压力下，植物的株高生长会受到抑制，但有些入侵植物的株高反而会增加。植物的生长受光敏色素的影响，光敏色素是吸收红光 - 远红光可逆转换的光受体，植株密度能够影响光受体，高密度的植株会降低红光 / 远红光比例，导致光资源竞争增加，从而引起植物光敏色素感受系统的变化，进而调节植物生长的可塑性。生物量增加是这类可塑性的主要表型特征，但是变化途径不同，如凤仙花在低红光 / 远红光比例下表现为节间伸长，而玉米表现为下胚轴伸长。因此，植物个体的生长发育可塑性响应具有种的特异性，并且依赖于个体的大小。尽管红光 / 远红光比例能够导致植物的表型可塑性，但这种植物通过生长增加来获取多余的光资源会增加结构和生理上的消耗，因此这种响应也是有限的。

形态学的可塑性可能改变动植物的可观测特征来提高对资源的获取能力或使用效率，从而增加竞争力和存活率。在极端的情况下，形态学上的可塑性并不能增加植物的竞争能力，反而会牺牲竞争力来提高存活率。例如，植物在受到水分、光照和营养的极度胁迫时，很多植物的表型可塑性因受到资源的限制表现出消极生长，如优势冠层的植物会积极伸张枝条获取光能，但是在营养受限的条件下，植物的节间生长会降低，从而进一步降低竞争力。

意大利苍耳的生长发育速率（株高、基径、冠幅和分枝数）随土壤营养元素的增加而提高，从而增加冠层，有利于增加空间吸收更多的光资源。叶片中的叶绿素也同样随土壤营养元素的增加而增加，这能够提高单元面积上光的利用效率。此外，意大利苍耳的生物量分配策略会受到土壤营养元素的影响，土壤氮素较少时，会增加根系对营养物质的吸收；土壤氮素较多时，会增加果实的生物量，以产生更多的种子，利于种群扩张。

2. *动物* 动物的体形同样与环境密切相关，如在营养条件较差的情况下，昆虫一般体形较小，但也能够完成正常的生长发育和繁殖过程。橘小实蝇在食物匮乏的条件下，蛹重能够降低 30%，产卵量也会减少，用于适应新的环境。

很多动物的形态学与环境密切相关，温度升高能够明显降低恒温动物的身体大小，用于对新环境产生适应性变化。除了体形之外，动物的不同组织和器官的比例也能随着环境的变化而变化。

（二）生理学上的可塑性

生理学上的变化有时不一定能够表现出非常明显的形态差异，生理学上的变化有时能够改变动植物的生长发育速率、繁殖系统及资源的利用模式。生理学上的可塑性能够通过生物化学或者观察实验的方法进行测定，进而分析入侵种在不同环境下的生理差异。

1. *植物* 植物的生理学差异很多表现在繁殖的过程，主要体现在两方面，一方面是植物繁殖格局随环境的变化而改变，如环境胁迫后植物繁殖时间提前或延后，繁殖时间缩短；另一方面是母代受环境胁迫后会调控后代的表型，这也称为跨代的表型可塑性，跨代的表型可塑性能够利用母代对环境条件的反应改变后代特征，从而提高后代在这些新环境中的适应能力。

母代的水分含量对子代发育影响显著，干燥环境中植物母代产生的子代明显变化，体现在种子生物量降低、花减少、繁殖量和繁殖能力差。湿润环境的植物亲本产生的后代在很多方面得到改善，如生物量提高，繁殖能力增强。另外，母代所处的环境特征（如光照、温度、水分、营养物质和干扰）是子代生活的环境，这些特征也会刺激母代产生表型可塑性，改变子代与资源的利用模式来增强种群的存活能力。较寒冷条件下的莴苣产生种子非常少，种子较大，但温暖条件下莴苣产生的种子很多，个头变小。在胚乳和受精卵发育过程中，植物激素和酶对种子发育过程的调控也会影响后期的适合度。相对于子代环境的直接影响，母代对子代的影响较弱，但母代环境和子代环境影响的重要性在不同条件下会发生转变，在一定条件下会增加入侵的可能性。

2. *动物*　表型可塑性在动物入侵中同样有重要作用，可塑性增加了生态位宽度，因为可塑性响应允许动物在更多环境中形成有利的表型，适应环境的可塑性进化对入侵种占据新的生态系统并扩散非常有利。

滞育是昆虫可塑性的表现，即停止发育或抑制新陈代谢，从而抵御恶劣条件，维持种群生存。许多无脊椎动物在寒冷的冬季都处于不活跃的滞育阶段，滞育现象通常是由光周期变化和上一代的温度反应所触发。这种不活跃的滞育形式可以出现在个体发育的多个阶段，以增强对极端低温和干旱条件的抵御能力。很多无脊椎动物在夏季也能进入滞育或静止期，以应对极端高温，特别是在夏季的干旱环境。

滞育以外的可塑性反应也涉及昆虫生活史的变化，在发育过程中龄期数量会发生变化，或者引发多物候现象，即同一物种出现不同形态来适应不同的环境条件。可塑性对气候变化的反应还包括生活史改变、冬季寿命的延长及产卵或蛹的改变，许多可塑性变化在表型上并不直接可见，而是涉及代谢率、蛋白质和碳水化合物含量及基因表达模式的生理和生化改变。有些生理变化发生非常迅速，如热休克基因的表达变化，而有些生理变化发生较慢，如昆虫发育过程中的多酚氧化酶合成。

温度是调控动物机体生长和幼虫发育的最重要的因素之一，温度不仅能够调控动物的发育速率，对动物体形和生物量的影响也非常显著。大多数恒温动物（>80%），低温饲养后成年体形更大，尽管生长速度比在高温条件下慢。这种表形可塑性引起的恒温动物体形的热响应被称为温度-尺寸规则，温带螃蟹和其他类群同样发现了由热驱动的体形纬度差异。此外，随着全球气候温度变暖，动物体形减小，这种生物学规律得到了广泛关注。温度调控下的体形可塑性，在多个动物类群中得到了广泛的关注。温度通过两种方式影响动物的体形特征，首先温度作为一种选择压力，定向选择适宜的动物体形，其次温度导致控制生长速度和体形大小的基因发生遗传变化，形成新的体形特征。

繁殖可塑性是指影响动物的繁殖或子代，关于繁殖可塑性主要集中在植物领域。昆虫对气候变化的适应性研究涉及跨代效应，如取食橡树的越冬飞蛾，食物条件诱导的母体效应在幼虫与花蕾同步过程中起着关键作用，从而提高幼虫成活率，这种母体效应使植食性昆虫更有效地应对气候变化。跨代可塑性有时也并不一定非常有效，如棉铃虫适应了低温后，幼虫的存活率却降低，不适应低温的棉铃虫亲本产生的幼虫存活率却比较高。

跨代可塑性与动物的生活史对策有关，特别对表现出滞育现象的昆虫。例如，在耐寒性上跨代可塑性在红头丽蝇的滞育期明显，而在非滞育期则不明显。考虑到母代调节滞育在温带昆虫中很常见，因此母代调节滞育这一发现可能是一个普遍的现象。此外，对环境因素的跨代可塑性和代内响应都能影响滞育诱导。例如，条纹地蟋蟀的卵滞育诱导受亲代滞育历史和孵化温度的影响。与气候胁迫有更直接联系的性状跨代可塑性的研究相对较少，但已经进行的研究表明，这些影响可能是复杂的、难以预测的，而且往往是不适应的。例如，亲代暴露在热胁迫和冷胁迫下，会降低广泛分布的果蝇的后代繁殖力。相反，母代暴露在低温下增加了锯齿果蝇后代的繁殖力，而祖母代暴露在低温下却降低了。亲代暴露在冷胁迫下降低了后代的生存能力，祖亲代的影响微不足道。在麦长管蚜中，母代暴露在热胁迫下会降低若虫的出生体重和种群增长率，而雌性小菜蛾暴露在热胁迫下会降低后代的数量和孵化成功率。高温胁迫降低了斑点木蝶雌性后代的繁殖能力，并且在高温胁迫下，短管赤眼蜂母代的繁殖力与后代的适应能力呈负相关。

（三）生态学上的可塑性

生态学上的可塑性主要关注动植物之间及与环境的关系，包括种间关系、分布范围、生态位变化及资源利用模式等。生态学上的可塑性较为复杂，影响因素很多，大量生态学上的可塑性表现为种群或群落的不稳定性或波动性，这实际上是在不同的环境条件下物种的生态可塑性变化过程。

1. *植物*　环境条件与植物的生活史密切相关，很多环境条件（光照、养分或温度）都能改变植物的生长发育和繁殖特征，而植物同样能够迅速改变生理及行为表型特征（叶绿素浓度、顶端伸长、根尖方向）。利用这种生理及行为可塑性机制，有些水生植物能够在水下优化其光和营养成分的利用，这些可塑性使有些植物在竞争中获得优势，从而成为优势种。

植物生理学和行为对环境的响应是迅速而有效的，往往比生长发育和繁殖的变化更为积极和高效。例如，光和氮能够触发植物很多生理学和行为变化，水蕴草在通过树冠形成的光竞争中获得成功。更高的表型可塑性促进物种在异质和暂时高度可变的环境中生存和繁殖。此外，有研究发现水蕴草的成功入侵更频繁地发生在富营养化和肥厚条件下，这与波动的资源可用性假说是一致的；这也与空生态位假说相一致，即资源利用效率不仅表现在外来种和土著种之间，而且表现在同种外来种之间。

对植物而言，光和氮是植物生长发育最重要的两种资源和限制因子。光和氮对很多植物生长发育及繁殖都有明显的交互作用，在高氮条件下，光照水平对幼苗生长的刺激会显著增加，在光照强度较低的情况下，植株需要更多氮素来维持生长。当氮水平较低时，植物则需要额外的光资源维持生长。

叶片是植物吸收光能的重要场所，叶片的表型可塑性变化往往能够改变光能利用，从而通过光能利用影响竞争结果。比叶面积是植物资源吸收策略的重要指标，是表征植物资源获取能力的关键性状指标。竞争强度增加时，植物能够增加比叶面积以提高对光资源的获取能力。当然，叶片的功能除了进行光合作用外，还可用于遮蔽光线减少竞争对手的光资源。因此，植物较高部位的叶片会产生明显的侧面延伸现象，同时实现扩大光资源的利用率和降低对手的光资源。这种叶片的可塑性变化能够提高光资源利用水平，但对植物本身而言，额外接收的光资源可能因为高于光饱和点并不能持续增加其光合效率。

生物入侵过程不仅取决于入侵种本身的特征，还取决于目标生态系统的结构，甚至入侵种 - 土著种的相互作用也能调控生物入侵过程。因此，成功的入侵种通常具有更广泛的表型可塑性，这使得入侵种对环境胁迫能够形成精确而敏感的响应，导致植物在各种环境条件下的适合度和存活最大化。然而，这种表型可塑性的优势主要取决于相互作用物种或群落，冠层形成的遮阴是水生植物种间竞争的机制，这种机制决定了土著种 - 土著种、土著种 - 入侵种及入侵种 - 入侵种之间的交互作用。在光照和营养因素的共同作用下，落叶松和加拿大云杉表现出明显不同的生长方式，环境诱导的表型可塑性存在显著差异，这种不对称的变化决定了它们在与土著种的竞争中取得优势。土壤氮素和土壤水分对意大利苍耳表型性状的影响具有显著的交互作用，即土壤水分的增加能够促进意大利苍耳对氮素的吸收。同时增加土壤氮素和土壤水分比单独增加土壤氮素或水分对株高、基径、冠幅、分枝数和生物量有更显著的增加效应。土壤氮素和土壤水分对意大利苍耳根生物量比具有相似的影响，土壤氮素或土壤水分的增加均可减小意大利苍耳的根生物量比。土壤氮素对意大利苍耳的果实数量的影响大于土壤水分的影响，但土壤水分的增加能够增强土壤氮素对果实数量的增加效应。

2. *动物*　食物的营养成分和组织结构对储藏物昆虫消长规律有明显的影响。一般来说，储藏物昆虫取食最喜爱的食物时，生长发育快，死亡率低，繁殖率高。除单食性储藏物昆虫外，其他储藏物昆虫通常在缺乏嗜食的食物时，也可取食别的食物，不过生长发育慢，生存率、产卵数等明显下降。表型可塑性和性状值是由气候的纬度梯度选择的。理论模型预测，一个种群要保持或增加表型可塑性，必须在一个世代的时间尺度上存在可预测的环境变化。高纬度地区的种群可能经历更极端和更多变的环境条件。因此，可塑性和性状值可能会随着纬度梯度的变化而变化。有证据表明，纬度的变化可能导致本地物种可塑性的地理梯度。据推测，温带种群比热带种群经历了更大的热变化，因此，自然选择增强了其可塑性。

生物可以通过性状的遗传适应和可塑性的进化来适应随纬度梯度而变化的环境变化。最近关于入侵种的研究记录了沿纬度梯度的快速进化差异，但尚未清楚地确定这些模式背后的具体生态因素。理解导致种群沿纬度梯度分化的环境因素对于理解自然界生物多样性和丰度的模式及预测本地物种或入侵种对气候的进化反应是很重要的。

第六节　功能微生物组

微生物包括细菌、病毒、真菌及一些小型的原生生物、显微藻类等在内的一大类生物群体，微生物可划分为八大类：细菌、病毒、真菌、放线菌、立克次氏体、支原体、衣原体、螺旋体。微生物个体微小，与生命活动关系密切，并且微生物涵盖了有益和有害的众多种类，涉及生态、农业、医学、生命、环境等诸多领域。微生物组学（Microbiomics）是继基因组学以后，生命科学与生物技术研究领域的重大突破之一，在医学、农业、生态环境和工业制造方面具有广阔的应用前景。经过十几年的发展，微生物组学已经成为生命科学重要的组成部分，是调节生物体生态适应性和进化的重要组成部分。

一、土壤微生物

土壤是微生物的资源库，土壤几乎拥有大自然中所有的微生物。土壤微生物是土壤中一切肉眼不可见的微小生物的总称，包括细菌、古菌、真菌、病毒、原生动物和显微藻类。土壤微生物个体微小，一般以微米或毫微米来计算，通常1g土壤中有几亿到几百亿个微生物，其种类和数量随成土环境及其土层深度的不同而变化。土壤微生物在土壤中进行氧化、硝化、氨化、固氮、硫化等过程，促进土壤有机质的分解和养分的转化。土壤的各种生态特征及营养功能与微生物组学密不可分，甚至土壤的结构与功能完全由微生物组成格局决定。

土壤能够为植物或其他动物提供微生物，如植物根系能够与土壤微生物产生密切的相互作用，植物的大量内生菌都能在土壤中分离到，土壤也同样为昆虫和其他动物提供微生物。当然，土壤微生物不仅能够为动物或者植物提供有益微生物，土壤同时也存在大量的致病微生物，土壤复杂的微生物群落使得生态系统中不同物种的相互关系极为复杂。

（一）土壤微生物促进植物入侵

土壤不仅有众多的微生物，同时也储存了大量的植物种子，微生物组成和土壤种子库的形成格局与相对丰富度的关系是生态学研究中的重要问题。在生态系统中，竞争、资源分配、扩散能力和耐受力等机制并不能充分解释生态系统中群落的稳定性，植物和土壤微生物之间的相互作用是非常重要的，这种相互作用对于植物群落中物种相对丰富度变化起到重要的作用。同样，稀有植物在原产地的丰度一般比较低，这是因为病原体有机会在原产地土壤大量积累，因此入侵植物非常受益于与菌根真菌的相互作用，入侵种达到新的生态系统后一般不存在病原菌的积累，这同时也符合竞争力增强的进化假说。有些植物物种由于特异性病原体积累并保持低密度，而另一些植物物种特异性病原体的积累速度较慢，在植物达到很高密度之后都不会形成反馈。因此，植物具有通过改变土壤微生物群落结构来影响自身，这种调节能力具有物种特异性，这是植物群落结构的重要调节因子。

Klironomos（2002）采用 5 种入侵植物和 5 种本地植物进行实验，相对于种植过其他植物的土壤，入侵植物在已经种植过入侵植物的土壤中生长速度更快，相反稀有植物在没有种植过稀有植物的土壤中生长速度更快。这表明入侵种与土壤能够形成正向关系，生长过入侵植物的土壤中微生物群落被改变，这种变化更有利于入侵植物的生长。而稀有植物与土壤微生物则是一种负反馈效应，种植过稀有植物的土壤会不利于稀有植物的生长。这种土壤的反馈过程主要通过微生物的组成和格局改变来实现，最终能够有利于植物入侵。

因此，土壤微生物对北美稀有植物始终有负反馈作用，但这种微生物机制同时维持了生物多样性，而大量的外来种正好相反，外来种与土壤微生物产生正反馈作用，并逐步减少了生物多样性。来自欧洲的入侵北美的著名外来植物矢车菊 *Centaurea maculosa*，北美地区的土壤对矢车菊有正反馈作用，然后来自矢车菊原产地的土壤微生物对矢车菊却有负反馈作用，原产地土壤微生物对矢车菊生长的抑制作用比北美的土壤微生物更强。土壤微生物参与的植物 - 土壤反馈过程对于植物入侵过程至关重要，在欧洲原产地土壤中，矢车菊生长后土壤生物群对矢车菊有越来越多的负面影响，甚至能控制矢车菊生长。但在北美矢车菊生长后的土壤生物群对自身产生越来越积极的影响，这种反馈过程有助于这种外来种在北美成灾。

（二）土壤微生物影响植物 - 食草动物互作

土壤微生物不仅能够影响植物种群，甚至能够对食草动物产生级联反应。土壤微生物能够显著改变植物的生理和代谢，通过抗性响应途径对食草动物产生调控，甚至进一步影响入侵过程。植物与许多生物的相互作用，如微生物和食草动物，对入侵植物的种群建立和传播都有很大的影响。在植物的入侵过程中，菌根真菌和植物对食草动物的组成性诱导抗性也逐步得到了关注。植物参与的复杂多营养相互作用在入侵植物和土著植物之间存在巨大的差异，外来入侵植物是否以更有利的方式利用菌根共生，以及对植食性动物的级联效应都是入侵种和土著种比较研究的热点，菌根存在的条件下，入侵植物与非入侵植物对食草动物的抗性特点非常值得关注。虽然入侵种能够产生更多的生物量，但入侵种和非入侵种对菌根真菌的生物量响应并没有显著性差异，入侵种也不能对食草动物产生更高的抗性。菌根真菌能够影响植物物种的抗性，但这种抗性与入侵种没有关联，入侵种通常比非入侵种生长得更快，产生更多的生物量。入侵植物物种能够使用多种防御策略，并且与菌根真菌的相互作用中也不同，这些多营养相互作用与外来植物的入侵性无关。

二、植物内生菌

植物内生菌（endophyte）是一定阶段或全部阶段生活于健康植物的组织和器官内部的真菌或细菌。Kloepper 首次提出了“植物内生菌”的概念，植物内生菌主要包括三类，即内生真菌（endophytic fungi）、内生细菌（endophytic bacteria）、内生放线菌（endophytic actinomyces），也有少量的病毒和其他微生物类群。植物内生菌普遍存在于高等植物中，木本植物、草本植物、单子叶植物和双子叶植物内均有内生细菌。目前植物内生菌能够调控植物的多项生理功能，包括微生物农药、增产菌或作为潜在的生防载体菌等。

（一）杀虫活性与生防载体

植物内生菌的杀虫活性是指有些植物的内生菌能够产生次生代谢物质，这些物种对植食性动物有不利的影响。这些内生菌以细菌、真菌、病毒和原生动物或经基因修饰的微生物活体为有效成分，也是防治病、虫、草、鼠等有害生物的生物源农药来源。植物内生菌的杀虫活性物质是以菌治虫、以菌治菌、以菌除草等，具有选择性强，对人、畜、农作物和自然环境安全，不伤害天敌，不易产生抗性等特点。能够产生杀虫活性的内生菌包括细菌、真菌、病毒等，如苏云金芽孢杆菌、白僵菌、核型多角体病毒、C 型肉毒梭菌外毒素等。

枯草芽孢杆菌是一种效果非常明显的具有杀虫活性的植物内生菌，能在植物表面稳定定殖，产生抗生素，分泌刺激植物生长的激素，并能诱导寄主产生抗病性，是一种理想的微生物杀菌剂。例如，美国亚拉巴马州用枯草芽孢杆菌处理多种作物种子，产量增加 9%，根病明显减轻；日本用枯草芽孢杆菌及其分泌物防治番茄立枯病获得良好防效；我国采用枯草芽孢杆菌防治小麦赤霉病、西瓜枯萎病、烟草青枯病、棉花枯萎病等，取得了良好的田间防治效果和增产效应。

目前全世界接近 300 种禾本科植物中发现有内生真菌，在各种农作物及经济作物中发现的内生细菌已超过 120 种。感染内生菌的植物往往具有生长快速、高抗逆境、高抗病害、抗虫害等优势，比未感染内生菌的植株更具竞争力。植物内生菌通过产生抗生素类、水解酶类、植物生长调节剂和生物碱类物质产生抗性，甚至与病原菌竞争营养物质，增强宿主植物的抵抗力及诱导植物产生系统抗性等，抑制病原菌生长。

有些物种不能产生杀虫活性的次生代谢物质，但是能够作为载体吸引大量的生防因子，如维持生防微生物不仅能够抑制害虫，还能够吸引并贮存大量的天敌。载体植物是开放式系统，是一种集生防菌贮存和释放的新型技术，载体植物通过物种间的相互作用对其他物种产生积极或者消极的影响。

（二）增产活性

植物内生菌的增产活性与生理学密不可分，内生菌能产生植物生长素、赤霉素及细胞激动素等促植物生长物质，直接促进植物生长。兰科药用植物中分离出的 5 种内生真菌含有多种植物激素，包括赤霉素、吲哚乙酸、脱落酸、玉米素、玉米核苷等，这些物质对兰花的生长发育有较好的促进作用。植物内生菌也能增强植物生理，加速吸收氮磷钾等营养元素，有些内生菌能够与病原菌竞争营养和空间，甚至产生拮抗物质而抑制病原菌生长，这些不同的途径都能够促进植物生长并达到增产。在低氮的土壤中，内生真菌可增加植物对氮元素的吸收，感染内生

真菌的高羊茅 *Festuca arundinacea* 叶片中氮素含量明显高于没有感染内生真菌的高羊茅。随着对植物内生菌研究的加速，很多植物都发现有新型功能的内生菌，甘蔗的根、茎、叶内存在大量的新型固氮菌——重氮营养醋杆菌 *Acetobacter diazotrophicus*，这种甘蔗内生菌具有很强的抗酸能力，甚至能在高糖环境中生长并保持高效的固氮活性，该内生菌与甘蔗建立联合固氮作用，并且具有严格的寄主专一性。

三、动物共生微生物

微生物，如细菌、古细菌、真菌、原生动物、病毒，可能与其昆虫宿主以短暂的方式联系在一起，这种联系可能对昆虫的健康有益或有害。例如，内共生体往往依赖于昆虫宿主获得营养，而它们可以在营养供应、提高宿主防御和保护宿主免受病原体侵染等方面发挥重要的作用。然而，微生物也可能是致病的，降低了生存能力并导致发病。此外，内共生体会引起生理代价，大多数关于昆虫 - 微生物相互作用的研究都集中在单一种类的细菌上。害虫中有益宿主 - 微生物相互作用的最佳研究模型是 *Buchnera* 属的蚜虫及其内共生菌，它们在营养方面相互关联。另一个昆虫 - 内生菌相互作用是昆虫和沃尔巴克氏体属的相互作用。这些生殖调控可诱导其宿主中的雌性化、雄性特异性杀伤、胞质互不相容和孤雌生殖，以增强其自身的传播。此外，沃尔巴克氏体属也被认为与其宿主昆虫互惠互利，因为它可以为宿主提供对病毒、杀虫剂或植物防御的抵抗力，并有助于营养供应。

动物的共生微生物有营养吸收、分解有毒物质、保持稳定、减少病原物、提高免疫力等功能，这些功能由多种共生微生物完成。

（一）细菌

共生菌普遍存在于昆虫体内，它们能够为宿主昆虫提供生长发育所必需的氨基酸、固醇类等营养物质，还能提高昆虫适应高温、寄生虫、病毒等不利环境因素的能力，昆虫则为共生菌提供稳定的生存环境和营养物质，昆虫与共生菌相互依存。多数情况下，共生菌在宿主代次间进行垂直传播，即共生菌由母体传递给子代。根据侵染时期的不同，共生菌经卵传播模式多数可分为以下 4 种：侵染宿主昆虫幼虫中的生殖干细胞、侵染宿主昆虫年轻雌成虫中的生殖干细胞、侵染宿主昆虫雌成虫中的成熟卵母细胞及侵染宿主昆虫囊胚期胚胎。细菌是研究最多的昆虫共生和次生微生物。很多微生物可以为宿主提供更好的营养，也可以协助寄主应对温度胁迫，或者抵御天敌。细菌能够为很多昆虫转化营养，并使昆虫生活在营养非常单一的环境中，在营养受限的环境条件下，微生物可以为昆虫转化氨基酸提供营养。蚜虫主要取食植物的韧皮部，蚜虫有 10 种必需氨基酸，有些在韧皮部汁液中不存在，*Buchnera* 菌能够将蚜虫的非必需氨基酸转化成必需氨基酸，形成微生物 - 蚜虫共生体。

取食植物木质部的一种叶蝉 *Homalodisca vitripennis* 体内有 2 种共生微生物——*Baumannia cicadellinicola* 与 *Sulcia muelleri*，为叶蝉提供营养，*B. cicadellinicola* 只提供维生素和辅助因子，*S. Muelleri* 提供必需氨基酸，从而补充彼此的代谢。*B. cicadellinicola* 与 *S. muelleri* 是一种双共生体，细菌共生体除了互利外，还有利于宿主。在韧皮部和木质部取食的半翅目昆虫中，*Sulcia* sp. 已经进化出多种内共生菌的双共生体，因为 *Sulcia* sp. 基因组大幅减少，主要依赖于其他细菌合成必需氨基酸。

油橄榄果蝇 *Bactrocera oleae* 在未成熟的橄榄中产卵，这些橄榄的氨基酸组成单一，并且富含诸如酚类物质等次生代谢物。橄榄果蝇存在一种共生细菌 *Candidatus erwinia dacicola*，这种共生菌能够将鸟粪中的氮元素转化成氨基酸，为果蝇成虫提供营养，促进果蝇增殖。此外，橄榄果蝇幼虫依靠微生物群来克服宿主的防御，并在未成熟的橄榄果实中发育，这些果实含有高水平的酚类油酸。被橄榄果蝇感染的成熟橄榄果实中次生代谢物质很低，在未成熟的果实上取食的幼虫中肠与 *E. dacicola* 有很高的共生性。

氮素是昆虫营养的必需元素，昆虫和固氮营养细菌之间的关系也是一个重要的研究模式。有些共生细菌能够固定大气中的氮，这是宿主昆虫生理活动的必要元素，能够固定大气氮的有几个菌门是变形菌门 Proteobacteria 与厚壁菌门 Firmicutes。例如，肠杆菌科 Enterobacteriaceae（Gammaproteobacteria）是树皮甲虫 *Dendroctonus* sp. 肠道微生物的优势细菌科，肠杆菌属 *Enterobacter* 通过固定氮素为宿主提供营养。

微生物能够保护宿主，帮助宿主应对环境胁迫和生物捕食。蚜虫携带的巴克纳氏菌 *Buchnera* 内共生体携带一种调控热的突变，使得豌豆蚜在低温度下维持适合度。有些共生菌，如 *Hamiltonella defensa* 还可以保护豌豆蚜，免受天敌寄生。甚至蚜虫在真菌感染后，*Regiella insecticola* 能很大程度上提高豌豆蚜的存活率，并产生抗性。螺原体 Spiroplasma 能够为果蝇提供保护，并产生针对寄生昆虫和寄生线虫的抗性。

（二）真菌

真菌同样与昆虫关系密切，真菌包括霉菌和酵母菌，提供营养和调节宿主防御。真菌主要通过诱导植物疾病来克服宿主防御，因此主要通过病理侵入和载体生物学研究真菌与昆虫之间的关系。此外，昆虫也和真菌产生互利的伙伴关系，如蚂蚁和土丘白蚁，它们与真菌为共生关系，这些蚂蚁在巢穴中种植真菌，以消化木材和供应食物。

霉菌对害虫生活史影响在松树甲虫 *Dendroctonus* 中有研究，甲虫以韧皮部组织为食，并在整个生命周期内依赖真菌作为营养物质，同属的一些树皮甲虫能够攻击健康的树木，这涉及击败宿主防御机制（树脂流和毒素）。甲虫能够在储菌器中贮存共生真菌 *Ophiostoma*，帮助克服树的防御。

（三）病毒

昆虫 - 病毒相互作用是研究昆虫作为病毒载体的重要模型，昆虫不仅是病毒的载体，而且病毒可以对昆虫宿主致病，因此病毒是潜在生物防治剂。病毒可能操纵宿主行为或生理，最终增加其自身的传播和复制。例如，病毒能够诱导宿主体内产卵增加，或导致感染宿主迁移增加病毒传播机会，这都是非致病性病毒为宿主提供的好处。病毒也能感染微生物群的其他成员，如噬菌体 - 细菌裂解过程，与害虫有关的病毒包括 *Baculoviridae*、*Parvoviridae*、*Flaviviridae*、*Ascoviridae*、*Togaviridae*、*Bunyavirales* 和 *Rhabdoviridae*。许多植物病毒也依赖于昆虫载体进行传播，科学家对许多植物 - 病毒 - 昆虫相互作用进行了详细研究。昆虫可以传播许多不同种病毒，如粉虱可以传播 100 多种病毒，主要属于菜豆金黄花叶病素属 *Begomovirus*，也包括 *Crinivirus*、*Closterovirus*、*Ipomovirus* 和 *Carlavirus*。有些病毒 - 病毒相互作用是已知的，有些病毒依赖其他病毒进行传播，如 *Carrot mottle* 病毒需要 *Luteoviridae* 病毒作为蚜虫传播的“辅助”病毒。

1. 害虫生物防治　*Baculoviridae* 科一直是用于防治鞘翅目、半翅目和鳞翅目害虫的最佳类群，这些病毒生防治剂的优点是高度特异性，并且可以自然地通过害虫种群传播。病毒也可以影响杀虫剂的抗药性，甚至病毒感染害虫幼虫时幼虫对寄生蜂的抗性更高。昆虫病毒［核多角体病毒（NPV）、颗粒体病毒（GV）］是抑制害虫种群的病原性天敌。NPV 和 GV 以鳞翅目害虫为特异性寄主，安全性高、可长期保存、易于生产，是优良的生物防治因子。

日本、美国、加拿大、英国等正着力研究 NPV 的提速、增效和扩大杀虫谱的途径和机制，已取得突破性进展。特别是日本研究者福原、三桥和佐藤分别发现黏虫痘病毒（*Pseudaletia separata* EPV）对 PuNPV 和 AcNPV 具有极强的增效作用；后藤则发现八字地老虎（*Xestia c-nigrum*）的颗粒体病毒（XcGV）不仅对 XcNPV、HaNPV（棉铃虫 NPV）、SeNPV（甜菜夜蛾 NPV）等多种 NPV 具有 100～10 000 倍的增效作用，而且同时使 NPV 的杀虫速度提高一倍以上，并拓宽了 NPV 的杀虫谱。GV 对 NPV 提速、增效、扩谱作用的发现，一举突破了 NPV 应用于农作物防治重大害虫的三大障碍，使 NPV 首次展示了真正替代化学杀虫剂防治害虫的产业化开发前景，是国内最早的生物农药研究机构之一。

2. *病毒对宿主行为和生理的调控*　病毒在宿主的行为和生理上引起的变化是为了有利于病毒的复制和传播，而有些方面是昆虫和病毒相互的。例如，在植物病毒 *Tospovirus* 和西方花蓟马 *Frankliniella occidentalis* 的研究中发现，与未感染的植物相比，蓟马取食感染病毒的植物时，病毒对蓟马的发育有积极的影响，繁殖量增加，发育时间缩短。植物病毒还可以感染昆虫宿主，昆虫宿主作为载体将病毒传递给其他植物，但这实际上也引起了蓟马的免疫反应，表明病毒可能对昆虫宿主致病。因此，植物、病毒和蓟马之间的相互作用是高度复杂的，超出了单纯的传播和致病性。此外，寄生蜂的行为被证明是由病毒操纵的，增加了超寄生率，从而使病毒从受感染的寄生蜂传播到不受感染的寄生蜂。再者，杆状病毒 *Baculoviruses* 会引起甜菜夜蛾幼虫行为的变化，触发趋光反应和多动以增加其自身的传播。

3. *病毒的寄主保护功能*　病毒对宿主也会起到保护作用，如多 DNA 病毒科 Polydnaviridae 病毒由两个科的寄生蜂（Ichneumonidae 和 Braconidae）所携带。病毒存在于寄生蜂的卵巢，寄生蜂在昆虫宿主上产卵时，病毒随产卵液传染给宿主，这些病毒颗粒抑制宿主的免疫防御，从而提高寄生蜂的存活和生长发育。除了与昆虫直接相关的病毒外，还有一些病毒可感染昆虫微生物群中的细菌，即噬菌体，并可能通过它们提供其保护功能。在细菌 - 噬菌体 - 昆虫互作方面，蚜虫是一种被广泛研究的昆虫系统。例如，蚜虫携带 *H. defensa* 和 APSE（*Acyrthosiphon pisum secondary endosymbiont*）噬菌体，这样防御能力往往比寄生蜂更强，没有 APSE 的蚜虫，噬菌体感染其细菌宿主，减少 *H. defensa* 防御蚜虫天敌。昆虫的噬菌体也同样表现在杀雄菌属 *Arsenophonus* 系统和沃尔巴克氏体属 *Wolbachia* 系统，影响细菌的功能。

四、环境微生物组学

在过去十年中，无论是动物还是植物，大量特征与功能都与微生物有关，甚至大量的人类疾病和代谢也都是微生物组介导的。环境微生物组学得到前所未有的发展，新的功能微生物不断被发现和报道。自 2000 年极端环境微生物报道以来，肠道微生物、海洋微生物、土壤微生物等迅速被解析，并且阐明了这些环境微生物在参与群落和生态系统的功能中发挥的重要作用（图 7-11）。随着核酸测序和质谱技术的进步，环境微生物能够更快速地被解析，综合采用宏基因组、转录组、蛋白质组学和代谢组学的分析，加速微生物组学的研究过程。

微生物基本存在于地球生物圈的每个位置，并且负责生物圈的很多关键功能，如碳营养循环，以及决定地球植物和动物的健康和疾病，但目前认为微生物中有 99% 还没有被发现，已经认知的微生物只占 1% 不到。复杂的微生物群体多样性导致研究微生物群体中特定的功能难度非常大。核酸测序技术的速度和通量增长促进了微生物研究进展，特别是下一代测序的革命

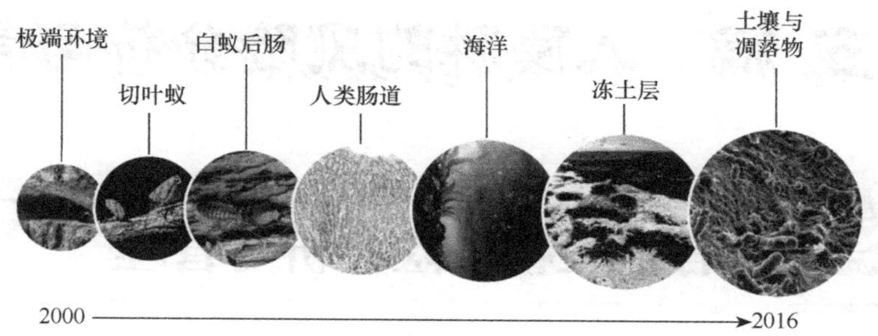

图 7-11　环境微生物组学的发展过程（仿 White III et al.，2016）

性发展，由于可用快速和便宜的 NextGen 测序平台，现在可以在几个小时内完成细菌基因组测序，这使得研究环境微生物的功能逐步变得简单和便捷。

DNA 测序技术的改进使许多微生物的信息被解析，大部分关于微生物的信息都来自 NextGen 测序的 16S rRNA 基因作为细菌和古细菌的系统进化标记。并且总 DNA 的 NextGen 测序已经可以确定在不同环境中与特定微生物群体相关的功能基因。例如，高通量测序技术能够在解冻永久冻土之后的水和沉积物样品中提取 DNA 并且进行分析。然而，绝大多数基因的功能都是未知的，这反映了环境微生物的巨大多样性和进化潜力。

宏基因组学（Metagenomics）和宏转录组学（Metatran scriptomics）能够揭示基因表达的时空过程，宏转录组学提供了微生物基因在各种生态系统中的表达，其甚至能够推断土壤基因组中哪一个识别的生物体在土壤中有活性，这揭示了宏转录组学在验证宏基因组学和了解微生物群落的效用。

虽然 DNA 测序使得了解环境微生物的系统发育和功能基因更加便捷，但是宏蛋白质组学和代谢物质是生物形成功能的终产物，这些终产物才是影响微生物功能的最根本因素。微生物在不同样品中蛋白质表达和代谢产物主要通过质谱实现，在微生物样品的质谱分析中，根据其在质量分析仪中的质荷比进行分离，提供具有高灵敏度、分辨率和产量的宏蛋白质组学或代谢组学测量。这种环境微生物的多组学分析为生态学研究提供了强大的动力，也为加速生物入侵研究提供了更多的工具。

思　考　题

1．昆虫的生活史特征都包括哪些?
2．入侵种的可塑性都包括哪些方面?
3．入侵种的表型可塑性都包括哪些方面?
4．基因上位效应如何在生物入侵中发挥作用?
5．加性遗传变异如何促进生物入侵?
6．遗传多样性在生物入侵过程中具有哪些生态功能?
7．昆虫的互利共生微生物都包括哪些类群，都有哪些功能?
8．遗传漂变与分化在生物入侵中的作用是什么?

「第五篇　入侵种的风险分析与管理」

第八章　有害生物风险分析与管理

【关键词】
有害生物风险分析（pest risk assessment）
经济损失（economic loss）
潜在地理分布（potential geographical distribution）
风险管理（risk management）
过境检疫（transit quarantine）
植物检疫（plant quarantine）
驯化（acclimatization）
引种（introduction）
国际植物保护公约（International Plant Protection Convention）

第一节　有害生物风险分析

一、风险性分析的主要方法

有害生物指任何对人体健康、农业生产和生态环境造成危害的植物、动物、微生物乃至病毒的种、品系或生物型。风险则是指有害生物传入或发生的概率及可能引起的后果。有害生物风险分析（pest risk analysis，PRA）则是指依照生物学等自然科学和经济学证据，确定有害生物是否为检疫性有害生物并评价其传入的可能性，是植物检疫领域提出的风险分析的概念。有害生物风险分析的基本内容包括风险确定、风险评估、风险管理及风险交流。风险确定即确定有害生物风险分析地区及可能或者潜在可能传入的与传播途径有关的有机体、虫害或病害的过程；风险评估即评价有害生物进入的可能性、定殖的可能性和定殖后扩散的可能性，评估其潜在的经济影响；风险管理即通过归纳、选择、评价、改进至最后确定减少风险的措施，并将之应用于检疫实践中；风险交流即风险信息和分析结果间的传达和交换，以便互相促进和采取有效的管理措施。

（一）分析方法

1. *合并矩阵法*　合并矩阵法是一种模糊判断的定性分析方法。首先把事件分为多个环节，如进入、定殖和扩散的可能性和后果评估等，将各步骤发生的可能性按描述性分类如低、中、高等级别进行定性评价，之后按照二二矩阵列表的“合并规则”计算整个环节发生的可能性，将分析结果整合形成风险评估矩阵表，综合评价结果，最终确定各有害生物的风险级别。

2. *气候相似距法*　气候相似距法需要掌握生物的生态气候相似指标及与疫区的气候相似程度等因素，根据气候相似性原理，确定有害生物的适生区。该方法以有害生物高发区域为参照，提取环境因子特征，筛选出影响有害生物生存的关键环境因子，然后与待评估地区进行一段时间内的相似距计算与比较。

3. *专家评估法*　专家评估法是通过向专家征询意见，对专家意见进行统计、处理、分析及归纳后，综合专家的主观判断，对难以采用技术方法定量分析的因素进行合理估算的方法，包括打分法、德尔菲法、头脑风暴法等，是一种最常用、最简单的风险评估方法。最简单的方法就是将有害生物的各风险因素进行赋值打分，从而根据分值高低确定风险高低。

4. 风险软件分析法　目前，有害生物风险定量分析方法的完成很多依赖于风险分析软件，也是目前运用最广泛的方法。该方法覆盖了传入风险、适生性分析及可能产生的经济损失等有害生物风险分析关注的主要环节，其中Maxent、GRAP、CLIMEX、DIVA-GIS、GIS、WhyWhere等主要用于适生性分析，计算有害生物的发生区域。主要运用生态气候模型评价原理，采用物种在不同温湿度、光照条件下的逆境指数、滞育指数及交互作用指数等来反映物种适应性。

5. 多指标综合评判法　多指标综合评判法是应用生态学理论、系统科学及专家决策系统的原理和方法，对各风险因素及环节进行动态赋值，将各环节的风险节点地位、作用及之间的相互作用关系进行全面考量，进而形成对风险事件的整体性量化评估。该方法是我国有害生物风险等级宏观评价常用的方法，也是定性和定量分析结合的很好范例。

（二）有害生物风险分析的三阶段

三阶段包括开始进行分析风险的工作、评估有害生物风险及防控有害生物风险。①开始阶段：明确有害生物风险分析的地区、任务和类型，分为以入侵途径为起始和以有害生物为起始，其中以入侵途径为起始的有害生物风险分析，需要首先搜集资料，确定该途径潜在的有害生物名单及与潜在有害生物相关的信息。②评估阶段：考虑有害生物的生物生态学特征的各个方面，尤其是关于生物学、地理分布和经济重要性的数据资料，确定其是否为检疫性有害生物，描述其进入、定殖、扩散的可能性和经济重要性方面的特点，如果需要采取检疫措施，则进入第三阶段。③防控有害生物风险：分析和选择减少风险的最佳方案，提出切实可行的检疫措施，并对此进行监测和评价。

二、入侵种的入侵风险

入侵风险是外源生物引入新的地区，种群迅速蔓延失控，对当地生态系统带来不稳定性和不确定性。在长期的进化过程中，物种形成了一定的地理分布范围，地理阻隔或者气候因子是限制这些物种分布的重要因素。一旦地理阻隔被打破，很多物种就会突破原有的分布范围向周围传播扩散，造成严重的危害。随着人类活动范围的不断增加，生物地理范围分布改变的机会也越来越多，在此过程中是否能引发生态风险和灾难，需要进行风险评估分析。

风险分析是评估有害生物对生态系统、环境及社会的潜在影响进行的分析研究，形成对未产生灾害的有害生物的初步了解，便于提前采取防范措施。风险分析的目的是预测出有害生物的风险，便于根据我们能够接受的风险水平提出预防和控制有害生物的措施，从而达到有害生物早期预警的目的。有害生物早期预警是生物与环境的综合分析，包括生物生态学特征、生物地理学特征、扩散与传播行为、危害方式与对象的重要性、处理措施及有效性等，预测有害生物发生危害的可能性、范围和程度，并根据分析结果制定可行的控制预案，最终达到防范有害生物的目的。外来有害生物具有很大的不确定性和随机性，发生快、危害重，防治难，尤其对外来有害生物的防范更为重要。

风险分析是外来种早期预警的关键环节，风险分析包括评估外来种的进入可能性、风险类型、危害方式及程度等，这些风险分析结果可作为当地管理部门对外来种进行宣传和预先防范的依据。风险分析的研究对象包括植物、动物、微生物及转基因产品等一系列能够对生态系统产生负面影响的繁殖体，其研究方法包括定性或定量两种方法，对风险识别、风险评估、风险管理和风险控制进行综合评判，是生物入侵防控的前提。生物入侵风险体现在很多方面，根据危害形式的不同可将风险分为经济风险、生态风险、健康风险及环境风险等。

（一）经济风险

生物入侵是一个复杂的链式过程，从进入入侵地后就开始了入侵种的扩张和危害。经济损失是入侵种最常见的影响，如马铃薯甲虫对马铃薯的危害非常严重，常造成减产 50% 以上。仓储害虫对粮食的危害也会造成巨大的经济损失，米象、谷蠹、绿豆象、豌豆象、麦蛾、大谷盗等仓储害虫在粮食调运过程中能够随污染的粮食或交通工具进行远距离传播，造成其传播扩散。仓储害虫不仅直接取食危害粮食，而且其排泄物还会造成粮食污染，甚至释放有毒物质，使被污染的粮食完全失去价值，造成巨大的经济损失。

经济风险一般用货币衡量，如潜在的粮食、牧草及蔬菜损失量等。人工生态系统的入侵种比例最高，自然生态系统的入侵种通常占有较低的比例。经济损失是主观的，是生态风险的一部分，同时经济损失对社会的影响也很大，因此入侵种的经济风险非常受人关注。另外，对入侵种的预警和防控很大程度上还是基于经济损失和经济阈值，成本和收益的经济学观点是入侵种防控的重要基础。

（二）生态风险

生物入侵造成的危害是多方面的，对生态系统结构和功能的影响是生态风险的重要方面。入侵种能够从种群、群落及生态系统等不同层次上改变生态系统的构成，造成当地生物多样性的丧失，生态系统的功能下降。例如，阿根廷蚂蚁 *Linepithema humile* 的入侵造成土著蚂蚁的灭绝，其强大的觅食和竞争能力完全取代土著蚂蚁的生态位，挤压土著蚂蚁的生存空间，使其逐步丧失领地而灭绝。异色瓢虫是一种生物防治因子，在入侵欧洲后与土著瓢虫形成集团内捕食，异色瓢虫体内含有微孢子虫，能够造成其他瓢虫的死亡，最终形成异色瓢虫单向捕食土著瓢虫，造成土著瓢虫的灭绝。此外，生物入侵还对当地生态系统的基本功能和性状产生巨大的负面影响，如紫茎泽兰的入侵导致土著生态系统中的营养循环和能量流动改变，降低土著植物群落多样性，最终导致生态系统无法发育而崩溃。澳大利亚北部有一种入侵豆科灌木，其迅速扩张后导致热带湿地成为单一灌木林，挤占水鸟的栖息地，水鸟的生存环境不断减少而被迫迁移。生态风险还体现在很多方面，如生物入侵对生态系统服务也可能会有很大的负面影响。入侵种和生态系统的反馈和循环可能会进一步增加生态风险，随着生物入侵造成的生态风险增加，加强外来种的管控成为降低生态风险的重要方面。

（三）健康风险

有些卫生害虫或病原物能够给人类健康造成巨大的影响，甚至造成死亡。其中病原物造成的人类健康风险是巨大的，甚至会影响到社会的稳定。例如，蚊子能够传播多种人类疾病，1929 年，来自非洲的冈比亚按蚊 *Anopheles gambiae* 由驱除舰携带偶然传入巴西，冈比亚按蚊在海岸建立了一个非常小的种群，并没有引起人们的关注，但是当地的疟疾发病率显著上升。随后，冈比亚按蚊沿着海岸线一直传播，到 1939 年，其已经扩散至 200km 以外的区域，最终造成 2 万人死亡。埃及伊蚊 *Aedes aegypti* 是另一种危险的蚊子，在非洲传播黄热病，造成大范围人员感染甚至死亡。

人类输入性病毒也属于入侵种，如埃博拉病毒 *Ebola virus*、拉沙病毒 *Lassa fever virus* 及狂犬病毒 *Rabies virus* 等，输入性疾病主要以人类为载体，传入具有极高的隐蔽性和不确定性。2019 年，新冠病毒 SARS-CoV-2 形成了全世界的蔓延，造成数千万人感染新型冠状病毒肺炎（简称新冠肺炎），几十万人死亡，至今病毒来源仍不清楚。输入性病毒由于巨大的危险性，在预防及控制上是不计成本和不惜一切代价的，我国对防控新冠肺炎是全民参与，成功地将新冠肺炎控制并封锁在可控的范围中。输入性病毒对人类健康的风险主要在医学方面进行检测和控制，在海关也有单独的卫生防疫部门负责，检疫并防范这些外来病原的输入风险。

（四）环境风险

环境风险侧重于生态系统的非生物部分，有些入侵种能够向环境中释放有毒的化感物种，从而毒害环境，造成生态系统中其他物种无法生存，并且对人类健康也会产生巨大的影响。例如，桉树 *Eucalyptus robusta* 是一种重要的经济树种，大面积种植会导致地下水位下降、土壤保水能力降低，长此以往会导致土地板结甚至土壤沙化。桉树的营养需求量大，凡是种植过桉树的地区，土地肥力都会下降乃至枯竭，造成其他树种无法存活，因此桉树有“霸王树”的恶名。橡胶树 *Hevea brasiliensis* 是另外一种经济树种，能够用于生产橡胶，经济价值巨大，很多地区都相继引进橡胶树发展经济，但橡胶林对环境的负面作用非常大，种植过橡胶林的区域基本没有其他植物生长，橡胶树的根系发达，造成地下水位严重下降，在种植橡胶林的地区，30 年之后其生态系统功能完全丧失，成为不毛之地，给环境带来了巨大的风险。

三、入侵可能性

入侵可能性是定量风险分析的重要内容，分为进入可能性、定殖可能性、扩散可能性及危害可能性。进入可能性是指外来繁殖体由原产地传播到新生态系统中的可能性或概率大小。外来繁殖体进入风险一般由人类活动所介导，通过交通工具、进出口贸易或旅客携带等方式改变其地理分布范围改变，根据其进入途径和方式，对进入的风险进行准确预判。定殖可能性是指生物繁殖体在新生态系统中存活并繁殖产生后代的可能性或概率大小，这些外来种的入侵风险都有相应的方法进行估测和分析。美国 Palisade 开发的 @risk 工具是外来种入侵可能性分析的重要工具，@risk 主要采用随机模拟方法（蒙特卡洛），对各种可能出现的场景进行假设，然后采用概率函数进行模拟，最终得到构成风险的各因素发生概率，对风险的不确定性进行定量预测。并且，@risk 能够进行灵敏度分析，这个功能可以预测不同因素对最终结果影响程度的大小，进行排序，进而找到构成风险因素中的关键节点，对管理措施进行预判和假设。

国内曾经用 @risk 做过多项入侵风险研究，包括小麦矮腥黑粉菌 *Tilletia controversa*、梨火疫病 *Erwinia amylovora*、松材线虫 *Bursaphelenchus xylophilus* 等。美国农业部曾采用 @risk 分析了纵坑切梢小蠹 *Tomicus piniperda* 在美国南部的入侵风险，得到春季运输疫区中带有树皮的原木和木材最有可能感染纵坑切梢小蠹，并导致该虫的传播。@risk 也被用于分析橘小实蝇和番石榴实蝇 *Bactrocera correcta* 随水果进口传入我国的可能性，橘小实蝇随进口水果传入我国的概率为 0.147，进口规模及产地果实的感染率是影响到达口岸果实中橘小实蝇数量的重要因素，入境后流向橘小实蝇适生地概率、适生期间进口的数量及进入果园的水果数量是决定传入高风险大小的主要因素。因此，加强进口水果的管理能够有效降低橘小实蝇的入侵风险，表明口岸植物检疫对控制外来种入侵的有效性及必要性。

四、潜在地理分布

对于外来种而言，其潜在地理分布预测是入侵风险的重要组成部分，地理分布是对生态、环境及经济产生影响的基础。不同物种能够通过直接或者间接的影响，调控生物种间关系，改变周围生态系统，干扰环境的演化过程。以植食性昆虫为例，直接影响包括取食寄主植物并造成经济损失，间接影响包括影响生态系统平衡。这些都是外来种带来的风险，潜在地理分布是这些风险的前提条件，只有存活在适宜条件下，外来种才会引起不同程度的直接或者间接风险。潜在地理分布分析是一项技术性很强的工作，其定量潜在地理分布的研究已经成为入侵风险分析的重要研究内容，目前潜在地理分布包括多项技术方法。

有害生物潜在地理分布一般也称为适生区，采用有害生物适生指数进行衡量，根据有害生物适生指数的不同，将其分为高、中、低及非适生区。因此，通过潜在地理分布分析，能够将有害生物在一定气候和寄主条件下的空间分布范围进行定量化。潜在地理分布能够为风险分析提供最直接而有效的证据，是外来种在新生态系统中存活的重要前提，能够为风险管理预案提供重要的科学依据。有害生物潜在地理分布的预测通过相关的生态位模型软件实现，以下为几种常用的生态位模型软件。

（一）CLIMEX

CLIMEX 生态气候分析系统是由澳大利亚两位科学家建立的动态有害生物模拟模型。CLIMEX 模型存在两个基本假设：①有害生物每年经历 2 个时期，即适合有害生物存活和不适合有害生物存活的时期；②气候环境是影响有害生物种群分布的主要因素。CLIMEX 通过有害生物的已知地理分布及数量来计算该物种适合的气候条件，也可以通过测定的有害生物生物学数据，不断调整气候参数文件使预测结果与已知区域吻合，逐步优化参数。

CLIMEX 预测过程中所需的有害生物基础数据主要是生物学参数、发生点及其软件自带的全球环境数据。模型构建过程中通过计算胁迫指数、生长指数、滞育、有效积温等参数，最终整合计算得到生态气候指数（ecological index，EI）。胁迫指数包括冷胁迫、热胁迫、湿胁迫和干胁迫，还包括四者之间的交互作用和交互胁迫指数（热 - 湿胁迫指数、热 - 干胁迫指数、冷 - 湿胁迫指数、冷 - 干胁迫指数）；生长指数主要包括温度、湿度、光照等。EI 取 0～100，值越大表示该有害生物的适合度越高，CLIMEX 能够与 GIS 联用，对有害生物适生等级进行划分，一般分为高适生区、中适生区、低适生区和非适生区。

（二）MaxEnt

MaxEnt 是 Phillips 等（2006）以最大熵理论为基础研发的用于潜在地理分布预测的统计模型，是通过计算物种分布的最大熵来预测有害生物的潜在地理分布。在 MaxEnt 模型运行过程中，需要采用两类重要的基础数据：有害生物的分布点数据和气候数据。MaxEnt 的气候数据包括 19 个环境变量，但利用 MaxEnt 预测有害生物潜在地理分布时，往往会添加更多对物种分布有影响的变量，使预测结果更准确。随着预测模型的发展，对预测结果准确性和模型性能的要求越来越高。对于 MaxEnt 来说，当有害生物分布点数据量足够多时，模型运行过程中各项参数选择默认设置，即能完成精准的预测。然而，当有害生物分布点数据量很小时，需要对各项参数进行不断调试，以便优化模型的预测结果。

MaxEnt 预测结果（ASC 文件）可以通过 GIS 软件进行可视化，根据预测值进行适生等级划分、潜在地理分布地图绘制、潜在适生区面积计算等。与其他模型相比，MaxEnt 模型具有所需样本量少，受样本偏差影响小，在数据有限的情况下，预测结果较好等优点。

（三）ENFA

ENFA（ecological niche factor analysis）是生态位因子的分析方法，此方法与主成分分析类似，通过比较物种分布区和其环境因子的差异进行建模，预测有害生物的环境因子特点。

ENFA 最主要的是分析研究有害生物分布区环境变量之间的差异，进一步探索不同环境变量对有害生物地理分布的贡献率，找出主控因子。ENFA 分析的环境因子差异主要计算两个指标：M 值（物种最适生态位与参考生态位中值的距离）和 S 值（参考生态位变异与有害生物分布区生态位的变异比值）。

生态位理论认为每种有害生物都有其特定的时空生态位，物种只在满足生态位的环境中才能存活和繁殖。ENFA 的分析过程中需要引进因子统计分析技术，进行生态位空间降维，不同的生态位变量之间可能存在相互依赖性。最终 ENFA 需要给出特异化生态位结果，大多数情况下是多变量的交叉影响，物种的生态位特征是多变量的交叉影响。ENFA 基于生态位理论的有害生物分布预测模型，而且能够得到调控有害生物分布的主要环境因子，有害生物生态位特征是 ENFA 的基础。

（四）回归模型

回归模型是昆虫数量统计中最常用的模型之一，包括广义线性模型（generalize linear model，GLM）和广义可加模型（generalized additive models，GAM）。广义线性模型是多元线性回归的一种推广形式，广义线性模型并不要求数据分布，因变量可以是泊松分布、二项分布、多项分布等。广义可加模型是一种非参数模型，是基于有害生物调查数据本身得到的平滑曲线。两种模型很相似，只是将其中的回归系数变成了平滑系数，平滑系数可以通过均值平滑、中值平滑、线性平滑、核心平滑、样条平滑等方法得到。广义可加模型是非参数模型，其运算复杂度要比广义线性模型高，且对分析结果解释更加困难。

（五）BIOCLIM 模型

BIOCLIM 模型是由 Nix 在 1986 年提出的一种框架模型，该模型是从已知物种分布区中提炼出的物种环境因子的限制范围。BIOCLIM 模型将物种的环境需求概括成多个环境包络，最后组成一个多维的环境包络，将这些环境需求投射到其他地方，如果某点在多维环境空间中的位置落在环境包络内，模型则认为该点适合该物种生存。可根据包络所代表的已知点比例，如从距离中心 5%～95% 建立系列环境包络，从而得到梯度预测值。BIOCLIM 模型存在一些内在的缺点，主要体现在对所有环境变量独立对待，认为各变量之间是独立的。

（六）GARP

GARP 是基于遗传算法的规则集合，GARP 模型其实是一种基于局域环境空间建模，物种在环境空间中的分布不全是连续的，其种群分布存在空间多样性。例如，多数物种都以复合种群的形式存在，其在空间上的分布是不连续的，这种种群呈现明显的离散分布，因此基于全域的预测模型必然会扩大物种的预测范围和空间，而 GARP 则能较好地解决这类问题。GARP 系统有 3 种规则：①原子规则；②范围规则；③逻辑规则。

GARP 模型是局域建模，根据不同的环境空间，其判别规则存在明显的差异。模型寻优算法采用了遗传算法（GA），GA 作为一种寻优效率很高的算法，是近几年发展起来的一种崭新的全局优化算法，其借用了生物遗传学的观点，通过自然选择和遗传变异等作用机制，提高个体的适应性。GA 首先是随机生成一定数量的个体，然后组成初始群体，从这个初始群体出发，通过选择、复制、交叉、变异等算子进行进化模拟，最终以一定的收敛条件得到最优群体，理论上从不同的初始群体出发会得到同一最优群体，但由于交叉、变异因子的随机性和收敛的效率性，往往每次收敛的最优群体是不同的。利用 GARP 模型预测物种潜在分布一般先通过大量的预测，然后通过一定的选择标准进行结果选优。

五、经济损失评估

潜在经济损失是外来生物入侵风险分析的重要内容，其是在潜在地理分布和入侵可能性的基础上，综合分析外来种所能造成的经济影响。以防治目标为衡量标准，对实施防治的结果或供选防治方案的模拟试验进行防治效益的评价。通过经济损失评估，能够将外来种的潜在危害定量化，并且以最直接的量化方式为风险管理提供依据。

外来种的潜在经济损失包括两部分：直接经济损失和间接经济损失，这两种损失的评估方法不尽相同，但都需要进行分析，并给出全面可靠的结果。直接经济损失是指入侵种对经济、人类生命和健康产生不利影响，直接导致农产品损失或价值减少，人类寿命和健康受到威胁，以及用于预防或保护的支出增加，从而使人类社会、组织团体、居民家庭或个人的经济利益减少。直接损失在生物入侵过程中非常严重，且能够用经济进行衡量。例如，害虫取食对农作物的产量造成显著下降，蚊子传播疾病对人类健康造成严重伤害，白蚁筑巢造成堤坝破坏等。评估直接经济损失大致分为三种类型：第一，根据入侵种产生的影响，建立以产业为基础的评价体系；第二，以入侵地为研究对象，根据入侵种的危害范围和类别建立评价体系；第三，以国家为单位，建立以入侵种为中心的评价体系。这三种评价体系，经济损失的评估都是可量化和可比较的，从而用于入侵种的预警防治。

间接经济损失是生物入侵导致生态系统功能丧失，生态系统服务下降，生物多样性降低，这些损失并不是显而易见的，而是在入侵过程中逐步形成的间接损失。间接经济损失评估的重点是生态系统的功能和服务，与直接损失相比，间接经济损失难以量化和精确评估。

对生物入侵的潜在经济损失进行评估时，首先需要分析潜在或者局部分布的入侵种可能造成的各方面的损失。通常一种入侵种能够造成多方面的影响，对不同的作物甚至不同的生态系统都能造成破坏，从而带来严重的经济损失。在入侵种造成不同影响的基础上，建立综合性的评价体系和模型（确定模型、随机模型），最终计算出潜在入侵种可能造成的总损失。了解掌握生物入侵造成的潜在经济损失非常重要，有时还需要评价防控措施的有效性，如采取某种防控和检疫措施后，入侵种造成的经济损失，可采用不同的防控措施，此种经济损失有可能会得到降低或有效控制。不采取防控措施和采取防控措施后入侵种造成的经济损失的差异就是挽回损失，挽回损失是衡量防控效率的重要指标。一般在入侵防控模拟中，防控效率和防控成本是值得考虑的，选择低成本和高效的防控手段对于控制入侵种是非常重要的，另外还需要考虑防控技术的可持续性。

（一）入侵性实蝇的潜在经济损失

实蝇是重要的检疫性有害生物，幼虫容易隐藏在水果或蔬菜中随着国际贸易被运输到世界各地，很多地区都发现了实蝇的入侵，实蝇入侵一般是多物种组成的混合种群。例如，美国加利福尼亚州入侵性实蝇多达 17 种，非洲的入侵性实蝇也多达十几种，实蝇的入侵对水果贸易造成巨大的影响及经济损失。我国是水果的重要产区，是全球重要的水果生产基地，很多水果都是实蝇的重要寄主。经过适生性分析，在我国有巨大入侵潜力的实蝇至少 20 种，这些实蝇对柑橘、番茄、苹果、香蕉等产业都有巨大的威胁。不同实蝇的危害指数差异很大，橘小实蝇是我国危害指数最高的实蝇［图 8-1（a）］。

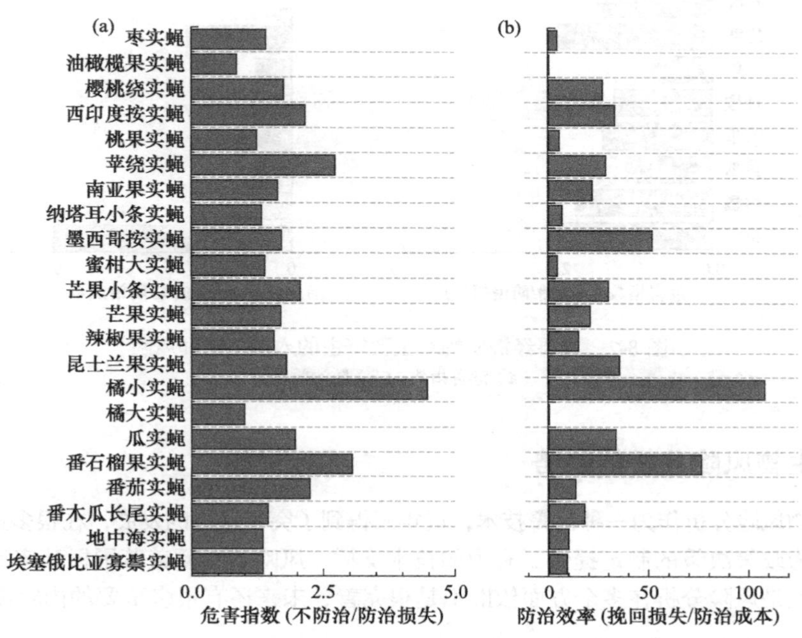

图 8-1 重要经济实蝇的入侵危害和风险

（a）危害指数；（b）防治效率

橘小实蝇不仅寄主广泛，而且对不同寄主造成的侵染性也最强，其次是番石榴果实蝇，而地中海实蝇在我国造成的潜在经济损失较小。另外，对不同种类实蝇的防治效率也存在明显的差异，橘小实蝇、番石榴果实蝇和墨西哥按实蝇的防治效率较高，较低的防治成本就能获得较高的挽回损失。橘大实蝇和油橄榄果实蝇的防治效率最低，基本为 0，原因是对这两种实蝇在田间没有有效的防治控制技术。地中海实蝇的防治效率也较低，入侵后的防治难度非常大［图 8-1（b）］。

（二）重要经济实蝇对主要寄主的潜在经济损失

实蝇的寄主范围非常广泛，包括番茄、黄瓜、苦瓜、辣椒、柑橘、梨等各种作物。在我国，实蝇对不同寄主的危害指数差异很大，香蕉、苹果、芒果、柑橘及番茄上实蝇的危害潜力都较大，油橄榄、梨和黄瓜上实蝇的危害潜力较低。入侵性实蝇通过与环境的相互作用，在不同的地理区域中与寄主的关系存在很大的差异。在我国，香蕉是遭受实蝇危害最严重的水果，其次是苹果和芒果［图 8-2（a）］。在其他的地理区域，入侵性实蝇的危害也存在很大的变异。不同寄主植物上实蝇的防治难度也不尽相同，香蕉和番茄上的实蝇防治效率最高，油橄榄和枣上的实蝇防治难度最大，效率低［图 8-2（b）］。

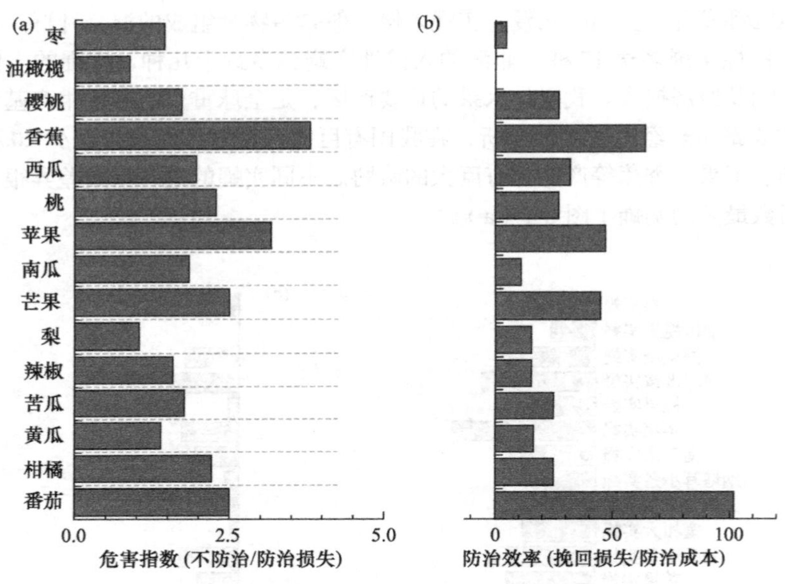

图 8-2 重要经济实蝇对主要寄主的入侵危害和风险
（a）危害指数；（b）防治效率

六、有害生物风险分析的趋势

有害生物风险分析作为一种预警技术，近年来得到了突飞猛进的发展，在很多进出口贸易及双边协定中为政策决策的制定提供了有力的技术支撑。风险分析涵盖范围极其广泛，涉及多学科的交叉，但是风险分析在多个方面依旧不是很完善，未来还有很多重要的内容需要突破。

（一）分子生物学和计算机技术的应用

生物学和生态学的研究已经从早期的现象观察和结果记录的经典方法逐步转向实验模拟，采用严格的实验控制条件，保证结果的可靠性和可重复性。大量生物学特征的探索也转向了基因组、转录组、蛋白质组等大数据组学分析，并借助计算机技术进行大数据分析和数据挖掘，更为准确地对入侵种进行风险分析和预警。因此，有害生物的生物学特征与组学技术和计算机技术的融合，将会有效提高预测的准确性。

（二）建立外来种数据库

建立外来种数据库和监测网络是进行入侵评估和监测预警的重要基础性工作，通过收集外来种的生物学特征、原产地和引入地的生态和气候信息等，形成入侵种的信息共享机制，并制定外来种的入侵评价标准，能够为外来种管理政策提供科学依据，有效地防治外来种入侵。但是我国目前并没有完善的外来种数据库，中国农业科学院植物保护研究所曾经建立了“外来入侵种数据库”的框架，只完善了部分入侵种信息。

（三）开展外来种风险分析

外来种风险分析属于植物保护学中最薄弱的学科，从事外来种风险分析的科研工作者非常少。大量的外来种在我国的风险分析还属于空白，或者仅仅进行了潜在地理分布的研究，对于深入精细的入侵潜力和风险管理都还未涉及。世界自然保护联盟（IUCN）已经提出外来种管理法规和准则，美国也对生物入侵的预防、控制和土著种恢复方面进行了大量的工作，并制定了《联邦植物有害生物法》。

（四）外来种的长期监测和生物入侵早期预警

外来种的不确定性和风险性是最受关注的内容，其中包括两方面的内容：长期监测和早期预警。很多区域还缺乏入侵种的监测，尤其是易感地区，监测的缺失导致很多入侵种不能被及时发现或入侵很久才被监测到，这时入侵种已经扩散到相当广泛的区域。另外，很多入侵种在新的生态系统中并不会马上表现出危害，而是处于长期潜伏的状态，这种情况同样需要对入侵种进行长期野外监测，分析其种群数量动态过程。通过建立长期定位观测实验点，监测种群大小、存活率、数量变化、物候等一系列生活史变化，能够在最早期监测到入侵种的变化，为后续的防控管理提供最及时的信息。

很多外来种是非常重要的生物遗传资源，甚至有的学者认为入侵是中性的，因此客观对待外来种是非常重要的，避免夸大外来种带来的影响。很多学者对生物入侵的认识存在很多误区：第一，简单地将外来种认定为入侵种，凡是外来种都是有害的，第二，不加分析地一概反对外来种，无论其是否具有价值，错误地认为只要是外来种都会造成巨大的危害；第三，把外来植物、动物、微生物、海洋生物混为一谈，认为都具有相同的入侵性，忽略了不同类型入侵种之间的差异。实际上，很多外来种给我国社会和经济带来了巨大的促进作用，因此科学引种能够避免外来种的负面影响，极大地发挥对生态系统和经济的促进作用。例如，水葫芦 *Eichhornia crassipes* 是我国重要的外来入侵植物，目前已经开发成为增产的有机肥，还能够用于治理污水。

第二节　生物入侵的风险管理

风险管理是综合管理生物入侵风险的阶段，其主要目的是确定控制生物入侵风险，使入侵种达到可接受水平的管理措施。在经过入侵风险分析后，入侵管理阶段应该形成一套系统全面、操作性强、防控效果显著的控制预案，这也是入侵种早期预警的基础。总之，入侵风险管理是指在入侵种到达入侵地之前提前采取的措施，是为了预防入侵种所采取的先导行动和预先知识储备，进而设定好防控手段和措施，达到有效管理入侵种风险的目的。

一、入侵风险管理内容

风险管理是应对生物入侵的有效途径，需建立严格的法治进行执行和管理。我国的生物入侵领域已经立法，多达 20 多部法律法规，执行部门涉及农业、林业、卫生及环保等多个重要部门。但是生物入侵领域被分割到各个不同的部门，部门分割造成了很多监管上的边缘区域，管理的有效性大打折扣。风险管理主要是针对制定入侵种的防治预案，根据不同的生物入侵风险和所能接受的风险水平，形成配套的预防和控制措施。采用风险管理进行的入侵控制措施中，常见的主要有 5 种不同的类型。

第一，截获。目标是禁止具有入侵风险的外来种传入，目前主要采用的植物检疫手段有口岸检疫、国内检疫与检疫除害处理。截获能够有效地将入侵种阻拦在国门之外或者限定在一定的分布范围内，将入侵种的扩散封堵，防止入侵种的持续蔓延。

第二，根除。目标是彻底消灭入侵种种群，在一定的分布范围内完全铲除疫情。根除是对入侵种处理的特殊方式，往往是不计成本和代价的，从而将入侵种种群的数量降低至零。根除能够将入侵种种群从生态系统中彻底移除，从根本上消灭入侵来源。根除技术往往是代价极高的，持续的时间也非常长，但是对于某些灾难性的害虫或者动物疫病，根除是非常必要的，能够避免更大的经济损失。在入侵种种群分布非常局限的情况下，根除措施是非常有效的。但是当入侵种种群扩散到相对较大的范围时，根除措施会非常困难，且成本很高，根除手段具有非常局限的应用范围。

第三，拦截。目标是防止入侵种的进一步扩散，将其限定在一定的分布范围之内。入侵种在入侵到新的生态系统之后，一般分布比较局限，只能在某一特定的区域危害。拦截是比较高效的防控技术，将入侵种控制在有限的范围内。

第四，控制。目的是降低入侵种的数量，将入侵种的危害降低到可接受的范围以内。入侵种的控制阶段与害虫综合治理基本一致，采用各种物理、化学、生物、农业及生态技术和方法，形成集成的技术手段，把入侵种的危害控制在经济阈值之下。入侵种在入侵较长时间后，其会被作为普通的农业害虫对待，且综合治理的理论、方法和控制措施与农业害虫是相似的。例如，美国白蛾已经入侵中国长达几十年，在控制手段上与普通农业害虫完全一致。

第五，再传入防控。目标是防止已经根除区域中的入侵种再次发生，发生程度较轻的区域也要防止其他入侵种种群传入，再传入防控主要采用的检疫措施包括口岸检疫、国内检疫、检疫除害与疫情监测等。再传入防控的危害程度有时与基因多样性有关，高的遗传多样性能够提高入侵害虫的危害。另外，随着各国贸易的不断扩大，再传入的风险一直存在，这需要检疫措施更加严格。例如，橘小实蝇在美国加利福尼亚州的入侵次数高达上千次，总根除费用高达十亿美元以上，给国家带来了沉重的负担。

二、风险管理对象

风险管理是伴随着农产品国际贸易诞生的，其主要目的就是防止境外或外地传入本国或本地区没有的有害生物。进入 20 世纪 70 年代以后，国际农产品贸易异常活跃，各国对有害生物的相互传播更加重视，很多国家都相继制定了植物检疫和风险管理的相关法律法规。著名植物病理学家曾士迈院士曾经说过：“植物检疫是植物保护系统工程中极为重要的子系统，是植物保护的边防线，必须严密保守。新的危险性有害生物一旦侵入，往往后患无穷，没有检疫的防治永远是被动挨打的防治”。风险管理分为植物产品和动物产品两大类。

（一）植物产品

《国际植物保护公约》中对植物一词的定义是活的植物及其器官，包括种子和种质。植物产品是指未经加工的植物性材料和那些虽经加工，但由于其性质或加工的性质仍有可能造成有害生物传入和扩散危险的加工品。植物及植物产品能够携带多种有害生物，包括病、虫、草等。

植物检疫病害包括细菌、真菌、卵菌、病毒等，如梨火疫病菌 *Erwinia amylovory*、大豆疫霉病菌 *Phytophthora sojae*、烟草环斑病毒 *Tobacco ring spot virus* 等。西瓜果斑病目前已在国内局部地区发生，该病害也是我国限制入境的危险性有害生物之一。通过检疫能够控制该病害传播，针对西瓜果斑病的检疫手段主要是产地检疫，即在国内调种引种前，到产地做实地考察，尤其在发病适期，对繁种田块做产地检疫并加强西瓜等葫芦科作物种子的检疫，杜绝带菌种子进入和传播蔓延。

植物检疫虫害包括昆虫、螨虫、线虫及其他小型动物等，如马铃薯甲虫 *Leptinotarsa decemlineata*、橘小实蝇 *Bactrocera dorsalis*、四纹豆象 *Callosobruchus maculatus*、苹果蠹蛾 *Cydia pomonella* 等。很多检疫性虫害在严格的检疫措施下，能够得到有效控制和灭除。

植物检疫草害包括杂草、毒草及害草等，如菟丝子属、毒麦、假高粱等。以菟丝子植物为例，这类植物是非常容易携带的检疫性植物，主要是茎寄生性的恶性杂草，通过吸取作物的营养，造成大田作物、牧草、果树、蔬菜、花卉等植物植株生长矮小、结荚少、甚至不能结荚，同时菟丝子还是很多植物病原的中间寄主。

（二）动物产品

检疫起初是为了防止人类疫病流行所采取的管理措施，随着贸易的发展扩展到动物方面，产生了动物检疫，具有法定性、强制性、权威性和科学性的特点。动物检疫对象是指政府规定必须实施检疫的动物疫病，主要关注疫病的感染或发生。动物疫病的种类很多，但动物检疫并不是把所有的疫病都作为检疫对象，其主要包括人畜共患病、危害性大但目前预防控制有困难的动物疫病、急性与烈性动物疫病、尚未在我国分布的疫病这四个方面，综合确定动物检疫对象。

《一、二、三类动物疫病病种名录》共收录动物疫病 150 多种，涉及各类传染病和寄生虫病。一类动物疫病是指对人畜危害严重，需要采取紧急措施强制预防、控制、扑灭措施的疫病。二类动物疫病是指可以导致重大经济损失，需采取严格控制、扑灭措施的疫病。三类是指常见多发、可能造成重大经济损失，需要采取措施进行控制的疫病。其中被列为动物检疫对象一类动物疫病包括口蹄疫、猪水泡病、猪瘟、非洲猪瘟、非洲马瘟、牛瘟、牛传染性胸膜肺炎、牛海绵状脑病、高致病性禽流感等；二类动物疫病包括狂犬病、布鲁氏菌病、炭疽、伪狂犬病、魏氏梭菌病、副结核病等；三类动物疫病包括李氏杆菌病、丝虫病、牛流行热、牛病毒性腹泻 / 黏膜病、马流行性感冒等。

三、入侵风险管理措施

入侵种的风险管理非常重要，我国已经对几十种害虫做了全面的风险管理研究，提出了相应的风险管理预案。风险管理措施是针对可能或即将发生的风险而采取的措施，是在风险的准备评估和科学判断的基础上形成的系统性管理。

（一）入侵风险规避

入侵风险规避是政府部门有意识地放弃可能带来的入侵风险，完全避免特定的损失风险。入侵风险规避是非常果断严厉的措施，最直接的办法就是不进口对方国家的产品。2017 年我国发布了多个不合格产品，包括越南鲜火龙果、泰国鲜龙眼等，这些产品主要是携带了检疫性有害生物，给我国生态系统造成非常严重的入侵风险，因此采取风险规避的方法是非常有效的途径。在国际贸易中，为了防止有害生物的入侵，采用入侵风险规避的方法降低入侵的可能性是非常必要的。

（二）入侵风险控制

入侵风险控制不是放弃风险，而是制定计划和采取措施降低损失的可能性或是减少实际损失。入侵风险控制是入侵管理的最常用方法，也是最有效和最普遍的方法，能够将入侵风险控制在可接受的范围之内。口岸外来种的截获是非常常见的问题，对于检疫性有害生物，截获并不代表禁止进口。很多检疫处理方法（熏蒸处理、蒸热处理及辐照处理）能够有效地杀灭有害生物，将有害生物控制在可允许的范围内。

很多进口产品避免入侵风险设置了定点加工和标准处理程序，如进口的粮食在指定的加工厂进行加工，运输车辆只能在特定的路线进行行驶，最大限度地规避外来种的入侵风险。很多种苗进口后，需在指定的隔离检疫场进行隔离试种，检测种苗是否携带了检疫性有害生物，如细菌、真菌、线虫、病毒。即使在隔离试种之后，很多植物也只能在特定的区域进行栽培，而不能随意跨区域运送，这种严格的入侵风险控制措施能够在很大程度上降低外来种的入侵风险。

（三）入侵风险转移

入侵风险转移是指通过一系列法律法规将进口区域的风险转移给其他区域的方式。风险转移过程有时可大大降低目标区域的风险程度。入侵风险转移的主要形式是替代区域和防控预警。随着社会经济的发展，物种的交换和引种已经成为不可避免的问题，很多外来种能够极大地促进当地的经济和社会发展水平。引进新物种、新品种、新产品能够丰富社会资源，加快经济发展，为生态系统注入新的活力。

入侵风险转移作为规避经济和生态损失的方法，已经形成有效的操作规程。我国每年都需要引进大量的国外品种和产品，直接引进会对当地生态系统带来不可预知的风险，但在引入当地生态系统之前，选择另一个区域进行引种，直到完全无害引进，这种入侵风险转移的方法是风险管理的重要方式。例如，我国建立的海南自由贸易港，海南作为我国的第二大岛，具有多种不同的地理生态条件，把海南作为引进我国的植物或动物产品的中转站，通过入侵风险转移能够有效地降低目标区域的入侵风险。

（四）入侵风险保留

入侵风险保留即风险承担，如果入侵损失发生，引入地区将投入一系列控制措施进行杀灭。例如，对于一些入侵种，引入其天敌资源，用于控制害虫，这些天敌在很多国家基本上没有出现负面的经济和生态影响，因此引进这些动植物材料时需进行入侵风险保留，主要原因是这些物种可能造成的风险非常小。即使造成了一定的风险，也能够在很短的时间内采取措施，来挽回这些入侵种带来的风险。

入侵风险保留包括无计划引入和有计划引入，但目前主要采用有计划引入的方法，在引种之前就做好各种防护措施和预案，一方面保证引种的瞬时实施，为经济和社会发挥职能，另一方面做到监测和预警不放松，实时监控引种后的定殖情况，并监测其是否在扩大分布范围。同时根据引种对象制定多种前瞻性管理措施，以保证引种后的风险管理。

四、入侵风险管理的意义

入侵风险管理作为入侵种的全面评估和管控措施，具有重要的现实意义。入侵风险管理主要是针对潜在的入侵种，通过建立完善的制度，将入侵风险降到最低。在实际的管理过程中，管理的效果虽然难以衡量，但在对入侵防控方面仍具有多方面重要的意义。

（一）增强入侵意识，防患于未然

人类的有意和无意活动是外来有害生物入侵的最大途径。风险管理可以利用大众传媒和教育宣传等方式，向社会科普外来种的引入途径、扩散方式、入侵危害和防治方法等知识，让广大的民众参与到外来有害生物入侵的防控体系中，帮助民众了解主要入侵种和潜在入侵种，以及其可能造成的危害和相应的防治措施。通过教育宣传可以使生态安全意识深入人心，这样的全民防控体系有利于从源头上控制甚至杜绝那些人为的无意引入的外来种现象，调动公众参与风险管理的积极性，实现群防群治，有效地进行早期预警、控制和管理。

（二）建立法律法规，严格管理管控制度

入侵种的治理涉及预防、预警、监测、控制、根除和生态修复等多方面的内容，通过建立全面系统的入侵种的法律法规，整合各种资源和人力物力，对入侵生物的检疫、监测、控制和应急措施等环节进行具有实际指导意义的可操作设定，以法律法规的形式对各个环节进行全面的监督管理，有法可依，有章可循。依据风险管理指导，对现有的相关法律法规体系进行全面评估，完善入侵种的相关立法，明确各部门管理范围并加强合作，规范强化入侵种的治理工作。

（三）奋战防控第一线，严守国门安全

在风险管理体系中，各相关部门应在国家最高领导下统一部署分工，合理有效地开展相关政策法律法规的起草制定、预防预警、风险评估、监测及防治等工作。明确各部门职能与职责，减少部门间的冲突，统一协调海关、农业、林业和行政执法等部门之间的密切配合，提高本国的检疫工作效率，做到早发现、早阻断、早防治、早根除。

（四）关注全球入侵变化，严防新型生物入侵

全球环境变化会对全球生态系统的物种多样性及其分布产生深远的影响。一方面，全球变暖会减弱现有植物及其生态系统对外来种的抵抗力；另一方面，气温升高、降水模式改变、二氧化碳浓度升高等变化会促进外来种的入侵。在土著生态系统抵抗力下降及外来种入侵力提高的情况下，生物入侵就会重新出现。因此，在全球入侵趋势及全球环境变化下，从生物学、生态学、植物保护学、医学的角度对入侵种的分布和入侵影响展开研究，了解有害生物入侵的发生危害规律及生态学机制等问题，为入侵种的风险管理提供科学依据。

（五）客观对待外来种，有效利用外来有益资源

对待外来种，要客观地去评价，科学合理地引进外来种。在经过生物学、生态学、植物保护学、兽医学等学科的评估后，科学有效地引进外来种可以满足当地人类和社会发展的需求，促进经济发展，同时避免对当地生态环境造成巨大破坏。风险管理可以在引种前，通过科学手段研究引入物种与原有物种的种间竞争与依存规律，对可能入侵的生物种类、分布风险进行评价分析，研究物种的生物生态学特性，以及对新生环境的适应能力，科学预测物种引进后的“时滞期”，为物种的引进提供科学依据。同时对引种后的种植、养殖区域、范围进行全面规划，采取切实有效的生态安全保护措施，防止引种物种的不可控扩散，并加强土著生物多样性保护。

第三节 国际公约与法律法规

一、国际公约

随着国际交流的日益频繁，外来动植物物种被大量引种，外来有益物种被有意放归自然，但是大量外来有害物种也被无意引入并迅速繁衍扩散，特别是频繁的国际交流更加剧了有害生物入侵的风险。1951年通过，后来几经修改的《国际植物保护公约》（International Plant Protection Convention，IPPC）规定了预防有害生物入侵的措施，是制订防止外来有害生物入侵战略的有力武器。1973年3月3日在美国华盛顿签订，1975年7月1日正式生效的《濒危野生动植物种国际贸易公约》（Convention on International Trade in Endangered Species of Wild Fauna and Flora，CITES），旨在通过对贸易做出监管，就公约附录所列物种（包括活体或死体、部分或其衍生物）的进出口制定规范，以保护野生动植物种不会因国际贸易而遭到过度的开采利用而威胁生存。随后1992年里约热内卢通过的《生物多样性公约》（Convention on Biological Diversity，CBD）对外来生物入侵进一步做了明确的定义。

（一）《国际植物保护公约》

《国际植物保护公约》的目的就是确保有效预防有害生物的引入与传播，对有害生物采取合理的治理措施。截至2017年，全世界共有183个国家和地区签署并加入了《国际植物保护公约》，我国于2005年加入IPPC，是第141个缔约方。IPPC总部设在罗马，每一个缔约方都要承担义务，建立全国性的植物保护机构负责这个体系的正常运转。

1. *IPPC管理机构* IPPC管理机构是植物检疫措施委员会。最高权力机关即年度召开的植物检疫措施委员会全体代表大会。主席团每年至少召开2次会议，为IPPC提供战略、合作、财务和管理方面的决策建议。植物检疫措施委员会财务委员会提供财务及资源筹措方面的建议。植物检疫措施委员会策略组提供整体战略和业务规划方面的建议。秘书处作为《国际植物保护公约》的常务机构，由联合国粮食及农业组织（FAO）管理，主要负责组织开展《植物检疫措施国际标准》（ISPMs）的制定并推进其实施，加强缔约方履约能力建设，强化国家义务报告等多边交流等。

2. *IPPC主要内容* IPPC的内容包括23条，由于国际检疫措施标准的不断修改、完善及增减，更多的国际贸易相关协定的签署，IPPC很难涵盖一些新的贸易发展内容，所以必须结合ISPMs中的最新成果。IPPC主要是希望各缔约方控制有害生物在国际传播的重要性及加强国际合作的必要性，保护植物、动物、人类的健康及环境。IPPC规定缔约方有义务制定植物与植物制品的进出口规定，对有害生物的出现进行风险分析、监视与监督，并对有害生物进行治理与灭杀，以及对有害生物的出现与传播进行信息交流和通报。

植物检疫证明是IPPC的重要内容：每一缔约方应为植物检疫证明做好安排，目的是确保输出的植物、植物产品和其他限定物及其货物符合要求。每一缔约方应按照以下规定为签发植物检疫证书做好安排：①应仅由国家官方植物保护组织或在其授权下进行植物检疫证书的发放和其他有关活动；②植物检疫证书或有关输入缔约方当局接受的相应的电子证书应采用与本公约附件样本中相同的措辞，这些证书应按照有关国际标准填写和签发；③证书涂改而未经证明应属无效。

IPPC 对货物输入也做出了要求，为了防止限定性有害生物传入或扩散，各缔约方应按照适用的国际协定来管理植物、植物产品和其他限定物的进入，可采取如下措施：①对植物、植物产品及其他限定物的输入，采取植物检疫措施，如检验、禁止输入和处理；②对不遵守上述规定者，或将其货物拒绝入境，或扣留，或要求进行处理、销毁，或从缔约方领土上运走；③禁止或限制限定有害生物进入其领土；④禁止或限制植物检疫关注的生物防治剂和声称有益的其他生物进入其领土。缔约方对于可能不能在其境内定殖，但如果进入可能造成经济损失的有害生物可采取本条规定的措施。各缔约方仅在这些措施对防止有害生物传入和扩散有必要且技术上合理时，方可对通过其领土的过境货物实施本规定的措施。不得妨碍输入缔约方为科学研究、教育目的或其他用途输入植物、植物产品和其他限定物及植物有害生物颁布的特别规定。不得妨碍任何缔约方在检测到对其领土造成潜在威胁的有害生物时采取适当的紧急行动或报告检测结果。

（二）《生物多样性公约》

生物多样性是指多样化的生命形式，包括遗传多样性、物种多样性和生态系统多样性。生物多样性是各类生态系统和生命形式保持适应能力，具备防止发生灾害和不利条件并实现复原能力的必要条件。生物多样性是人类赖以生存的条件，是经济社会可持续发展的基础，是生态安全和粮食安全的保障。

1992 年 6 月在巴西里约热内卢召开的联合国环境与发展大会（UNCED）通过了具有里程碑意义的《生物多样性公约》（以下简称《公约》）。中国于 1993 年 1 月初加入《公约》，成为最早批准《公约》的缔约方之一，迄今为止已有 193 个缔约方。《生物多样性公约》是第一份有关生物多样性各方面的国际性公约，遗传多样性第一次被包括在国际公约中，生物多样性保护第一次受到全人类的共同关注。《生物多样性公约》主要有三大目标：保护生物多样性、可持续利用生物多样性的组成部分、公平公正地分享由于利用遗传资源而产生的惠益。

1.《公约》的履约机制　《公约》主要由以下 3 个方面构成：①会议制度。缔约方大会（Conference of Parities，COP）是《公约》的最高权力机构，一般每两年召开一次。除缔约方代表参会外，相关的国际组织、土著和地方社区、非政府组织可派代表作为观察员出席大会。②休会期间的特设工作组和专家组。针对争议较大的议题，缔约方大会设立若干特设工作组对这些议题进行深入讨论和政府间谈判，切实解决这些议题。③行政机构和科学机构。秘书处及科学咨询机构（SBSTTA）是主要的行政和科学机构。

2.《公约》的主要内容　缔约方意识到生物多样性价值及其组成部分的生态、遗传、社会、经济、科学、教育、文化、娱乐和美学价值，生物多样性对进化和保持生物圈的生命维持系统的重要性，以及保护和持久使用生物多样性对满足世界日益增长的人口粮食、健康和其他需求至为重要。《公约》期望加强和补充现有保护生物多样性和持久使用其组成部分的各项国际安排，保护和持久使用生物多样性。

3.《公约》规定的就地保护　就地保护要求每一缔约方尽可能按照如下要求实行：①建立保护区系统或采取特殊措施以保护生物多样性的地区；②制定准则数据以选定、建立和管理保护区；③管理或管制保护区内外对保护生物多样性至关重要的生物资源，以确保持久使用；④在保护区域的邻接地区促进无害环境的持久发展；⑤促进保护生态系统、自然生境和物种群体；⑥制订和实施各项管理计划，促进受威胁物种的复原，重建和恢复已退化的生态系统；⑦防止引进、控制或消除那些威胁到当地物种、生境和生态系统的外来种；⑧制订或采取措施管理或管制由生物技术改变的活生物体在使用和释放时可能产生的危险；⑨提供与生物多样性保护及其组成部分所需的条件；⑩尊重、保存和维持土著和地方社区体现传统生活方式而与生物多样性的保护和持久使用相关的知识、创新和做法并促进其广泛应用；⑪制定或维持相关法律或规章，保护受威胁物种和群体；⑫对生物多样性造成重大不利影响时，进行管制或管理；⑬国际合作，尤其向发展中国家提供资助。

（三）《濒危野生动植物种国际贸易公约》

威胁野生动植物生存的主要因素包括栖息地丧失、野生动植物国际贸易及商业开发等。人们开发利用野生动植物的主要原动力之一就是通过各种贸易活动实现经济利益，因此保护生物多样性及实现可持续发展的前提即科学有效地管理野生动植物贸易活动。

为促使各国加强国际合作，有效地保护野生动植物资源，1973 年，21 个国家在美国华盛顿签署了《濒危野生动植物种国际贸易公约》（CITES），1975 年 7 月 1 日正式生效。

CITES 的实施效果优于其他综合性环境协定，得益于其建立了一套约束力很强的严格履约体制，主要由以下几方面构成：①管理机构和科学机构。CITES 的缔约方必须指定专门的管理机构和科学机构，管理机构负责日常许可证的签发以及与国内外相关部门的联络，科学机构则负责根据贸易是否会危及物种的生存和资源状况，养殖或培植是否可能成功等提出科学咨询意见。②会议制度。缔约方大会为最高权力机构，除缔约方代表外，相关政府间组织和非政府组织可派观察员参加。③秘书处。在本公约生效两年后，由联合国环境规划署执行主任筹组。CITES 是一项在保护野生动植物、控制国际贸易方面影响广泛的国际公约，其宗旨是通过许可证制度，对国际野生动植物及其产品的进出口实行全面控制和管理，促进各国保护和合理开发野生动植物资源。

二、法律法规

外来种入侵这一全球性的现象，从 20 世纪 50 年代开始就已经引起国际社会的广泛关注。经过几十年的努力，国际自然及自然资源保护联盟、国际海事组织等国际组织已制定关于如何引进外来种，如何预防、控制、消除外来种入侵等法律法规。本部分内容挑选几个有代表性的国家，分别介绍它们的生物入侵概况及其生物入侵的法律法规策略。

（一）中国

外来种入侵已经对我国的物种、生境、生态系统造成不同程度的威胁，引起生态系统的破坏、生物多样性的下降，甚至是物种的灭绝，导致重大的环境、经济、健康和社会问题，造成巨大的损失。中国的进出境动植物检疫起源于 20 世纪初，中国加入世界贸易组织（WTO）后，进出境动植物检疫工作更是有了长足发展。

我国也为植物检疫制定了相关的管理措施，农业部（现为农业农村部）早在 1957 年 12 月 4 日就发布了《国内植物检疫试行办法》。随后为了防止危害植物的危险性病、虫、杂草传播蔓延，保护农业、林业生产安全，1983 年 1 月 3 日国务院制定并发布了《植物检疫条例》。随着社会环境的不断变化，有害生物的入侵形式也在不断改变，我国于 1992 年和 2017 年分别对《植物检疫条例》进行了修订。最近的条例包括 24 条，涵盖植物检疫管理的各个领域，对进出境和国内的粮食、水果、蔬菜、种子等农产品的调匀都做出了详细的规定。

中国现有的相关法律也已经涉及外来种的控制问题，主要相关法律有《中华人民共和国进出境动植物检疫法》《中华人民共和国动物防疫法》《中华人民共和国国境卫生检疫法》《植物检疫条例》《农作物病虫害防治条例》《中华人民共和国生物安全法》。

1.《中华人民共和国进出境动植物检疫法》 1982 年 6 月国务院发布了《中华人民共和国进出口动植物检疫条例》。1991 年 10 月 30 日第七届全国人大常务委员会第二次会议通过《中华人民共和国进出境动植物检疫法》，于 1992 年 4 月 1 日起施行；1996 年 12 月颁布了《中华人民共和国进出境动植物检疫法实施条例》，自 1997 年 1 月起施行。《中华人民共和国进出境动植物检疫法》是 1949 年以来第一部指导和规范进出境动植物检疫工作的基本法律制度，该法律的主要内容包括总则、进境检疫、出境检疫、过境检疫、携带、邮寄物检疫、运输工具检疫、法律责任和附则，其对动植物检疫的目的、制度、任务、工作范围和方式及相关的法律责任等做了明确的规定，规定了报检、申报、检疫审批、隔离检疫、现场检疫、检疫放行或调离、检疫监督、检疫证书、检疫收费等基本检验检疫制度。该法的实施对于维护国家主权和保护动植物健康，促进可持续发展，规范进出境动植物检疫行为等多方面发挥了重要的作用。

2.《中华人民共和国生物安全法》 为了维护国家安全，防范和应对生物安全风险，保障人民生命健康，保护生物资源和生态环境，促进生物技术健康发展，推动构建人类命运共同体，实现人与自然和谐共生，2020 年 10 月 17 日第十三届全国人民代表大会常务委员会第二十二次会议通过了《中华人民共和国生物安全法》。本法所称生物安全，是指国家有效防范和应对危险生物因子及相关因素威胁，生物技术能够稳定健康发展，人民生命健康和生态系统相对处于没有危险和不受威胁的状态，生物领域具备维护国家安全和持续发展的能力。《中华人民共和国生物安全法》是生物安全领域的基础性、综合性、系统性、统领性法律，其颁布和实施有利于保障人民生命安全和身体健康，有利于维护国家安全，有利于提升国家生物安全治理能力，有利于完善生物安全法律体系。

（二）美国

美国是世界上遭受外来种入侵最严重的国家之一，外来种入侵对美国经济、生态环境都造成了不可估量的毁坏。美国对外来种入侵的法律管制主要集中在外来动物，具有代表性的处理外来种入侵事务的联邦法律包括《国家入侵种法》《第 13122 号总统行政命令》《非本土水生有害物种预防和控制法》等。

1996 年 10 月 26 日，美国国会通过了《国家入侵种法》。这部法律进一步补充了《非本土水生有害物种预防和控制法》。其主要针对水生外来种入侵的防治，特别是对压舱水的管理做出规定，把压舱水的管理范围扩大至美国的所有水域，要求船舶在进入五大湖的港口前交换压舱水，并制定防止通过压舱水排放引入水生入侵种的国家指南。

1999 年 1 月克林顿签发《入侵物种法令》，这是美国生物入侵立法进程中的一个最重要的事件。该总统令授权联邦机构能够采取各种措施应对入侵种的问题，并建立了国家入侵种委员会，由农业部部长、商务部部长和内政部部长组成，其成员包括美国国务院、国防部、运输部及环境保护署等部门的负责人员，从此美国告别了生物入侵管理事务多个相关机构各自为政的局面。委员会必须与联邦、州、航运业、环境机构、大学和农场组织等不同单位共同合作，相互协助，抵御入侵种。

（三）日本

日本领土由北海道、本州、四国、九州 4 个大岛和其他 7200 多个小岛屿组成，因此也被称为“千岛之国”。日本动植物检疫的立法机关是国会，具体的实施条例、检疫操作规程等由农林水产省颁布，农蚕园艺局植物防疫科和畜产局卫生科组织实施。日本防止外来种入侵的法律包括《外来种入侵法》《关于防止特定外来生物致生态系统损害的法律》《植物防疫法》《林业种苗法》等。

日本于2004年制定了《防治外来种入侵法》，该法为预防外来种的入侵，对外来种从种植、运输到处理各个阶段都做了明确的规定。2004年同时颁布实施了《关于防止特定外来生物致生态系统损害的法律》，针对对象只限于因人为因素引入并生存在本土之内的有害外来种，而对于依靠自然力移动的外来生物并没有做出明确规定。该法对日本外来入侵生物实行指定制，将其分为特定外来生物及未判定外来生物。

（四）澳大利亚

澳大利亚四周环海，东濒太平洋的塔斯曼海和珊瑚海，西、北、南三面临印度洋及其边缘海。澳大利亚早在1908年就颁布了第一部检疫法，随后又制定了多部相关入侵法律，主要立法包括《压舱水管理指南》《国家杂草策略》《生物多样性保护国家策略》《濒危野生物种保护法》。

第四节　检疫程序与检疫措施

一、检疫程序

依据国际惯例和我国相关法律法规，动植物及其产品和其他物品等必须经过官方的一系列检疫程序，被证明安全后才能够进出境。动植物检疫的工作程序一般包括检疫审批、检疫报检、检验检测、检疫处理及出证放行5个环节。

（一）检疫审批

1. 检疫审批的定义及目的　检疫审批是指国家检验检疫机构根据货主或其代理人的申请，依据国家有关法律、法规的规定，对申请人从国外引进动植物及其产品或在中国境内运输过境动物进行检疫审批。根据国际上动植物病虫害的发生情况，结合我国种质资源的发展及生产状况，对进出境动植物及其产品进行检疫审批，其目的如下：①防止从动植物疫区带进危险性病虫害，保护我国农牧业生产安全；②防止国内珍稀动植物及其产品的流失；③防止从国外盲目引种，冲击国内的种质资源生产。检疫审批对我国农林牧渔业生产不受外来危险病虫害的侵害，有着预防性的积极作用。

2. 检疫审批的类型与范围　依据检疫物的输入方式，检疫审批分为进境检疫审批、过境检疫审批、携带或邮寄检疫审批3种方式。依据审批物品的范围，检疫审批分为一般审批和特许审批。一般审批的许可物范围主要包括3类：①通过贸易、科技合作、赠送、援助等方式输入的动物、动物产品，植物种子、种苗及其他繁殖材料，以及近年引起广泛重视的水果和粮食等；②携带、邮寄输入的植物种子、种苗及其他繁殖材料；③过境所有动物。

特许审批的许可物是指那些因科学研究等特殊需要而引进的国家规定的禁止进境物，包括4类：①动植物病原体（包括菌种、毒种等）、害虫及其他有害生物；②动植物疫情流行国家和地区的有关动植物、动植物产品和其他检疫物；③动物尸体；④土壤。

3. *检疫审批的主要作用*　第一，检疫审批的实施，能够有效地加强国家对进境动植物及其产品的宏观调控，国家可以采取事先约束及事后监督的行政手段。第二，检疫审批有利于提高积极性，实现从直接管理向间接管理的过渡，促进外贸事业的发展。申请单位的设备条件、规章制度、管理网络及防疫意识等方面应符合进出境动植物检疫的要求，既是检疫法规的贯彻，也是向间接管理的过渡。第三，检疫审批避免盲目进境，减少经济损失。经过检疫许可，能够明确所需输入或引进的物品是否可以进境，从而避免输入或引进的盲目性。第四，检疫审批提出检疫要求，加强预防传入。办理检疫许可的过程中，动植物检疫机关依据有关规定和输出方的疫情来决定是否批准输入，能够有效地预防检疫性疾病和有害生物传入。第五，检疫审批依据贸易合同，进行合理索赔。货主可将其写入贸易合同或协议中，如不符合检疫要求，货主可依据贸易合同中的检疫要求条款向输出方提出索赔。

4. *检疫审批的一般步骤*　检疫审批一般包括以下 3 个主要步骤：①审批申请。申请审批前需要满足一定的防疫条件，并且提供相应的见证材料。在一般审批中，需要提供的见证材料包括：生产、加工、存放的合同；生产加工的工艺；防疫具备的条件及拟采取的防疫措施；申请单位所在地的植物检疫审批主管部门出具的防疫情况考核报告等。在特许审批中，引进禁止进境物的单位或个人必须事先向出入境检疫机构提出申请，并提供相关证明以详细说明禁止进境物确属科学研究等特殊需要，还应提供具有符合检疫要求的监督管理措施的说明。②预审审核。审批主管部门的直属或分支机构对申请材料进行预先审查，对首次申请的单位或检疫物，派检疫人员进行现场检查。对符合防疫规定的，签署考核合格的意见，供最终审核部门参与。③审核批准。国家动植物检疫机关根据申请和待批物进境后的特殊需要和使用方式，填发许可证，表明批准的数量、检疫要求、进境口岸、许可证有效期等内容，并委托有关口岸动植物检疫机关核查和监督使用。

（二）检疫报检

1. *检疫报检的基本含义*　货主或代理人在检疫物出入境时向检疫机构声明并申请检疫的法律程序，即在动植物及其产品和其他检疫物、动植物性包装物、铺垫材料输入、输出、携带进境时，其货主或代理人、承运人、押运人，应填写有关报检单，并附相应单证，向口岸动植物检疫机关申报，接受检疫，取得该检疫物的进出境放行手续，凭此报关、提货、发货等。检疫报检是一法定程序，是动植物检疫的必经环节。

2. *检疫物范围与报检机关*　在进出口动植物检疫中，向检疫机关报检的范围如下：①进境、出境、过境的动植物、动植物产品和其他检疫物；②装载动植物、动植物产品和其他检疫物的装载容器、包装物、铺垫材料；③来自动植物疫区的运输工具；④进境拆解的废旧船舶；⑤有关法律、行政法规、国际条约规定或者贸易合同约定应当实施进出境动植物检疫的其他货物、物品。

输入动植物及其产品和其他检疫物，向进境口岸动植物检疫机关报检：①如属于调离海关监管区检疫的，运达指定地点时，通知相关动植物检疫机关；②如属于转关货物的，在进境时向进境口岸动植物检疫机关申报，到达指运地点时，向指运地口岸动植物检疫机关报检。

输出动植物及其产品和其他检疫物，向启运地口岸动植物检疫机关报检，经启运地口岸动植物检疫机关检疫合格的检疫物运达出境口岸时，分别进行如下处理：①动物应当经出境口岸动植物检疫机关临床检疫或者复检；②植物、动植物产品和其他检疫物从启运地随原运输工具出境的，由出境口岸动植物检疫机关验证放行；改换运输工具出境的，换证放行；③植物、动植物产品和其他检疫物到达出境口岸后拼装的，或变更输入国家或者地区而有不同检疫要求的，或者超过规定的检疫有效期的，应当向出境口岸动植物检疫机关重新报检。如启运地为出境口岸动植物检疫机关辖区的，直接向出境口岸动植物检疫机关报检。

运输动植物及其产品和其他检疫物过境（含转运）的，向进境口岸动植物检疫机关报检。携带动植物及其产品和其他检疫物进境的，向海关申报并接受口岸动植物检疫机关检疫。

3. *检疫报检的基本手续* 检疫申报一般由报检员凭报检员证向检疫机关办理手续，报检员由检疫机关负责考核。办理检疫申报手续时，报检员首先填写报检单，然后将报检单、检疫证书、产地证书、贸易合同、信用证、发票等一并交检疫机关。如果属于应办理检疫许可手续的检疫物，在报检时还需提交进境许可证。

（三）检验检测

1. *现场检验* 检疫人员在现场环境中对出入境检疫物进行检查、抽样，初步确认其是否符合相关检疫要求的法定程序，针对运输及装载工具、货物及存放场所、携带物及邮寄物等应检物进行查验。现场检验对进出口的动物检查有无烈性传染病及外贸合同中规定的其他病害；对动植物及其产品等检查其有无受病虫害的侵染，一旦发现疫情，将采取相应的检疫处理措施。在现场检疫的同时，采集样品回实验室做进一步的检疫检验。

现场检验的准备：根据货主和相关部门的到货预报，贸易合同中签订的检疫条款，组织检疫人员，分析产地疫情拟定检疫方案。准备好检疫和消毒所需的药品、器材、记录卡、工具、口罩、白大褂等。协助督促收货单位或代理人做好车辆、场地清洁消毒工作。进出口的动植物及其产品和其他检疫物运抵后，动植物检疫人员着重审核报验单，查验相关凭证，并接收输出国检疫证书及有关文书。现场检查和抽样是现场检验的主要工作任务，经现场检验采集的样品需送到实验室继续进行检测。其中现场检查的主要方法包括肉眼和过筛检查、X 射线检查和检疫犬检查等。

2. *实验室检测* 检验检疫实验室既是出入境检验检疫工作的技术支撑，也是检验检疫系统作为技术执法部门区别于其他行政管理部门的主要特征。因此，加快检验检疫实验室建设，提高检测水平和能力，不仅可以提高工作效率，降低检验成本，减轻企业负担，在关键时期，更能担负起“强本固基”的重任，有利于我国出口企业在国际市场上的竞争。某些检疫物经现场检验，需进一步进行实验室检测，以确定动物疫病或植物有害生物的种类。检疫人员依据相关的法规及输入国或地区所提出的检疫要求，对输出或输入的动植物及其产品和其他应检物进行实验室检测。实验室检测对专业技能的要求较高，需要专业人员利用现代化的仪器、设备和方法对病原、害虫、杂草等有害生物进行快速而准确的种类鉴定。

3. *加强检验检测* 建立一个有效的适合于检验检疫实验室开展检测工作类型、范围和工作量的质量体系，是实验室进行全面质量管理，实现其质量方针和目标的核心。在新形势下，检验检疫必须在科技投入，选拔、引进及培养人才上进行必要的改革和创新。同时通过对实验室检测的检验检疫风险因素分析，整合各个业务子系统资源，充分利用系统存在的信息，实现检验检疫数据有效信息挖掘。做到“早发现、早研判、早预警、早处置”，提供科学的决策依据和技术支持。

（四）检疫处理

检疫处理主要是指为防止检疫性有害生物的传入传出而对进出境货物采取的措施，如禁止进境、销毁、转港、改变用途、除害处理，而除害处理是指采用技术手段，对发现疫情的货物经过化学或物理的方法，按照一定技术指标进行处理的官方行为。

进出口货物在进行现场检验和实验室检测后，一旦发现进出口货物被检疫性有害生物感染，就需要进行严格的检疫处理。在某种程度上，植物检疫处理实质上是一种阻断措施，也就是切断害生物的传播途径。检疫处理通常由具有资质的单位或部门负责，检疫处理具有明确的技术标准和操作流程，是植物检疫中强制性措施的重要组成部分。

（五）出证放行

出证放行是检疫机构对符合检疫要求的法定检疫出入境或过境货物、运输工具、集装箱等出具检疫证书等证明文件，准予出入境或过境的一种行政执法行为。经检疫合格或除害处理合格的进境检疫物，由进境口岸检疫机关签发检疫通关单或在运单上加盖检疫放行单，准许进境。经检疫合格或除害处理合格的出境检疫物，由当地口岸检疫机关签发检疫证书，准予出境。对过境动植物、动植物产品及其他应检物，经检疫及除害处理合格的准予过境。

二、检疫措施

（一）产地检疫与预检

1. 产地检疫与预检的含义　产地检疫和预检是动植物检疫人员在农产品原产地进行检疫的一项针对性措施。

产地检疫指动植物及其产品在国内进行调运前，由检疫人员在其生长或生产地进行的检验、检测，防止一些患有疫病的动植物有害生物流入市场，将疫病传染风险或有害生物降到最低，最大限度地控制疫病或有害生物在国内传播的一项措施。

预检是动植物及其产品入境前，输入方的检疫人员在动植物生长或生产期间到原产地进行检验、检测的过程，以防止管制性动物疫病或植物有害生物在国际传播或扩散的一项措施。

2. 产地检疫与预检的区别　产地检疫与预检之间既有联系又有区别。两者的联系在于都是针对动植物及其产品的重要检疫措施，用来防止管制性的动物疫病或植物有害生物从原产地向外传播和扩散。

3. 产地检疫的作用　产地检疫在动植物检疫中发挥着重要作用，表现在如下方面：第一，便于发现疫情，结果更为准确。产地检疫是一个相对长期的过程，可在生长或生产期间定期检疫多次，动物疫病或植物有害生物的为害状更容易表现出来，易于发现、识别、诊断和鉴定，有助于发现疫情。第二，简化现场检疫的手续，加快商品流通速度，经产地检疫合格的动植物及其产品，在国内调运时一般不需要再检疫，凭借产地检疫合格证即可换取动物或植物检疫证书，简化了现场检疫手续。第三，保护货主利益，避免更大损失，在动植物及其产品的生长或生产过程中，货主可以在动植物检疫部门的指导和监督下，采取预防性措施，及时防止和消除相关的有害生物危害，获得合格的动植物及其产品。这样可避免因检疫不合格而进行除害处理或退货、销毁，可帮助货主避免更大的经济损失。第四，加强部门合作，增进检疫交流。产地检疫需要动植物检疫部门、生产部门和贸易部门等相关单位的相互协作才能完成，在检疫过程中需加强这些部门之间的合作。

4. 产地预检的作用　通过对对方国的产地预检，可以了解产地疫情，有针对性地实施检疫。在对方国产地检疫的基础上，货物抵达进境口岸时，由检疫机关再次进行检疫，两次检疫可以大大提高病虫害检出率，有效防止动植物病虫害传入我国；可防止或减少染疫货物装运至我国，提高口岸检疫验放速度，有利于港口货物的输运；减少因货物不符合合同规定而造成的索赔案，减少贸易双方的经济损失。

（二）隔离检疫

不同国家之间的检疫法规和检疫技术存在差异。在国外已经过检的动物在运输过程中存在污染的可能，所以动物在到达我国进境口岸时，还要进行隔离检疫，以防造成疫病传入。有些传染病和寄生虫病潜伏期长，有的呈隐性感染，只有经过一段长时间的观察才能发现病畜，这些由传染病的特点决定了隔离检疫的必要性。在运输过程中，动物高度接触，有相互感染的可能，而且环境条件的改变，可使隐性感染的动物或者在潜伏期感染的动物呈现传染病的临床症状。并且有些检验不能一次得出结果，只有通过间隔一定时间的两次或两次以上采样进行对比试验，才能得出准确结果。并且，在隔离检疫期间，一旦发现疫情，可迅速采取措施，防止疫情扩散，并将疫情迅速扑灭。

隔离检疫是在动植物检疫机关指定的场所和隔离条件下，按照一定的程序和规定，对目标材料于生长期间进行检验和处理的特殊管理方式。

20 世纪 80 年代末，自我国第一个高等级植物隔离检疫设施——双桥植物隔离检疫圃建立以来，农、林及海关部门建立了隶属关系不同、规模不等、功能不一的隔离检疫设施。我国的植物隔离检疫设施主要包括自然隔离、生产田、网室及植物隔离检疫温室。例如，隔离检疫温室可用于植物的检疫、植物遗传基因研究等科研领域，也可用于一些对环境要求极为苛刻的植物种植。为防止昆虫、花粉、孢子等从通风口进出隔离检疫温室，隔离间的进出风口加有密封过滤装置，严格控制进出风的过滤密封，以保证达到检疫工作的要求。植物隔离检疫在欧洲如英国、法国、荷兰等一些发达国家或地区一直受到高度重视。例如，英国农业部建立的大型隔离检疫设施的隔离检疫温室选用高质量材料以达到密闭性要求，通过控制正负压差，以及温室的温度、湿度和光照等参数控制实现计算机自动化。

（三）检疫监管

1. *检疫监管的含义与范围* 检疫监管是检疫机关对进出境或过境的动植物及其产品的生产、加工、存放等过程及动物疫病、植物有害生物疫情实行监督管理的一种检疫措施。《进出境动植物检疫法》第 7 条规定，国家动植物检疫机构和口岸动植物检疫机构对出入境动植物及其产品的生产、加工、存放过程，实行检疫监督制度。

检疫监管的范围主要包括 6 个方面：①进境动植物及其产品的除虫、灭菌过程；②批准引进的禁止进境物的使用和存放过程；③进出境水果、蔬菜和肉类制品、奶制品的加工和存放过程；④进出境生皮张、生毛类、肠衣的生产加工过程；⑤进境动植物由进境口岸到隔离检疫场所的运输过程；⑥国际展览会或博览会期间，动植物及其产品的参展过程。

2. *检疫监管的方式* 植物检疫监管主要是实行注册登记，对疫情进行调查和监测，进行防疫工作指导，切实做好入境前后的监督管理工作。

植物检疫监管是对进出境植物及其产品的生产、加工、存放过程实施的监督管理，是防止植物有害生物传入传出的有效手段。植物检疫监管对于防止植物危险性病害、虫害、杂草及其他有害生物传入传出国境，保护我国的植物资源及农业生产，促进对外经济贸易的发展有着积极的意义。植物检疫监管工作包括进境及出境的植物及其产品，对于进境的植物及其产品来说，包括4个方面：第一，进境装卸、运输、储存、加工、经营、使用的监督管理；第二，进境植物种子、种苗隔离试种期间的监督管理；第三，检疫不合格的植物及其产品的销毁或退回的监督管理；第四，需做除害处理的植物及其产品，监督除害处理和检查处理效果等。对于出境的植物及其产品，包括现场检疫采样后及检疫合格存放期间的监督管理、出境时的监装监运等。

针对植物检疫领域在管理体制、模式及观念发生的变化，植物检疫部门应积极探索新的植物检疫监管办法和模式，加强植物检疫监管工作，采取措施如下：第一，健全检疫注册制度，强化源头管理。第二，统一考核标准，加强对企业生产、加工、储运考核。第三，按国际标准要求建立和完善有害生物监测体系。通过区域控制措施，建立保护区、监测区和缓冲区，以此作为扩大农产品出口的重要手段。第四，多部门联动，做好检验检疫监管工作。

第五节 动植物引种与溯源

一、植物引种

世界各地由于地理、气候条件及科学技术发展水平的差异，拥有的植物资源各不相同，通过相互引种，可以互通有无，为已所用。引种具有投入少、见效快的特点，历来受到世界各国的普遍重视。植物引种是指将一种植物从现有的分布区域或栽培区域人为地迁移到其他地区种植的过程，即从外地引进本地尚未栽培的新植物种类、类型或品种。

（一）植物引种驯化

植物引种驯化是指通过人工栽培、自然选择和人工选择，使野生植物、外来（外地或外国）植物能适应本地的自然环境和栽种条件，成为生产或观赏需要的本地植物。植物引种，一般有两种方式，一是对野生植物进行引进、驯化，将其野生状态变为栽培状态；二是把外地栽培的品种引到本地进行栽培应用。

引种程序简单归纳起来一般都要经过制定引种驯化的目标，严格植物检疫，引种品种进行试种驯化、选择、提纯、繁殖，申请审定，然后推广应用。人类对植物的引种驯化已经有上千年的历史，哥伦布发现美洲新大陆以来，美洲植物的引种驯化及栽培改变了世界农业生产格局，对促进人类社会进步产生了深远的影响。植物引种驯化在促进农业发展、食物供给、人口增长、经济社会进步中发挥了不可估量的重要作用。人类对植物的引种驯化推动了农业、园艺、商贸及经济社会的发展，同时也是人口增长和经济发展的重要驱动力。

16世纪以来，后哥伦比亚时代的植物引种驯化，积极推动了西方世界的农业文明和现代经济。16世纪后，南美植物，如玉米 *Zea mays*、马铃薯 *Solanum tuberosum* 和菜豆 *Phaseolus vulgaris* 被引入欧洲大陆，替代欧洲传统栽培的大麦 *Hordeum vulgare*、小麦 *Triticum aestivum* 等粮食作物。粮食产量的迅速提高稳定了人口增长速率，大量剩余劳动力直接推动了欧洲18世纪70年代以后的工业革命。马铃薯、玉米等南美植物的引进和驯化对维持人口的增长起到了重要的作用，提高了欧洲的农业生产技术。

影响植物引种和驯化成功与否的因素，归纳起来包括生态类型、生态环境、主导生态因子及历史生态条件等几个方面。第一，生态类型。是植物在特定环境的影响下，形成对某些生态因子的特定需要和适应能力。同一种植物如果长期生活在截然不同的生态环境中，也会形成不同的生态类型。由于其在生物学特性、形态特征与解剖结构上各具特点，进而表现出不相同的抗寒性、抗旱性、抗涝性、抗病虫性等生物学特性。例如，如果向冬季和春季相对比较干旱、寒冷的地区引种某一植物，该种植物有着偏旱和偏湿两种生态类型，偏旱的生态类型在引种该地区时则更容易成功。第二，生态环境。一般来说，从生态环境条件相似的地区引种容易获得成功。例如，多年生植物，如果要进行引种移栽并保证成活，必须经受栽培地区全年及不同年份生态条件的考验。第三，主导生态因子。在构成生态环境的诸多综合生态因子中，总是有某些或某一部分生态因子起主导作用。因此，找到影响引种植物适应性的主导因子，对引种成败极为关键，对植物引种影响较大的主导生态因子包括温度、降水和湿度、风、土壤等。

（二）境外植物引种

境外植物引种是我国实现农业产业化、改善种质资源的重要途径。据统计，目前我国主要栽培植物约600种，其中有近300种是从国外引种的。这些外来种不仅丰富了我国的作物品种，改善了种植结构，而且极大地提高了农作物的产量和质量。

植物境外引种存在几种不同形式：第一，商业性引种。随着我国人民生活水平不断提高，对装点家居、美化环境的花卉等园艺作物的品质提出了更高的要求，促使境外引种的品种和数量大幅上升。有些外来种可能因某种因素从人工控制的环境中逃逸，成为危害严重的入侵种。第二，生产性引种。近年来，我国部分草场长期过度放牧，导致草场退化严重，亟须引进优质速生牧草。但有时会无意识引进未经风险评估的国外草种，会逸生为严重的入侵种。第三，种用引种。为改善种质资源，提高农产品产量及质量，我国从国外引进多种具有抗病虫、抗除草剂等的粮食作物、蔬菜和经济作物等，如引进转*Bt*基因棉花、低硫代葡萄糖苷油菜等均创造了显著的经济效益。

二、动物引种

（一）动物引种驯化

随着社会及商品经济的发展，为了品种的改进和动物血系的更新，动物的流通越来越频繁，动物引种而导致动物疫病的风险也越来越高，下面主要以水生动物的引种驯化为例进行介绍。

对水生动物而言，引种指向新的地区、水域、养殖场等引进而迁移生物。驯化是指在新的栖息环境中的巩固过程，是一系列形态学、生理学、种群结构特点别具一格的新种群形成的过程。如果引种对象完全适应新的环境条件，形成了新的种群，那么标志驯化过程的终结。随着人类对自然界影响的日益加剧，包括水生动物在内的所有生物的生存环境因子在不断变化，通过对水生动物的引种驯化，可以起到以下作用：①充分地利用水域生态环境，提高水生动物应用价值，维护消费者的健康；②保护濒危水生野生动物，保持生物种质多样性；③进行生物学、生态学、遗传学、进化学、育种学的研究，填补、取代及恢复原水域水生动物资源。

（二）动物引种管理

动物引种要不断地从良种场引种，极大地促进动物品种改良、提高动物生产性能，必须不断加强动物引种管理，特别是防疫管理，否则会造成不良后果，因此必须重视动物引种管理。主要通过5个方面，第一，选择优良品种。动物引种的原则是选择适应能力强、遗传性能稳定、生产性能高、经济效益好的优良种畜禽。第二，掌握引种季节，计划引种数量。动物引种一般以春秋为宜，引种数量要根据资金、饲料、场地、养殖及防疫技术等因素而确定。第三，确定引种单位。对拟引种单位进行考察，对其品种纯度、来源、生产性能等方面进行了解；对动物疫病做出调查，包括种类、发病率、死亡率等方面，一定不能到疫区进行引种。第四，签订引种合同，寻求法律保护。第五，动物引进后的管理。对引进的动物要专门放置一个场所，隔离饲养，观察 15d 左右，无疫病发生方能与其他动物合并饲养。

思 考 题

1.《国际植物保护公约》的重要内容及意义是什么？
2.《国际植物保护公约》管理机构的组成及职能是什么？
3. 植物引种的程序主要分为哪些步骤？
4. 我国有关植物检疫都有哪些法律法规？
5. 进境检疫、出境检疫及过境检疫的区别和相同点是什么？
6. 简述动植物驯化的定义和影响因素。
7. 简述动物引种管理的步骤。

第九章 入侵种群的监测预警与综合治理

【关键词】
根除（eradication）
监测（surveillance）
熏蒸（fumigation）
生物防治（biological control）
轮作（rotation）
生态调控（ecologically-based pest management）
雄性不育（male sterile）
基因驱动（gene drive）

第一节 入侵种监测与诊断

一、入侵种口岸监测

生物安全监测是在入侵初期发现入侵种的关键技术，高效的监测技术能够帮助人们迅速采取根除措施和对策，防止种群扩散和定殖，减少成本和危害。在入侵的生态系统中，主要有三类影响生物安全的活动：口岸监测外来种、大田局部监测外来种、广泛监测外来种。入侵种监测涉及一系列过程，包括引入、潜伏、扩散、暴发等，传入途径和扩散是入侵种监测的重要方面，另外入侵种的数量动态和变化、入侵种对生态系统中生物多样性的影响及生态系统特征对入侵种的影响也是监测的重要内容（图 9-1）。下面对主要的入侵种监测方法进行简单介绍。

（一）陷阱诱捕器

诱捕器是对外来种种群的积极监测，诱捕器可用于口岸，以便进口货物携带的有害物种在进入周围生境前被捕获，但诱捕器在局部的大田监测也非常普遍，以监测某一地区可能存在的外来种，或评估其种群数量。诱捕器可用于特定物种的监视，以捕获目标物种，也能用于多物种监测。诱捕器一般只对昆虫有用，但是诱饵，无论是通用的还是特定的，对很多动物类群都适用。此外，监测诱捕器需要定期维护，以防止捕获昆虫样本损失，然后监测样本需要储存、分类和识别。

图 9-1 入侵种监测的不同方面和特征（仿 McGeoch and Squires，2015）

（二）哨兵树

生物安全计划可以使用哨兵树，哨兵树（陷阱树）是指通过处理、损伤或化学物质处理的树木，使其对目标物种具有强吸引作用。每隔一段时间检查哨兵树有无虫害痕迹，这种方法对广泛的大田监测非常有效，如亚洲长角天牛 *Anoplophora glabripennis*。很多哨兵树都是入侵种的偏好寄主，在同样的环境条件下，这些哨兵树对入侵种的引诱作用非常强，能够起到早期的入侵种监测和预警作用。尤其在没有人工陷阱和诱捕器时，哨兵树能够发挥重要的作用。

（三）检疫犬

生物感知能力也是监测的重要手段，检疫犬有很强的气味感知能力。检疫犬具有敏锐的嗅觉，能够探测到目标气味的微小痕迹，包括昆虫产生的一些气味。因此，检疫犬可以在口岸用于监测，如亚洲长角天牛。然而，检疫犬不能有效检测所有昆虫，并且还需要很长时间对检疫犬进行训练，以便于精确地进行检疫工作，检疫犬在海关的货物监测中能够发挥重要的作用。此外，检疫犬的生理限制导致它们每天只能工作几个小时，每次工作时间大概半个小时，这些使得检疫犬的使用受到了很多的限制。

（四）电子鼻

电子鼻通过感知化学气味来监测害虫种类，这些化学气味可以有很大的不同，包括受损树木的挥发性有机化合物和昆虫信息素，它们具有很强的物种特异性。电子鼻能够表征受损样品排放的挥发性有机化合物，然后确定它是否与非受损样品一致，这些特点使电子鼻成为适合于农业和林业部门使用的工具，用于口岸监测。例如，便携式电子鼻可用于区分口岸感染区及感染程度。此外，电子鼻能够根据昆虫的排泄物来区分昆虫。因此，电子鼻可用于监测集装箱内是否存在外来种，优点是允许重复的无损分析，可以应用于散装样品，甚至可以监测旅客携带物。电子鼻通常需要一个浓度阈值，超过了浓度阈值，电子鼻才会发出警报，因此电子鼻的敏感度和准确性很大程度上依赖于电子设备和机械精准度。

（五）遥感和高光谱图像

遥感作为一种潜在的后入侵监测工具，能够监测植被光谱、结构和时间特征的快速变化。遥感可用于实时监测林木的落叶来反映害虫种群，遥感和超光谱图像主要适用于大规模调查，但一般适用于对宿主造成明显损害的昆虫。此外，光谱变化往往不明显，因此遥感监测昆虫的范围非常有限。遥感不仅仅是监测工具，还可以模拟外来种分布和传播。例如，高空间分辨率图像、商业地面、空中高光谱数据及当前的害虫分布数据和传播率结合起来，开发了外来有害生物的传播和预测功能。

二、入侵种诊断技术

（一）形态学鉴定

形态是生物的基本特征之一，也是研究动植物外表形态和内部形态的科学。形态分类法是最基本的昆虫分类方法，自林奈时期就发展了以形态学为基础的分类方法。昆虫种类的分化与形态结构变化紧密联系，因此昆虫的外部形态、内部结构及各部分大小比例等形态学特征是昆虫分类的重要依据。昆虫形态结构上有多种多样的特征，这些形态学特征与昆虫种群的演化过程是密不可分的。因此入侵种的形态学鉴定也需要考虑物种的系统发育关系，这些进化上的关系能够给入侵种定位到生物学和进化学中，也更有利于发展入侵种的形态鉴定与其他研究的交叉和结合。昆虫体躯各个构造之间，无论其外形或功能，都存在着不可分割的相互依赖关系，应用这些外部性能够很好地进行关键特征的描述，并进行鉴定。外部形态是分类学的重要依据，入侵性实蝇分类主要依据的形态特征有：腹部及胸部的颜色和形态、翅的斑纹以及翅脉相、产卵器及其他结构的形态特征。因此，外部形态学鉴定主要利用了生物的分类学特征，制作检索表，便于在实际操作中进行物种鉴定。

（二）生理学鉴定

生理学鉴定是根据一些特定的生理学特征或者特定的代谢物来确定物种的不同种类的技术。植物的生理学特性可以选择生理学鉴定的方法来测定，如测定玉米的抗旱、抗热性。在生理指标中，呼吸强度可以反映植物对不良条件的反应和物质代谢的方向。微生物鉴定也可以选择生理学鉴定方法，微生物的酶直接调节蛋白质的结构与活性，且都受到基因的调控，因此对微生物生理生化特征的比较也是对微生物基因组的间接比较，并且测定生理生化特征比直接分析基因组要容易得多。一般根据可代谢产物的特殊性，如是否产生吲哚、CO_2、醇、有机酸，能否还原硝酸盐，能否使牛奶凝固、冻化等现象，来确定微生物种类；还可以根据微生物的适应性，如对温度、渗透压、pH 等的适应性来鉴定微生物种类。

（三）分子鉴定

1. 限制性片段长度多态性　限制性片段长度多态性（restriction fragment length polymorphism，RFLP）技术，首先利用聚合酶链反应（PCR）扩增目的DNA，再利用限制性内切酶酶切扩增产物，产生相同或不同长度的酶切片段，从而达到区分种类的目的。基于PCR-RFLP技术的实蝇种类鉴定具有快速、经济、结果稳定可靠的优势，但也存在一定的局限性，如它是否能对实蝇复合体进行鉴定还有待进一步论证，不同染色方法所得的DNA片段多态性结果存在差异，所得的DNA片段内序列变异不能分析等。

2. DNA序列分析技术　DNA序列分析技术（DNA sequence technology）是通过比较不同类群或个体的有关DNA序列，建立DNA序列的演化模型，构建分子系统发育树来推断类群间的系统演化关系，从而鉴定物种的阶元地位。

3. 特异性引物定量PCR扩增技术　实时荧光定量PCR（quantitative real-time PCR）是一种在DNA扩增反应中，以荧光化学物质测每次PCR循环后产物总量的方法，通过内参或者外参法对待测样品中的特定DNA序列进行定量分析的方法。real-time PCR是在PCR扩增过程中，通过荧光信号，对PCR进程进行实时检测。由于在PCR扩增的指数时期，模板的循环阈值（cycle threshold，Ct）和该模板的起始拷贝数存在线性关系，所以成为定量的依据。因此实时荧光定量PCR技术，是指在PCR反应体系中加入荧光基团，利用荧光信号积累实时监测整个PCR进程，最后通过标准曲线对未知模板进行定量分析的方法。

4. 环介导等温扩增法　环介导等温扩增法（loop mediated isothermal amplification，LAMP）是一门新兴的恒温基因扩增技术，具有简单、快速、灵敏度高、低价的特点，其原理是针对靶基因的6个区域设计4种特异引物，利用链置换型DNA聚合酶在恒温（60～65℃）条件下进行扩增反应，可在30～60min完成。与常规PCR相比，环介导等温扩增法灵敏度高，比普通PCR高2～5个数量级；扩增时间短，不需要特殊仪器扩增；操作简单，只需将反应液混合即可，反应结束可用肉眼观察结果，采用颜色进行判别。目前已经报道应用LAMP技术能够对地中海实蝇 *C. capitata* 准确鉴定，表明该技术对入侵种鉴定的有效性和可靠性。

（四）免疫学鉴定技术

免疫学检测是根据抗原、抗体反应的原理，利用已知的抗原检测未知的抗体或利用已知的抗体检测未知的抗原。由于外源性和内源性抗原均可通过不同的抗原递呈途径诱导生物机体的免疫应答，在生物体内产生特异性和非特异性 T 细胞的克隆扩增，并分泌特异性的免疫球蛋白（抗体）。有些入侵种能够形成特异性蛋白，这种特异性蛋白的存在代表着入侵种的存在。由于抗体 - 抗原的结合具有特异性和专一性的特点，这种检测可以定性、定位和定量地检测某一特异的蛋白（抗原或抗体）。

三、入侵种种群动态监测

（一）入侵种种群的影响

入侵种不仅仅是一个生态过程，更重要的是管理过程，当然生态过程是入侵管理的基础。在入侵管理中，通过科学试验准确判断入侵种的环境影响是非常必要的，比较未入侵区域和已入侵区域的生态系统功能能够阐明入侵种对环境的影响，并且入侵过程还存在明显的时间动态过程。很多入侵种有了较为成熟的处理措施，这时比较入侵区域和入侵种移除区域的生态变量对于入侵管理效率也非常必要，并且入侵种移除后还要与未入侵区域进行比较，明确生态恢复过程及效果（图 9-2）。

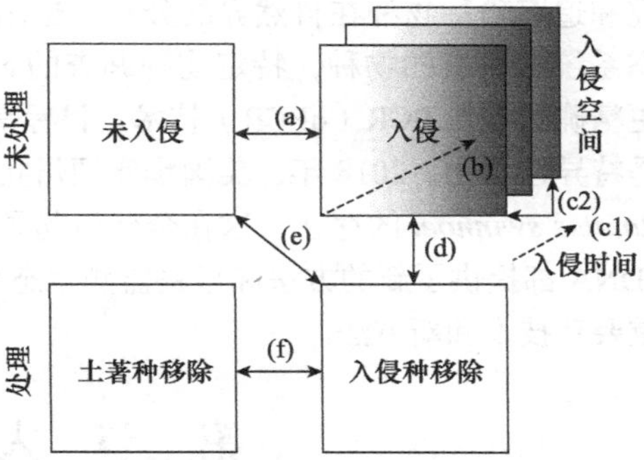

图 9-2　入侵种对生态系统影响的研究框架

（仿 Kumschick et al., 2015）

（a）比较入侵区域与未入侵区域；（b）入侵种入侵动态；（c）入侵演替；（d）入侵区域与入侵种移除区域；（e）入侵的过程；（f）土著种与入侵种移除

入侵种种群是一个长期的动态过程，尤其在口岸及生物入侵敏感区，建立入侵种的监测区域，并且对生态系统结构进行评估。准确评价入侵种对生态系统的影响，探索生物入侵后生态系统功能的变化过程，并且同样需要对入侵种的治理区进行监测，对比入侵种移除后生态系统功能恢复情况。生物入侵是一个动态过程，由初步定殖到种群扩散暴发，这一过程同时也伴随着群落的演替和生态系统功能转换，全过程的生物入侵监测对于准确判断生物入侵的生态效应非常必要，也为生物入侵的控制策略提供支持。

（二）环境监测

环境主要指生态系统的非生命部分，入侵种往往由于其隐蔽性和潜伏性，在很多情况下难以在第一时间监测到，尤其在较小的种群密度下。外来种在入侵新的生态系统过程中也会改变环境。另外，土壤、空气也都有相应的标准，这些环境特征有时是入侵种的指示指标。例如，空气中花粉的数量和密度会引起空气质量变化，也会引起某些人群的过敏反应。环境监测对入侵种监测能够起到重要的辅助作用。

（三）eDNA

eDNA 是指在环境样品中所有被发现的不同物种的基因组 DNA 的混合。eDNA 是随着测序技术的发展和进步诞生的，eDNA 具有高通量、高精度、高敏感性和高准确度等特点。eDNA 的环境样品是一个非常广泛的概念，可以包括土壤、沉积物、排泄物、空气、水体，甚至生物个体本身。生物在生态系统中生存，身上的各种痕迹会携带着自身DNA掉落到四周环境，通过收集环境样品能够准确鉴定物种的存在与否和数量大小。

主要有两类调查方法，第一类主要进行生态系统中的生物多样性调查，方法是检测环境样品中DNA序列，通过深度的高通量测序，与基因数据库比对分析不同DNA序列所属的物种分类信息，最终鉴定在这个生态系统中所有的物种，这个方法又称为DNA宏条形码（DNA metabarcoding）。在样品处理上，DNA宏条形码使用普通的聚合酶链反应或直接霰弹枪法测序，这两个实验方法都是传统的成熟测序方法，能够方便获得多个DNA序列。另一类eDNA技术用于特定生物调查，目标是寻找在环境样本中是否有单一物种的DNA存在，通常用于研究和追踪珍稀物种在自然界的分布，也用于监测某些特殊的入侵种。DNA宏条形码注重于生态系统中所有的物种，特定物种调查的eDNA只关注目标物种，因此在样品处理上通常使用更精确的定量PCR（qPCR）技术，目标是找到极其少量的目标物种DNA，采用的引物往往也是特异性引物。2018年，美国华盛顿州立大学科学家通过检测eDNA，确证了全球第4只斑鳖 *Rafetus swinhoei* 的存在，这在全球引起了巨大的轰动。无论是物种多样性还是特定物种监测，eDNA都提供了新的方法和思路监测生态系统中物种组成的变化，给外来种的早期监测提供了重要新技术和新方法。

第二节　入侵种检疫处理措施

一、植物检疫处理

检疫处理主要是指为防止检疫性有害生物的传入传出而对进出境货物采取的措施，如禁止进境、销毁、转港、改变用途、除害处理，而除害处理是指采用技术手段，对发现疫情的货物经过化学或物理的方法，按照一定技术指标进行处理的官方行为。所以，广义的检疫处理包括技术性和措施性两类行为，现在人们所说的检疫处理主要是指技术性处理。IPPC对植物检疫处理的概念做了如下定义：处理即指杀灭、灭活或去除有害生物，或使有害生物不育，或使植物或植物产品不能发芽、生长、发育的官方做法。

因此，植物检疫处理实质上是一种阻断措施，也就是将有害生物可能的传播或扩散途径予以阻断的过程。检疫处理措施以法律法规为依据，以技术手段为基础，服务并服从于实现植物检疫的总目标。

二、植物检疫处理的特点

（一）强制性

《国际植物保护公约》指出：缔约方应对国际贸易的植物、植物产品和其他限定物货物进行杀虫或灭菌处理，以达到植物检疫要求；对输入的植物、植物产品及其他限定物采取植物检疫措施，如检验、禁止输入和处理。另外，检疫处理是国家意志的体现，在美国、澳大利亚、日本等国家和地区有关动植物检疫法中，对检疫发现不符合要求而必须做检疫处理的情形都有具体规定，《中华人民共和国进出境动植物检疫法》及其实施条例也不例外，同样规定了必须实施检疫处理的类型与程序。因此，检疫处理是受法律、法规制约的官方或官方授权行为，必须按一定的规程实施，达到一定的标准，没有法律法规依据的处理是非法的，这些都有别于一般的防病治虫处理。

（二）技术性

检疫处理方法必须完全有效、彻底消灭病虫或使其丧失繁殖能力，杜绝有害生物的传播和扩散，这与把有害生物控制在可接受的经济危害水平以下的常规植物保护措施有所区别。同时，处理方法应当安全可靠，在货物中无残留且不污染环境，应保证不影响动植物产品的品质等，使处理所造成的损失降低到最小。因此，对检疫处理有很高的技术要求，无论是所采用的处理方法、药剂、指标，还是所使用的设施设备，都需要建立在大量的试验研究和其他检疫结论的科学根据基础上，缺乏科学基础的处理则是盲目的处理。

（三）公益性

植物检疫处理工作依法分为处理过程的企业化操作和处理效果的法制化监督两个方面，正如植物检疫有其公益性特点一样，检疫处理的官方行为也具有公众性、公用性、公益性和非营利性等公益事业的基本特征，它是以公共政策制定与执行的形式体现出来的，其所带来的好处是为社会全体或最大多数成员所共享，不会因为某个人或某些人消费而导致别人无法消费，其具有消费上的非竞争性和非排他性。而官方授权的技术性检疫处理则具有公用事业的特征，是经过检验检疫机构的授权，并在检验检疫机构及其他政府机构的严密监管下，通过技术标准等形式控制着准入、处理质量评定等，也影响着被授权单位的运行与利润等。

三、植物检疫技术

检疫处理大体上可以分为化学处理和物理处理两类。化学处理包括熏蒸处理，如能够渗透到货物内部对有害生物有毒性的溴甲烷、磷化氢等，还包括能够杀灭货物表面害虫的去污剂、杀虫剂等；物理处理包括辐照处理、热处理、微波处理、冷处理等。

（一）熏蒸处理

熏蒸处理是指在紧闭的条件下，利用熏蒸药剂气化后的有毒气体在一定温度范围内较好的扩散、渗透和吸附能力，杀死有害生物的一种处理方法，这种处理方法的效果较好，一般受熏蒸处理方法（包括环境温度、湿度、压力及密闭状况）、熏蒸剂本身的理化性能、有害生物的种类及所熏蒸货物的类别和堆放情况等诸方面的影响。目前检疫用的熏蒸剂主要是杀虫用的溴甲烷、磷化铝和硫酰氟及杀菌用的环氧乙烷。它们被广泛用于植物种子、种苗、生活的植物植株、植物产品及各类鳞茎、球茎和切花上的各类害虫、真菌、线虫、螨类及软体动物。熏蒸处理是最普遍使用的化学处理方法，它具有很多突出的优点，如杀虫灭菌彻底、操作简单、不需要很多特殊的设备、能在大多数场所实施而且基本上不对被熏蒸物品造成损伤、处理费用较低。熏蒸剂气体能够穿透到货物内部或建筑物等的缝隙中将有害生物杀灭，这一特性是许多其他检疫处理方法所不具备的。

（二）辐射处理

利用辐射技术对进出境货物及其携带的限定性有害生物进行检疫处理即检疫辐照处理，即使用γ射线、X射线、紫外线、红外线、微波、电磁波等照射货物及其携带的有害生物，导致有害生物死亡、不能继续发育或丧失繁殖能力，从而阻止其传播和扩散。辐射处理对货物特别是水果、蔬菜等鲜活产品的品质影响较小，在进出口水果检疫处理中得到了广泛应用。

辐射对昆虫的生长发育造成破坏作用，使卵不能正常孵化，幼虫不能正常蜕皮和化蛹，蛹不能羽化成成虫，使成虫失去繁殖能力。现在国际上在用辐射作为检疫处理手段方面，以新鲜水果和蔬菜的害虫作为主要的研究对象，因为用其他方法处理水果蔬菜难以达到预期的效果。辐射处理耗时短，既能全面有效地满足检疫处理的要求，又适用于处理许多商品和杀灭多种有害生物。

（三）热处理

热处理是指提升被处理货物的温度达到规定值并在规定时间内维持这一温度值，以杀灭被处理货物可能携带的危险性有害生物。热处理可分为热水浸泡处理、热空气处理、微波处理、红外加热、射频加热等方式，其中热空气处理按处理时所采用的湿度大小分为蒸热处理、强制热空气处理等。热处理杀灭害虫主要存在 4 种不同的机制：第一，DNA 合成机制破坏，蛋白质凝固或变性；第二，酶的催化作用失活，生理代谢紊乱、呼吸增强；第三，体壁蜡层和护蜡层破坏，打破了细胞膜内外离子和水分平衡；第四，神经系统和原生质包含的类脂类化合物破坏。常见昆虫的热处理范围在 44～52℃，不同种群的有害生物热处理的温度范围和有效处理时间不同。鞘翅目昆虫比鳞翅目和双翅目昆虫耐热，杀灭温度在 50℃以上。鳞翅目与双翅目均有热敏感性和耐热性两类昆虫，处理温度一般在 46～50℃，实蝇类害虫常见的处理温度为 46～48℃。

（四）微波处理

微波处理主要依赖于高能物理的技术优势。微波是一种频率高、波长短，能在发射和接收过程中实际应用波导和谐振腔技术的电磁波，其波长在 1～1000mm。它以类似于光的速度直线传播，当遇到物体的阻挡，就会产生反射、穿透或吸收现象。微波可由磁控管产生，磁控管将 50～60Hz 的低频电能转化成为电磁场，场中形成许多正负电荷中心，其方向每秒可变化数十亿次。近年来，由于微波具有的加热特性和对生物体的非热效应作用，其作为有害生物的一种新型除害处理手段日益受到人们的重视。热效应理论认为，微波具有高频特性，当它在介质内部起作用时，水、蛋白质和核酸等极性分子受到交变电场的作用会剧烈振荡，相互摩擦产生内热，从而导致温度升高，使微生物体内的蛋白质和核酸等分子结构变性或失活，使生物体受到损害而死亡。另外，微波场还可以改变细胞质的通透性，使细胞结构功能紊乱，生长发育受到抑制而死亡。

美国研究者对微波处理进行了大量研究，试验表明，28GHz 微波处理小麦中的米象、赤拟谷盗和大谷盗的幼虫、蛹和卵，当能量输入达到 56J/g 时，害虫死亡率达到 99% 以上。此外，他们还研制了一套具有 200kW 的实用型微波处理系统进行试验，获得了成功，其处理能力为每小时 24t。处理后的小麦发芽率和品质（出粉率、蛋白质含量、面筋质量和面包烘烤质量）均没有明显改变。

（五）冷处理

冷处理是通过创造超过有害生物所能忍耐的临界温度，而这个温度又可以保证被处理物不受伤害，使有害生物得到有效杀灭的一类植物检疫除害处理方法。冷处理方法最早可追溯到 19 世纪末，实蝇作为热带亚热带水果和蔬菜上危害极大的一类害虫，冷处理对其除害效果明显，但热带水果会出现冻伤，而温带水果适用性较好。当把节肢类昆虫带到 0～10℃的低温地区，昆虫的活动能力下降，甚至呈冷昏迷状态。如持续时间较短，当温度恢复正常时，昆虫可恢复正常；如持续时间过长，昆虫会大量死亡。昆虫的死亡取决于低温的强度和持续的时间，该方法已被广泛应用于口岸进出境水果的检疫处理中。

第三节　入侵种根除

一、入侵种的根除策略

入侵种的根除需要把握两个关键点，第一，及时，这要求入侵种的种群监测高效，在物种入侵的第一时间进行预警，入侵种在最先入侵的区域往往呈现小范围的点状分布，确实入侵种的入侵点范围，进行早期预警是根除策略的重要前提；第二，高效，入侵种根除与传统农业害虫防控不同，要彻底消灭入侵种，将种群降到0，传统的农业害虫防控只是需要将种群维持在一定的密度范围。因此，入侵种根除要高效，对疫区进行彻底处理和环境消杀，完全铲除种群来源。

入侵种在进入新的生态系统之后，起初的分布一般都是点状或零星状，对潜在入侵区域的基础调查非常重要。因此，对于入侵种的高风险区，建立完善的野外基础调查，设立大量的监测点，能高效地监测外来种的引入。一旦发现外来种，第二个阶段就需要进行区域划定，投入更大范围的监测设备，尽可能精确锁定入侵种的分布，同时进行处理手段的选择和实施，在划定区域内进行全面消杀，包括入侵种的杀灭和寄主的移除。最后一个阶段还需要对入侵种根除进行评价，评估入侵种的根除情况，如效果不理想，还需要进行新一轮的根除（图 9-3）。

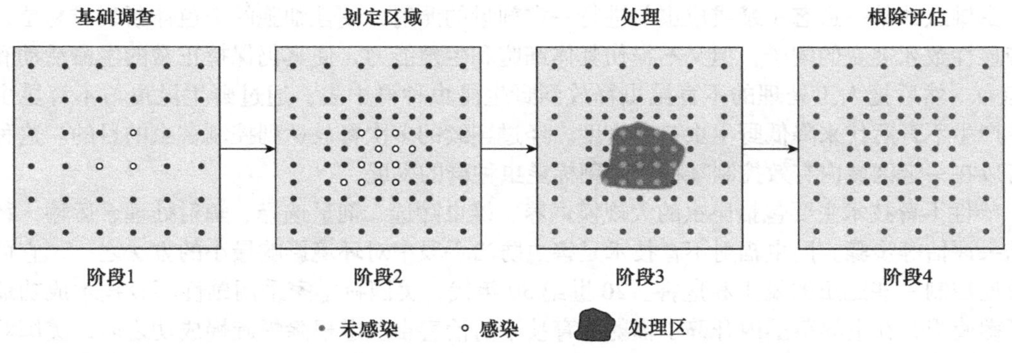

图 9-3　入侵种的根除步骤和阶段（仿 Liebhold et al.，2016）

二、入侵种的根除技术

全球已经有多个国家建立了一系列的根除技术和方法对入侵种进行消杀，包括双翅目实蝇类和蚊虫、鳞翅目蛾类、膜翅目蚂蚁及鞘翅目天牛。对不同的入侵种，也是采用多种复合的监测技术和处理方法，监测技术主要包括食物诱集、类激素诱集、光诱集、目测及寄主诱集等。根据不同入侵种的生态学特征，根除处理方法也不同，根除通常是不计成本的，不能采用 IPM 的经济阈值进行评估，以全面消杀入侵种为目的（表 9-1）。

表 9-1 全球根除害虫的主要类型及方法（Liebhold et al.，2016）

类群	根除次数	监测方法	处理方法	根除对象
实蝇 Tephritidae	213	食物诱集、类激素诱剂	广泛诱集、雄性不育、杀虫饵料、寄主毁灭	橘小实蝇 *Bactrocera dorsalis*、瓜实蝇 *Bactrocera cucuribitae*
蛾类 Lepidoptera	135	昆虫外激素诱剂	微生物杀虫剂、交配干扰、寄主毁灭、广泛诱集	苹果蠹蛾 *Cydia pomonella*、舞毒蛾 *Lymantria dispar*
蚊子 Culicidae	64	幼虫 / 蛹目测、诱蚊器、寄主诱剂、光诱集	化学杀虫剂、水处理、雄性不育	埃及伊蚊 *Aedes aegypti*、南盐沼蚊 *Aedes camptorhynchus*
蚂蚁 Formicidae	54	食物诱集、目测	化学杀虫剂诱集、化学农药喷洒	大头蚁 *Pheidole megacephala*、阿根廷蚂蚁 *Linepithema humile*
长角天牛 Cerambycidae	43	目测、寄主诱集	寄主毁灭、系统杀虫剂	亚洲长角天牛 *Anoplophora glabripennis*、柑橘长角天牛 *Anoplophora chinensis*

（一）雄性不育技术

采用人工的方法饲养一些害虫，筛选雄虫，对雄虫加一定剂量的辐照使它们丧失生育能力以后，再把这些雄虫释放到田间的同种害虫中去，通过不育雄虫与野外雌虫竞争交配干扰野外种群的正常交配，导致野生中区无法正常繁殖，从而降低虫口密度。这种防治害虫的方法就叫作雄性不育技术（male sterile technique）。

雄性不育技术是生物防治有害生物的重要技术，也是能够根除害虫的有效手段，在外来种的根除中发挥了重要的作用。它利用 X 射线、γ 射线、β 射线、中子或加速器产生的电子束等，对害虫雄虫的某一虫态（蛹或成虫）进行一定剂量的照射，使性细胞的染色体断裂或易位，形成带显性致死突变的配子，但又不损伤其体细胞和生殖能力，使其仍保持正常的生命活动和交尾能力。然后把人工处理的不育昆虫释放到野生昆虫种群中去，通过野生昆虫与不育昆虫交配，产生不育后代来降低野生虫口的密度，经过连续的多次释放达到控制害虫的目的。这种技术可以在一定区域内有效控制某种特定靶标昆虫种群的发展。

雄性不育技术主要包括昆虫的大规模饲养、雄虫筛选、剂量选择、辐射处理、运输、释放及结果评估等步骤。昆虫辐射不育技术是害虫防治手段中对环境影响最小的方法之一，它可以有效地控制一些昆虫的发生和危害。20 世纪 50 年代，美国科学家采用雄性不育技术成功地根除了螺旋蝇，在世界范围内开辟了辐射不育技术防治害虫。继根除螺旋蝇成功之后，美国对瓜实蝇、橘小实蝇、洋葱蝇、苹果蠹蛾、红铃虫等进行了大量的辐射不育防治试验，很多已经进入田间试验阶段。

（二）机械灭杀和寄主移除技术

机械灭杀（mechanical killing）通常在入侵种的分布还非常局限的情况下，采用大型机械进行入侵种的防除，通过破坏入侵种的生存环境，并把所有的入侵个体收集起来，集中灭杀。在入侵植物分布非常局限的情况下，机械灭杀能够很好地铲除入侵个体，并且迅速而有效，是入侵种群根除的重要方法。很多入侵种属于昆虫，在入侵地分布较为局限的情况下，通过将寄主移除（host removal）也是非常有效的灭杀方式。

第四节 传统综合防控技术

一、农业防治

农业防治是在农田生态系统中，利用和改进耕作栽培技术，调节有害生物、寄主、环境之间的关系，创造有利于作物的生长发育，而不利于有害生物生长发育的环境条件，从而控制有害生物的发生和危害，保护农业生产，是有害生物综合防治的基础措施。

（一）建立合理的耕作制度

合理布局，利用肥力、光照、水分等，创造不利于有害生物发生的条件，抑制其危害。例如，棉田周围种植苜蓿，并适时刈割，使天敌转移到棉田，控制棉花害虫。轮作，对土传病害和单食性或寡食性害虫，破坏循环链，恶化营养条件。例如，禾本科作物和大豆轮作，可以抑制大豆食心虫发生。稻麦轮作可以抑制地下害虫的发生。水旱作物轮作为理想的轮作方式，能有效控制稻水象甲为害。间作套种，恶化有害生物的营养条件。例如，麦棉套种、棉蒜间作，可以有效减轻棉田虫害的发生。

（二）加强栽培管理

合理播种、优化水肥管理、调节环境因素等，创造利于作物生长，而不利于病虫草鼠等有害生物的发生条件，减轻危害。可通过以下手段加强栽培管理：①合理播种。合理密植、播种期和播种深度对控制病虫害有重要的影响。②使用无病虫种苗。许多作物病虫害，如水稻白叶枯病菌、水稻干尖线虫、小麦散黑穗病菌、马铃薯X病毒等，经种苗扩散传播。通过精选无虫害无病害种子，可以控制此类病虫害发生。③合理施肥。施肥可以提高作物产量，同时控制病虫害的发生，如氮肥施用过多易导致稻瘟病、稻白叶枯病。④合理灌溉。合理排灌水可以改善作物营养条件，提高抗性和补偿力，恶化土壤害虫生活条件，或直接杀死害虫。⑤深耕土地与晒田。可以改变土壤生态条件，抑制有害生物发生。⑥调节环境条件。合理调控温室大棚、苗床等的温度、湿度、光照和气体组合等，可以有效抑制病虫害发生。⑦清洁田园卫生。深耕灭茬、拔出病株、铲除发病中心、清除田间病残体等，可减少有害生物发生基数，进而减轻有害生物的发生。例如，作物生长季节，及时拔除病株、摘除病叶、老叶等，可以减少水稻恶苗病、玉米斑病等的危害。

（三）选育和利用抗病虫品种

选育抗病虫作物品种是控制病虫害等有害生物发生的有效措施之一。通过选种、杂交、引种、诱发突变、嫁接、单倍体育种、体细胞杂交、体细胞抗病体筛选和转基因抗病虫植株等，培育优质杂交品种。例如，将植物病毒外壳蛋白基因导入植物细胞，获得抑制植物病毒复制的转基因植株。

二、生物防治

生物防治是研究利用有益生物及其代谢产物及有生物活性的物质和遗传的方法，控制植物病害、虫害、螨害和农田杂草的理论和实践的学科，或利用寄生物、捕食者、病原微生物和侵袭杂草的植食性种的管理科学。

中国是世界上最早采用生物防治的国家之一，早在公元 304 年，广东等南方地区农民利用黄猄蚁防治柑橘害虫，该方法一直沿用至今。近代生物防治始于 19 世纪末，1888 年美国从澳大利亚引进澳洲瓢虫 *Rodolia cardinalis* 防治柑橘吹绵蚧 *Icerya purchasi*，大获成功，从此生物防治法引起国际社会的重视。

（一）保护利用有益生物

自然界存在多种有益生物，包括捕食性天敌昆虫，如瓢虫、草蛉、胡蜂等；寄生性天敌昆虫，如寄生蜂和寄生蝇等；捕食性动物，如鸟类、蛙类、蜘蛛和捕食螨等；有益微生物，如真菌、细菌、病毒等。可以采用多种措施，如生物农药、间作套种、诱集作物、蜜源植物、巢穴招引等，直接或间接地保护这些有益生物。

（二）人工繁殖与田间释放天敌、有益微生物

天敌的大量繁殖与释放是生物防治的一种基本方法。可以及时增加田间天敌数量，特别是害虫发生危害前期，天敌数量少，不足以控制害虫发生，这时及时补充天敌数量，防治效果显著。通过利用天敌的自然寄主或猎物繁殖天敌、利用替代寄主或猎物繁殖天敌、利用半合成人工饲料培养寄主、利用半合成人工饲料培养天敌等方法培育天敌并释放，可以有效控制有害生物。例如，用蚜虫培养蚜茧蜂，利用家蚕卵培育赤眼蜂，利用半合成人工饲料培养瓢虫、草蛉等。在农田释放赤眼蜂防治玉米螟和果实害虫；在温室释放蚜小蜂防治白粉虱；在果园释放赤眼蜂和草蛉防治蚜虫等。

利用害虫的病原微生物及其代谢产物来防治害虫的方法称为害虫的微生物防治。微生物防治是害虫生物防治中的一个重要组分。引起有害生物疾病的有益微生物有真菌、细菌、病毒、原生动物和线虫等。很多种类已经在农业生产当中广泛应用，如苏云金芽孢杆菌、白僵菌、球形芽孢杆菌、核型多角体病毒、蝗虫微孢子虫等，已在国内外被广泛进行工业化生产。Bt 制剂 *Bacillus thuringiensis*，用于防治多种农林和卫生害虫。从植物体、土壤或虫体分离得到的有益微生物，制成生物制剂，能有效防治有害生物，如宁夏大学从烟粉虱虫体内分离蜡蚧轮枝菌，制成生物制剂，可以防治温室 Q 型烟粉虱。木霉剂和堆肥混用，可以防治土传病害。有益微生物具有抗菌作用，如绿色木霉抗生素抑制茄丝核菌等多种病原菌；竞争作用，如争夺入侵植物的位点、有益微生物与病原微生物争夺植物营养；交互保护作用，如烟草花叶病毒弱毒株系接种，可防治强毒株系侵染；以及溶菌作用、捕食作用等，对病原物造成不利影响，防止植物病虫害发生。

（三）天敌引进

天敌引进一般指针对外地传入的害虫，从害虫的原产地引进害虫的天敌，并通过少量的繁殖释放，使天敌在害虫入侵地定居并持续地控制这些害虫。天敌引进、移殖、助迁，增强天敌作用，是生物防治的重要内容之一，如宁夏云雾山自然保护区引进银狐防治草原鼠害，成功控制了鼠类对草原的破坏。

19 世纪初期，美国引进了大量植物，随着苗木、接穗和苗木的护根土等也引入了不少害虫，其中一些害虫适应了引入地的条件而定殖下来，甚至暴发成灾，比在原产地的危害程度更为严重。一些昆虫学家认为，传入害虫大量发生的原因主要是缺乏原产地的天敌，提出到

原产地去寻找并引进天敌进行防治的设想。这项技术自美国1888～1889年引进澳洲瓢虫防治吹绵蚧成功后开始引起国际社会的重视。截至20世纪，世界约有5000种天敌昆虫和生防微生物引种活动，用于害虫和杂草防治。我国截至2016年，引进天敌和生防微生物较成功有39种。已完成扩繁的有小窄径茧蜂 *Agathis pumila*、丽蚜小蜂 *Encarsia formosa*、广赤眼蜂 *Trichogramma evanescens* 等16种，实现了产业化，在农田、果园、蔬菜地等大面积应用，有效控害（表9-2）。

引进天敌是丰富本地天敌资源，改善本地昆虫群落结构，而且安全、经济、持续有效控制害虫的最佳措施之一。尤其在控制外来害虫的生物防治起到了显著作用。

表 9-2 中国引进天敌防治效果情况简表（1955～2004年）

时间	引入地	引进地	引进天敌昆虫	防治害虫
20世纪50年代	广州	苏联	澳洲瓢虫 *Rodolia cardinalis* 孟氏隐唇瓢虫 *Cryptolaemus montrouzieri*	吹绵蚧 *Icerya purchasi*
20世纪80年代	广东	日本	花角蚜小蜂 *Coccobius azumai*	松突圆蚧 *Hemiberlesia pitysophila*
1996年	北京	荷兰	豌豆潜蝇姬小蜂 *Diglyphus isaea*	美洲斑潜蝇 *Liriomyza sativae*
2000年	北京	比利时	大唼蜡甲 *Rhizophagus grandis*	红脂大小蠹 *Dendroctonus valens*
2004年	海南	越南	椰甲截脉小蜂 *Asecodes hispinarum*	椰心椰甲幼虫 *Brontispa longissima*

引进天敌优先考虑害虫原产地。害虫原产地害虫天敌种类较多，天敌作用比较明显。所以天敌引进地点优先考虑地理隔离、有一段独立发展历史、气候条件相似的原产地，定居可能性较大。收集天敌时，优先考虑害虫原产地分布区内，气候和食料利于害虫发生，但害虫发生数量却较少，危害较轻的地方。在气候条件相似的地点收集天敌，定殖和起作用的可能性更大。在害虫原产地天敌组成调查的基础上，优先选择引进分布区与害虫危害区相吻合的天敌，成功的可能性更大。选择引进优良天敌是寄主或捕食范围狭窄（专一性较强）的种，大多属于生活周期短、繁殖力强、适应力强、与寄主生活习性相吻合、搜索寄主高效（寻找寄主或捕食对象本能较强）的种，即一般对害虫起作用较大的种。

引进天敌昆虫的同时，可能会引入重寄生天敌和其他有害生物，所以必须进行植物检疫。

（四）昆虫信息素和激素防治

利用昆虫信息素和激素防治有害生物是生物防治的一个有效方法。国内外对昆虫信息素和激素的研究较为深入，目前已有多种产品进入商业领域，主要是保幼激素和性信息素。

1. 保幼激素　保幼激素活性高，微量，防治效果良好。1967年美国合成天蚕蛾保幼激素，此后，保幼激素研究飞速发展。目前，保幼激素已经合成5000多种，对棉蚜 *Aphis gossypii*、落叶松球蚜 *Adelges laricis*、梨圆蚧 *Quadraspidiotus pemiciosus*、棕色卷蛾 *Choristoneura luticostana*、舞毒蛾 *Lymantria dispar* 等均有良好的效果。

扫码见彩图 图 9-4 苹果园利用迷向丝防治桃小食心虫

2. 性信息素　性信息素对害虫具有极强的诱集效果，并具有高度专化性，对其他天敌和环境均无影响。在生产上可以通过设置诱捕器配合性信息素，诱杀田间害虫，主要是诱杀雄虫，降低自然界害虫的雄虫数量，降低有害生物的交配率，以此控制有害生物。还可以通过迷向法，如迷向丝，干扰雌雄交尾，进而降低下一代有害生物的数量，达到控制有害生物的目的。目前，我国在利用性信息素上取得较好成绩。主要是蛾类性信息素，如亚洲玉米螟 *Ostrinia furnacalis*、二化螟 *Chilo suppressalis*、棉红铃虫 *Pectinophora gossypiella*、小地老虎 *Agrotis ypsilon*、梨小食心虫 *Grapholitha molesta*、桃小食心虫 *Carposina niponensis*、苹果蠹蛾 *Cydia pomonella*、棉褐带卷蛾 *Adoxophyes orana*、白杨透翅蛾 *Parathrene tabaniformis* 等多种昆虫的性信息素已被应用于虫情测报和农业生产实践，对相应害虫的防治起到了重要作用。例如，用苹果蠹蛾性信息素诱杀苹果蠹蛾。山东青岛苹果园利用迷向丝防治食心虫类害虫，能够干扰桃小食心虫的交配，并且取得了良好效果（图 9-4）。

三、生态治理

我们要建设的现代化是人与自然和谐共生的现代化，既要创造更多物质财富和精神财富以满足人民日益增长的美好生活需要，也要提供更多优质生态产品以满足人民日益增长的优美生态环境需要。生态治理发展方向是“生态、绿色、高效、简便”的技术体系，要把生态环境的保护和绿色生产放在重要位置，使用高效、简便或机械化技术，让环境更绿，农村更美，让消费者更放心。

从靶标害虫控制到作物 - 害虫 - 天敌食物链的调控，需要从生态系统出发，从食物链两头控制，即作物和天敌角度出发，控制害虫。发挥作物本身的耐害、抗逆与补偿功能作物的健康栽培，提高植物直接和间接防御机制，如提高植物蛋白酶抑制素含量。将害虫管理放入农田、果园等生态系统中，考虑到作物不是被动受害，天敌对害虫有重要的控害功能。生态调控（ecological regulation and management）等于调节加控制，控制即将害虫迅速控制在平衡密度之下；调节即将害虫维持在平衡密度之下。

农田景观是由作物和非作物生境构成的镶嵌体。害虫及其天敌在农田景观中转移扩散、发生。从农田景观区域性角度出发，时间上，包括害虫发生的全过程；空间上，掌握发生的异质性；方法上，利用生态设计、生物多样性、生态调控措施等进行生态治理。

从害虫防治到昆虫的生态服务功能，构建生态命运共同体。生态系统服务（ecosystem services）指人类从生态系统获得的各种收益，包括：供给服务（食物、水、遗传资源、纤维等），调节服务（调控洪涝干旱、土地退化、调节病虫害、授粉作用），支持服务（土壤形成和养分循环），文化服务（消遣、精神、宗教及其他方面的非物质收益）。不能只是害虫的控制，应从提升昆虫的生态服务功能（生物控害、传粉增产、土壤分解）这个整体出发，从农田景观区域性角度构建生态命运共同体。

生境管理是指在大时空尺度范围内进行多种生境的设计与布局，创造有利于天敌的环境条件，抑制害虫种群，达到减小环境污染、提升农业生态系统的控害保益功能，最终实现害虫种群控制的可持续性。生境管理是实现控害保益功能的机理与途径。

创建害虫天敌植物支持系统。害虫天敌植物支持系统是指在农田生态条件不利于天敌时，可为天敌昆虫提供食物、越冬和繁殖场所，供天敌昆虫逃避化学农药和农事操作干扰的庇护所的植物体系，或适宜天敌昆虫生长发育和繁殖的微环境植物体系。该系统的常见植物种类包括载体植物、蜜源植物、栖境植物、诱集植物和指示植物等。创造利于天敌昆虫的生态环境，种植功能植物。

四、物理防治

物理防治是利用各种物理因子，人工或器械清除、抑制、钝化或杀死有害生物的方法。方法一般简单易行、成本较低、不污染环境，但是有时费时费力，效率不高。可以预防有害生物，也可以作为有害生物发生时的应急措施。

（一）人工机械防治法

人工机械防治是利用人工和机械，通过汰选或捕杀防治有害生物的一类措施。例如，在播种前对种子进行筛选、水选或风选等，可以汰除杂草种子和携带病虫的种子，减少有害生物传播危害。拔除病株、剪除病枝病叶或刮除茎干溃疡斑等，对于控制种传单循环病害可取得很好的控制效果。对害虫防治常使用捕打、震落、网捕、摘除虫枝虫果及刮树皮等人工机械方法。例如，利用夜间危害后就近入土的习性，人工捕杀小地老虎老龄幼虫；利用细钢钩勾杀树干中的天牛幼虫；利用某些害虫的假死行为，将其震落消灭；人工机械除草、利用捕鼠器捕鼠、人工采集虫卵等。

图 9-5　水稻田诱虫灯捕杀水稻害虫

扫码见彩图

（二）诱杀法

诱杀法主要是利用某些有害生物的趋性，配合一定的物理装置、化学毒剂或人工处理的防治方法，通常包括灯光诱杀、色板诱杀、食饵诱杀和陷阱诱杀等。

1. 灯光诱杀　如利用害虫趋光性，用黑光灯、双色灯或高压汞灯结合诱集箱、水坑或高压电网诱杀害虫。灯光也是采集昆虫的方法，主要是针对趋光性昆虫。例如，水稻田能够采用诱虫灯诱杀多种迁飞性害虫（图 9-5）。

2. 色板诱杀　如利用蓝板诱杀西花蓟马；利用黄色黏胶板或黄色水皿诱杀烟粉虱等。

3. 食饵诱杀　部分害虫对食物的某些气味有明显趋性和偏好性，配制适当的食饵，可以诱集后统一杀灭。例如，配制糖醋液可以诱集小地老虎和黏虫等夜蛾类成虫，利用新鲜马粪可以诱集蝼蛄，利用堆草诱集细胸金针虫和油葫芦等。食饵诱杀往往与杀虫剂进行混合使用，能够增加害虫的死亡率。

4. 陷阱诱杀 许多害虫具有选择特殊环境潜伏的习性，据此可以诱杀它们。例如，田间插放杨柳枝把，可诱集棉铃虫成虫潜伏其中，次晨再用塑料袋套捕，即可大大减少田间蛾量。树干缚草，诱集林果害虫越冬；谷草把诱集黏虫产卵等。

（三）温控法

有害生物对环境温度都有一定的适应范围，温度过高或过低，都会导致其死亡或失活。温控法就是利用高温或低温来控制或杀死有害生物的物理防治技术。例如，播种前温水浸种、曝晒储粮或种子等，能消灭种子携带的多种病虫害；伏天高温季节，通过闷棚、覆膜晒田等，可将地温提高到60～70℃，能杀死多种有害生物；对地下病虫害严重的小面积地块，可在休闲期利用沸水浇灌进行处理。低温也可抑制多种有害生物的繁殖与危害活动，因而常被用来作为蔬菜和水果的保鲜技术；将粮食贮藏温度控制在3～10℃，可抑制大部分有害生物的危害；寒冷地区在冬季翻仓降温可防治储粮害虫；对于少量种子，可在不影响发芽率的情况下，置于冰箱冷冻室内处理12周进行低温杀虫。

（四）阻隔法

根据有害生物的侵染和扩散行为，设置物理性障碍，可阻止有害生物的危害或扩散。例如，桃小食心虫 *Carposina niponensis* 主要以幼虫在树干周围附近的土中越冬，于早春化蛹羽化前，地上培土10cm，可有效阻止成虫出土；梨尺蠖 *Apocheima cinerarius* 和枣尺蠖 *Sucra jujuba* 的雌成虫无翅，必须从地面爬到树上才能交配产卵，若在树干上涂胶、绑缠塑料薄膜等障碍，就能阻止其上树；果实套袋可以阻止多种食心虫在果实上产卵。

（五）辐射法

辐射法是利用电波、射线、X射线、红外线、紫外线、激光及超声波等电磁辐射对有害生物进行防治的物理技术，包括直接杀灭和辐射不育等。例如，用Co作为γ射线源，在25.76万伦琴的剂量下处理黑皮蠹 *Attagenus minutus*、玉米象 *Sitophilus zeamais*、谷蠹 *Rhizopertha dominica* 等贮粮害虫，经24h后绝大多数即死亡，少数存活者也常表现为不育；利用适当剂量放射性同位素衰变产生的粒子或射线处理昆虫，可引起雌性或雄性不育，进而进行害虫种群治理。

五、化学防治

化学防治（chemical control）是利用化学药剂防治有害生物的方法。主要是通过开发适宜的农药品种并加工成适当的剂型，采用适当的器械和方法处理植株、种子、土壤等，来杀死有害生物或阻止其侵染危害。化学防治是防治有害生物常用的方法，占有重要地位。

农药是植物化学保护上使用的化学药剂的总称。目前广义的农药除包括可以用来防治农业有害生物的各种无机和有机化合物外，还包括植物生长调节剂、家畜体外寄生虫和人类公共卫生有害生物的防治剂。其来源除人工合成外，还包括来源于生物或其他天然的物质。根据农药防治有害生物的种类，可以将其分为杀虫剂、杀菌剂、除草剂和杀鼠剂等。例如，新烟碱类杀虫剂、乙酰胺类和吡虫啉类杀虫剂，通过拌种或喷施方法能够有效控制马铃薯甲虫的越冬成虫或第一代幼虫。

（一）农药的使用方法及机械

利用农药防治有害生物主要是通过茎叶处理、种子处理和土壤处理等使有害生物接触农药而中毒。施药方法主要依据农药的特性、剂型特点、防治对象和保护对象的生物学特性及环境条件而定，主要有喷雾法、喷粉法、撒施或泼浇法、拌种和种苗浸渍法、毒饵法与熏蒸法等。

1. *喷雾法*　喷雾法是将液态农药用机械喷撒成雾状分散体系的施药方法。乳油、可湿性粉剂、可溶性粉剂、悬浮剂及水剂等加水稀释后，均可用喷雾法施药。喷雾法主要用于作物茎叶处理和土壤表面处理，其施药工作效率高，但有一定的飘移污染和浪费。农药的雾化主要采用压力喷雾、弥雾和旋转离心雾化法。喷雾主要使用预压式和背囊压杆式手动喷雾器，目前也可以采用机械喷雾或无人机喷雾等。

2. *喷粉法*　喷粉法是利用鼓风机械所产生的气流把农药粉剂吹散后沉积到植物上或土壤表面的施药方法。喷雾的工效高、速度快，往往可以及时控制有害生物大面积的暴发危害。喷粉防治效果受施药器械、环境因素和粉剂质量影响较大。

3. *撒施或泼浇法*　是指将农药拌成毒土撒施或兑水泼浇的人工施药方法。一般是利用具有一定内吸渗透性或熏蒸性的药剂，防治在浓密作物层下部栖息危害的有害生物。

4. *拌种和种苗浸渍法*　是用来处理种苗的施药方法。通常用粉剂、种衣剂或毒土拌种，或用可用水稀释的药剂兑水浸种，防治种子携带的有害生物、地下害虫、土传病害、害鼠等。该方法用药集中、工效高、效果好，且无飘移污染，但施药效果与用药浓度、浸渍时间和温度等有密切关系，需要严格掌握。

5. *毒饵法*　毒饵法是用有害动物喜食的食物为饵料，加入适口性较好的农药配制成毒饵，使有害动物取食中毒的防治方法。该方法用药集中、相对浓度高、对环境污染少，常用于一些其他方法较难防治的有害动物，如害鼠、软体动物和地下害虫等。

6. *熏蒸法*　熏蒸法是利用具有熏蒸作用的农药防治有害生物的方法，如利用烟雾剂防治仓库、温室大棚、森林、茂密作物层或密闭容器里的有害生物等。

此外，农药的施用还有不少根据药剂特性和有害生物习性设计的针对性防治方法，如利用内吸性杀虫剂涂茎防治棉蚜，利用高浓度农药在树干上涂药环防治爬行上树的有害动物，利用除草剂制成防治草害的含药地膜等。

（二）农药的合理应用

科学合理地使用农药是化学防治的关键。结合农业生产实际和自然环境，进行综合分析，灵活使用不同农药品种、剂型和施药技术，可以有效地提高防效，避免药害及残留污染对非靶标生物和环境的损害，延缓有害生物的抗药性。

1. *药剂种类的选择*　各种农药的防治对象均具有一定的范围，且常表现出对不同种的毒力差异，甚至同种农药对不同地区和环境里的同一种有害生物，也会表现出不同的防治效果。因此，必须根据有关资料和田间药效试验结果来选择有效的药剂品种。

2. *剂型的选择*　农药不同的剂型均有其最优使用场合，根据具体情况选择适宜的剂型，可以有效地提高防治效果。例如，防治水稻后期的螟虫和飞虱，采用喷粉或喷雾不如采用粒剂或撒毒土，将杀虫剂溶于水，随水灌溉的防治效果最好。

3. *适期用药*　各种有害生物在其生长发育过程中，均存在易受农药攻击的薄弱环节，适期用药不仅可以提高防治效果，还可以避免药害和对天敌及其他非靶标生物的影响，减少农药残留。

4. *采用适宜的施药方法* 不同的防治对象和保护对象需以不同的施药方法进行处理，选择适宜的施药方法，既可得到满意的效果，又可减少农药用量和飘移污染。一般来说，在可能的情况下，应尽量选择减少飘移污染的集中施药技术，如能以种苗处理防治的病虫害，尽量不要在苗期喷药防治。

5. *注意环境因素的影响* 合理用药必须考虑温度、湿度、雨水、光照、风、土壤性质和作物长势等环境因素。温度影响药剂毒力、挥发性、持效期、有害生物的活动和代谢等，湿度影响药剂的附着、吸收、植物的抗性和微生物的活动等。此外，雨水会造成对农药的稀释、冲洗和流失等，光照也会影响农药的活性、分解和持效期等。在野外条件下，风影响农药的使用操作、飘移污染等，土壤性质影响农药的稳定性和药效的发挥。一般通过选择适当的农药剂型、施药方法、施药时间来避免环境因素的不利影响，发挥其有利的一面，从而达到合理用药的目的。不同的作物长势需要选择不同剂型的农药，因为在不同的作物生长期，作物会影响杀虫剂与有害生物的接触，从而干扰杀虫剂的效果。

6. *充分利用农药的选择性* 利用农药的选择性（包括选择毒性和时差、位差等生态选择性），可有效地避免或减少对非靶标生物和环境的危害。例如，使用除草剂时常利用选择性除草剂（药剂的选择性）、芽前处理（时差选择）、定向喷雾（位差选择）等，避免作物药害。使用杀虫剂也常利用其选择性，减少对天敌及授粉昆虫等有益生物的杀伤。例如，利用内吸性杀虫剂进行根区施药，在果园避免花期施药，尽量不采用喷粉施药等，可以减少对蜜蜂的毒害；在桑园内禁止喷施沙蚕毒素类和拟除虫菊酯类杀虫剂，以避免对桑蚕的毒害；棉田利用拌种、涂茎等施药方法，减少前期喷药，可以有效地保护天敌；在鱼塘、水源选择对鱼低毒的农药，水产养殖稻田施药前灌深水尽量使药剂沉积在作物上部，避免农药飘移或流入鱼塘，可以避免对鱼的毒害；使用杀鼠剂更应特别注意利用选择性，避免对人、畜、禽的毒害。

7. *与其他防治措施相配套及安全用药* 纳入综合防治体系合理用药还必须与其他防治措施相配套，充分发挥其他措施的作用，以有效控制农药的使用量。此外，合理用药还包括安全用药。因为农药是一类生物毒剂，对高等动物有一定毒性，若管理或使用不当，就可能造成人、畜中毒。因此，在农药的贮运和使用过程中，都必须严格遵守有关规定和操作规程。

（三）化学防治优点与缺点

化学防治的优点：①收效快，效果显著；②使用方便；③可以大面积使用，便于机械化；④杀虫范围广；⑤可以大规模工业化生产，品种和剂型多；⑥远距离运输方便，且可长期保存。化学防治的缺点：对人畜不安全、植物中毒、杀伤有益生物、污染环境、产生抗药性、次要害虫再猖獗。

第五节 新兴技术

一、基因驱动自绝技术

基因驱动是指某些基因能够产生偏向性遗传，逐步改变后代的性状特征。等位基因的偏向性遗传是自然界少数存在的现象，在特定的环境下是物种适应环境改变的自适应特征。基因驱动应用于害虫种群调控是一项新兴的技术，开发基因驱动技术来消除害虫危害非常具有前景。

基因驱动能够与成簇的规律间隔的短回文重复序列（CRISPR）结合，形成“基因剪刀”的CRISPR基因编辑技术，打造人工基因驱动系统，并在酵母、果蝇和蚊子中证实可实现外部引入的基因多代遗传。

基因驱动系统有多种，这种基于CRISPR的基因驱动系统包括3个原件，即向导RNA（sgRNA）、Cas9及编辑基因。向导RNA是一种小型非编码RNA，与前信使RNA（pre-mRNA）配对，并在其中插入一些尿嘧啶（U），产生具有作用的mRNA。向导RNA编辑的RNA分子，长度为60～80个核苷酸，由单基因转录，具有3′寡聚U的尾巴，中间有一段与被编辑mRNA精确互补的序列，5′端是一个锚定序列，它同非编辑的mRNA序列互补。同时，sgRNA也能定向结合DNA序列，调控DNA的复制过程。Cas9是基因剪刀，在sgRNA的引导下能够定向精确剪切靶标DNA，形成DNA链断裂。编辑基因是一段被改变的DNA序列，用于编辑目标DNA的功能。CRISPR技术的基因驱动理论上可以完全改变生态系统中野生型的物种组成，基因驱动技术可以扭转生态中具有携带疟原虫相关基因的野生型蚊子，让蚊子携带疟原虫的相关基因消失，从而根除疟疾。

假设橘小实蝇存在取食芒果的关键基因，这个基因的失活会导致橘小实蝇不再取食芒果。因此，针对这段取食芒果的基因可以进行编辑，使基因失活，在基因的两侧加入sgRNA和Cas9蛋白的基因序列，sgRNA能够定向识别野生型橘小实蝇的取食芒果基因，Cas9能够与sgRNA结合，定向切割sgRNA结合的DNA序列，使得野生型橘小实蝇的靶标基因失活（图9-6）。

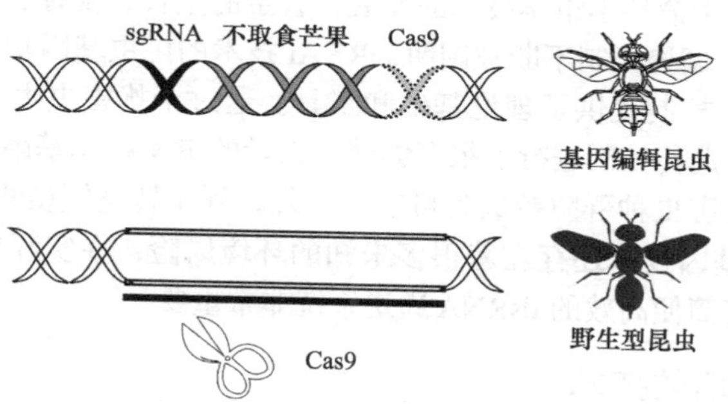

图9-6　基因驱动中基因编辑昆虫与野生型昆虫的DNA序列

基因驱动昆虫个体释放后，能够与野生型昆虫进行自由交配，产生的后代由于基因驱动的偏向性过程，绝大多数都形成了与基因驱动昆虫相同的基因。这些F_1代的基因编辑昆虫能够继续与野生型个体交配，产生的后代同样绝大多数也和基因编辑的个体相同，经过几代后，整个生态系统中的昆虫个体都形成了基因的偏向性，野生型的基因就会在种群中完全消失（图9-7）。在产生后代的过程中，容易形成三种不同的类型。第一种，一条驱动基因DNA和一条野生型DNA的杂合体，杂合体由于显隐性关系，昆虫可能并没有达到完全的基因编辑结果，还需要进行再次交配产生驱动基因的纯合体；第二种，两条驱动基因的个体，这样的个体在与野生型个体交配后会形成至少有一条基因是驱动基因编辑的个体，这样的个体是基因驱动的最终目标个体；第三种，两条变异基因的个体，在Cas9蛋白切割DNA形成断裂的过程中，昆虫有可能产生基因突变或者复制措施，形成基因变异的个体。基因变异个体属于基因驱动的非预期效应，在释放前还需要准确地评估其风险性，保证基因驱动技术安全、有效、可持续，并且能到达预期目的。

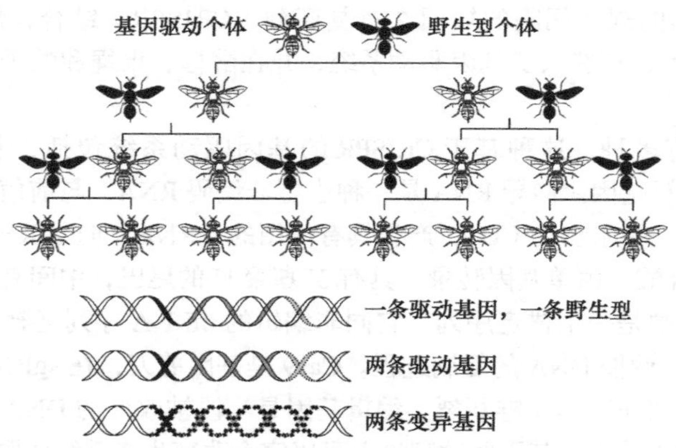

图 9-7 基因驱动个体释放后与野生型个体交配过程

二、昆虫 RNA 农药

昆虫 RNA 农药是一种新型基于小分子双链 RNA（dsRNA）的 RNA 干扰（RNAi）技术。RNA 干扰是指由内源或外源的双链 dsRNA 引发的 mRNA 降解，导致特异性阻碍靶标基因表达的现象。RNAi 技术目前已在昆虫学研究领域中得到了广泛的应用，具有高效性、特异性及简便性这些优点。随着生命科学组学技术的发展，害虫的生长、发育、免疫、抗性、代谢、生殖等分子 DNA 和 RNA 调控机制不断被阐明，RNAi 技术的昆虫基因功能鉴定和解析得到了迅速发展，为害虫的遗传控制提供了理论基础和工具。通过干扰害虫生长发育等关键基因的表达，对重要农业害虫的遗传控制进行了很多尝试，大量的 RNAi 靶基因被筛选并发现，通过设计 RNAi 靶标基因进行害虫种群防控成为可能。另外，利用转基因植物表达 dsRNA 同样是很好的递送方式。但转基因技术还存在着很多未知的环境风险，在实际应用过程中还存在着障碍，因此开发安全经济简便高效的 dsRNA 递送系统非常重要。

三、纳米材料递载增效技术

纳米载体是一种环境安全性很高的系统，能够携带 dsRNA 穿透棉铃虫表皮并进入组织，显示出较强的组织吸收率，同时纳米载体的高效递送系统能够打破昆虫的器官基底膜、细胞膜和肠道围食膜等屏障，干扰几丁质酶基因的表达，导致害虫发育迟缓、停止蜕皮甚至死亡。并且 RNAi 农药采用的双链 dsRNA 具有高度特异性，对非靶标生物基本没有影响，RNA 生物农药能够通过天然途径迅速降解。2017 年，孟山都采用 RNAi 技术的抗虫转基因玉米 SmartStax®PRO 首次被美国环境保护署批准作为杀虫剂使用。美国孟山都将特定序列的 dsRNA 转入玉米中，通过害虫取食转基因玉米的途径进入害虫体内，然后引发 RNA 干扰过程，实现精准抗虫，目前将能够用于玉米根萤叶甲 *Diabrotica virgifera* 的防治。

昆虫杆状病毒是一类特异性的昆虫病毒，包括核型多角体病毒（NPV）、颗粒体病毒（GV）等，昆虫病毒具有专一性强、易降解、低残留、环境友好等特点。目前，昆虫核型多角体病毒已成功应用于防治棉铃虫 *Helicoverpa armigera*、斜纹夜蛾 *Spodoptera litura*、大豆夜蛾 *Anticarsia gemmatalis* 等害虫。利用核酸型纳米载体结合棉铃虫 NPV 病毒的 DNA（HaNPV-DNA）能够达到很好的效果，纳米载体粒径一般小于 10nm，复合体粒径增加到 100nm，纳米材料与 NPV 主要通过氢键和范德瓦耳斯力结合。单独病毒 DNA 不能够穿透昆虫细胞膜屏障，而核酸型纳米载体能够携带 HaNPV-DNA 进入细胞，并引起细胞凋亡。核酸型纳米载体携带 HaNPV-DNA 还能够引起小地老虎感染病毒，幼虫行动迟缓、拒食，并液化死亡，致死率达到 70% 以上。核酸型纳米载体携带 HaNPV-DNA 还能绕过非寄主细胞的识别过程，进入非寄主细胞并复制增殖，诱发非寄主细胞感染及害虫死亡，这种纳米载体介导的递送方式为扩大杀虫病毒应用提供了新的方式。新型纳米材料还可以进行体壁渗透，携带外源 dsRNA 穿透大豆蚜 *Aphis glycines* 体壁，进入细胞，大幅提升基因干扰效率，起到良好的防控效果。纳米载体介导的 RNAi 提供了新兴的 dsRNA 递送平台，突破了体壁渗透瓶颈，基因干扰效率高，具有良好的应用前景。

四、植物源引诱剂和驱避剂的推 - 拉策略

植物源引诱剂和驱避剂能够用于调控昆虫行为，来趋避害虫。蚜虫报警信息素反 -β- 法尼烯具有驱避蚜虫的特性，这种蚜虫推 - 拉防控技术得到了广泛的发展（图 9-8）。小麦、大白菜、马铃薯田，每亩放置 25 个含 100μL 反 -β- 法尼烯的缓释器，对麦长管蚜 *Sitobion avenae*、麦无网长管蚜 *Metopolophium dirhodum*、马铃薯长管蚜 *Macrosiphum euphorbiae* 的有翅蚜表现出明显的驱避作用，驱避率可达 60%。

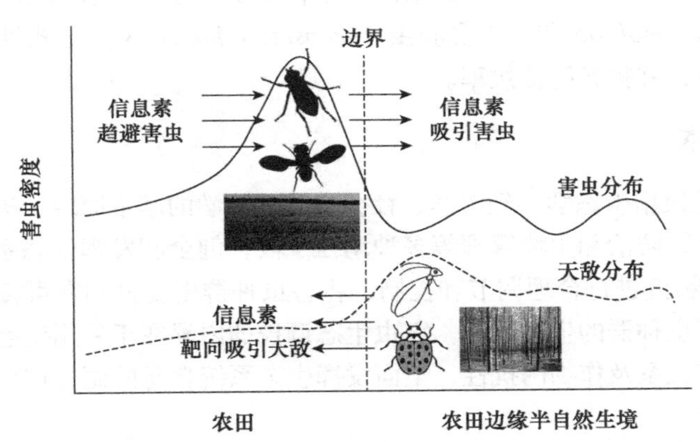

图 9-8　农田生态系统害虫及天敌行为的推 - 拉行为调控机制

食诱剂同样能够调控害虫的行为，棉铃虫食诱剂含有从几十种寄主植物挥发物中提取出的苯乙醛、水杨酸丁酯、柠檬烯、甲氧基苄醇等具强吸引力的挥发性物质。将这些植物源化合物搭载在高分子缓释载体上，并配以具取食刺激作用的蔗糖和少量农药，能够将棉铃虫成虫吸引至味源，并在蔗糖的刺激下摄入农药，从而诱杀棉铃虫。

食诱剂对雌雄蛾具有同等的诱杀效力，可使棉田棉铃虫成虫虫口数量减少 95%，极大地降低了下一代棉铃虫的为害程度。除棉铃虫外，该食诱剂对烟青虫 *Heliothis assulta*、甜菜夜蛾 *Spodoptera exigua*、斜纹夜蛾 *Prodenia litura*、小地老虎 *Agrotis ypsilon* 等重要夜蛾科害虫均有较好的诱杀效果。另外，盲蝽植物源引诱剂是基于艾蒿、野艾蒿、藿香、凤仙花等 18 种植物挥发物中的丙烯酸丁酯、丙酸丁酯和丁酸丁酯等引诱活性物质研制而成，施用方式与棉铃虫引诱剂类似，可大量诱杀黑盲蝽 *Adelphocoris suturalis* 等盲蝽类害虫的雌雄成虫（图 9-9）。以反 -2- 己烯醛、顺 -3- 己烯醇、顺 -3- 己烯乙酸酯等茶树挥发物组配的引诱剂，可使黄板对茶蚜 *Toxoptera aurantii*、黑刺粉虱 *Aleurocanthus spittiferus* 的诱捕能力提高 50%。

扫码见彩图 图 9-9 枣园利用植物源信息素诱捕盲蝽

五、性信息素交配干扰

性信息素交配干扰是利用信息素干扰害虫的交配行为，达到降低害虫种群繁殖的目的。在我国使用性信息素防控苹果蠹蛾 *Cydia pomonella* 已经得到了广泛的应用，防治效果与迷向丝的释放量、持效期、放置密度与使用时期等密切相关。在我国西北甘肃和宁夏等省区，苹果蠹蛾越冬代成虫活动前，每公顷苹果园悬挂带有性信息素的迷向丝 660～1320 根，蛀果防效高达 91%～100%，在整个生长期内能够达到对苹果蠹蛾的防控。同样，梨小食心虫 *Grapholitha molesta* 越冬代成虫活动前，每公顷悬挂含 0.27g 性信息素的迷向丝 900 根，连续 3 年的蛀果防效均在 90% 左右。目前，我国已有超过 12 个省（自治区、直辖市）的果园采用性信息素迷向法防治梨小食心虫，其防治成本仅是传统化学防治的一半，减少果园化学农药用量 50% 以上。此外，梨小食心虫 *Garposina molesta* 和桃小食心虫 *Carposina niponensis* 复合式性信息素迷向剂能够进一步减少防治成本，并提升防治效率。

六、生态调控技术

害虫生态调控是根据生态学、经济学、社会学及环境学的基本原理，进行生态系统中的资源配置，综合使用生物防治和生境管理等多种调控手段，健全和发挥生态系统自身的功能，对作物 - 害虫 - 天敌食物链进行合理调节和控制，将害虫种群密度控制在可接受范围之内，从生态系统层次上实现害虫种群的生态调控。害虫生态调控的内涵在于采用生态学的方法，利用生物多样性、物种互作关系及作物的抗性，全面发挥生态系统自身的调控作用，将害虫种群密度控制在一定的范围内。

害虫生态调控具备 5 个特征：第一，害虫种群控制的可持续性。害虫生态调控更注重害虫种群长期的动态过程及趋势，以更宏观的角度考虑害虫种群特征，通过增强生态系统功能，尤其是增加天敌在生态系统的流通性和存活率，将会对害虫种群产生持续的控制作用。第二，害虫生态调控完全突破了传统的经济阈值体系，将害虫种群调控建立在生态系统功能与服务上，将可持续科学理论融入害虫种群控制的理论体系中，而生态系统功能和服务作为生态系统最终的目标，这样实现了害虫种群控制方法策略与目标的统一，利于更好地保护生态系统。第三，害虫密度的可接受范围。害虫作为生态系统的组成部分，需要确定一个可接受密度范围，这种可接受密度范围是新的防治损失与生态系统功能的权衡过程，与害虫综合治理的经济损害允许水平有着显著的区别，经济损害允许水平是一个临界的害虫种群密度，在这个密度时实施人工防治的成本刚好等于采取防治而得到的经济利益，而害虫生态调控中可接受密度是指不显著改变群落结构和生态系统功能下能够稳定长期存在的种群密度范围。第四，害虫生态调控综合了社会学和环境学的观点，以提高农产品的安全性和质量为主要目标，将以经济为中心转移到生态系统的可持续性上。第五，害虫综合治理以效率为先，尤其是生产效率的提高，这同样突破了害虫综合治理以产量和经济为中心的思路，注重生态系统效率，综合考虑生态系统成本和生态收益，以新的理论和技术重新定义害虫种群控制。

害虫生态调控能够在不同的空间尺度下进行，主要分为田间尺度和景观尺度。田间尺度上主要是改善农田作物的生境质量，包括地上作物健康和地下土壤健康。土壤健康是作物健康的基础，土壤也是各种害虫和天敌栖息的环境。作物轮作、覆盖作物和品种搭配等措施能够极大地提高天敌的控害能力。轮作不仅有利于充分利用土壤营养条件，还能够打破害虫和病原菌的循环过程，改善土壤结构，降低害虫种群和病原菌数量，提高作物健康水平。免耕能够保持土壤墒情，防止土壤侵蚀和水土流失，并且能够恶化害虫的生存环境，有效降低害虫为害。覆盖作物同样能够增加植物盖度，提高土壤湿度，改善地表捕食性天敌的生存条件，最终提高农业生态系统的自身控害能力。间套作技术也是充分利用营养与空间，改善土壤结构，调控害虫种群的有效方法。

景观尺度上规划主体思想是改变农业景观中斑块的空间配置和排列格局，包括作物生境和非作物生境的组成与布局，目标作物与非目标作物的空间布局等。空间异质性是农业景观（区域）空间斑块配置的核心问题，作物生境质量通常存在巨大变异，生长期能够为天敌提供丰富的食物资源，而收获期天敌只能转移到其他生境。天敌在作物生境中都具有非全周期性特点，因此多种生境的农业景观能够为天敌提供必要的转移寄主或者猎物，并为天敌提供避难所和越冬场所等。通过空间配置来改善天敌在景观中的扩散通道，降低转移过程中的死亡率，同时通过斑块组成来封闭害虫在景观中的转移通道，将害虫封闭在一定的空间范围，采用上行策略和下行策略相结合的方式进行害虫种群生态调控。

七、功能植物

在作物系统中，不同类型的植物与主要农作物的配置能够有效提高天敌对害虫的生物控害作用，抑制害虫种群。这些植物通常称为功能植物或次生植物，可划分为 7 类：伴生植物、驱虫植物、屏障植物、指示植物、诱集植物、虫源植物及银行植物（图 9-10）。功能植物的有效性及其对害虫种群的控制功能在近几年得到了迅速的发展，对不同类型植物的利用步骤和过程也有一些报道，功能植物成为害虫调控的重要发展思路之一。

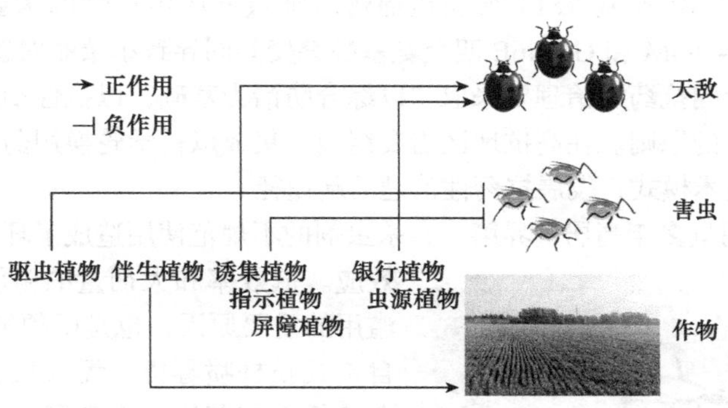

图 9-10　功能植物的生态调控功能

功能植物能够广泛应用于农业生态系统的构建，实现特定的生态系统功能，基于不同功能植物类群的合理布局，不仅能促进作物增产，也能保护生物多样性和改善害虫的生态调控过程。生态系统中，功能植物能够与害虫及天敌相互作用，提高天敌对害虫的控害功能，增加作物产量等生态系统服务。例如，功能植物能够为天敌提供转移寄主或转移猎物，维持天敌种群，从而保护生态系统，维护生态系统健康。

害虫直接为害作物，而天敌直接捕食害虫间接对作物产生补偿作用。不同类型的功能植物对害虫、天敌或作物有不同的调控作用。有些功能植物（伴生植物）能够直接改善作物营养并增加产量，而且对害虫种群有抑制作用；有些功能植物通过释放驱虫的挥发性化学物质间接提高作物质量和产量，其余功能植物（指示、诱集植物）也都是通过调控害虫而降低害虫对作物的为害；还有一些功能植物（银行植物与虫源植物）通过吸引和增加天敌种群来进行害虫生物防治，进而增加作物的产量。多种功能植物可在不同空间尺度下应用于害虫防治，并且作为重要的生态调控手段成为化学防治的替代，而且不少功能植物在生物防治中已经得到应用，成为害虫生态调控的重要组成部分。银行植物、诱集植物、指示植物及驱虫植物都在小尺度的作物系统中得到了应用，而伴生植物、屏障植物及虫源植物被用于增加天敌物种的多样性。功能植物是害虫生态调控中的重要组成部分，完善的害虫生态调控理论和技术体系还需要多年的研究，并且进行功能植物的筛选工作，尤其是本地植物的利用在生态调控研究中需要优先考虑，这些领域也都是将来重要的研究方向。

八、害虫抗药性治理和超低量使用技术

害虫抗药性会导致杀虫剂使用效率降低，如何克服杀虫剂抗性则是抗药性治理的重要领域。监测害虫对杀虫剂抗性的发展是促进杀虫剂高效减量和合理使用的前提，我国有至少 40 种害虫对杀虫剂产生了田间抗性，有些甚至产生了极强的抗性，褐飞虱 *Nilaparvata lugens* 种群对吡虫啉和噻嗪酮的抗性倍数都在 100 倍以上，二化螟的浙江和安徽种群对三唑磷、毒死蜱等杀虫剂也有明显的抗性，棉铃虫种群对功夫菊酯已产生抗性，棉蚜 *Aphis gossypii* 种群对吡虫啉等杀虫剂产生了抗性。

害虫产生的抗性机制主要存在三种类型：害虫体表表皮穿透率降低、解毒代谢增强和杀虫剂作用靶标敏感性下降。解毒代谢增强涉及三大类解毒酶：多功能氧化酶（细胞色素 P450）、酯酶和谷胱甘肽 S- 转移酶，解毒酶比活力升高是害虫对杀虫剂产生抗性的重要方面。杀虫剂作用靶标敏感性下降同样是害虫抗性的重要方面，这一过程通常是由靶标基因突变引起的。烟碱型乙酰胆碱受体 β1 亚基 R81T 突变是棉蚜对吡虫啉产生抗性的重要原因，鱼尼丁受体 E1338D、Q4594L、I4790M 和 G4946E 四个氨基酸突变共同导致小菜蛾对氯虫苯甲酰胺的抗性。因此，害虫种群的田间抗药性治理要采取“以综合防治为基础，以抗性动态监测为指导，以科学合理用药为重点”的原则。在高抗地区需要组装、集成以科学轮换用药为主，综合防治为辅的抗药性综合治理技术模式，发展抗药性治理的新途径。

我国杀虫剂使用量多年高居世界第一，杀虫剂的不规范使用造成了环境和生态系统的负面效应。低效率和大剂量的粗放使用是造成杀虫剂滥用的重要原因，也是亟须解决的问题。近年来，自走式喷杆喷雾机、无人机、动力三角翼、动力伞等低空施药技术得到了迅速发展，极大地降低了杀虫剂的使用量，形成了杀虫剂的减量使用（图 9-11）。

图 9-11　多旋翼无人机的杀虫剂喷洒田间应用

喷杆喷雾机具有移动方便、喷幅宽、喷洒均匀、效率高、省时省力、在作物表面更易沉积分布的特点，更适于大田作物。自走式旱田作物喷

杆喷雾机能够应用于棉花害虫防控，雾滴能够穿透棉花冠层，并沉积到棉花中下层，在棉田沉积量的稳定性高、沉积分布均匀，半小时即可完成 $1hm^2$ 棉田的作业，并且效率得到巨大的提升。2012 年，大型自走式和高地隙喷杆喷雾机在防控玉米黏虫的暴发中发挥了重要的作用，这些先进设备形成的雾滴能够在玉米雌穗部沉积，对玉米螟 *Ostrinia nubilalis* 有良好的防治效果，解决了高密度玉米难以防治的难题。2012 年以来，航空植保机械得到了迅速发展，尤其是农用植保无人机，无人机每天可喷洒 26～$46hm^2$，能节约 30%～50% 的杀虫剂使用量，节约 90% 的用水量，不仅能够降低杀虫剂成本，而且极大地降低了杀虫剂残留。无人机喷洒 1.5% 吡虫啉超低容量剂，1min 可喷雾处理 1 亩农田，对麦蚜的防效高达 86.7%。

九、保护性生物防治

保护性生物防治是通过保护性农业（减免耕、地表改造及地表覆盖、合理种植等综合配套措施）等措施实施害虫种群生态调控，并且保护农田生态环境，获得生态效益、经济效益及社会效益协调发展的可持续农业技术。保护性农业是指以最小的对土壤的结构、成分和天然的生物多样性的破坏，实现土壤的最小侵蚀与退化和最小的水污染而采取的土壤管理实践。保护性生物防治强调景观、生物多样性、空间尺度等生态特征，以增强生态系统功能的目的，具有安全、绿色、可持续、经济、高效等优势。

传统生物防治是指利用一种生物（包括引进外来天敌或自主培育天敌）对付另外一种生物的方法，传统生物防治大致可以分为以虫治虫、以鸟治虫和以菌治虫三大类。传统生物防治是人为干预为主导，生态系统为辅助，以经济阈值为基础。保护性生物防治通过保护生态系统，在原有基础上恢复生态系统的自身抗性来产生对有害生物的抵御。保护性生物防治对生态系统干扰小，能够加强生态系统自身的抗性，以人为干预为辅助，以生态阈值为基础。保护性生物防治和传统生物防治的共同点都是生物防控生物的方法，安全、绿色。传统生物防治偏向于人为干预，以经济阈值为基础，采用自上而下的效应。保护性生物防治主要加强生态系统自身抗性，以生态阈值为基础，采用自上而下与自下而上相结合的双重效应。

保护性生物防治注重生态系统功能，从农田景观的角度，在多时空尺度范围内进行多种作物与非作物生境的设计与布局，创造有利于天敌的环境条件，抑制害虫种群发生，达到减小环境污染、增强农业生态系统的控害保益功能，最终实现害虫种群控制的可持续性。保护性生物防治与生态调控技术有一些共同点，都是以生态系统为中心，以增强生态系统功能为目的。保护性生物防治是与保护性农业的交叉领域，尤其是减免耕和秸秆还田，降低对农业生态系统的干扰，体现综合的生态系统功能。

第六节　入侵种防控能力

一、入侵种防控效率与成本

入侵种和传统农业害虫不同，入侵种在侵入生态系统后会经历多个不同的阶段，因此管理措施也会因为入侵阶段的不同进行调整。不同入侵阶段生物入侵的管理策略是完全不同的，预防、早期预警和管理这三个阶段需要明确的区分。预防阶段包括信息、自我管理和检疫措施；早期预警包括截获、监测和移除；管理包括根除、污染及控制。入侵种的第一个阶段是预防，这属于前入侵阶段，这一阶段的主要策略是信息搜集和贡献、自我管理和检疫措施的指定。很多入侵种在入侵前都有强烈的信号，如大量的寄主进口、新型交通工具的发展及周边国家的入侵。这些需要很多基础信息和数据，不同商品携带的入侵种具有很大的特异性，因此指定商品特异性的检疫手段会更加有效。另外，提高管理效率和检出率也是一项非常重要的工作。一般而言，商品都是抽样调查，抽样数量、抽样量都是检疫管理的重要科学问题，如何高效准确地检出入侵种则是重要内容。检疫处理技术也是预防的保险措施，在口岸一旦发现入侵种，往往会采取检疫处理措施，高效直接的检疫处理措施能够有效地消灭残留种群。

早期预警是生物入侵管理的第二个重要阶段，截获、监测和移除是这个阶段的重要处理技术。管理则处于第三个阶段，入侵种的管理阶段与传统的农业害虫防控非常类似，很多综合防治策略是完全一致的，包括物理、化学、生物、生态等防控措施。在入侵种的不同管理阶段，管理成本和管理效率也会随着入侵阶段的不同而发生改变。随着引入时间的延长，管理效率会越低，成本反而会越高（图 9-12）。管理成本与入侵种的分布和种群数量有关，入侵种分布越广、种群数量越大，管理成本就越高。效率则正好相反，在生物入侵初期阶段的效率最高，在入侵后期入侵种管理的效率很低。

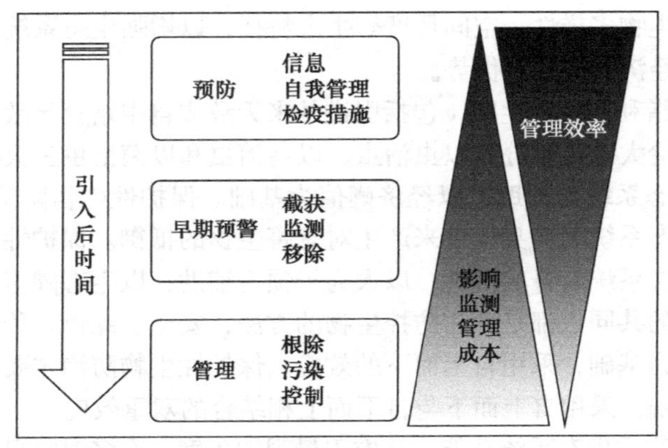

图 9-12　生物入侵的管理效率（仿 Simberloff et al.，2013）

二、生态系统功能恢复和管理

入侵种对特定的生态系统的结构、功能及生态环境产生严重的干扰与危害。20 世纪 60～80 年代从英美等国引进的用于保护滩涂的大米草，近年来在我国沿海地区疯狂生长并扩散，分布面积越来越大，已到了难以控制的局面。肆意蔓延的大米草破坏近海生物的栖息环境，使沿海养殖的多个物种窒息死亡，还会堵塞航道，影响航行，甚至影响海水的交换能力。外来生物入侵通过压制或排挤本地物种的方式，改变食物链或食物网络组成及结构。特别是外来入侵杂草，在入侵地导致植物区系改变，降低物种多样性，形成单一的优势群落。原产美洲的紫茎泽兰 *Ageratina adenophora*，20 世纪 40 年代由中缅边境传入云南省，现已在我国西南地区蔓延成灾。紫茎泽兰侵入草场、林地和撂荒地，很快形成单种优势群落，导致原有的植物群落衰退和消失。而且紫茎泽兰对土壤肥力的吸收力强，能极大地消耗土壤养分，对土壤可耕性的破坏极为严重。这些入侵种对生态系统的影响体现在生态系统功能的多个方面，入侵种管理不仅需要消除入侵种种群，恢复生态功能则是更为重要的目的。

国家对入侵种的防控能力建设是成功解决生物入侵问题的关键，很多生物入侵对生态系统和区域能够造成巨大的生态与经济损失，如马铃薯甲虫、苹果蠹蛾、烟粉虱等。我国在履行生物多样性及生物安全性等国际公约要求的前提下，既要防止生物入侵，保障生态安全，又要对国际组织提供经验和技术。因此，国家对入侵种管理的能力包括：①监管能力。根据我国国情，建立健全有关预防、管理、防治外来有害生物的国家政策法规和条例，充分执行已有的政策、法令及条例；完善已有的动植物检疫法；成立跨部门、多学科的外来入侵生物专家工作组。②狙击能力。建立黑色、白色、灰色名单，改革根据“黑名单”建立的针对性、指定性检疫体系，执行全面检疫体系，将外来有害生物拒之于国门之外。对已侵入但仅局部发生的外来有害生物，要采取严格的内检措施，防止其扩散与蔓延。③预警能力。发展早期预警系统，建立风险评估体系。一方面，根据信息资料对可能入侵的生物进行风险评估与预警，加强防范措施与制定应急控制技术；另一方面，对已入侵生物的危害、分布、蔓延和流行进行风险评估与预警，加强监测与实施有效的技术予以扑灭、根除和控制。④快速反应能力。构建快速反应机制与体系，一旦发现有害入侵生物，有能力快速地予以清除或消灭。这需要政府的支持、训练有素的专业人员、必要的仪器设备及可使用的经费。⑤信息处理能力。建立国家外来有害生物信息库和专门网站，与国际、地区有关机构开展有关共同问题的合作或协作研究，对可能入侵我国的外来种进行预警。⑥教育宣传能力。建立外来入侵生物培训中心，在正确识别入侵生物及其危害，预防、清除、控制和灭绝外来入侵生物的管理方法，风险与环境影响评估，生态系统的恢复等方面，对有关人员进行技术培训。通过各种媒体对公众进行教育与宣传。⑦科学研究能力。入侵种涉及面广、危害能力强、造成的潜在经济损失大，目前生物入侵研究还都属于传统研究的边缘。植物保护、生态学及农学等学科均有涉及，但生物入侵研究在这些学科内还都属于边缘，国家在“十三五”期间成立了“生物安全”专项，促进了生物入侵研究，加强了团队建设。但生物入侵影响范围广，很多领域还未有涉及，还需要大量科学研究进行探索，为入侵种的防控和管理提供理论基础和技术储备。

思 考 题

1. 入侵种的监测技术都包括哪些？
2. 入侵种的鉴定都有哪些手段？
3. 入侵种的根除策略是什么？
4. 植物检疫处理技术主要包括哪些，以及不同技术的特点是什么？
5. 入侵种的传统防控措施都包括哪些技术和手段？
6. 入侵种的新兴控制都包括哪些内容？
7. 基因驱动技术的原理和应用过程是什么？

第六篇　入侵生态学前沿问题

第十章　生物入侵机制

【关键词】
生态位（niche）
入侵特征（invasion characteristics）
竞争力增强的进化（evolution of increased competition ability）
种内杂交（intraspecific hybridization）
新式武器假说（new weapon hypothesis）
天敌解脱（enemy release hypothesis）
空生态位假说（empty niche hypothesis）
生态系统工程假说（ecosystem engineering hypothesis）
干扰（disturbance）
环境匹配（environmental matching）
生物阻抗假说（biotic resistance hypothesis）
入侵熔毁（invasional meltdown）
生态系统脆弱性（ecosystem vulnerability）

入侵生态学诞生以来，入侵机制就成了研究入侵种的重要问题和前沿。这也与生态学的发展阶段息息相关，经过描述生态学现象的繁荣之后，生态学家总想把入侵的生态学现象提升到理论层次上，用于把入侵过程可视化和定量化，同时也能为其他生态学分支提供案例支持。尤其是20世纪90年代以来，生物入侵假说层出不穷，涉及入侵机制不同的层次和方面，入侵假说多达几十个，并且还在不断地增加。不同的入侵假说之间存在很大的关联性，在此我们对涉及入侵机制的假说进行了归纳和总结，在不同的层次对重要的入侵机制进行论述。

第一节　种　　群

生物种群是生态学研究的经典方面，大量的生态学现象和机制都是基于种群水平上的研究。生物都是以种群的形式存在，生物种群作为物种的存在形式，在生态系统中以较为独立的部分与其他物种种群产生作用。在入侵生态学中，入侵种种群是重要的研究内容。一般认为，在种群水平上，入侵种能够依靠自身的特征适应外部环境，形成种群增长或者繁殖上的优势，最终导致入侵。种群层次上的入侵假说主要包括定殖压力、繁殖体压力、繁殖能力、可塑性、竞争力增强的进化、种内杂交入侵等（表10-1）。在此，仅对几个重要的种群水平上的假说进行介绍和描述。

表10-1　种群水平的重要生物入侵假说

假说名称	详细描述	参考文献
定殖压力（colonization）	外来种引入频率的提高会显著增加定殖成功率	Lockwood et al.，2005；2009
繁殖体压力（propagule pressure）	繁殖体引入的数量、方向和类型显著影响外来种的入侵	Lockwood et al.，2005

续表

假说名称	详细描述	参考文献
繁殖能力（fecundity）	高繁殖力的外来种在与土著种的竞争中更容易获得竞争优势	Gould and Gorchov，2000；Borer et al.，2009；Hovick and Whitney，2014
表型可塑性（plasticity）	入侵种比土著种有更强的表型可塑性	Richards et al.，2006
竞争力增强的进化（evolution of increased competition ability）	新环境中外来种能够重新对资源进行分配，向生长繁殖方面转移	Gill，1974；Blossey and Notzold，1995；Callaway and Ridenour，2004
种内杂交入侵（intraspecific hybridization）	不同地理种群杂交后的子代比亲代有更高的适合度	Rius and Darling，2014
适应性进化（adaptive evolution）	外来种的入侵成功率依赖于引入后对环境的适应性，外来种比土著种通常具有更高的适应性	Duncan and Williams，2002
抗性变化（resistance shift）	入侵种达到新栖息地后从原产地的特异性天敌捕食压力中释放，这些入侵种将能量分配到代价更小的抗性途径上抵御广食性天敌。这些能量将用于生长和繁殖，使得入侵种竞争力更强	Doorduin and Vrieling，2011；Feng et al.，2009
人类共栖（human symbiosis）	入侵种到达新生态环境后由于与人类关系接近而增强入侵性	Jeschke and Strayer，2006

一、竞争力增强的进化假说

竞争力增强的进化（evolution of increased competitive ability，EICA）假说是指入侵种在进入新的生态系统后，由于缺乏具有协同进化历史专一性天敌等原因，原来用于抵御天敌或者不利环境的资源会进行重新分配，转而将资源重新分配到种群的增长和繁殖方面，从而提高物种的竞争能力，实现种群扩张和成功入侵（图 10-1）。竞争力增强的进化假说提出后受到了广泛的关注，并且有多个实验证据证实了竞争力增加的进化假说的有效性。例如，入侵种到了新的生境之后，通过适应性进化产生了个体更大、繁殖能力更强的特征，这主要是通过调整生活史对策的结果。植物的防御特征也分为组成型和诱导型防御：组成型防御主要是植物的纤维素、半纤维素及木质素等物理因子和新陈代谢产生部分化学物质，对植食性昆虫有广谱性的防御作用；组成型防御合成简单，资源利用少，通常对自身无显著性影响。诱导型防御主要包括植物的次生代谢产物等微量化学物质，对植食性害虫通常有特异性抑制，但合成代价大，耗费能量多，对自身的适合度影响也很大。

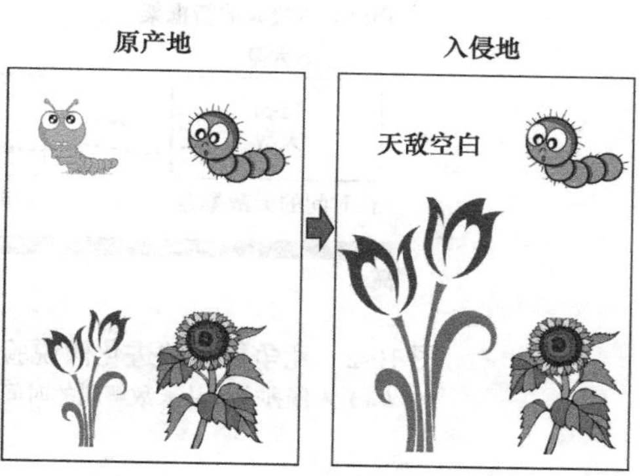

图 10-1　竞争力增强的进化假说

Blossey 和 Notzold（1995）基于千屈菜 *Lythrum salicaria* L. 的研究提出了该假说。千屈菜原产于欧洲大陆，18 世纪早期传入北美，北美地区没有取食千屈菜的植食性昆虫。Blossey 和

Notzold 选择了入侵分布区美国 Ithaca 地区和土著分布区瑞士 Lucelle 地区，在这两个地区进行样品采集并进行对比，结果发现美国千屈菜的干重和植株高度都明显超过瑞士，形成了明显的生活史特征转变。之后，更多的证据表明植物入侵种群比原产地种群有更高的存活率、生长速度、开花数及结实率，这些都有效支持了竞争力增强的进化假说（重要的依据是昆虫取食两地植物后，适合度存在显著差异）。

竞争力增强的进化假说自提出后，由于其涉及进化层次，不断地有实验进行竞争力增加的进化假说验证。竞争力增强的进化假说的核心是入侵种是否产生了表型分化，这些分化的表型是其在竞争中获胜的主要原因。竞争力增强的进化假说认为在长时间的天敌暴露的条件下，植物一般需要有很强的抗性物质来抵御害虫取食，一旦植物从 A 大陆引入 B 大陆，天敌缺失的条件下植物就在短时间内形成能量的再分配，植物从 B 大陆引入 C 大陆后，长时间的天敌解脱会造成植物种群能量的进一步再分配，来加强自身的竞争力［图 10-2（a）］。但有时随着植物从 A 大陆引入 B 大陆，天敌也随后入侵，那么植物经历了天敌解脱后又重新暴露在天敌取食的环境中，C 大陆（另一个引入地）却没有天敌存在，这时植物的能力是否会分配和再分配，这都是检验竞争力增加的进化假说的新框架［图 10-2（b）］。

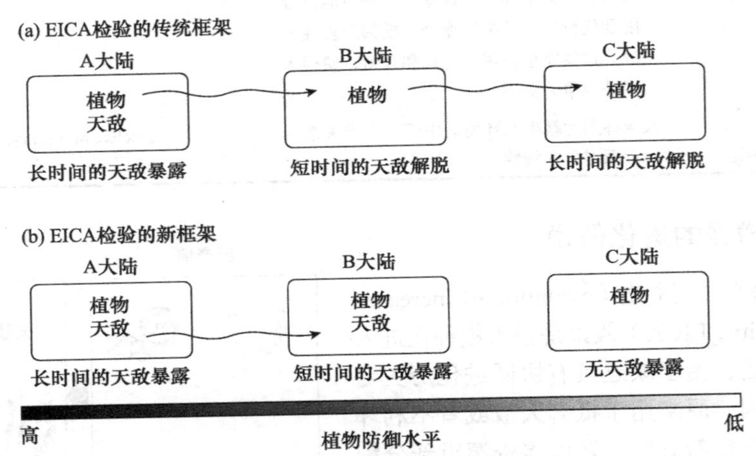

图 10-2　竞争能力的进化假说验证的传统框架和新框架（仿 Handley，2008）

（a）入侵种个体从天敌解脱的时间不同；（b）天敌跟随入侵种随后引入某一个区域

二、繁殖能力假说

繁殖能力假说（greater reproductive potential hypothesis）认为入侵种通过种间互作影响土著种，降低土著种繁殖能力，而自身繁殖能力更强。许多入侵植物通过产生大量的种子来增加后代数量，甚至不少入侵植物能够通过无性繁殖产生后代。繁殖能力实际上是种群适合度的一方面，繁殖能力的提高能够极大地促进种群适合度。不同物种之间的竞争实际上很大程度反映在繁殖能力（内禀增长率）的竞争，产生化感物质干扰土著植物的繁殖，而入侵种在繁殖能力方面的提高能够在入侵过程中获得巨大的竞争优势，从而入侵成功。繁殖能力假说由内禀增长率而来，生物的内禀增长率是竞争力的重要方面，内禀增长率大的物种在资源竞争过程中有更大的优势，因此繁殖能力假说实际上是内禀增长率假说的延伸。

Gould 与 Gorchov（2000）对入侵植物的繁殖做了深入的研究，他们检验了一种入侵植

物金银忍冬 *Lonicera maackii* 对 3 种土著植物（八仙草 *Galium aparine*、苍白凤仙花 *Impatiens pallida* 与透茎冷水花 *Pilea pumila*）的影响。实验设置了入侵植物金银忍冬移除和不移除的实验处理，发现在金银忍冬存在的条件下能够显著降低 3 种土著植物的繁殖率，而自身的种群数量和繁殖得到有效的提高。另外，入侵我国的薇甘菊 *Mikania micrantha* 能够产生大量种子，且种子极为微小，能够借助风力进行远距离传播，薇甘菊的茎节与地面接触后能够产生大量的须根，所以薇甘菊能够同时以种子和营养体两种方式进行繁殖后代，这两种生殖方式共同增加了薇甘菊的繁殖量。

三、表型可塑性假说

表型可塑性（phenotypic plasticity）是指同一基因型生物在不同环境中表现出不同表型性状的能力，也被定义为一个基因型在环境作用下能表达的表型范围，或有机体在响应环境过程中改变表型的能力。表型可塑性是表型变异的重要来源之一，表型可塑性能够迅速适应气候或环境变化，产生有利于自身的性状，遗传是生物性状的基础，环境条件是诱导因素。当然表型可塑性与传统遗传也有重要的冲突，可塑性同样具有遗传基础并可以进化，包括基因和表观遗传调控机制。可塑性和遗传效应均可促进表型变化，因此可塑性和遗传并不是彼此对立的，而是对于特定变化具有潜在（共同）的贡献，如“共梯度变化”。

同一个物种在不同的环境条件下能够进化成表型差异很大的生物型，如一种水蚤 *Daphnia lumholtzi* 在亚洲和非洲都有分布，但不同的生态系统中，水蚤的形态发生了巨大的转变。在有捕食性鱼类的存在下，水蚤的头部逐步形成了尖尖的刺，尾巴也更长（图 10-3 左），在没有捕食性鱼类存在的条件下，水蚤的头部变圆（图 10-3 右）。头部的刺是水蚤对捕食性鱼类抗性的重要方面，这种表型可塑性是导致水蚤入侵北美的一个重要原因。

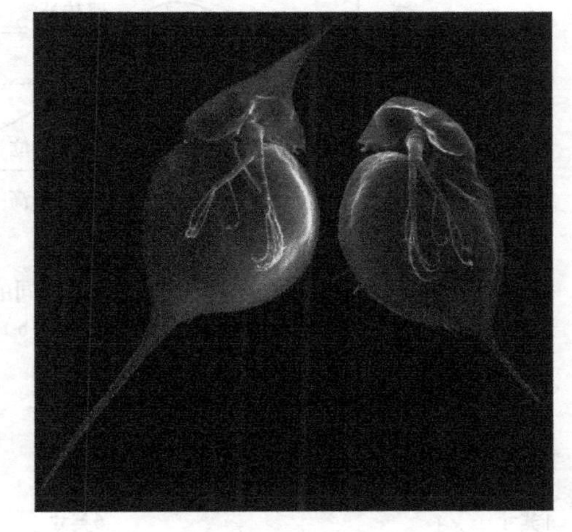

图 10-3　水蚤的表型可塑性（仿 Agrawal，2001）

扫码见彩图

表型可塑性能够采用不同方法进行评价，遗传机制及可塑性受自然选择的影响也不同，人们对适应性表型可塑性的理解还非常不充分。可塑性的适应性依赖于具体环境、物种和遗传特征，对于入侵种而言，原产地和入侵地的巨大环境差异给表型可塑性的产生提供了必要的环境条件。遗传学是生物自身的传代特征，而表型可塑性则是由环境条件诱导产生的新性状，这种新性状通常在一定的条件下能够遗传。入侵种强大的表型可塑性是其适应多种环境的重要方面，很多方法能够判断表型可塑性和遗传，主要包括“动物模型”分析、同质园研究、与模型预测进行比较、实验进化、时空替代和分子遗传变化。

四、种内杂交入侵假说

不同种群或者不同物种间的杂交能够显著提高生物的适应能力和存活率，从而有利于定殖和种群数量增长，形成入侵过程。杂交一般分为种间杂交和种内杂交两种。对于外来种来说，在传入的过程中难免发生不同种群间的种内杂交，那么其传入或定殖在某地的外来生物有很大的可能就是混合种群。种内杂交带来的地理重组能够增加有利的新基因组合，促进引进种群的建立和入侵扩散，即种内杂种优势。杂交后代导致传入的入侵种较土著种在繁殖力、生活力或体形等表型或基因等方面更优化。因此人们提出种内杂交促进入侵的种内杂交入侵假说。

入侵种的杂交会产生强烈的基因渗透，这种基因相互渗透能够提高入侵种的遗传多样性，并改变入侵种的表型和生物生态学特征，通过多种生态学和遗传学机制影响适合度。基因渗透的适合度效应主要存在3种不同的类型：第一，通过进化补救、互补和超显性改变入侵种的表型和进化，这种效应随着初始种群间的遗传多样性的提高而逐步提高；第二，遗传补救，遗传补救是一种饱和曲线，随着遗传多样性的提高而增加；第三，上位效应，上位效应是一种单峰曲线，在适合的遗传多样性下最高［图10-4（a）］。并且，入侵种群内部的遗传多样性同样是重要的因素，除了上位效应之外，基因渗透的适合度效应与初始种群内的遗传多样性呈负相关关系［图10-4（b）］。

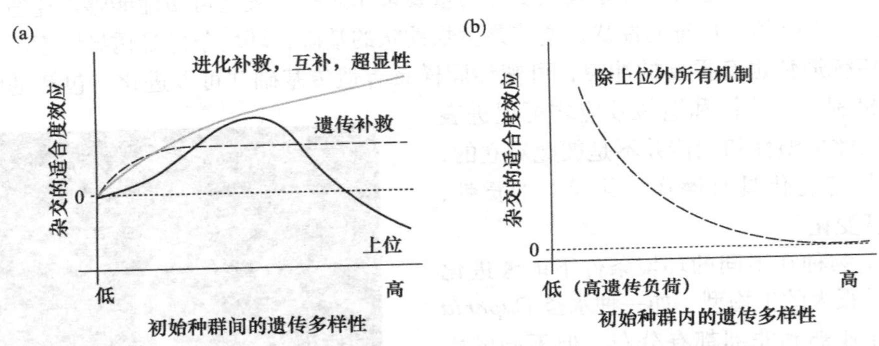

图10-4　混合种群在不同的遗传和进化机制下的适合度效应

（a）初始种群之间的遗传差异；（b）初始种群内遗传多样性与杂交适合度的关系

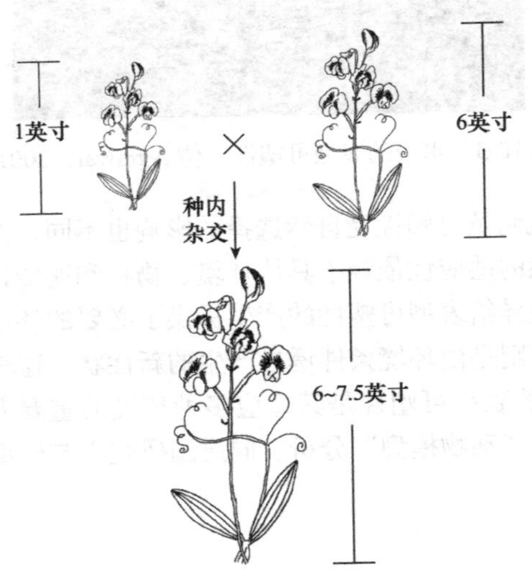

图10-5　种内杂交入侵假说（仿Mendel，1865）

种内杂交入侵假说是指入侵种的种内杂交能够明显增强入侵性，杂交种群相对于亲代类群能够产生新表型，增加在新地区存活和定殖的可能性。不同来源的植物品系的杂交能够产生新的更好的性状。例如，Mendel的豌豆杂交实验，高度1英寸[①]的豌豆与高度6英寸的豌豆杂交后产生的杂种的高度都高于6英寸，这种杂交后与亲代表型不同的现象是最早发现的杂种优势（图10-5）。入侵种种群往往来源于不同的地理种群，不同地理种群的入侵种相互杂交，由于获得了更多的资源，在生活史、适合度和抗逆性方面都表现出明显的提高，增加了入侵种的入侵概率。

种内杂交种子代在形态、经济、性状等的变化规律，对生长、成活率、抗寒力和抗病力等指

① 1英寸≈2.54cm

标都是与亲代明显不同，鲤鱼种内异源杂交组合的 F_1 代都表现出生长优势和对环境抗性的增强，即种内杂交种的存活率、抗寒力及抗病力都明显高于亲本。罗氏沼虾的孟加拉与越南野生种群杂交后代繁殖力及对氨氮的耐受能力超过亲代，罗氏沼虾广西种群、缅甸种群、浙江种群相互杂交后子一代生长性状均表现出一定的杂种优势。

第二节 种间关系

种间关系指入侵种通过在生长、发育或者繁殖等方面抑制土著种从而增加自身的存活率和生长繁殖过程。种间关系水平的入侵机制较为复杂，环境因子通常会调控入侵种和土著种之间的关系，导致形成环境依赖性的入侵种 - 土著种组成格局。种间关系层次上的入侵假说包括新式武器、入侵熔毁、非对称交配互作、虫菌共生入侵、种间杂交等（表 10-2）。在此，对几个重要的种群水平上的假说进行介绍和描述。

表 10-2 种间关系层次的重要生物入侵假说

假说名称	详细描述	参考文献
新式武器（new weapon）	外来种通过化感作用抑制土著种获得竞争优势	Bais et al.，2003
入侵熔毁（invasional meltdown）	更多的外来种加入生态系统中，有些外来种能够有利于其他的外来种，最终形成外来种的聚集和协同效应	Simberloff and von Holle，1999
非对称交配互作（asymmetric mating interaction）	外来种通过单向干扰土著种交配形成的繁殖优势	Liu et al.，2007
虫菌共生入侵（insect–microbial symbiosis）	某些土著微生物能够协助外来种取食、扩散或繁殖，而有利于其入侵	Lu et al.，2016
种间杂交（interspecies hybridization）	生物近缘种的杂交能够产生与母代不同的子代，生长速度加快，繁殖和扩散能力增强	Abbott，1992；Mallet，2005

一、新式武器假说

新式武器假说（new weapon hypothesis）认为有些入侵植物通过产生和释放化学物质对土著植物产生直接或间接的影响，从而调控土著植物群落有利于入侵植物（图 10-6）。新式武器

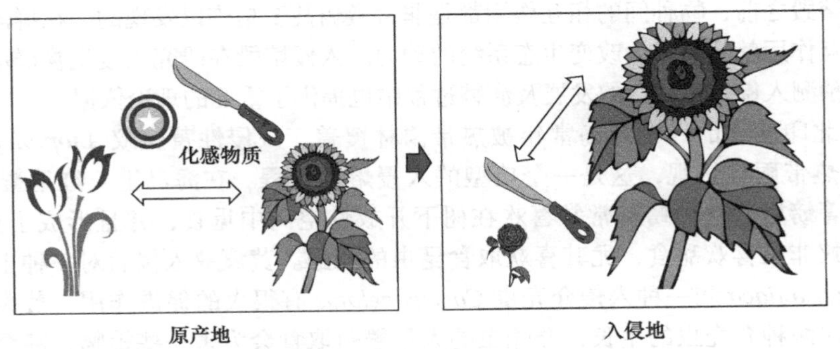

图 10-6 新式武器假说

假说主要包括两方面，第一，入侵植物能够产生一些化学物质直接抑制土著植物的种子萌发和植株生长，或降低土著植物的繁殖力，从而有利于入侵植物形成单一群落；第二，入侵植物能够形成异味化学物质影响植食性昆虫或者食草动物生长发育，或者减少被取食的概率，增加对土著植物取食的概率，从而依赖天敌获得竞争优势。

化感物质在外来种入侵过程中起到了关键作用，主要能够通过抑制土著植物生长以获得更多的水分和营养。例如，斑点矢车菊 *Centaurea maculosa*、扩散矢车菊 *Centaurea diffusa* 及俄罗斯矢车菊 *Acroptilon repens* 原产于欧亚大陆，在入侵北美后通过产生化感物质形成了土著植物的种群替代过程，严重威胁了北美地区的生物多样性。扩散矢车菊根部分泌 8- 羟基喹啉，能够抑制土著植物根尖和芽尖细胞分裂从而降低土著植物生长。Bais 等（2003）研究发现高浓度的斑点矢车菊分泌的外消旋儿茶酚能够干扰土著植物生长，激活土著植物拟南芥 *Arabidopsis thaliana* 根部活性氧自由基，刺激钙离子上升和大量基因表达紊乱，最终造成土著植物根部细胞凋亡而整个植株枯死。新式武器假说也能够很好地解释昆虫的入侵。原产于亚洲的异色瓢虫被引入欧洲作为生物防治因子时，却不想在许多国家成为入侵种，并迅速捕食土著瓢虫。异色瓢虫的成功入侵是因为携带了一种寄生性微孢子虫，这些微孢子虫存在于异色瓢虫的血淋巴中，这些微孢子虫能够感染其他瓢虫并引起死亡，但对异色瓢虫没有显著性影响。异色瓢虫携带的微孢子虫作为致命武器迅速取代土著瓢虫在欧洲形成了广泛的入侵。

在入侵植物中，化感作用作为新式武器是入侵竞争中获得优势的重要途径，这种不对称的生态关系使土著种在生态系统中数量逐步减少，甚至丧失。而在入侵动物中，抗性物种携带病原物作为新式武器则是另一条重要的途径，入侵种由于较高的抗性水平能够忍受病原物的侵染，而敏感的土著种受到病原物感染后则会大量死亡。不同的物种采用的新式武器存在着巨大的差异，并且作用方式多样，其化学物质也多种多样，新式武器中这些调控入侵种和土著种关系的化学物质是其生态基础和机制。

二、入侵熔毁

入侵熔毁假说是指随着群落中入侵种的不断增加，入侵种之间可能产生相互作用，本来对环境没有显著性影响的物种由于入侵种的互利作用而产生较大的危害，体现在早期入侵种促进后期外来种的入侵。入侵熔毁假说强调多物种的相互作用，包括入侵种之间的相互作用和入侵种 - 土著种的相互作用。Simberloff 与 von Holle 在 1999 年详细阐述了入侵熔毁的形成机制，主要是通过两个物种之间的互惠互利过程，形成了入侵协同效应，一个物种有效地增加了另外一个物种的取食或者种群增长，最终相互促进，共同产生了对生态系统的破坏性。通常来说，在发生入侵熔毁之前，物种间的相互作用都是非常微弱甚至是难以发现的，在群落结构发生改变后这种相互作用就凸显成为改变生态系统的动力。入侵熔毁在研究入侵生物群落方面非常重要，同时在预测入侵生物群落的发展及演替过程中也提供了重要的理论依据。

一个东北印度洋的一个海岛常年被热带雨林覆盖，入侵性黄疯蚁 *Anoplolepis gracilipes* 彻底改变了热带雨林景观，这是一个典型的入侵熔毁过程。在海岛上，红地蟹 *Gecarcoidea natalis* 是土著螃蟹，这种螃蟹常常喜欢在树下开放性空间中觅食，并且形成了独特的景观。入侵性黄疯蚁非常喜欢甜食，尤其喜欢取食昆虫的蜜露。黄疯蚁入侵后对一种土著的介壳虫 *Tachardina aurantiaca* 和一种入侵介壳虫 *Coccus celatus* 有很大的促进作用，黄疯蚁生活的区域都会促进这两种介壳虫的生长，介壳虫的大量繁殖取食会为害一些植物，甚至造成寄主的死亡，冠层树木的减少，间接抑制红地蟹的繁殖。黄疯蚁入侵后的 2 年内的就会对海岛景观产生巨大的改变，造成植被改变，黄疯蚁成为海岛的关键种（图 10-7）。而没有介壳虫的区域，黄疯蚁种群量很低，对生态系统的影响并不显著。因此，介壳虫与黄疯蚁的互利关系就形成了入侵熔毁，介壳虫为黄疯蚁提供了更多的蜜露，黄疯蚁通过放牧介壳虫和抵抗介壳虫的天敌促进介壳虫种群增长，这种正反馈过程相互促进种群，造成了生态景观极大的改变和生态功能的退化。

图 10-7　黄疯蚁 *Anoplolepis gracilipes* 入侵热带雨林后产生的入侵熔毁（仿 O'Dowd et al.，2003）

扫码见彩图

在夏威夷，一种入侵植物和入侵动物同样形成了显著的入侵熔毁。草莓番石榴 *Psidium cattleianum* 是夏威夷的一种重要的入侵植物，这种植物有相当高的产量，一种外来野猪和猴子非常喜欢取食草莓番石榴，因此草莓番石榴巨大的生物量增加了外来野猪和外来猴子的种群数量。反过来，这种外来野猪和外来猴子食用草莓番石榴后能够有效地传播其种子，造成了外来草莓番石榴在夏威夷的迅速蔓延，极大地改变了夏威夷土著的植物群落（Simberloff and von Holle，1999）。

海洋生态系统也有入侵熔毁假说的证据，美国东部沿海一种入侵性蛤和土著蛤长期以来形成了稳定的组成结构，其群落的物种组成比例保持稳定，但随着一种入侵性螃蟹的加入，群落遭到了巨大的破坏。这种入侵性螃蟹倾向捕食土著蛤，不喜欢捕食入侵蛤，因此螃蟹形成了对入侵蛤和土著蛤的不对称捕食，最终导致入侵蛤的迅速增长和蔓延，为入侵种和土著种的种群替代提供了入侵熔毁新的案例。

三、非对称交配互作假说

近缘生物之间在配偶识别信息系统上存在很多相同或者相似之处，由此能够产生求偶或交配互作。当入侵种到达新的生态环境之后，与土著种能够产生明显的互作，入侵种会干扰土著种的交配，驱动入侵种对土著种的取代过程。而土著种却不会引起入侵种交配过程的变化，这种不平衡的过程称为非对称交配互作假说。非对称交配互作最终也是通过干扰对方繁殖形成的竞争优势，非对称交配互作假说主要体现在近缘种之间，其中的生态学机制和分子机理仍然不清楚，还需要大量的基础工作来证明非对称交配互作的过程。

2007 年，我国浙江大学刘树生教授在 *Science* 上首次提出了非对称交配互作假说，这一假说以烟粉虱为材料，发现当入侵性 B 型烟粉虱到达新的环境中与土著烟粉虱共存后，虽然入侵性 B 型烟粉虱和土著烟粉虱存在生殖隔离不能完成交配和繁殖，但相互间能够产生求偶行为，B 型烟粉虱雄性总是喜欢对土著烟粉虱求偶，并且 B 型烟粉虱的交配行为更加活跃，最终能够使 B 型烟粉虱的交配频率显著增加，并且卵子受精率提高，后代的雌虫比例也大幅提高。而土著烟粉虱则交配频率下降，卵子受精率降低，形成了土著烟粉虱种群的不断下降。这一假说很好地解释了我国 B 型烟粉虱的迅速扩张过程，当然也同时存在大量的其他假说来证明 B 型烟粉虱强大的竞争力，如耐药性高、内禀增长率高等。

四、虫菌共生入侵假说

昆虫体表及体内的微生物在昆虫生态、生理及行为中发挥着重要的作用。虫菌共生入侵假说认为入侵种本身的入侵性并不强，但在进入新的生态系统之后，与新生态系统中的微生物相结合，微生物协助入侵种的聚集、取食、生长及繁殖，入侵种也能协助微生物的扩散，这种虫 - 菌互利过程共同形成了共入侵。

红脂大小蠹是我国重要的入侵种，其伴生菌 *L. procerum* 能够通过降低寄主油松抗性，并且诱导寄主油松产生 3- 蒈烯（3-carene），这一化合物能够有效聚集红脂大小蠹，并协助红脂大小蠹在我国多地的入侵。同时，红脂大小蠹携带的伴生菌 *L. procerum* 能够诱导寄主油松产生抑制其他伴生菌生长的化合物，这样更有利于红脂大小蠹携带伴生菌 *L. procerum* 在我国扩散。因此，寄主 - 虫 - 菌种间协同及互作验证了红脂大小蠹与其伴生菌 *L. procerum* 的共生关系，从而证明了生物入侵的新模式——共生入侵。近年来，在很多其他的生物类群也同样发现了微生物的重要作用，包括果蝇、蜜蜂、线虫、橘小实蝇及其他类群，微生物调控昆虫的多个方面，包括生殖、发育、迁飞、抗逆性、耐药性等。

近年来，昆虫微生物组成为一个热点问题，微生物在促进昆虫入侵过程中的作用逐步被发现，包括肠道微生物、体表微生物及血淋巴微生物等。微生物通过调控宿主生理过程、行为选择及适应性等，对宿主种群增长及过程都有重要的影响。并且虫 - 菌互作依然成为目前入侵生态学研究的热点问题，深入挖掘微生物群落的结构和功能也将会是未来生态学研究的重要问题。

第三节 群 落

群落是生态系统中的生物部分，指一定时空范围内的植物、动物及微生物的总和。群落中不同物种之间的相互作用最终通过营养关系形成食物网，而入侵种进入群落的过程同样通过营养关系增加了食物网的节点。入侵种的增加实际上导致了群落食物网结构的改变，食物网结构改变又形成了生态系统功能的演化。因此，群落层次上研究生物入侵一般都以物种多样性和复杂的食物网络关系为切入点，构建群落整体的可入侵性，这些过程较为复杂，但能够研究生态系统的整体变化过程，因此受到的关注程度最大，提出的假说也最多。群落层次上的假说主要包括营养级、天敌解脱、生态位替换、空生态位、生态位漂移、天敌倒置等（表 10-3）。本节仅选几个重要的假说进行介绍。

表 10-3 群落水平的重要生物入侵假说

假说名称	详细描述	参考文献
营养级（trophic position）	高营养级捕食者的竞争作用通常比相同营养级有更大的影响	vander Zanden et al.，1999；Olden et al.，2006
天敌解脱（enemy release）	外来种进入新的生态系统后，没有特异性天敌的控制作用会增长更快	Keane and Crawley，2002
生态位替代（niche replacement）	与土著种生态位重叠的外来种通过竞争占据生态位	Jolliffe，2000；Butler et al.，2009
空生态位（empty niche）	生态系统中还没有被占据的资源更容易遭受外来种入侵	Wilson and Turelli，1986；Lloret et al.，2005
生态位漂移（niche drift）	入侵种生态位在新生态系统中发生了显著的漂移来适应新的环境	Broennimann et al.，2007；Petitpierre et al.，2012

续表

假说名称	详细描述	参考文献
天敌倒置（enemy inversion）	外来种的天敌引进对新生态系统的入侵种有很弱的控制能力，主要是由于生物环境与非生物环境条件的变化	Colautti，2004
生物多样性阻抗（diversity resistance）	多样性高的群落对外来种的抗性更高，复杂的食物网对外来种入侵有缓冲作用	Levine and D'Antonio，1999；Kennedy et al.，2002；Levine et al.，2004
土著猎物幼稚（naive prey）	当外来捕食者入侵到新的生态系统中时，土著的猎物由于缺乏长期的系统进化关系，对天敌的捕食没有抵抗力，新天敌能够高效地取食并造成严重的入侵	Sih et al.，2010
病原物积累（pathogen accumulation）	土著植物由于在长期的进化过程中受到土壤病原微生物的抑制，种群无法增长，入侵植物从原产地解脱后，在新入侵地没有病原物的积累，因此在繁殖和扩散过程中迅速积累种群，并成灾	Eppinga et al.，2006
系统发育相似性与功能的差异性（phylogenetic distinctiveness）	引入群落的新类群对生态系统的影响更大	Ordonez，2014
微生物介导的植物 - 土壤反馈假说（microbe-mediated feedback）	植物 - 土壤正反馈过程有利于植物的生长和繁殖，引起入侵植物的成灾	Klironomos，2002

一、天敌解脱假说

天敌解脱假说最早是 Darwin 在 1859 年提出的，主要解释了有些物种在原产地种群密度低，反而在新的入侵地呈现种群高密度分布的现象。天敌解脱假说从群落食物网的角度阐述了外来种入侵机制，主要有两个假设条件，第一，天敌对生物种群增长起着主要的限制和调节作用，能够有效抑制种群增长；第二，入侵种在原产地存在大量的广谱性天敌和专一性天敌，专一性天敌对入侵种的调控起着主导作用。在这两个假设条件下，入侵地的专一性天敌较少，失去了对入侵种的有效调控，入侵种种群会迅速扩大，形成优势并排斥土著种，造成生态灾难（图 10-8）。天敌控制假说也是天敌解脱假说的相关理论，天敌控制假说指生态系统中天敌是主要群落结构和影响低营养级物种的最重要原因，低营养级物种一旦失去高营养级天敌的控制作用，种群数量就会迅速增长进而产生危害，这个过程也是生态学上的下行效应。

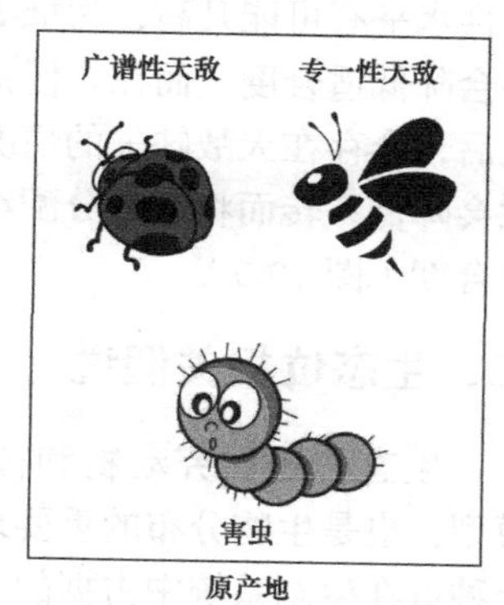

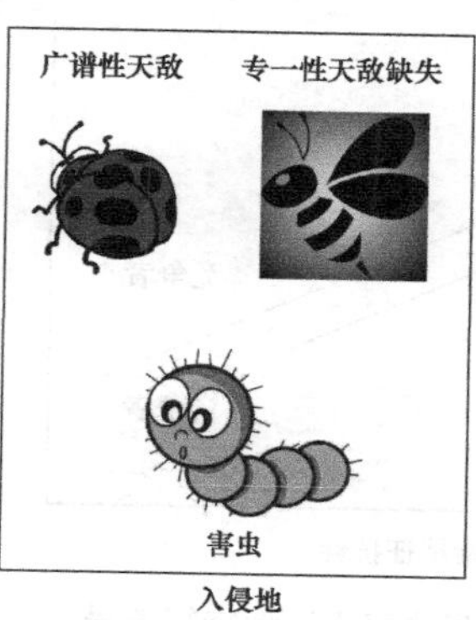

图 10-8　天敌解脱假说

天敌解脱假说是入侵生态学研究最为成熟的假说之一，也有众多的实验证据。例如，入侵我国的喜旱莲子草 *Alternanthera philoxeroides*，原产于巴西，由于缺乏莲草直胸跳甲 *Agasicles hygrophila* 的取食，喜旱莲子草在我国呈现暴发性增长，形成单一优势群落，极大地破坏了当地的生态环境。我国引入莲草直胸跳甲后，其会形成对喜旱莲子草强烈的捕食过程，有效控制喜旱莲子草的种群扩张，这说明了天敌控制喜旱莲子草的重要作用，间接证明了天敌解脱假说的重要作用。Keane 与 Crawley（2002）对天敌解脱假说做了非常全面的总结和阐述，提出了入侵种入侵到新的生态环境后，天敌更倾向于取食土著种，并且专一性天敌缺乏，天敌取食的不对称性造成入侵种获得了极大竞争优势从而造成入侵。Keane 与 Crawley 同时比较了入侵种在入侵地的天敌组成，如垂枝桦 *Betula pendula* 在入侵地南非有广谱性天敌 42 种，无专一性天敌；千屈菜 *Lythrum salicaria* 入侵北美后有广谱性天敌 49 种，专一性天敌仅有 6 种；麒麟草 *Solidago altissima* 入侵瑞士后有广谱性天敌 12 种，专一性天敌仅有 2 种。因此，专一性天敌的缺乏是导致入侵种种群增长及暴发的重要原因，因此引进专一性天敌进行入侵种的防控也成为很多国家生物防治的选择。

实际上天敌对外来种种群增长的控制只是一部分，并不是唯一的因素。也有不少学者认为广谱性天敌对生物种群的控制作用更大，专一性天敌只有辅助作用，环境是影响入侵种种群暴发的最终因素。例如，紫茎泽兰 *Eupatorium adenophora* 入侵我国云南后因为摆脱了专一性天敌的控制，入侵态势无法控制且迅速蔓延。因此从原产地引入专一性天敌泽兰实蝇来控制紫茎泽兰，但效果不理想，紫茎泽兰的危害仍然在持续蔓延，并造成了巨大的生态环境灾难。因此，天敌解脱并不是入侵种扩张的唯一原因，在很多情况下还需要考虑环境、竞争及其他生物和非生物因素。

植物在原产地和入侵地由于群落组成的不同，植物的能量分配会出现巨大的差异。在原产地，植物存在广谱性和专一性的两类植食性昆虫天敌。植物对专一性天敌昆虫的抗性一般比较高效，但耗能较低；而植物对广谱性天敌昆虫的抗性，一般是通过产生次生代谢物质，如硫苷或生物碱来实现的，抗性比较耗能。因此入侵地的特异食草昆虫减少，广谱食草昆虫增加时，植物的抗性水平有可能升高，为抵御广谱食草昆虫，最终会降低适合度。而在入侵植物进入新的生态系统后，会存在天敌缺失的情况，这时植物的抗性就会降低，转而将能量分配给生长，增加植物的适合度（图 10-9）。

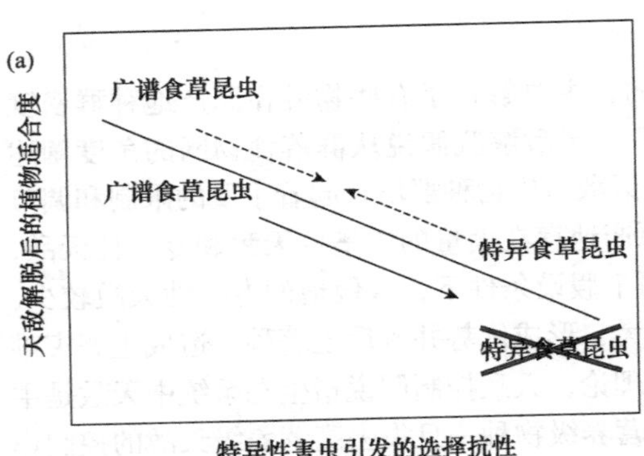

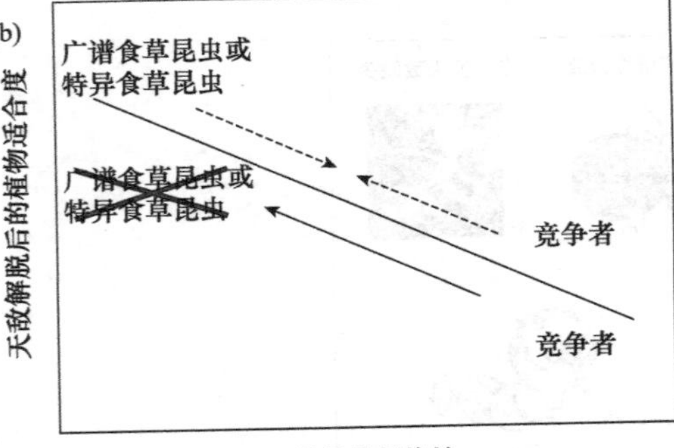

图 10-9　入侵地和原产地植物抗性特征差异
（仿 Orians and Ward，2010）

二、生态位相关假说

生态位是研究动物和植物空间分布的重要模型，也是生物分布的重要理论。生态位是指一个种群在生态系统中占据的时空位置，一般来说每个物种的生态位具有物种特异性。生态位完全相同的两个种群在一个生态系统中不能稳定共存，这也是经典生态位的高斯理论假设。生态位与物种是完全对应的，物种都具有一定的生态位，有了生态位之后必然会产生相应的物种。在群落生态学中，生态位在解释生物组成、复杂性及相互关系时发挥了重要的作用，在群落演替和物种替代中也发挥着重要的功能。入侵种的生态位同样是重要的入侵假说，主要括空生态位假说、生态位漂移假说、生态位替代假说等。

1996 年，Rhymer 和 Simberloff 在研究生物入侵时提出了空生态位假说，该假说认为外来种成功入侵是因为入侵地存在空余的生态位，这些空余的生态位为入侵种提供了机会（图 10-10）。1959 年，达尔文在进化论中也讲过，如果某一区域布满了生物，势必会减少其他物种进入的概率。这表明如果生态系统中没有空余的生态位，外来种的入侵概率则会大大降低。空生态位假说在某种程度上是生物多样性阻抗假说的特殊情况，空生态位一般是在生物多样性较低的情况下。岛屿生态系统容易遭受生物入侵已经被广泛接受，这一现象能够用空生态位假说解释。根据空生态位假说，岛屿群落更容易遭受入侵是因为岛屿的生物多样性较低，没有充满生态位，大量空余的生态位给外来种带来了更多入侵机会。空生态位假说认为外来种是否能够在新的生态系统中入侵成功与生态位有关，如果生态系统中存在不被物种占据的空生态位，这样就有利于外来种的入侵。

图 10-10　空生态位假说

空生态位也能用于解释多种外来种的入侵，如加拿大一只黄花在茂密的森林中难以入侵，但是在我国南方城市郊区裸露的地表、废弃地及绿化带管理不善的地区，因为土壤条件恶劣，营养匮乏，其他植物很难生长，但加拿大一只黄花能够占据这些空的生态位从而达到入侵成功。在地中海的岛屿地区，入侵植物在不同岛屿的生物学特征存在显著的差异。植物生长和繁殖特征的差异性是衡量入侵可能性的重要指标，其中杂草生境中植物的含水量是重要的指标，农业生境中长开花期更为重要，半自然生境中是否有脊椎动物介导的种子扩散最为重要。这些研究表明，空生态位在避开竞争者及寻找互利物种在植物的入侵过程中都相当重要。在西班牙地中海地区，入侵植物时开花期是衡量植物入侵性的重要指标，西班牙的地中海地区夏季干燥，冬天低温，土著植物的开花期一般在春季，而从其他地区入侵到西班牙的植物开花期在夏季，这些外来植物通过调整物候期有效地避免了与土著植物的竞争。人类的农业操作活动，如灌溉降低了夏季的干旱程度，这些更有利于外来植物的入侵。

图 10-11　生态位替代假说

生态位替代则与空生态位不同，生态位替代是指入侵种通过竞争资源、竞争空间、竞争时间等与土著种直接对抗，最终挤占土著种的生态位，导致土著种数量下降甚至消失。物种竞争后产生的生态位替代也是入侵的重要途径，同生态位的物种入侵后能够与土著种产生激烈的竞争，根据经典的生态位理论，一个生态位只有一个物种存在，因此入侵种可能会替代土著种形成入侵取代（图 10-11）。生态位替代有很多的案例，美洲的灰松鼠 *Sciurus carolinesis* 入侵到英国的落叶 - 针叶混交林之后，与土著的红松鼠 *Sciurus vulgaris* 发生激烈的竞争，最终通过生态位挤占成功地替代了土著种。同样北美大西洋的入侵性蜗牛 *Ilyanassa obsolete* 进入美国加利福尼亚州之后，与土著泥蜗牛形成了竞争，最终入侵性蜗牛通过生态位替代成功地实现了种群增长和分布范围的迅速增加。

三、生物多样性阻抗假说

生物多样性是生态系统的重要指标，反映了生态系统的物种组成结构。1958 年 Elton 就提出了生物多样性阻抗假说，指高生物多样性的群落往往对外来生物入侵的抵御性更强。该假说是建立在生态系统稳定性与多样性关系的理论基础上，该理论认为结构简单、物种多样性较低的生物群落通常稳定性较差，对外界干扰的抗性弱，反之，结构复杂、生物多样性较高的生物群落稳定性也较高。这一理论实际上已经成为生态学的经典理论，在长期的争论中，生物多样性在生态系统中的功能和地位不断被发现和阐明。

在人工生态系统中，如农田、果园及人工草地和树林，群落组成相对简单，入侵种通常较多，而在结构复杂的自然生态系统中，入侵种一般难以定殖。这一结果被 Tilman 不断证实，在美国明尼苏达州的草原上，多样性较高的草地明显对入侵种的抗性更高；入侵植物更倾向于入侵那些物种相对较为单一的群落，并形成群落结构和生态系统功能的改变。生物多样性阻抗假说是生物入侵领域发展最早的假说之一，之后生物多样性涉及很多其他领域，如生物多样性提高植物群落生产力及盖度，甚至能够利用生物多样性提高生态系统的控害功能。植物多样性能够有效降低入侵植物的盖度，减少入侵植物数量。同时入侵植物的最大体形也随着植物多样性的增加而减少，植物体形大小的中值与植物多样性关系不显著（图 10-12）。

生物多样性具有很强的生态系统功能，植物生物多样性能够显著增加地上生物量，这个结果得到了多项研究证实，德国、葡萄牙、瑞士、瑞典、英国等国科学家先后发现高的植物物种丰富度能够显著增加地上部分的生物量（图 10-13）。实际上生物量的增加能够有效减少空余生态位，使得外来种在入侵地无法定殖，从而降低生物入侵。虽然生物多样性与生态系统功能的关系得到了广泛的关注，认为生物多样性既能提高生物量，又能有效阻止生物入侵。然而，很多大尺度的实验却表明生物多样性不能提高生物量，对生物入侵的抵抗作用也非常有限，生物多样性的生态系统功能具有很高的环境特异性。到目前为止，小尺度的研究表明生物多样性对生物入侵的抗性非常有效，生物多样性阻抗假说已经成为被广泛接受并认可的生态假说，但其抵御生物入侵和提高生态系统功能的机制仍然不清楚。

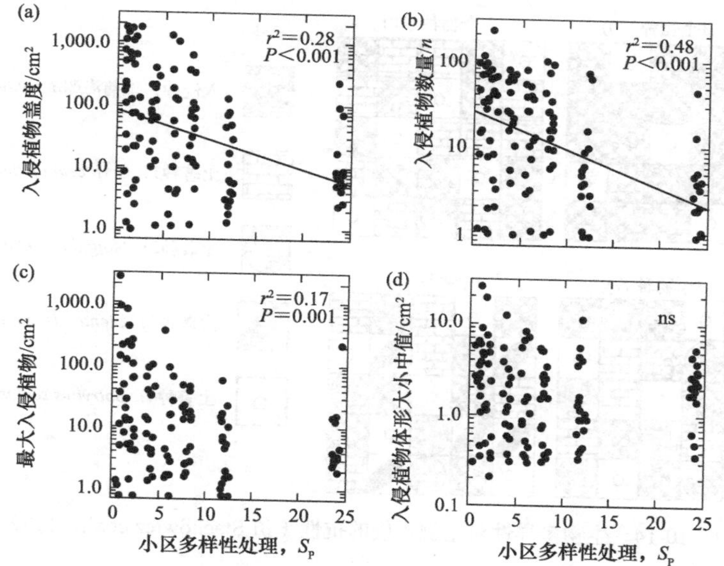

图 10-12　植物多样性与入侵过程之间的关系（仿 Kennedy et al., 2002）
植物多样性处理与入侵植物盖度（a）、入侵植物数量（b）、每个小区最大入侵植物个体（c）和入侵植物体形大小中值（d）的关系；ns 为无显著性差异

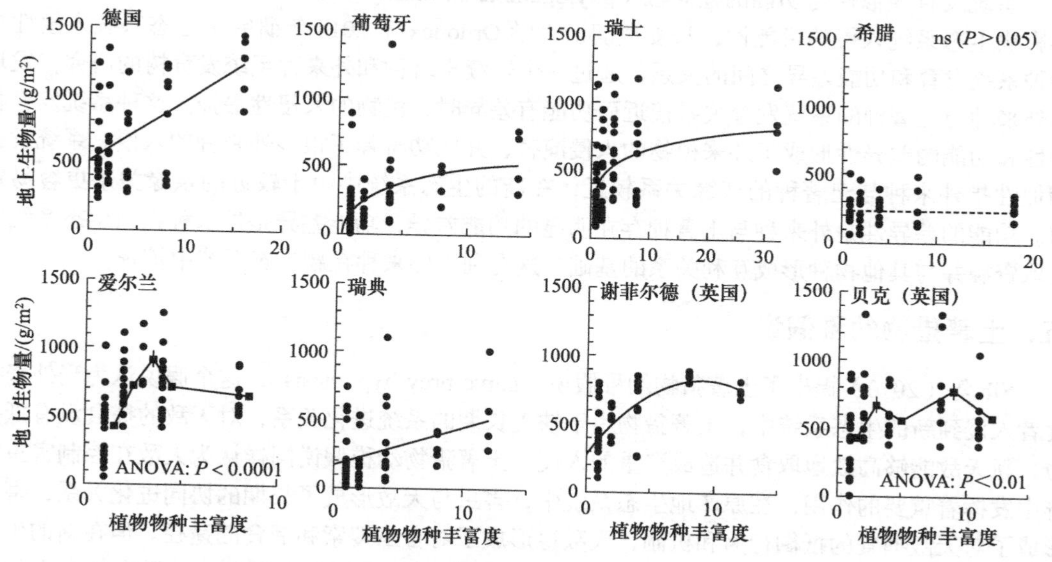

图 10-13　植物物种丰富度与地上生物量之间的关系（Hooper et al., 2005）

对于水生生物而言，物种多样性对生物入侵同样有显著的影响。拟菊海鞘 *Botryllus schlosseri* 是一种重要的入侵种，在同一个群落中还有 4 种土著种，包括阔口隐槽苔虫 *Cryptosula pallasiana*、曼氏皮海鞘 *Molgula manhattensis*、玻璃海鞘 *Ciona intestinalis*、史氏菊海鞘 *Botryllus schlosseri*，这 4 种土著种的不同组成对入侵性拟菊海鞘的抗性存在很大的差异，只有 1 个土著种存在时，入侵性拟菊海鞘占据了 20 个单元格；当有 2 个土著种时，入侵种的空间单元格减少至 10 个；当有 3 个或 4 个土著种存在时，入侵种的空间占据数量分别减少至 7 个和 5 个（图 10-14）。

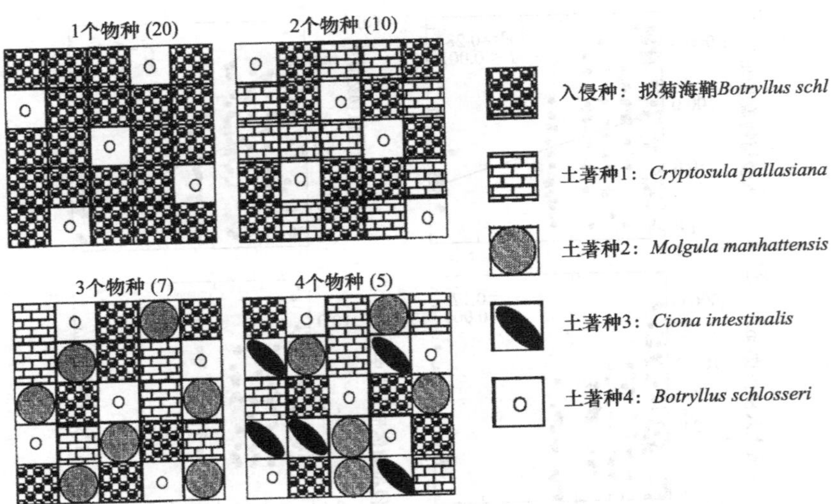

图 10-14　生物多样性对生物入侵的抗性（仿 Stachowicz et al.，1999）

四、系统发育相似性与功能的差异性假说

系统发育相似性与功能的差异性（phylogenetic similarity and functional distinctiveness）能够影响生态系统入侵的可能性，丹麦奥胡斯大学 Ordonex 于 2014 年研究了生态系统入侵性与物种系统发育和功能差异之间的关系，通过一个连续土著种和外来种系统发育树的研究，发现当外来种与土著种的系统发育关系接近而功能有差异时，植物的入侵性最强。这种系统发育相似性和功能的差异性形成了外来植物的入侵演替，并成功解释了很多外来种的入侵。系统发育相似性指外来种与土著种的亲缘关系较近，在新的生态系统中由于较近的亲缘关系更容易定殖。功能的差异性是外来种与土著种存在明显的功能差异，功能差异是外来种在新生态系统中获取资源并与其他物种形成互利关系的基础，这有利于外来种在新生态系统中扩张。

五、土著猎物幼稚假说

Sih 等（2010）提出了土著猎物幼稚假说（naive prey hypothesis），这个假说认为当外来捕食者入侵到新的生态系统中，土著猎物由于缺乏长期的系统进化关系，对天敌的捕食没有抵抗力，新天敌能够高效地取食并造成严重的入侵。土著猎物幼稚假说同样认为天敌在控制害虫种群中发挥着重要的作用，在原产地生态系统中，害虫与天敌形成了长期的协同进化关系，害虫形成了对天敌捕食的抵御行为和机制，天敌也形成了对害虫搜索和捕食的途径。但在新的生态系统中，害虫没有经过与天敌的协同进化过程，害虫无法在行为上躲避，也没有生态上的抗性，甚至无法感知天敌的存在与否，这时入侵性天敌在新生态系统中对土著害虫的捕食就非常便捷，甚至能够完全消灭某个物种。土著猎物幼稚假说、天敌解脱假说、竞争力增强的进化假说，这 3 个假说之间实际上是相互联系的，都强调了捕食者与猎物之间的关系。当然非土著的捕食者有可能也作为一种更高营养级物种的幼稚猎物而引起新的生物入侵。

六、病原物积累假说

Eppinga 等（2006）首次提出了病原物积累假说，该假说是天敌释放假说的互补，病原物积累是指土著植物由于在长期的进化过程中受到土壤病原微生物的抑制，种群无法增长，入侵植物从原产地解脱后，在新入侵地没有病原物的积累，因此在繁殖和扩散过程中迅速积累种群，造成疯狂成灾的过程。

土壤病原物的释放能够很好地解释外来植物的入侵，土壤病原物的积累是限制入侵植物的重要因素。入侵美国加利福尼亚州的沙漠草 *Ammophila arenaria* 提供了一个重要的证据，天敌释放假说不能解释沙滩草的入侵，植物土壤群落相互作用在沙漠草的入侵过程中起到非常重要的作用。植物土壤群落相互作用是沙滩草演替的重要因素，加利福尼亚州土著植物群落的相互作用与土壤微生物群关系密切，入侵植物在原产地释放后在新的入侵地没有病原微生物，因此在积累过程中优势越来越大。通过构建一个植物竞争和植物土壤群落相互作用的恢复模型能够很好地揭示这一入侵过程，生态模型进一步表明加利福尼亚州土壤病原物的积累能够排斥土著植物物种，这一机制触发自然界普遍入侵扩散速率和空间格局。病原物积累假说能够作为天敌释放假说的另一种解释，用于研究进一步入侵植物的生态过程。

七、微生物介导的植物 - 土壤反馈假说

Klironomos（2002）在研究植物 - 土壤的反馈过程中发现土壤对植物的正反馈过程能够解释很多植物入侵现象，同样也能说明稀有植物在生态系统中的稳定性。入侵种在本身生长过的土壤中生长更好，生物量更大；而土著稀有物种在本身生长过的土壤中生长变差，在本身未生长过的土壤中生长较好（图 10-15）。入侵种在生长过程中能够促进某些土壤微生物，这些微生物又反过来促进入侵种，这种土壤微生物的反馈过程不断地促进外来入侵植物的生产和繁殖。

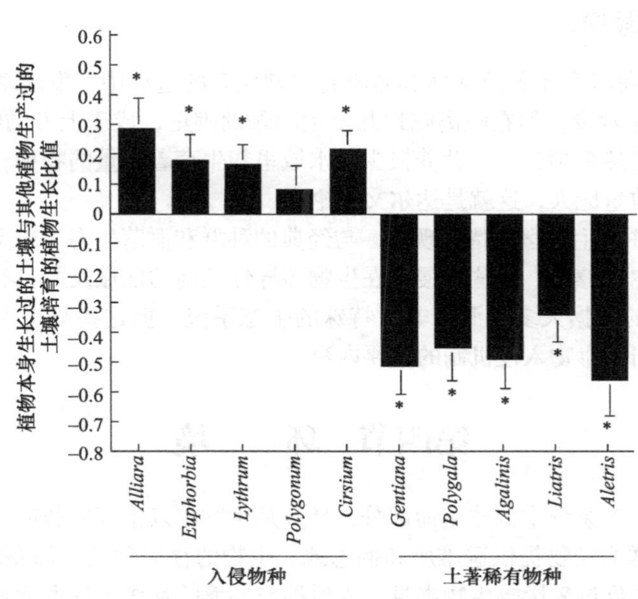

图 10-15 土著稀有植物与入侵植物对土壤的生态反馈（仿 Klironomos，2002）

土壤对植物的反馈是揭示多个入侵植扩散和种群成灾的重要途径，植物入侵新生态系统后，生态系统的土壤反馈将会对植物的生长和繁殖产生进一步影响，并调控植物在新生态系统

的种群数量发展。

植物 - 土壤反馈影响植物个体的生活史过程和竞争能力，植物 - 土壤反馈在入侵过程和植物群落动态中的重要性很多还不清楚。6 种早期演替植物在耕地外的土地上引起的土壤微生物群落组成的植物特异性变化，通过对土壤微生物群落进行生长周期的调节，将土壤反馈效应作为植物在土壤中的表现，并且不同的植物物种对这种土壤微生物的反馈效应完全不同。通过从土壤群落中分离微生物组成，将微生物重新接种到培养基上，分析不同演替阶段的植物生物量反应，能够确定土壤微生物的作用。在多种植物的竞争环境中，早期演替种的植物 - 土壤反馈为负反应，并且随着时间的延长显著增强。在单一栽培条件下，3 种早期演替物种在已经种植过这些物种的土壤中是负反馈反应，而所有早期演替物种在种间竞争条件下都是负反馈。外来植物小蓬草 *Conyza canadensis* 对土壤的反馈作用最弱。微生物组对早期演替植物生物量的影响较大，在早期演替植物曾经生长过的土壤中早期演替植物的负反馈效应最强。真菌和细菌根际群落的代谢过程塑造了植物生物量产生与优势真菌种类组成之间的关系。在次生演替阶段，早期演替植物引起土壤微生物群落组成的变化，从而对演替中期植物群落的优势度格局产生巨大影响。此外，土壤微生物群落的组成也影响调控植物群落的演替动态。

土壤群落对外来植物物种入侵生态系统有着深远的影响，主要通过 3 条主要途径。第一，植物与土壤的反馈相互作用在入侵过程中是中性到正性的，而土著植物主要受到土壤负反馈的影响。第二，外来植物可以通过提高抗病性或干扰根系共生微生物群落来操纵土著的土壤生物区系，同时受到的影响比土著植物要小。第三，外来植物产生对土著植物有毒的化感物质，而土著土壤群落不能解毒，或者在微生物转化后变得毒性更高。这些途径都解释了微生物组成在植物 - 土壤反馈过程中的重要作用，同时也成为植物入侵的新假说。

八、达尔文悖论假说

1836 年达尔文在印度洋东部基林群岛研究珊瑚生态的过程中，发现基林群岛地表上的动植物的数量和种类非常少，但在距离陆地几米远的珊瑚礁里，成千上万的物种都在蓬勃生长，物种多样性甚至堪比热带雨林。在营养极少的水域里却生存着大量的物种，并且这些营养极少的水域中生态位的数量庞大，这就是达尔文悖论。

达尔文悖论往往是生态学的特殊现象，与经典的种群和群落生态学现象明显不同。入侵种往往也存在一些达尔文悖论，某些入侵种在生物多样性较高的区域反而具有更强的入侵性。这些达尔文悖论支持的证据大多来源于非常特殊的生态系统，但这些都是入侵生态学的重要现象，也是将来继续研究生物入侵机制的重要内容。

第四节　环　　境

环境一般是指生态系统中的非生命部分，环境是生物赖以生存的载体，环境不仅为植物提供营养和支撑，同样为动物提供避难所和栖息地。生物的存活和繁殖都要求一定的环境条件，环境条件的改变也会反过来影响生物本身，入侵种与环境的互作过程也就是其入侵过程。关于环境的入侵假说也比较多，包括干扰、生态不平衡、环境异质性、生态系统工程、环境匹配、动态平衡等（表 10-4）。

表 10-4 环境水平的入侵假说

假说名称	详细描述	参考文献
干扰（disturbance）	环境干扰与定向变化能够产生与外来种匹配的条件，进而扩大对土著生态系统的影响	Mack and D'Antonio，1998；Lake and Leishman，2004
生态不平衡（ecological unbalance）	入侵格局是原产地与入侵地生态进化特征的函数，来自高度多样性的进化分支地区物种比低多样性地区的物种具有更高的入侵概率	Fridley and Sax，2014
环境异质性（environmental heterogeneity）	时空异质性能够产生避难所，来抵御外来种对土著种的影响	Hastings et al.，2005
生态系统工程（ecosystem engineering）	外来种能够修改生境和生态系统，创造有利于它们的条件	Crooks，2002
环境匹配（environmental matching）	外来种入侵受新生境与物种最适生境的差别影响，通常是负作用	Mack，1996
动态平衡（dynamics equilibrium）	干扰、生产力与竞争力的结合决定竞争取代的速率。高生产力与高干扰是入侵种成功定殖的重要因素	Hamadaa and Takasu，2019
资源机遇（resource opportunity）	能够利用与土著种不同资源的外来种对群落的影响通常更大	Davis et al.，2000；Seabloom et al.，2003；Funk and Vitousek，2007
资源比例（resource ratio）	外来种与土著种的竞争过程存在资源比例的依赖性，由每个物种的最小限制因子决定	Tilman，1985；2004

一、干扰假说

在经典生态学中，干扰（人为干扰和自然干扰）被认为是影响生态系统群落结构和演替的重要因素。干扰影响了生态系统的稳定性，引起了生态系统的对称性和非对称性破坏，推动了生态系统的进化和演变。环境干扰与定向变化能够产生与外来种匹配的条件，或者外来种对干扰的适应性和可塑性更强，进而扩大对土著生态系统的影响。人类活动、农事操作、动植物驯化及大量对环境突然剧烈的干扰，能够对土著生物群落造成结构上的影响，从而有可能促进生物入侵。例如，火灾、水灾、耕作、放牧、围湖造田、气候变化及土壤营养变化都可能引起生物入侵的严重后果。干扰假说由 DeFerrari 和 Naiman（1994）提出，认为人类活动或者自然因素的突然变化造成的干扰能够提高外来种对生态环境的入侵。这个假说主要体现在两个方面：一方面，干扰事件打破了原有生态系统的平衡，使群落中物种丰富度降低，能够增加生态系统的可利用资源，从而减小竞争压力，造成新的外来种对生态系统的入侵。另一方面，干扰可能改变群落组成和结构，在生态系统中形成空生态位，从而间接影响群落的可入侵性，造成外来种的入侵。很多生物入侵事件都是干扰，干扰能够直接或间接地改变生物入侵过程。然而，干扰与入侵的关系非常复杂，干扰在多方面、多层次都影响生物入侵过程，因此干扰与入侵还需要更多生态学证据。

Clark 与 Johnston（2011）采用一个入侵性的苔藓虫 *Watersipora subtorquata* 来进行干扰和入侵的研究，这种苔藓虫原产于加勒比海和大西洋地区，目前已经广泛分布于全世界。3d 的干扰强度有利于苔藓虫的入侵，3 个月的干扰强度对苔藓虫无影响，6 个月的干扰强度显著降低了入侵性苔藓虫［图 10-16（a）～（c）］。不管时间长短，干扰强度对土著群落物种多样性都是负影响［图 10-16（d）～（f）］。生态系统中人为或自然干扰的因素很多，如 Lake 与

Leishman（2004）研究发现外来植物的盖度在富营养化的区域更高，并且在多种干扰类型下入侵植物的叶片面积都比非入侵植物的叶片面积大。在严重干扰的区域，外来植物一般为小禾本科杂草，并且有更长的花期，这些都显著增加了外来植物对生态系统的入侵过程。然而，生物入侵有时候也发生在没有干扰的地区，不同的生态干扰事件与过程对生物入侵的影响也完全不同。例如，在北美的草地上，山火减少了植物入侵，对土著植物群落有利，而放牧却增加生物入侵。

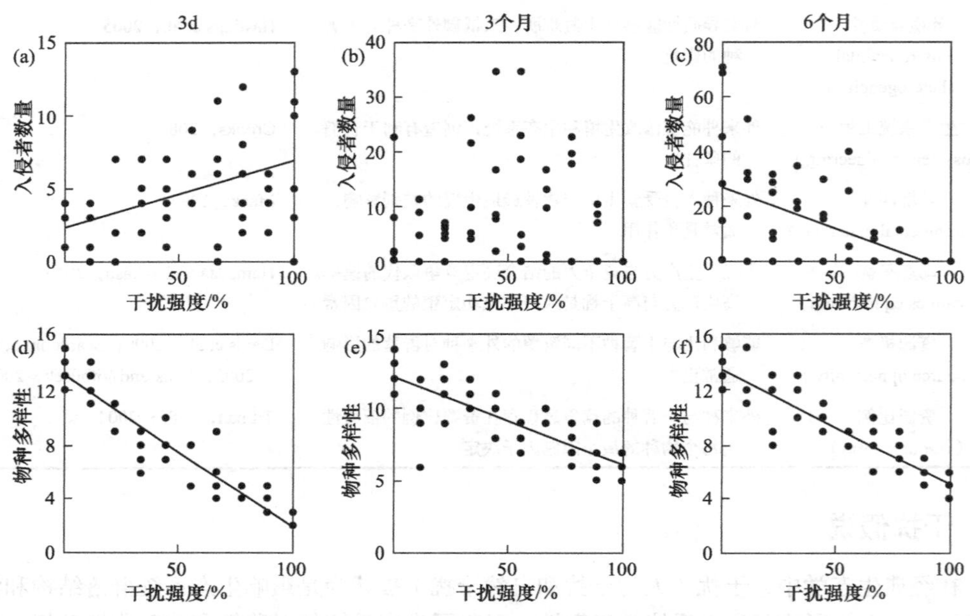

图 10-16 干扰对入侵数量和物种多样性的影响（仿 Clark and Johnston，2011）

干扰强度［(a) 3d；(b) 3 个月；(c) 6 个月)］对入侵者数量的影响，干扰强度［(d) 3d；(e) 3 个月；(f) 6 个月)］对物种多样化的影响

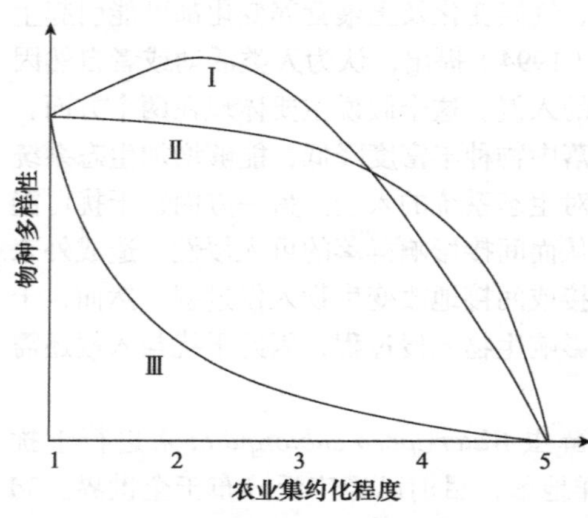

图 10-17 农业集约化程度与物种多样性之间的关系（仿 Hooper et al.，2005）

干扰是影响生态系统的重要环境因子，在农业生态系统中，农业集约化是重要的因素。农业集约化的强度代表了人为干扰的强度，农业集约化强度对物种多样性的影响具有不同的模式。如图 10-17 所示，Ⅰ为先升高后降低，在农业集约化程度较低的情况下物种多样性会升高，然后随着集约化程度的增加，物种多样性迅速降低；Ⅱ为先缓慢下降后迅速下降，在农业集约化程度较低的情况下物种多样性变化不大，农业集约化程度增加，物种多样性迅速下降；Ⅲ为先迅速下降后缓慢变化，在农业集约化较低的情况下，物种多样性就迅速下降，然后逐步趋于稳定，变化不明显。大量研究表明，人类活动造成的环境干扰是促进生物入侵的重要原因，包括土地开垦、农

业集约化增加、人工造林、围湖造田、草地改良、灌溉及其他人类活动，这些人类活动对土著生态系统的环境条件有巨大的影响，很多环境条件的改变对土著种不利，土著种的数量降低甚至丧失。在土著种数量减少的同时，空余的生态位给外来种提供了更多的机会，也就造成了更多的生物入侵。

干扰会导致生境的改变，没有干扰则没有生境变化。生境改变与不变下植物群落组成的演变过程是一个非常重要的问题，生境改变时植物群落状态会发生转变，在生境不变时群落会恢复，主要存在 3 种不同的类型：第一，植物状态间的变化与生境改变密切相关，生境改变会引起植物群落状态的改变，而生境不变的情况下，植物群落会恢复到原始状态；第二，植物在原始状态与新状态之间存在一个中间态，当生境不变的情况下，植物群落向原始状态恢复的过程中需要经历一个中间态，这个中间态同样具有生态系统功能；第三，植物原始与改变状态间的中间态非常特殊，这个中间态具有很强的正反馈效应，正反馈效应驱动植物群落不断向原始状态转变（图 10-18）。

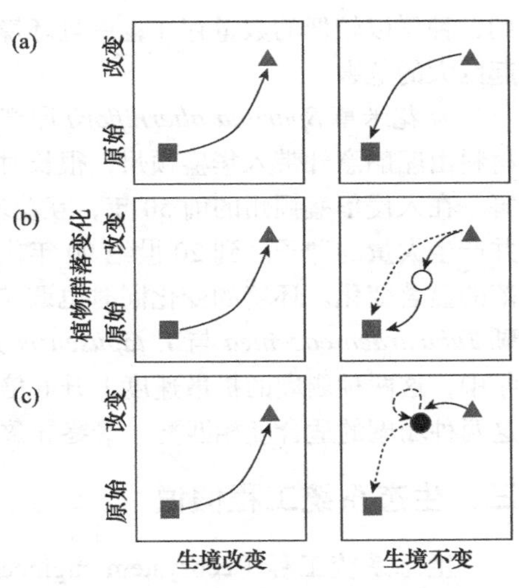

图 10-18　生境改变过程中植物群落组成的演变轨迹（仿 Cramer et al.，2008）

（a）植物群落的自由演变；（b）生境改变与不变过程中植物群落存在中间态；（c）生境改变与不变过程中植物群落的单向演替；虚线代表跳跃迁移

二、环境匹配假说

有些外来种在新入侵地与环境的匹配度较低，但随着气候变换及外来种的缓慢扩散，到与环境匹配度高的时候，激发了这些物种本身的生殖潜能，导致大规模地入侵暴发。通常原产地和入侵地存在环境因子的差异，如温度、湿度、寄主、营养等，起初扩散到新生态系统的入侵种有时候因为环境的改变并不能大量繁殖，只是以较低的种群适合度存在，这一时期有时也称作潜伏期。但随着环境的改变和全球变化过程，生态因子不断变化，环境与入侵种会产生不断的匹配再匹配，一旦形成了匹配效应，入侵种便大量繁殖并产生危害（图 10-19）。全球变化和人类干扰是造成环境变化的最主要原因，有些外来种在新的入侵地，由于不利环境因素的制

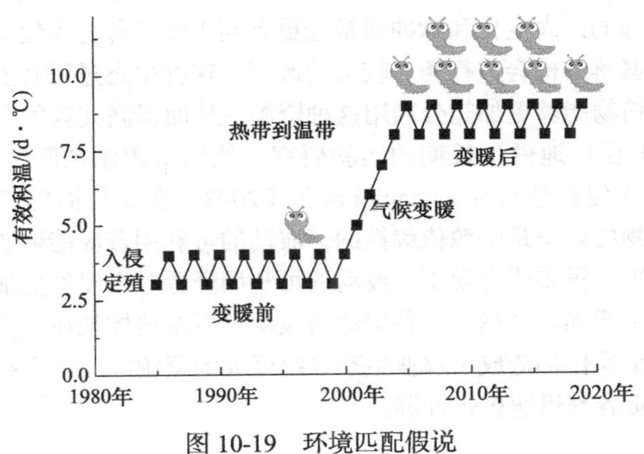

图 10-19　环境匹配假说

约，种群以较低的数量存在，一旦环境变得更加适宜，这些外来种就会大量繁殖和扩张，并引起巨大的危害。

互花米草 *Spartina alterniflora* 原产于北美大西洋沿岸，19 世纪 90 年代被作为牡蛎的包装材料由船舶意外带入华盛顿州，很长时间互花米草在华盛顿州以很低的密度存在，并不引起危害。在入侵华盛顿州的前 50 年，互花米草并不开花，经过很长时间的适应之后，才开始开花，并产生大量的种子。到 20 世纪 90 年代，华盛顿的互花米草大量繁殖疯长，并引起周围植物群落的显著变化。环境的变化同时也调控海洋生态系统的入侵种，Santos 等（2019）发现两种珊瑚 *Tubastraea coccinea* 与 *T. tagusensis* 分别在 1829 年和 1982 年入侵巴西，然而在最近的十几年中，这两种珊瑚的扩散速度上升 6 倍，主要是由于最近十几年的气候变换形成的环境条件与这两种珊瑚的适合度相匹配，最终导致珊瑚的迅速扩散。

三、生态系统工程假说

生态系统工程（ecosystem engineering）假说是 Crooks 在 2002 年提出的，入侵种既给生态系统造成了巨大的威胁，又在适应生态系统的过程中不断和生态系统发生作用。更重要的是入侵种能够改变生态系统的能量流动、资源可利用性、营养质量、食物及物理资源（空间、水分、热及光）。入侵种介导的生态系统资源改变，尤其是通过生境修饰，在入侵生态学中受到的关注非常少。近几年来，生态系统工程的概念才用于解释入侵种调控生境的过程。

陆地和水生生态系统的植物和动物都能够创造和破坏生态系统结构，当有外来种进入新的生态系统中时，这些外来的“工程师”能够引起生态系统物理状态的改变，这种影响会渗入生态系统的整个过程。虽然外来种对生态系统的修饰非常多变并且复杂，生态学理论依然提供解释入侵种如何集成到生态系统的过程。例如，引入的外来种增加了生态系统的复杂性和异质性，最终引起物种丰富度上升，而降低生境复杂性的外来种则表现出相反的作用。空间尺度和土著群落生活习性都是入侵种和生态系统作用过程的重要因素，并且探索外来种在调控生态系统过程的重要作用为入侵生态学提供了统一主题，这也为研究外来种对生态系统的整体影响提供了思路。

四、资源机遇假说

任何物种都要从环境中获取资源以维持其种群的生存、繁衍与发展，入侵种的入侵过程与生态系统中可获得的资源有密切的关系。资源机遇假说指群落中会间歇性地产生可利用资源或者资源脉冲，这种资源的巨大变化和脉冲通常会更有利于外来种的入侵。尤其是在群落资源突然增加或者富余时，群落结构会进行相对较大的改变，这种生态过程对土著种不利，而更容易被外来种入侵，外来植物能够更加充分利用这种资源，从而提高其竞争力（图 10-20）。

Davis 等（2000）在草地做了长期的实验研究，他们采用添加肥料形成波动的可利用资源，发现波动越大，入侵种越有利。Seabloom 等（2003）在加利福尼亚州的草原上的研究发现土著植物与外来植物的竞争是资源依赖性的，波动的可利用资源能够造成入侵植物和土著植物的结构改变。近年来，很多研究发现，波动的可利用资源对入侵种更加有力，从而导致入侵种在竞争中的优势逐步增加。当然，这种资源的波动性更多地体现在人为干扰，尤其对于农业生态系统，施肥和农事操作都造成了农业生态系统巨大的资源波动和干扰，外来种往往对这些人为活动更加敏感，更容易迅速扩张种群。

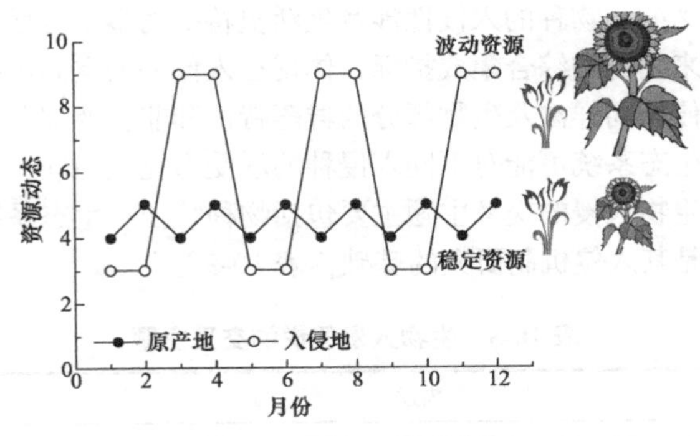

图 10-20　资源机遇假说

五、资源比例假说

资源比例假说认为入侵种利用的资源比例与土著种不同，当在适合外来种的资源比例条件下，外来种就获得了更多的竞争优势而成功入侵。资源比例假说最早由 Tilman 在 1985 年提出，该假说认为每个植物种类的竞争力不同，竞争力会随某种限制性资源比例的变化而变化，在某个特定比例下会出现最大值，群落结构也会随着限制性资源的改变而改变。陆生生态系统中最主要的限制性资源是土壤中的氮素和光，这些资源有时呈现负相关关系（土壤营养贫瘠的环境通常有更多的光照资源，反之也适用），植物的生活史特征通常依赖于土壤资源与光比例，贫瘠土壤中的原生演替与次生演替通常是由限制性土壤资源和光的相对比例引起的。贫瘠土壤中的植物通常高度很低、寿命短、生长迅速，当土壤表面的光非常有限的时候，它们会在生命早期就开始繁殖。这些生活史的不同能够解释肥沃土壤的次生演替相似性，以及贫瘠土壤的原生演替和次生演替。后来资源比例假说用于解释外来种的入侵过程，同样入侵过程是植物群落演替的重要组成部分。

资源比例与生物适合度之间存在复杂的关系，一般来说，物种都有适合的资源比例，资源比例过高和过低都对适合度不利。在不同资源比例的条件下，生物的适合度会随着资源比例的不同而发生改变。当氮素与磷素的比值较低时，物种 A 具有较高的适合度，当氮素与磷素的比值到中间时，物种 B 的适合度最高，当氮素与磷素的比值较高时，物种 C 具有最高的适合度（图 10-21）。在生态系统中资源比例不断变化的过程中，物种的适合度也同样在不断地转变，当有利于入侵种适合度的环境条件出现时，入侵种就大量增殖，与土著种产生竞争，在生态系统中逐步获得优势，并成为入侵种。

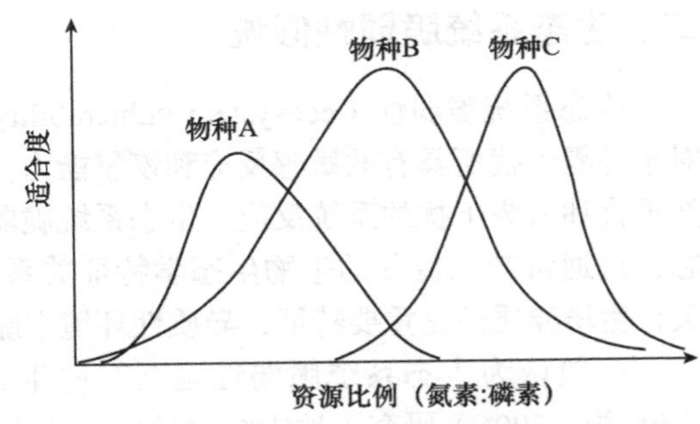

图 10-21　资源比例假说

第五节　交 叉 主 题

生物入侵过程主要由两方面决定，物种的入侵性和生态系统的可入侵性，这两方面特征往往是跨层次和多尺度交叉的。物种的入侵性涉及生活史特征的多个方面，也涉及与其他物种的互作过程，入侵性是外来生物的综合集成指标，体现在入侵种的空间占据能力和种群数量增长过程。生态系统的可入侵性同样涉及生物部分的群落特征和非生物部分的营养组成，由于生态系统的特异性，同样的生态系统可能对不同入侵种的耐受力完全不同，生态系统特征与脆弱性的关联是重要的方面。生物入侵的交叉主题主要包括物种特征和生态系统脆弱性两方面，这两方面与入侵过程的关联是其入侵机制研究的基础（表 10-5）。

表 10-5　生物入侵假说的交叉主题

假说名称	描述	参考文献
物种特征（species traits）	行为与生活史特征（繁殖、体形大小、聚集、杂食性、“工程师”、遗传性、营养级）决定哪些外来种能够改变群落	Thuiller et al.，2006；van Kleunen et al.，2010；Pysek et al.，2012
生态系统脆弱性（ecosystem vulnerability）	生态系统特征（生产力、干扰区域、食物网复杂性、独立性、面积）决定哪些生态系统更容易受外来种入侵	Gritti et al.，2006；Olden et al.，2011；MacDougall et al.，2013

一、物种特征假说

物种特征（species trait）假说是指入侵种通常具有和土著种完全不同的特征，如植物在生理学、叶片面积分配、根比例、生长速度、生物量及适合度等方面。这些特征涉及整个入侵过程，也完全表现了入侵种与生态系统的互作过程，同时很多入侵种的生物生态学特征也会随着环境的改变进行适应性进化。热带地区比温带地区入侵种和土著种的生理学和生长速率差异更大，这些入侵种与土著种的差异并不依赖于原产地。

德国康斯坦斯大学 van Kleunen 等（2010）比较了 125 种入侵植物与 196 种土著植物，发现入侵植物在生理学、生物量、适合度、生长速度、开花率及结实率方面均高于土著植物。这些特征差异对于将来根据物种特征来预测植物入侵性提供了重要证据，同时也为预先防范控制入侵种提供了有利的理论基础。

二、生态系统脆弱性假说

生态系统脆弱性（ecosystem vulnerability）与抗性都是衡量生态系统在特定时空尺度中相对于外界干扰所具有的敏感反应和恢复能力，是生态系统的固有属性，是生态系统抵御外界自然干扰和人为干扰的系统反应。生态系统脆弱性与入侵关系密切，脆弱性是被入侵性的重要标志，这通常与入侵种的生物生态学特征关系密切。因此，入侵种的分布与生态系统脆弱性有关，生境异质性是重要特征，异质性环境中脆弱的部分通常是最容易被入侵的区域。

一般认为生态系统脆弱性是指有些生态系统由于其固有的特征容易被入侵种所入侵。Gritti 等（2006）研究了地中海盆地的 5 个主要岛屿，主要收集了这 5 个岛屿的气候条件和植被条件，通过生态学模型进行模拟。结果发现生物入侵过程高度依赖于生态系统组成和环境特征，尤其是地中海地区明显的干旱和湿润的部分，或者是山地或海岸地区。生态系统的干扰速率是影响生物入侵敏感性的主要原因，在较小的时间尺度上强烈地影响植被形成和入侵演替过程。Olden 等（2011）研究了一种入侵性龙虾 *Orconectes rusticus* 在美国威斯康星州的入侵过程，入侵种 *O. rusticus* 与两种土著种 *O. propinquus* 与 *O. virilis* 在不同的生态系统中种群组成完全不同。人工神经网络模拟表明4200个湖泊中10%容易被入侵，并且长达23 523km的河道中有25%的区域（约6000km）容易被入侵，这些容易被入侵的环境都非常适合入侵性龙虾的生长。入侵性龙虾 *O. rusticus* 入侵后，土著种 *O. virilis* 的灭绝概率上升了6倍，*O. propinquus* 的灭绝概率上升了2倍。通过对生态系统的脆弱性评估，能够有效地估测生态系统的可入侵性，对后期抵御生物入侵具有重要的意义。

第六节　整合生物入侵机制

随着学科进步和交叉领域的不断发展，入侵假说不断增多，截止到2019年，有关外来种入侵的假说多达上百个。但近年来大量的入侵假说并没有被广泛接受，引用率极低或者没有引用率，也有很多的入侵假说与原来的入侵假说没有本质上的改变，很多入侵假说都是相似的理论，只是说法不同而已。更多的假说仅仅适合于某一特定系统，缺乏普适性。一个非常重要的原因是这些假说是基于很少物种的研究提出的，因而大量物种的实验性研究非常重要，将有助于人们对生物入侵生态学原理的认识。

生物入侵假说是入侵生态学最理论化的部分，是描述入侵表象的深层次内容，同时也是支撑入侵生态学的重要基础，因此自从生物入侵现象被认识以来，生物入侵假说就受到了最大的关注。并且入侵机制对了解外来种入侵过程也有反馈作用，甚至能够通过入侵机制反映入侵的主控因子，而进一步进行预测预警来防范外来生物入侵。预测预警是外来种防范的关键节点，提供有效的预测预警系统能够提前采取措施，将入侵种管理前移，是抵御生物入侵的有效方法。

另外，入侵机制与入侵过程息息相关，在引入、定殖、潜伏、扩散及暴发等环节都有不同的入侵假说提出，每个入侵过程或环节都能够进行理论化的探讨，进而上升为入侵机制。生物入侵的成功与否，一方面取决于外来种自身的生物学状态，如物种生长、发育、繁殖、适应及扩张等生理条件和特征，另一方面生物入侵与新的生态系统特征也密切相关，如生物组成（群落结构和物种组成）和非生物组成（资源比例、数量及格局）。所有的生物入侵机制都是通过入侵种本身或者生态系统一方面或者两方面的相关作用提出的，外来种本身是入侵因素，而生态系统则是载体，生物入侵过程正是载体与入侵因子的相互作用。不同入侵假说之间有很多的共同点和相互关联之处，根据研究的不同层次，入侵假说能够分为种群水平、群落水平、环境水平、达尔文自然选择及交叉特征，这些假说都能解释个别入侵种的扩散和种群暴发，并不是一个统一的学说。把接近50个入侵假说进行分类，能够看到入侵假说之间的联系和区别，也能够将目前的入侵生态学理论相结合，更好地理解不同物种的入侵过程和机制（图10-22）。

当外来种进入新生态系统之后，与新生态系统中的各种生物因素和非生物因素发生作用，最终为外来种的种群繁衍提供机会。很多条件下外来种虽然能够形成自我繁殖的种群，但其种群规模相对较小，一般情况不会对土著种种群及群落造成显著性影响。而能够造成生态系统显著的功能下降和生物多样性丧失的物种通常具有以下特征。

（1）生态适应性强。外来种由原产地到入侵地之后，通常会经历复杂的环境特征改变，生物群落结构及环境条件的巨大改变，外来种需要对新的生态系统进行适应并产生应对机制。因此很多入侵种生存范围非常广泛，甚至可以跨生态系统、跨温区、跨寄主存活，并有很好的适合度。

（2）表型可塑性强。很多外来种都具有多种复杂的生物表型，如稻水象甲的孤雌生殖和两性生殖、空心莲子草的水生型和陆生型，以及铃木氏果蝇的夏型和冬型，甚至有些外来种还存

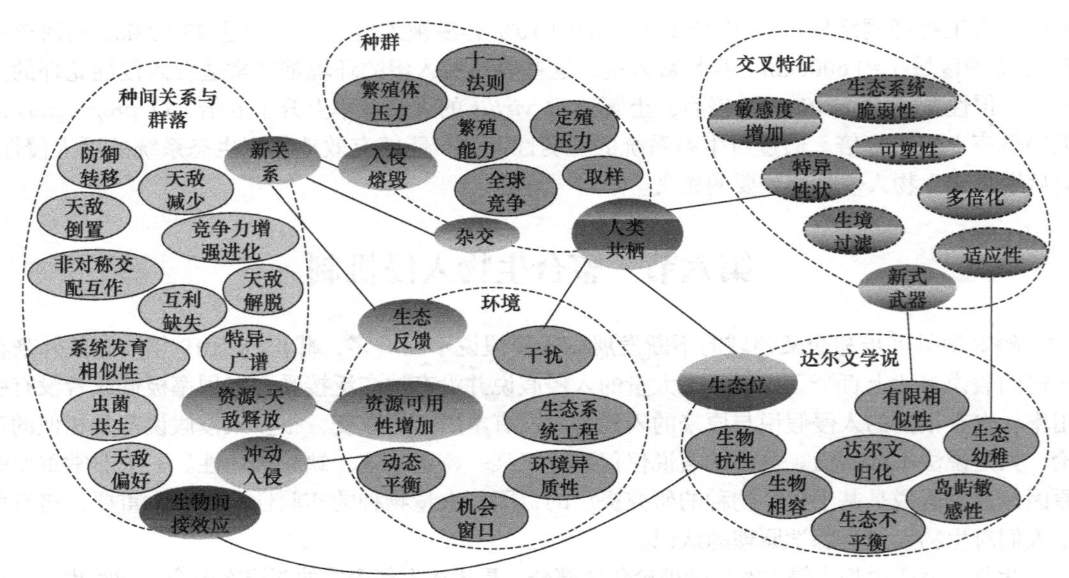

图 10-22　主要入侵假说的相互联系（仿 Enders et al.，2020）

在更多的生物表型。这些不同的生物型都是外来种对环境的生态适应形成的，即使在严峻的环境胁迫下，外来种也能够根据自身的生物生态学特性形成主动适应，并产生适应性表型，应对外界胁迫环境的考验。

（3）扩散能力强，繁殖能力强。入侵种在新的生态系统的快速传播是其入侵性的重要体现，较强的扩散能力有助于入侵种找到更为适宜的栖息环境，这些对外来种的种群扩张非常有利。而入侵种的扩散方式有很多，有些入侵植物的种子很小很轻，可以随风传播，如薇甘菊的种子极轻，每株薇甘菊能够产生几十万甚至上百万粒种子。

（4）显著的功能微生物群落利用能力。近年来，环境功能微生物群落受到广泛的关注，很多入侵种的生态学功能都与微生物群落存在着密不可分的关系。外来种的抗药性、低温耐受性、寄主转换过程及迁飞等，都与功能微生物群落关系密切，甚至外来种能够利用微生物群落对土著种形成生态位挤占和拮抗，导致土著种种群数量的不断下降甚至灭绝。

（5）较强的种内或种间杂交能力。基因是物种生存及应对环境胁迫的最基本功能单元，但物种在长期进化过程中存在种内或种间杂交，杂交是吸收外来基因的快速方式。研究表明，很多外来种对不同地理种群或者近缘种的基因具有很高的亲和性，大约 25% 的植物和 10% 的动物能够产生明显的种间杂交，杂交直接引起基因在物种之间的横向转移，一般呈现出单项不对称的基因流动。因此，外来种在进入新的生态系统后，一旦形成杂交，获取了更多的有效基因后能够更好地适应环境，从而引起更为严重的入侵。

被入侵的生态系统也必须具备一些生态因子和条件才能够使外来种成功入侵：①具有外来种所需要的资源，包括食物、水分、土壤、阳光、营养及栖息场所等；②具有引入的基本条件，人类活动能够到达的区域通常是生物入侵发生的区域，因此受入侵的生态系统都有外来种引入的路径，所以港口或机场所在的区域通常是外来种监测的重点区域；③较低的生存压力，新的生态系统往往缺乏外来种的特异性天敌，而广食性天敌对猎物的控制作用一般较弱，另外外来种在新的生态系统中一般较少受其他因子的制约。

思 考 题

1．种群水平上的入侵机制包括哪些？
2．种间关系水平上的入侵机制包括哪些？
3．群落水平上的入侵机制包括哪些？
4．生态系统水平上的入侵机制包括哪些？
5．天敌解脱假说与竞争力增强的进化假说之间的区别和联系是什么？
6．入侵种的入侵性与生态系统可入侵性之间的关系是什么？
7．不同生物入侵假说之间的区别与联系是什么？

第十一章 全球变化与生物入侵

【关键词】
氮沉降（nitrogen deposition）
温室效应（greenhouse effect）
全球变暖（global warming）
中性入侵（neutral invasion）
全球变化（global change）
入侵区系（invasive biota）
紫外线辐射（ultraviolet radiation）
扰动（disturbance）
土著入侵（native invasion）
生态反馈（ecological feedback）

第一节 全球变化因子

全球变化是研究地球系统整体行为的变化过程，全球变化把地球的各个层圈（如大气圈、水圈、岩石圈和生物圈）作为一个整体，研究地球系统过去、现在和未来的变化规律和控制这些变化的原因和机制，从而建立全球变化预测的科学基础，并为地球系统的管理提供科学依据。全球变化科学的产生和发展是人类解决一系列全球性环境问题的需要，也是科学技术向深度和广度发展的必然结果。全球变化是一个关系到人类生存和命运的问题，全球变化带来了环境条件的变化和生态系统功能的根本性改变，其在各个方面的渗透和深远影响驱动了地球环境的不断演化。

全球变化涵盖的范围非常广，涉及地质学、大气科学、生物学、生态学、水文学等多个学科，其中全球变化与生物入侵有关的内容也涉及多项，主要包括下面一些内容：①全球气候变化与生物圈的相互作用，主要研究全球气候变化过程是如何形成的，气候变化对生物圈的作用及影响和机制，生物入侵如何响应全球变化。②土地利用类型变化对陆地生态系统中生物多样性的结构和功能的影响。③全球氮沉降对生物多样性和生物入侵的影响。④臭氧层空洞及光污染对调控昆虫响应及反馈过程。气候变化、温室气体、人类干扰增加及大气氮沉降都是能够促进生物入侵流行的全球变化因子，同时这些全球变化因子还能够改变生态系统过程，调控养分循环、生态干扰、地形地貌等环境条件，这些环境条件的改变也促进了生物入侵的流行。在全球变化的背景下，外来繁殖体传播速率也得到了提高，间接增加了外来入侵的入侵流行（图 11-1）。

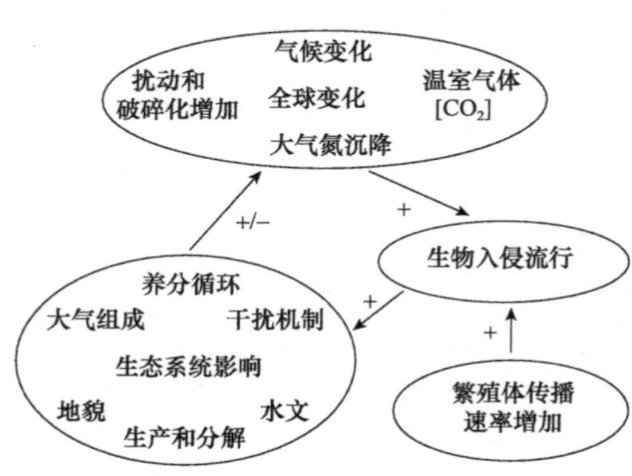

图 11-1 全球变化对生物入侵影响的直接效应和间接效应

+为正效应；−为负效应

一、气候变暖

（一）气候变暖的表现

全球气候变暖是全球变化最引人注目的方面，这是气候波动性上升的现象。在过去的 100 年间，全球温度上升了 1℃，变暖以前所未有的速度影响了全球的生态系统，驱动了生态系统功能改变。北极和南极冰盖不断融化，温带地区不断出现夏季热浪和暖冬，生物分布、迁徙行为及种群波动都受到影响，很多物种数量急剧降低，甚至灭绝。气候变化可能有自然的原因，也有人为原因。人为原因是温室效应不断积累，导致地面对光热的系统吸收与反射的能量不平衡，能量在地面系统不断累积，从而导致近地面温度上升，造成全球气候变暖。另外，由于工业的迅速发展，焚烧化石燃料，砍伐森林并将其焚烧，产生大量的温室气体，这些温室气体对来自太阳辐射的可见光具有高度透过性，而对地球发射出来的长波辐射具有高度吸收性，能强烈吸收地面辐射中的红外线，导致地球温度上升，即温室效应。全球变暖导致整个生物圈的结构发生变化，使全球降水量重新分配、冰川和冻土消融、海平面上升等，不仅危害自然生态系统的平衡，还威胁人类的生存。在全球变化的背景下，生物地理区系格局打破，分布范围逐步发生变化，并产生一系列的生态学响应。另外，由于温室气体大量排放，大陆气温升高，与海洋温差逐步变小，进而造成了空气流动减慢，工业化产生的废气很难被风吹散，雾霾增加，使很多城市空气质量变差，影响人类健康。虽然人们采取了很多措施来改善气候变化带来的负面效应，如汽车限行、严禁焚烧秸秆、关停高耗能企业等，但这些也只有短期和局部效果，很难从根本上改变气候变暖带来的雾霾污染。气候变暖不仅在很多方面造成巨大的负面影响，而且有多方面的特征和表现。

1. *温室气体增加*　随着工业化进程不断加快，化石燃料的利用不断增加，加上森林资源的无节制砍伐和破坏，整个地球大气组成已经产生巨大改变，温室气体的增加是其中一个重要特征。自工业革命以来，人类活动引起各种环境变化，大气中 CO_2 浓度已由工业革命前的 280mL/L 增加至目前的 405mL/L，近 10 年，大气 CO_2 浓度以每年 1.8μL/L 的速率增长，远高于过去 50 年每年 1.0μL/L 的平均增幅。大气 CO_2 浓度上升主要由于两个原因，一是全球植被面积减少，二是人类活动导致的 CO_2 浓度升高。根据目前的经济发展和资源利用模式，大气 CO_2 浓度还会持续上升，预测到 21 世纪末将达到 730～1000mL/L。

2. *温度上升*　温室气体含量增加的直接影响就是温度上升，大气 CO_2 对太阳辐射的可见光具有高强度的透过性，同时对地球的长波辐射具有很强的吸收性，这相当于地球是一个温室气体笼罩的大温室，逐步导致地球温度升高。在过去 100 年间全球地表温度平均上升 0.6℃，但温度升高呈现出明显的空间异质性和波折性，温度首先经历了相对稳定的上升，略微下降后在最近 30 年飙升，尤其是 2000 年以后温度上升速度更快。2018 年全球平均温度比 1981～2010 年平均值高 0.38℃，并且 2014～2018 年是有完整气象观测记录以来温度最高的 5 个年份。2019 年 6 月是欧洲、南美洲、非洲 100 年以来同期温度最高的年份，2019 年 1 月，澳大利亚奥古斯塔港温度高达 49.1℃，成为历史新高。按照目前的人类活动和发展模式，大气中 CO_2 浓度将会继续升高，这将会进一步引发包括环境条件和气候条件在内的各种生态异常表现，如冰川融化、海平面上升、海洋酸化等，直接影响着生态系统的环境条件和人类的生存环境，也直接或间接影响着人类的正常生活。

3. *极端气候事件频发*　全球气候变化引起的温度升高可能会改变极端气候事件的发生频率和强度。近年来，随着温度上升及区域经济的发展，全球范围内的极端气候事件发生明显增加，如极端温度破纪录、风暴强度改变、旱涝灾害频发等。2019 年美国中西部遭遇极寒，同年法国遭遇热浪。2018 年北半球共发生了 70 起热带气旋或飓风，2019 年 10 月的台风“海贝思”给日本大片地区带来了降雨和泥石流。温度上升也使得旱涝灾害频发，一方面，气候变暖使得更多水蒸气从海洋蒸发，饱含水蒸气的空气遇冷凝结，形成巨量降水；另一方面，气候变暖带来的多余热量会将地表水分带走，使得干旱地区的干旱时间更久，程度更重。因而，气候变暖会带来不同程度的旱涝灾害，2017 年中国广州 1d 内降雨量就高达 524mm，2019 年中国中东部地区遭遇了夏季连旱，给农业生产带来了巨大的损失。

4. 大气环流改变　大气环流一般是指全球大范围内的大气运行现象，太阳辐射、地球自转、海陆差异及大气内部的能量交换等因素维持着大气环流的稳定或者造成大气环流复杂多变的状态，因此任何一个因素的改变都可能会引起大气环流的变化。气候变暖会改变大气环流状态过程，而大气环流改变又影响气温和降水等各种气候因素。气候变化还会影响季风活动，从而带来大气环流异常。气候变暖会使得海冰覆盖减少，导致环流异常和异常气候事件。2012年夏季开始，北极海冰面持续减小，而前期海冰的减少促进欧亚大陆北部地区环流阻塞，从而导致西伯利亚高压瞬间增强，进而使我国出现暂时性极端低温。

（二）气候变化对生物入侵的影响

1. 气候变化促进生物入侵　气候变化会通过改变生态系统的环境条件，为外来种的入侵创造机会和空间。气候变暖可能会使得环境条件更加适合外来种的生长，这样入侵种的适生范围会增大，从而有助于入侵种在原生境基础上进一步扩散。气候变化能显著扩大美国加利福尼亚州和内华达州黄星蓟的适生范围，从而促进其扩散入侵。气候变暖会改变土著生态系统，使得土著种进行迁移寻找新的生境，全球变暖会使得植物产生明显的极化移动或向高海拔地区移动。气候变化还有利于帮助入侵种打破生态限制，使得原本对入侵种不利的环境变成有利的环境，从而使得外来种可以在原先不能生存的地区生长，扩大分布范围。例如，气候变暖使非常寒冷的环境变得适合更多物种生存，有多种外来微生物、动物、植物逐步在南极定殖。气候变暖使得海洋温度升高，北方温带湖泊冬季结冰时间因此减少，水中的氧气含量也会上升，入侵种就有了更有利的生存环境，进而能够迅速建立种群。

温度与生物发育也存在密切的关系，尤其是外温生物，包括植物、昆虫及微生物。外温生物的发育速率由环境决定，在适宜的温区范围内，发育速率与温度呈线性关系。当然，温度也是限制生物分布的重要因素，温度的改变会导致生物的潜在地理分布改变，驱动物种向原来的分布范围以外的区域移动。气候变化的直接影响是改变环境条件，改变生物的分布北界。红腹食人鲳 *Pygocentrus nattereri* 在目前的气候条件下仅仅在美国佛罗里达州南部、得克萨斯州南部、加利福尼亚州西南部分地区能够存活，但温度上升2℃后，红腹食人鲳的分布范围显著北移，能够进入美国南部的多个州（图 11-2）。

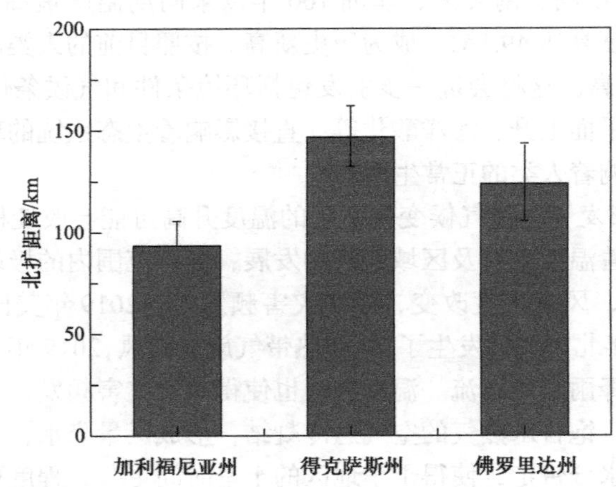

图 11-2　气温升高后红腹食人鲳 *Pygocentrus nattereri* 的越冬分布区域变化（改自 Rahel and olden，2008）

气候变化会影响到物种的生存率，进而影响到种群增长轨迹和种群动态，种群动态的改变又会影响生物入侵进程。气候变化会影响外来种的种群定殖成功率，在对中国、美国和英国的生物入侵研究过程中，温度升高能提高外来昆虫种群的建群成功率，从而有利于入侵。气候变暖能还能提高昆虫的生殖率，加速昆虫的发育速率，促进昆虫种群数量的增长。气候变暖能缩短美国白蛾的发育历期，增加其发生世代数，使其获得高的种群数量，从而促进入侵。对于植物来讲，气候变化可能通过改变植物的养分利用率，进而提高物种种群的增长率和适生性，增加开花数和结实数量。例如，CO_2 浓度的增加就可以提高入侵植物阿拉伯树的水分利用率，促进其种群数量增长，也利于阿拉伯树向其他生境扩散入侵。气候变暖还可以通过解除低温对某些植物种群的抑制，提高种群数量。积雪可以抑制黑雀麦幼苗出苗率，从而使得种群数量减少，气候变暖则会解除这种限制，从而促进黑雀麦往高海拔地区扩散。暖冬还导致外来种的冬季死亡率降低，如观赏植物棕榈可在温暖的冬季室外全年存活，这就在一定程度上增加了入侵种的种群数量，促进了入侵。气候变暖带来的昼夜温差的变化也会影响种群动态，夜间温度升高会提高菜青虫的内禀增长率，加快发育速率，进而会促进菜青虫种群数量增长，这种气候变化对种群动态的改变作用于入侵种，则会加剧入侵。

气候变化对生物入侵的多个阶段都有显著性影响，首选气候变化导致原来不适宜生存的区域能够适宜生存，这样就打开了新区域的定殖通道。原来的物种引入后不能定殖，气候变化后外来种能够顺利定殖，并产生后代。温度变暖也能够增加外来种的存活率，增加外来种的适合度，使外来种在入侵地生长得更好。并且，气候变暖有利于外来种建立种群，形成局部优势的生物种群和群落。在种群的基础上，气候变暖还增加了外来种的竞争力，有利于外来种向周围区域的扩散（图 11-3）。

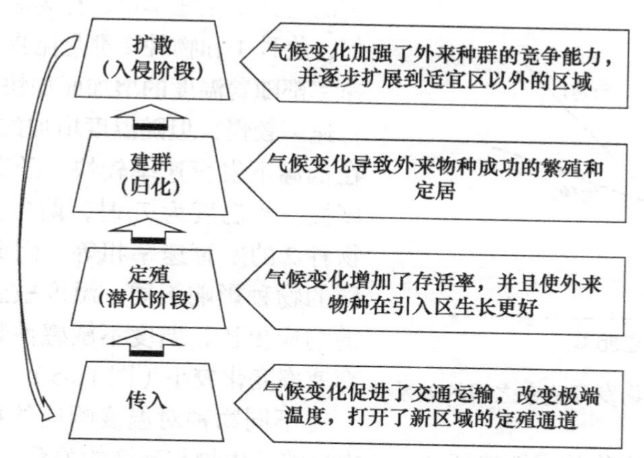

图 11-3　气候变化对生物入侵过程的影响（仿 Walther et al.，2009）

全球变化对生物的影响是普遍性的，并且温度变化也是波动性的，整体来说温度呈现波动性上升。海水温度是比较稳定的，但是美国长岛海峡通过 1986～2001 年这 25 年的温度记录表明，温度呈现显著的波动性上升，1～3 月的冬天平均温度上升了接近 1℃。在温度的波动性上升过程中，3 种海鞘的繁殖开始时间越来越早，拟菊海鞘 *Botrylloides* sp. 繁殖开始时间从 6 月初提前了到 5 月初，小叶海鞘 *Diplosoma* sp. 繁殖开始时间从 7 月提早到 5 月，膜海鞘 *Ascidiella* sp. 繁殖开始时间也提前了将近 1 个月（图 11-4）。

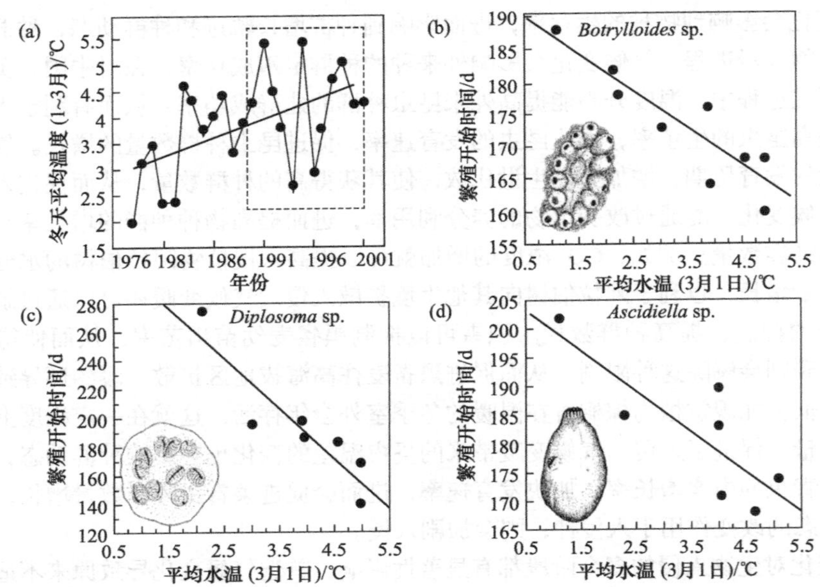

图 11-4 温度变化对海鞘的影响（仿 Stachowicz et al.，2002）

（a）1976～2001 年冬季的温度变化；（b）拟菊海鞘 *Botrylloides* sp. 繁殖开始时间与温度的关系；（c）小叶海鞘 *Diplosoma* sp. 繁殖开始时间与温度的关系；（d）膜海鞘 *Ascidiella* sp. 繁殖开始时间与温度的关系

2. 气候变化改变物种间的互作 外温生物对温度变化的响应存在着物种特异性，有些物种的发育速率随着温度的上升变化速率快，称为温度敏感性物种，有些物种的发育速率随着温度的上升变化速率慢，称为温度不敏感性物种。例如，物种 1 和物种 2 都是昆虫，这两个物种的发育速率都随着温度的增加而加快，物种 1 在低温下发育速率较慢，但随温度增加的增长速度快，物种 2 在低温下发育速率较快，随着温度的增加增长速度慢。当温度为 T_0 时，两条直线交叉，物种 1 和物种 2 的发育速率相等。因此，温度的变化对不同的物种影响不同，温度敏感性物种对温度增加的响应更快，温度不敏感性物种随着温度增加发育速率变化较小（图 11-5）。

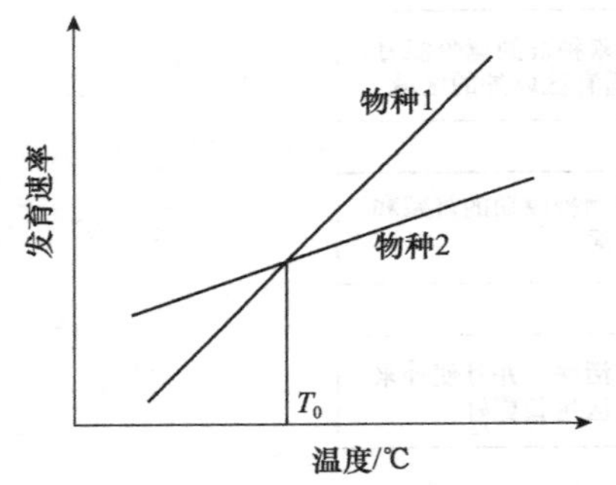

图 11-5 温度与外温生物发育速率之间的关系

不同物种对温度响应的特异性也称为不对称性，这种不对称性是生物的属性特征之一，也反映了生物与环境的关系。全球变暖显著改变外来种和土著种之间的关系，平均每天最低温度的增加能够有效增加外来种的繁殖天数，而对土著种却是负作用。因此，在全球变暖的背景下，外来种的生长能够得到提高，而土著种则会受到抑制，生物入侵会在全球变暖的背景下越来越严重（图 11-6）。

在气候变暖背景下，温度、水分、热力等因素的改变能够打破群落中进化形成的种间关系，气候变化会改变物种间的竞争，气候变暖使得高山植物种间的竞争增加，造成高山特有植物种群丧失，从而给入侵种创造机会。对昆虫而言，CO_2 浓度的升高也会加剧西花蓟马对土著优势种黄胸蓟马的竞争取代。气候变化也会导致土壤营养等环境因子发生改变，导致物种分布的动态变化，入侵种种群往往会增加，土著种逐步减少甚至丧失。入侵植物互花米草耐盐性高，因而更能适应气候变暖环境下土壤盐度的改变而替代土著植物海三棱藨草。此外，气候变暖还可能影响昆虫共生菌来影响到昆虫对环境的适应性，进而阻止其入侵进程，例如，气候变暖会打破中欧山松大小蠹上两种共生菌与小蠹的共生关系，从而降低了小蠹虫对环境变化的适应性。

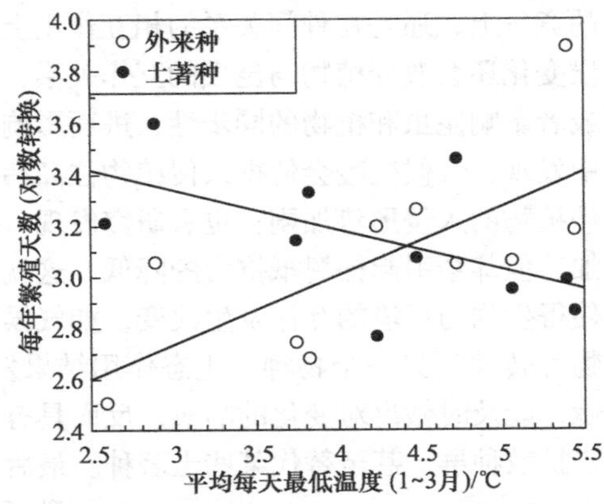

图 11-6　平均每天最低温度对外来种和土著种的影响（仿 Stachowicz et al.，2002）

3. 气候变暖的级联效应　植物具有调节气候的生态系统功能，森林对气候的剧烈变化有缓冲作用。环境温度较高时，植物通过蒸腾作用，能够将冠层的微气候温度降低，具有明显的缓冲作用。而随着土地覆盖类型及森林覆盖率的变化，森林对受温度变化的缓冲能力也会发生变化。例如，森林覆盖率降低会减弱对温度的缓冲作用，改变生态系统的微环境和微气候。环境的变化会导致生物系统的可入侵性特征变化，造成外来种的入侵（图 11-7）。

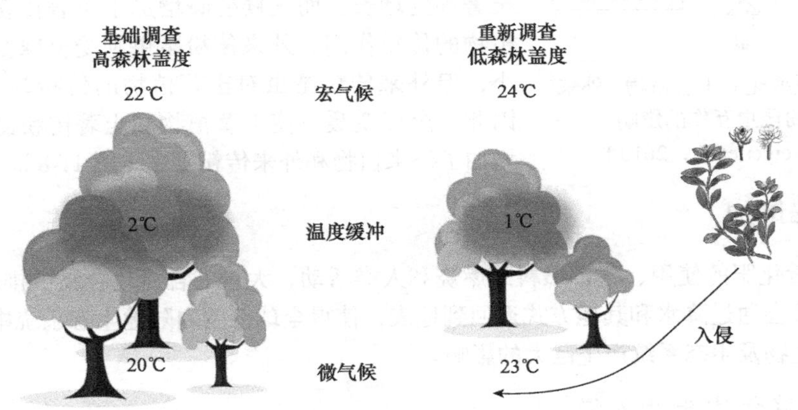

图 11-7　森林盖度变化导致气候缓冲能力的差异（仿 Zellweger et al.，2020）

植被条件改变时植物生态系统功能会发生明显的转变，这种生态功能的改变在气候变化的背景下会更加明显。例如，在正常情况下，森林生态系统具有调节气候的功能，外界温度为22℃时，森林的冠层能够保持20℃，这种森林对环境温度的缓冲温度为2℃。当森林覆盖率降低后，对环境的缓冲也会发生改变。外界温度为24℃时，森林的冠层只能保持23℃，缓冲作用就下降到1℃。因此环境气候变化对森林的影响就产生级联效应，环境温度上升2℃，植物群落的温度却上升了3℃，通过气候变化也就很难预测环境的响应。并且，植被条件在气候变化下缓冲能力的减弱会导致群落结构发生变化，群落结构的变化导致缓冲效应的再次改变，如此驱动植物群落的演替。

气候变化会影响到生态系统中群落的组成和生物与环境的相互作用，进而导致群落结构和生态系统功能的改变。气候变化会直接影响到群落中现有的物种和种群结构状态，如温度升高可能会使得很多土著种灭绝，也可能会解除天敌限制，改变原有的种群结构，这无论在生态位的竞争上，还是在种间关系的相互作用上，都有利于外来种定殖后建立种群和扩散。其次，气候变化还会改变植物与昆虫的互作关系，如影响昆虫的取食范围、影响昆虫对寄主的危害程度或者影响昆虫和植物的同步性，进而影响到生物入侵。在对空心莲子草和莲草直胸跳甲的研究中发现，气候变暖会使得入侵植物往高纬度扩散，但低温却不利于昆虫的生长，这就会使得入侵植物的入侵形势加剧；也有研究发现，持续干旱等异常气候有利于红脂大小蠹种群密度的增加，但却会引起松树抵抗力的降低，这就会加重生物入侵。再次，气候变暖带来的环境变化会使得生物与环境的互作发生改变，如气候变化会使得原生境中生态相互作用的有利方面从一个物种转移到另一个物种，生态作用结果发生逆转，如外来种更能适应和利用气候变化下的环境，能及时做出对变化的响应，反而具有了特别的优势，能在变化的环境下存活下来并且进一步扩散种群，甚至替代某些土著种。最后，植物与昆虫对气候的不同响应及气候变化带来的物种迁移也会影响到入侵，如温度上升带来的开花植物开花期的提前会更利于虫媒植物的生长，这就会改变群落结构，也会间接促进某些昆虫入侵。

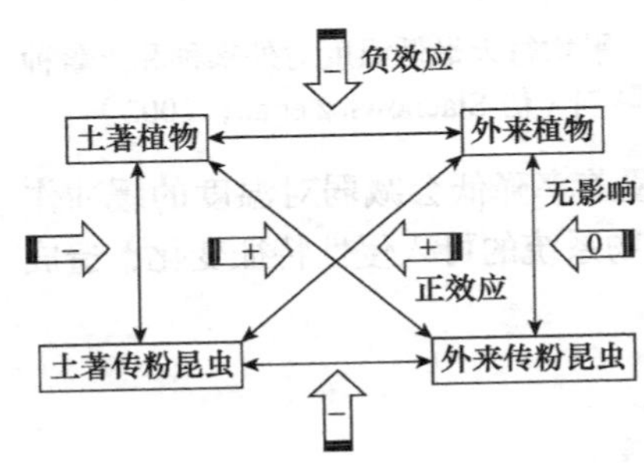

图 11-8　气候变化对土著植物 - 外来种及传粉昆虫互作的影响（仿 Schweiger et al.，2010）

气候变暖对入侵种和土著种的关系也能产生重大的影响，破坏了土著种和外来种之间的关系。气候变暖后，土著传粉昆虫对土著植物的传粉效率会降低，从而降低土著种的增长，而气候变暖增加了土著传粉昆虫对外来植物的传粉作用。外来传粉昆虫则受全球变暖的影响较小，但外来传粉昆虫对土著植物的传粉却得到了增强。因此，全球变暖，使土著植物和土著传粉昆虫减少，而增加了外来植物和外来传粉昆虫（图 11-8）。

二、氮沉降增加

随着大量化肥的使用、化石燃料的燃烧和人类活动，大量的含氮化合物被排放到大气中，这些氮元素又会通过降水和其他方式返回到地表，使得全球范围内陆地生态系统中的氮含量大量增加，对生物及生态系统产生巨大的影响。

（一）氮沉降促进生物入侵

氮素是构成蛋白质的主要成分，在植物生命活动中占有重要地位，是影响植物生长和陆地生态系统生产力的关键限制因子。氮沉降提高了土壤中可利用氮含量的增加，从而缓解了氮限制对于植物生长繁殖的影响。氮沉降普遍会促进一年生植物的入侵。一年生入侵植物往往具有较高的相对生长速度、较短的世代时间和巨大的种子繁殖量等特征，这些特殊的生理特征更加适应高氮素的生长环境。一般情况下，一年生入侵植物的叶面积和根长会高于多年生的禾本科植物，这些特性会使得在高氮条件下入侵性一年生植物的生长优于多年生植物。在高氮水平下一年生植物根长都显著长于多年生禾本科植物的根长，同时叶氮磷生产力的水平也显著高于多年生植物。研究证明，叶氮磷是与植物根生物量变化相关的重要因素，具有更高叶氮磷的物种倾向于产生更多更长的根并获取环境中更多的氮素。氮沉降通过直接改变植物营养环境，以及在菌根真菌的互利共生作用下，氮沉降水平的提高可能会显著促进入侵植物在入侵地的入侵性。

（二）氮沉降改变种间关系

在氮沉降影响下，一年生植物往往具有更高的生长优势，这使得植物群落中的种间关系发生改变。因为优势的一年生植物具有响应氮沉降而提高生长速率的优势能力，这使得一年生植物在种间竞争中获得了优势，具有这种优势的入侵种通常会取代缺乏生长优势的本地物种。矢车菊属植物 *Centaurea stoebe* 是北美最具破坏力的入侵植物之一，美国及加拿大南部是氮沉降广泛发生的地区，这些地区的矢车菊属植物要显著大于欧洲种群。研究发现，高氮环境下，矢车菊属植物的平均生长速度从低氮条件下的 72% 增加到了 168%。虽然氮元素的增加也会使得其他植物的生长速度增加，但矢车菊属植物的生长速度和增幅都显著高于其他植物。通过对相对互作强度的分析，在不同氮素水平下，矢车菊属植物与本地植物的互作强度存在显著差异，但其他本地物种之间的相对作用强度（relative interaction intensity，RII）数值没有显著变化，这表明氮素的变化影响其他物种对与入侵种的竞争反应，但不影响其他物种。同时研究结果表明，当不添加氮时，本地物种的竞争作用显著高于入侵矢车菊种群。但当在添加氮素供应后，这些本地种群的 RII 数值没有发生显著变化，而入侵种的 RII 数值显著增加，这就证明了当氮素增加时，本地物种丧失了对入侵种的竞争优势。入侵种成为群落中的优势种群。

在原生干旱和半干旱的生态系统中，这种种间竞争关系的改变更为明显。这些地区的土壤中氮素含量通常维持在较低的水平下，因此植物获取资源和保留资源的能力是决定种间竞争优势的重要因素。在氮素较低的贫瘠土壤中，多年生植物的优势高于一年生植物，因为多年生植物的生长速度相对缓慢，相对于快速生长的植物，它们能够有效利用有限的资源供应，而氮沉降的发生改变了土壤的资源环境，使得原本处于竞争劣势的其他速生性植物获得了更多的资源，增加了对于其他多年生植物的竞争性，从而使得群落整体对于土壤资源的竞争关系变得更为复杂。

（三）氮沉降改变生态系统功能

由于氮沉降的发生高于生态系统中磷的多余输入，这使得自然环境中的氮磷比例失衡。这种氮磷比例的失衡直接导致了很多地区的资源限制由氮限制转变为磷限制。传统研究中，氮一直被认为是陆地生态系统中植物生长的主要限制养分，但最近的研究表明，磷（P）、水和其他资源对植物的限制是十分普遍的。过多的不成比例的氮输入增长预计将加剧磷和其他资源的限制。虽然氮沉降使得原有受氮限制或者没有限制的生物群落的植物生物量提高了 29%，除沙漠外的所有生物群落对氮素增加均产生了积极的响应，但磷作为生物生长重要的元素，参与了 DNA 结构形成、细胞膜形成、酶的合成，在能量供应和骨骼组成上也发挥了重要作用。如果这种氮磷失衡加剧，还会影响全球碳汇。因为在氮沉降普遍发生和大气 CO_2 浓度增加的情况下，全球植物和全球碳汇并没有显著增加，因此磷限制在生态系统的碳储存能力中存在着被低估的作用。磷对植物生长能力的影响可以直接影响陆地和水生生态系统的碳储存能力。磷还可以通过其在氮素固定中的决定性作用而间接影响碳储存能力，因为磷和其他营养素（如 K、Si 或 Mo）的利用率不足，限制了两者中自由生活和氮素固定共生生物的活性。虽然氮的增加加剧了全球磷资源的限制，但氮素的增加会显著增加植物根系和土壤中磷酸酶的活性，从而增加各个生态系统中磷的循环速率，这种反馈也会缓解磷元素的限制。这些研究都在证明氮沉降确实对全球生态系统的能量流动和资源分配产生了深远的影响。

三、土地覆盖类型变化

（一）土地覆盖类型对生物种群的影响

全球变化因子的多个变量之间存在着相互联系，生物入侵不仅受人类活动的影响，而且地球化学循环和土地覆盖利用同样影响生物入侵过程，甚至气候变化也会影响入侵种的动态。另外，生物多样性作为生态系统功能和服务的基础，生物入侵是生物多样性的巨大威胁，其他全球变化因子如气候变化也都驱动着生物多样性的格局转换（图 11-9）。

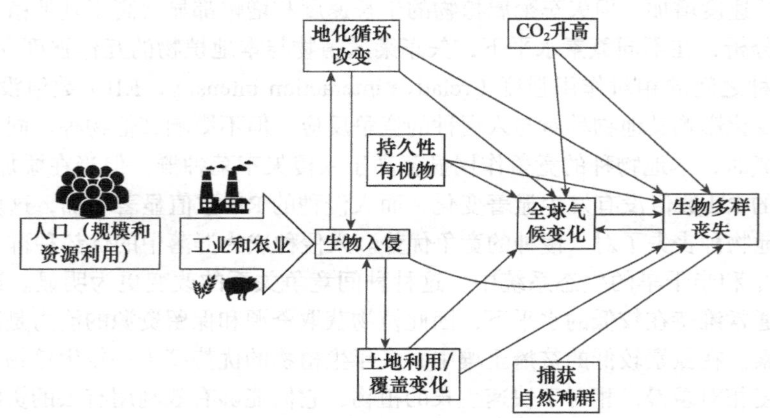

图 11-9　生物多样性丧失的多个驱动因子（仿 Didham et al.，2005）

土地覆盖类型实际上是农业景观的迅速转变，农业景观主要是生境斑块的时空配置，这种时空配置对生物的分布和种群数量有重要的上行效应，如资源密度假说认为植食性昆虫的种群数量与寄主植物的数量有关，寄主植物密度越高，植食性昆虫的种群数量也越大。不仅如此，土地覆盖类型的变化会影响寄主植物的空间分布格局，植食性昆虫的迁移路线和行为也会受到影响。因此，土地覆盖类型的变化通过资源密度和空间格局影响生物种群，造成生物种群的动态演替过程。

（二）土地覆盖类型对生物群落的影响

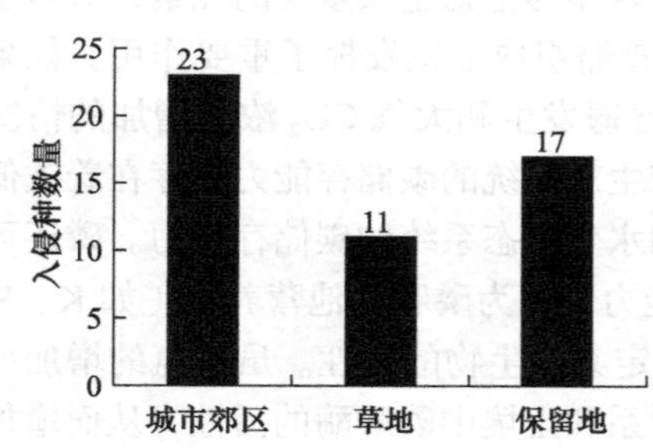

图 11-10　不同土地类型的入侵种数量（Maestas et al.，2003）

生物群落是特定时空范围内生物的总和，包括动物、植物、微生物。不同的生态系统在景观上表现为不同的土地覆盖类型，土地覆盖类型的改变实际上是生态系统的变化，不同生态系统中具有不同的群落组成。土地覆盖类型对外来种有显著性影响，城市作为受人类活动干扰最大的生态系统，是外来种最容易入侵的区域。保留地是人类活动留下的作为将来用途的土地类型，遭受外来种入侵稍微较弱。草地是自然生态系统，对外来种的耐受性最强，也是外来种最难入侵的区域（图 11-10）。

20世纪以来，随着社会生产力的不断发展，科学技术的不断进步，农业机械化程度不断提高，再加上人口增长对农产品需求加大，以及经济快速发展下人类对农业生产提出的更高要求，使得农业的粗放式经营逐渐被取代，农业集约化表现出显著的全球变化。农业集约化在一定程度上缓解了人口增长对粮食的需求压力，提高了农业生产力，使人们获得更大的经济利益。但与此同时，片面强调资源和技术投入的集约化农业也给环境带来了很大的压力，改变了生态系统的环境条件，也导致了生态系统中各生物体之间相互作用的改变及资源利用方式的变化，进而影响着生物入侵的进程。同农业集约化一样，为了更好地满足人类的生产生活需求，近几十年来，引种工作也越来越频繁，而人类的这种有意的引种活动，一旦缺乏科学性，就会给有害生物入侵带来机会，给生态环境造成严重威胁。因此，我们在充分利用农业集约化和引种来提高农业生产效率的同时，也需要全面评估集约化农业和引种的生态及环境影响，以趋利避害，在维护生态系统的安全及稳定的前提下，最大化地发挥二者的优势。

（三）农业集约化影响生物入侵

农业集约化是指在一定面积的土地上，综合全面地投入大量的资源、技术及劳动力，并最大限度地加以利用，以充分发挥所投入成本的效益，提高土地生产力，增加人类利益。简单来讲，所谓的农业集约化就是在一块土地上进行大量的资源及技术投入，精耕细作，通过提高单位面积的作物产量，以获得更多的农产品总量的一种农业生产方式。在我国以推广和使用良种及化肥农药为主要方式的农业集约化也大大提高了土地产出率和农产品产量，缓解了人口增长大环境下人多地少的粮食需求压力。农业集约化的发展进程中促进了生物入侵，主要体现在以下几方面。

农业用地的扩大减弱了农业生态系统支持和保护生物多样性的能力，降低了其对非本地种的抵御能力，从而更容易导致生物入侵。在农业集约化过程中，为了最大限度地满足集约化经营，人们往往会以人类利益为出发点，通过各种手段扩大或规划农业用地，如通过割裂和铲除减少农业用地范围内的灌木丛、矮树丛、野生生物走廊，以及其他栖息地和天然生境的面积等来增加作物种植面积，这就极大地削弱了农业生态系统支持生物多样性的能力。

另外，农业集约化过程中化肥、农药及机械农机的大量使用会扰乱生态系统的结构，干扰生态系统中的生物组分和非生物组分，使得农业生态系统生物多样性减少，生境变得脆弱，也就更容易被入侵。以我国为例，目前我们集约化的方式主要集中在化肥、农药的使用上，我国目前高氮肥用量的集约化农田已占农田总面积15%以上，城市周边地带通常可达30%以上。集约化种植方式下，各种速溶性肥料随降水进入土壤深处，改变土壤养分，引起地下水污染，也干扰了土壤生物和非生物组分的正常组成，但由于入侵种往往具有比土著种更好的资源利用及应对资源胁迫的能力，土著种恰恰相反，因而入侵种往往能利用这种环境更好地完成入侵。在高氮水平下，土著一枝黄花的资源竞争能力会减弱，而入侵种一枝黄花仍旧会保持高竞争力。在高盐和水淹的不利条件下，互花米草也较土著种芦苇表现出对土壤氮的更好的利用能力，所以大量使用化肥导致的土壤成分的改变很可能在给土著种制造不利条件的同时，恰恰给入侵种创造了优势条件，这就更利于入侵种的生长。

农业集约化过程中单一作物的种植取代了多样的生态系统，破坏了生态系统的稳定性，导致生物入侵。农业集约化的一个显著特征就是追求单一作物品种的大量种植，这些经过遗传上改良的作物品种较传统品种往往具有较好的品质或者产量，也更具有市场和生产竞争力。但是，单一作物的大量种植，会取代原有的多样地方品种，生物多样性下降，造成农作物基因库的流失，最终会影响生态系统的稳定，也会使得其更容易被入侵种攻击。农业集约化生产会增加农业生态系统的土壤排气量，从而影响大气成分，大气成分的变化又会造成气候变暖，进而在环境、物种、人类活动等方面影响生物入侵。

四、臭氧层空洞

19 世纪后期，平流层的臭氧吸收某些波长的太阳辐射逐步被发现，后来在全球气候变化的大背景下，臭氧消耗影响气候，同时气候变化影响着臭氧浓度。臭氧的消耗对其他气候因素（如风力、降水和全球变暖）的影响会加强紫外辐射与生态系统之间的相互作用，从而改变植被，进而对生态系统中生物体有强烈的影响。紫外辐射（UVR）是一种电磁辐射，作为太阳辐射光谱的一部分，紫外线落在 X 射线与可见光光谱之间，是混合波段，通常由 UVC（100～280nm）、UVB（280～315nm）和 UVA（315～400nm）组成。UVA 可以通过大气臭氧层直接到达地球表面，约占到达地球表面紫外辐射的 90%，而 UVC 和大多数 UVB（＞90%）在平流层中被臭氧层吸收。臭氧层变薄甚至空洞会造成到达地面的紫外线增多，对生物产生未知的伤害，同时城市光污染的逐步增加也加剧了紫外线污染，高剂量的紫外辐射增加能够导致基因变异，DNA 链断裂，干扰 DNA 修复过程。

适当的 UVA 照射对人体内维生素 D 的形成是必需的，同时昆虫对 UVA 波段的光辐射表现出偏好和敏感性，主要表现 UVA 趋性。UVB 是细胞 DNA 光化学损伤的关键因素，同时 UVB 也是维生素 D 合成必不可少的因素，臭氧层空洞带来的最大影响就是到达地面的 UVB 显著增加。UVC 几乎可以完全被臭氧层吸收，目前常用于表面消毒。不同波长的紫外辐射，携带的能量不同，波长越短，能量越高，对生物造成的伤害也越严重。由于通过大气的路径不同，大气中的紫外辐射强度与地理位置、季节、一天中的时间和海拔都有关联。云层覆盖和较低的大气污染及来自地表的反射将也会调节地面紫外辐射的强度。

近年来，随着全球人口的增长及全球工业化，大气污染加重，氟氯化碳（CFCs）增加，臭氧层日趋变薄甚至出现臭氧空洞，近地表地外辐射剧增。与 1980 年的水平相比，1997～2000 年臭氧浓度平均降低约 6%。大气层中的臭氧浓度每减少 1%，UVB 辐射强度就增加 2%。大气紫外线的改变并不是均衡的，根据预测，到 21 世纪末，红斑紫外线（UVA 和 UVB 的组合加重了导致皮肤红斑效应）在北部高纬度地区将减少 9%，但在热带地区增加 4%，在南部高纬度地区在春末和夏初增加 20%。臭氧空洞还会导致有害的 UVC 有机会透过大气层到达地面，造成严重的辐射后果。

橘小实蝇被紫外辐射后，免疫系统都会受到不同程度的损伤。其中过氧化氢酶（CAT）的活性显著下降，并且直到 120h 后都不能恢复。过氧化物酶（POD）只在 UVB 和 UVC 的处理中活性下降，并且在 120h 后都能够恢复到正常水平。超氧化物歧化酶（SOD）只在 UVB 和 UVC 的处理中活性下降，这种影响一直持续存在。谷胱甘肽 S- 转移酶（GST）与超氧化物歧化酶类似，损伤后不能恢复。并且，紫外辐射对生物也有其他的影响，存活率下降、发育速率减缓、羽化率降低等，紫外辐射的生态效应同样是不可逆的，生物受到紫外辐射后损伤通常持续存在，甚至寿命都受到影响（图 11-11）。

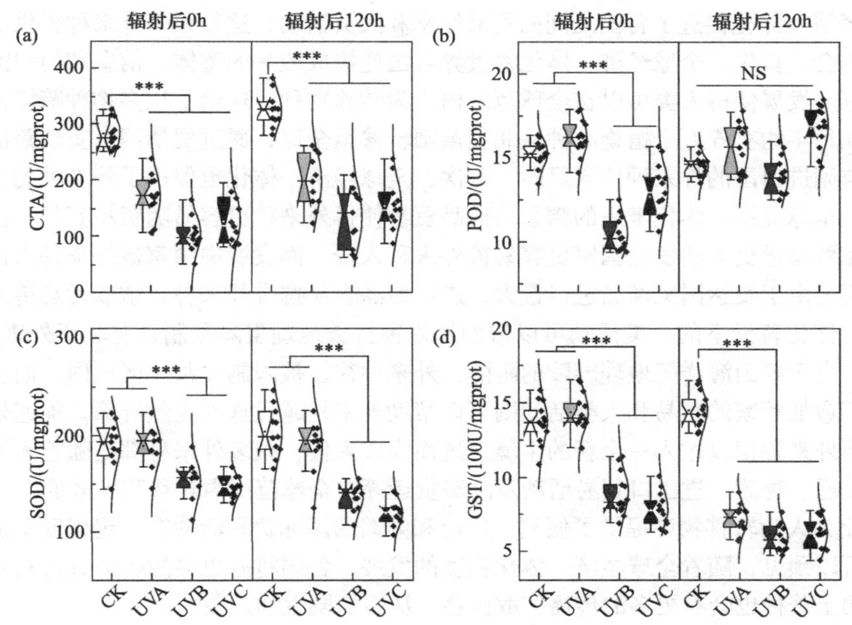

图 11-11　紫外辐射对橘小实蝇成虫免疫系统酶活的影响（仿 Cui et al.，2021）

（a）过氧化氢酶；（b）过氧化物酶；（c）超氧化物歧化酶；（d）谷胱甘肽 S- 转移酶

五、经济贸易全球化

（一）全球经济一体化

全球经济一体化是当前世界经济发展的格局和大趋势。全球经济一体化，是指在全球范围内，各国之间在经济上相互联系、相互依存，商品、服务、资本和技术不受国界限制，互成一体的格局。全球经济一体化大大加快了各国交流与合作的步伐，经济一体化打破了贸易壁垒，为各国经济贸易和人员流动提供便利，开放的世界也进一步促进了各国的“一国经济”融入“世界经济”。在全球经济一体化的背景下，各种经济联盟也快速发展，如欧洲联盟、北美自由贸易区、中国 - 东盟自由贸易区等，这使得国际贸易更加频繁、便利，也进一步促进了全球经济一体化。我国自 2001 年加入 WTO 以来，与世界各国的贸易也日益密切，这也给我们带来了很多机遇与挑战。全球经济一体化影响着各国经济的发展，也通过各国经济发展过程中的交流往来影响着各国社会环境和生态环境的方方面面。

（二）全球经济一体化影响生物入侵

在全球经济一体化背景下，各国经济、人员和交通往来越来越频繁，这就为携带入侵种进入一个新的生境提供了机会，大大加重了生物入侵风险。一般来说，一个外来种的成功入侵需要经过传入定殖、建立种群、时滞及扩散暴发 4 个阶段，全球经济一体化主要在外来种的定殖、传播和扩散阶段影响入侵，经济一体化背景下的各种经济集团也进一步促进和方便了各国贸易交流，而生物入侵也会反作用于贸易甚至全球经济一体化，对全球经济一体化过程也产生一定的负面影响。

全球经济一体化促进了各国之间的贸易往来和人员活动，这给很多外来种提供了传入传播和扩散的机会。首先，全球经济一体化将世界各国连接成统一的整体，信息和门户的开放再加上交通物流的发展使得人类可以在全球范围内人为转移物种，这给了很多物种跨境传入和传播的机会，如每年约有 6 万个植物品种从北美苗圃转移至全球，通过贸易网络实现跨国传播，大大增加了苗圃进口国的外来种传入风险。其次，全球经济一体化也促进了外来种的无意传入和传播扩散，全球经济一体化带来的频繁的商品贸易使得外来种更容易随贸易商品传播。有研究表明，商品贸易量更大的发达国家更容易被外来种入侵，而发展中国家被外来种入侵的风险较小，这主要是由于发达国家商品进口量大，进口商品容易携带外来种，增加无意传入风险。最后，经济一体化背景下的人类活动可以帮助外来种打破地理阻隔限制，有利于外来种的扩散。一般而言，由于高山海洋等地理屏障的阻隔，外来种往往被限制在某一区域内，而全球经济一体化背景下愈加频繁的贸易和人类活动则可以帮助外来种越过这些自然屏障，加速外来种的空间扩散，使外来种得以进入一个新的生境，进而完成入侵，很多外来种都是随着人类引种、跨国旅行、交通、物流、进出口贸易活动及邮寄货运等在全球范围内转移和扩散的。

全球化为人为转移物种提供了便利，广泛和频繁的国际贸易活动在一定程度上加剧了生物入侵，也可以预见，随着全球经济一体化程度的发展，各国将有更多的机会进行相互之间的往来，各国的土著种也会有更多的传播扩散机会，从而加剧生物入侵。

（三）区域经济一体化促进入侵种相互扩散

在全球经济一体化背景下，为了能更好地开展交流与合作，提高经济发展水平和国际地位，两个或两个以上国家或地区会基于现有的经济发展水平，通过政府间协商，建立起两国或地区或者多国或地区的经济组织，如欧洲联盟、中国 - 东盟自由贸易区、亚洲太平洋经济合作组织等，这就是区域经济一体化。由于区域经济一体化形成的经济集团内部有很多促进共同发展的政策和便利条件，如不存在贸易壁垒，很多商品可以自由流动，商品关税降低或者取消等，大大促进了成员之间的商品贸易，再加上对于成员商品检疫政策的放宽，都直接或者间接促进了外来种的入侵。

（四）生物入侵对全球经济一体化的反作用

全球经济一体化会通过各种途径加剧生物入侵，而不断加重的生物入侵也会反作用于全球经济一体化。随着各国贸易的频繁及生物入侵形势的严峻，各国也都意识到生物入侵的生态后果和带来的经济损失，采取各种限制措施，以减少生物入侵。最常见的措施就是进行口岸检疫，并采取合适的检疫处理措施。例如，2009 年，因外来野燕麦进入我国后会严重干扰我国土著植物的生长，我国天津出入境检验检疫工作人员对某公司从加拿大进口的抽检出野燕麦的整批 512.93t 亚麻籽采取了销毁处理。从我国来看，每年因检疫不合格而依法进行退回、销毁或改作他用的情况很常见，这也发生在其他国家，各国都有针对于外来生物的限制条款，对可能危害到本国生态安全的有害生物，正常的贸易将会被禁止。出于生态安全对进出口产品进行的检疫和处理无疑对进出口贸易造成了一定的影响，同时，借生物入侵设立的各种进出口贸易规则也很可能被作为国家贸易技术壁垒，从而干扰正常贸易活动的进行。因此，外来种入侵在一定程度上对贸易发展甚至全球经济一体化进程起到负面作用。

第二节　全球入侵

一、全球最危险的100种入侵种

生物入侵已经从稀有的生态学现象转变为常见的生态学现象，全球所有的国家都或多或少地发生过生物入侵。据统计，全球入侵种多达几万种。入侵区域包括所有的大洲，也包括南极洲，甚至水域也同样面临着严重的生物入侵。IUCN在2001年就发布了入侵种名单，2013年更新了全球100种最危害的入侵种名单，名单中51种在我国有分布。

全球100种最危险的入侵种名单中，微生物有6种，植物37种，无脊椎动物27种，脊椎动物30种。无脊椎动物中昆虫有13种，是仅次于被子植物的第二大类群。当然，在这100种最危险的入侵种名单之外，还存在大量的其他危险性入侵种，这些入侵种不仅对入侵地生物群落产生巨大的影响，还会对生态系统结构和功能产生巨大的影响。在植物类群中，入侵种也分布在多个科的分类单元中，以双子叶植物为主。在入侵我国的51种最危险的入侵种中，植物的比例高达41.2%，这与植物产品的国际贸易关系密切。脊椎动物和无脊椎动物也都占有较高的比例，与全球的100种入侵种组成接近，多个分类类群中都有入侵种入侵我国。这100种全球最危险的入侵物种中，还有49种在我国并未有分布，但这49种在口岸和贸易活动有截获的记录，这些都表明入侵种还在持续性地给我国造成入侵压力，未来新的生物入侵还会不断发生（图11-12）。

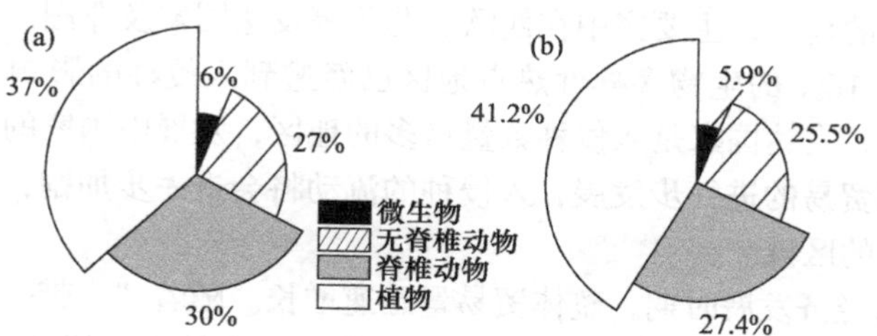

图11-12　全球100种最危险的入侵种组成

（a）类群组成；（b）入侵我国的51种类群组成

二、我国潜在的高风险入侵种

（一）入侵种的源与汇

大量物种因人类活动而到达其自然范围以外的地区，许多物种已成为被入侵地的重要组成部分。在过去的两个世纪中，外来种数量激增。在生物入侵过程中，入侵种需要有3个元素，即源、汇及路径。源是种群生态学上的概念，指生物出生率大于死亡率的区域，往往指种群来源和产生的区域，在入侵生态学中“源”是指入侵种群不断增加并对外输出入侵种的地区，即来源地。汇指死亡率大于出生率的区域，是种群消失的区域，在入侵生态学中“汇”是指入侵种群流入并接收入侵种的地区，即入侵地。另外，路径是入侵种从“源”到“汇”的过程，路径只是入侵种暂时存在的区域，路径可能有一条，也可以同时有很多条。大量入侵种在全球的流动和交换过程中就形成入侵源汇过程，也是入侵种对生态系统产生影响的重要途径。

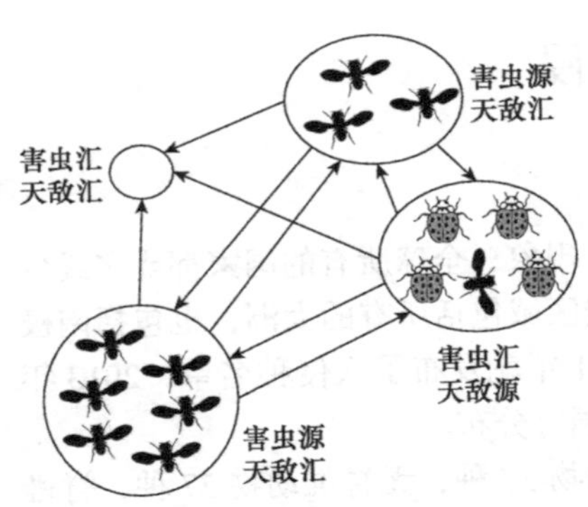

图 11-13 入侵种的源与汇图示

在农业景观中，昆虫种群都是以复合种群的形式存在，每个物种在不同的生境斑块中呈现异质性分布。昆虫种群产生的斑块一般称为源，昆虫种群消失的斑块称为汇，种群源汇流动过程形成了种群的流动和动态过程。天敌和害虫的空间分布也有明显的区别，在害虫生态调控中，往往需要增加天敌源，减少害虫源，并且调节天敌汇，使其转化为源，这样就能够最大地发挥天敌的调控作用（图 11-13）。

（二）入侵种交换

入侵种的来源地主要位于欧洲、北美洲、东亚地区及巴西、阿根廷等新兴经济体地区，这些国家或地区输出的商品较多，也是人口的净流出地。欧洲国家对很多其他国家都有过殖民历史，1500～1903 年，外来鸟类主要起源于欧洲和欧洲殖民地，这与欧洲殖民地扩张有关。但近现代以来，入侵种的分布格局发生了明显转变，外来鸟类能够通过宠物贸易等方式被引进，逐渐来自欧洲以外的其他贸易中心地区。此外，伴随从亚洲进口商品的增加，来自亚洲的入侵种数量在显著增长，到 1950 年左右，亚洲的累积入侵种数量已超过欧洲。针对全球归化植物流动方向的研究表明，近现代以来欧洲不是提供归化物种的物种库，归化植物流最大的是从亚洲到欧洲的流动。

入侵种的流动表明，21 世纪以来入侵种至少分布并威胁到占全球陆地面积 17%（不包括南极洲和格陵兰岛）的地区，主要集中在西欧、北美等发达国家及非洲、南美洲和亚洲的部分发展中国家。全球约 16% 的生物多样性热点地区已经遭到入侵种的影响，很多物种数量急剧减少甚至灭绝。目前，发达国家是入侵种数量最多的地区，发展中国家的入侵种相对较少。随着全球经济一体化和贸易的进一步发展，入侵种的流动将会进一步加剧，非洲和东南亚国家将成为生物入侵最严重的区域。

我国处于飞速的经济发展时期，整体贸易量迅速增长。随着“一带一路”倡议的实施，契合了沿线国家的发展需求，但不得不警惕，频繁的往来也为外来入侵动物的入侵创造了条件，因此了解沿线国家有害生物情况，提前做出生物防控等工作准备十分必要。很多入侵种已经在“一带一路”国家有分布，这些物种还未入侵我国，随着贸易的发展，我们也需要警惕这些外来入侵对我国的威胁，对我国有入侵风险的潜在物种数量很大。

三、科学研究带来的生物入侵

进入 21 世纪以来，生命科学领域的研究迅猛发展，生物是生命科学研究的载体。很多研究需要特定的物种，在植物学研究中，不仅需要研究土著种，还需要进行外来种的研究，因此需要大量的引种。我国相继成立了多个国家级植物园，引进了大量的外来种，虽然所有的外来种暂时在植物园中进行规范管理，但引进植物的同时，不少植食性昆虫及其他微生物也存在被引进的概率。历史上，我国有多种入侵种在引进之初都是由于科学研究的需要，后来逃逸成为入侵种。

如何规范和避免科学研究带来的生物入侵则成为今后一个重要的问题，很多特殊的物种对科学研究非常有利，需要依托有资质的实验室引进这些物种进行先期工作，探究基础的生物学及生命科学相关理论，在这一过程中，如何避免一些引入外来种的负面影响，防止科学研究成为入侵种的引入途径，需要引起重视。

第一，完善国家级及省部级的实验室资质审批。目前中国科学院武汉病毒研究所建有生物安全四级（P4）实验室，可以开展四级病原实验活动。对于农业和生态学，对研究生物入侵的资质认定还不规范，不少实验室已经开展生物入侵的相关研究，涉及很多入侵物种。对于外来昆虫和外来植物，还需要规范化实验室建设和实验室管理，保证既能顺利进行科学试验，又可以避免外来种逃逸到野外形成入侵。

第二，建立外来种的科学研究培训制度，并对研究人员进行宣传和规范。很多研究生物入侵的工作与研究传统生物基本保持一致，在研究空间、保障手段、设备使用上完全一致，甚至在同一个实验室和同一个实验平台上进行。研究外来种要与土著种进行区分，研究人员需要进行研究外来种的培训，从根本上预防生物入侵。

第三节　土著种入侵

一、土著种分布范围变化

过去 20 年来，生物入侵研究激增，这并不是土著种主动的分布范围改变，而是由于人类活动超出了地理范围的限制。生物入侵的激增反过来使人们对入侵过程有了更新的认识，生物的分布范围在不断改变，尤其在目前全球变化加剧的背景下，入侵种由于人类活动导致的分布范围不断增加，土著种也因为气候变化和人类活动范围不断变化。

入侵科学是生态学的亚学科，主要研究人类活动导致物种侵入到新生态系统的增殖、扩散和持久性。入侵包括“扩张”“侵占”“殖民”及“物种更迭”，很多科学家都记录了外来种入侵的共同生态学特征，包括数量分布、生态系统结构、功能变化及对生物多样性、生态系统服务和区域经济的影响。入侵种被定义为发生在自然分布或目前分布范围之外的有机体，其存在和扩散是由于人类有意或无意传入，并且气候变化也被认为是人为因素造成的，因此传统的入侵种都是在人为介导下形成的。

土著种的分布范围改变并不是罕见的现象，很多物种都出现了不断北移，英国科学家进行了一个长期的研究，涉及多个物种类群，包括多足纲、树虱、收获蚁、蜘蛛、水生昆虫、蝴蝶、甲虫、天牛、蜻蜓、蝗虫、食蚜蝇、鱼、猴子、鸟类、哺乳动物等，在 25 年间，多数动物都出现了北扩的趋势。绝大多数动物都向北扩散了 1～150km，其中扩散距离最远的动物北扩了 300km 以上，仅有极少量的物种分布范围收缩（图 11-14）。

很多全球变化都改变了土著种的分布范围，大气 CO_2 的迅速增加及气候变化下土著种和外来种的分布范围都会发生急速变化，物种在某些地区扩张，在另一些地区收缩。这些都导致土著种的概念越来越模糊，因为土著种变得不适应当地环境和生态平衡，土著种的变化随着环境梯度而产生变化。全球一体化背景下，运输网络、技术革新、景观变化、气候变化和地缘政治事件等迅速发展，并打破了生物的地理障碍，导致环境、群落和生态系统功能变化加速，并进一步影响全球入侵。

二、外来入侵与土著入侵

在许多方面，扩张的土著种在功能上与入侵种无法区分，北美的土著入侵植物占所有入

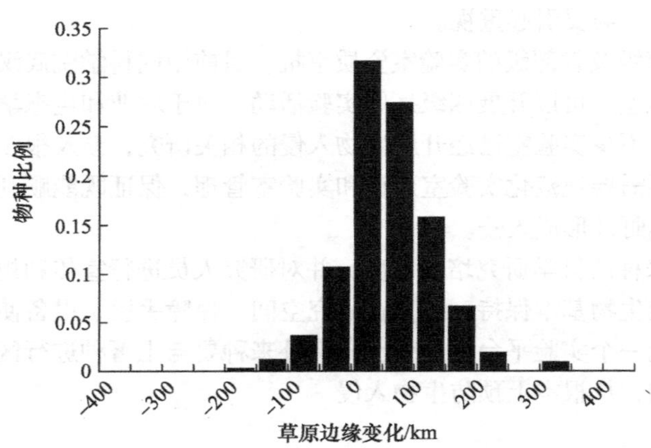

图 11-14 英国南部 239 种动物在 25 年内的分布北界（仿 Thomas，2010）

负数表示南移，正数表示北移

侵植物的 10%～20%。然而，对土著入侵的适应性反应还不清楚，主要可能存在三个问题：第一，大多数土著植物入侵与人为干扰有关；第二，入侵的土著种影响小于入侵的外来植物物种的影响；第三，入侵的土著种相当有限。然而越来越多的证据表明大多数入侵（土著入侵和外来入侵）都是人类活动干扰造成的。但土著种入侵还一直被排除在外，尽管证据表明土著种的大规模扩张也包括分布和丰度的变化，并且产生严重的生态和经济损害。从目前看来，土著种入侵是广泛和大规模的，在南非的土著种扩张发生了数千万公顷。因此土著种入侵和外来种入侵在理论上都是生物分布范围的改变，这种生物的分布范围改变都强烈地影响了生态系统的功能和结构，甚至造成了严重的负面影响。

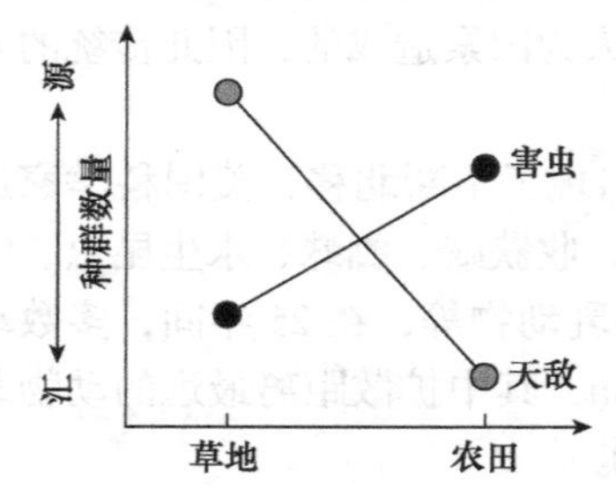

图 11-15 农田与草地昆虫的相互交换

在农业生态系统中，昆虫在不同生境斑块之间的相互交流是非常普遍的，这种交换也可以认为是入侵过程，实际上就是入侵种的“源汇”过程。草地生态系统中，天敌种群数量较高，种群数量的增长使得天敌不断向农田流动，农田则是天敌种群消失的斑块。害虫种群正好相反，农田是害虫种群数量增长的生境，由农田逐步向草地等其他生境迁移，农田是害虫种群的“源”。土著种群和群落的扩散迁移过程同样构成了物种的相互入侵模式，也就是土著入侵。通过改变害虫和天敌的扩散过程，能够有效提高害虫生态调控过程（图 11-15）。

三、草地群落中的树木扩张

非洲乔木和灌木在不停地移动，在过去 50 年中，树木进入草原的数量有了明显增加，这与草原扩散到森林的趋势正好相反。草地上树木占主导地位的增加主要是由于土地利用的改变和火的改变，CO_2 浓度、温度、降水量变化同样影响了树木向草地的入侵。许多热带草原都在不断地被森林入侵，这表明草原需要更多保护，以保持持续开放的草地生态系统。与南非一致，北美也存在土著树木向草原蔓延的过程，西部松树 *Juniperus virginiana* 的扩张尤其明显，

西南部牧豆树 *Prosopis glandulosa* 与杂色灌木 *Larrea tridentate* 正在侵入干旱的草原，西北地区的栎 *Quercus garryana* 与 *Pseudotsuga menziesii* 正在将草原逐步转变为林地。美国 3.3 亿公顷的草地正在被土著木本植物入侵，这些扩张大多是人为因素引起的，如火的改变、放牧或耕作。

四、森林群落中的草地扩张

土著草本也能入侵木本植物群落，南非有草原具有很高的植物多样性，可以特异性地应对火、放牧和干扰，这使得有些草本更具竞争力。一般来说，草本植物入侵的影响包括改变植物群落结构、养分循环和火制度，非洲土著的草本植物入侵可能是夏初降雨量增加、牲畜饲养率降低、温度升高和 CO_2 改变所驱动。对纳马卡鲁（Nama Karoo）灌木林地的长期生态研究表明草本植物增加，灌木逐渐减少，土著草本植物入侵显著改变了火的周期。当生态系统燃烧时，灌木被破坏，草本恢复更快。这种变化已被土著入侵杂草所适应，土著草本入侵和火周期间的关系也引起了广泛关注。草本植物能够在 CO_2 改变中更加适应，灌木群落物种却响应不明显，土著草本取代灌木群落可能会改变养分循环、区域小气候或频率。从灌木向草地甚至混合灌木林的群落演替对稀树草原特有的植物和动物群的管理和保护有很大影响，包括灌木群落中特有的种类也逐步侵入稀树草原，涵盖鸟类、昆虫和哺乳动物等类群。

五、土著入侵管理

适合入侵种的根除策略显然不适合控制正在扩展到其分布范围以外的土著种，如引入捕食性天敌进行生物防治来消灭外来入侵植物。生物防治对土著种不会有效，因为土著种与土著捕食者同时进化，引入外来植物害虫或病原体来控制土著种是危险的，因为生物因子能够流向非靶标的土著种群。有些控制外来种的策略对土著种同样有效，包括燃烧、化学、人工和机械方法。除了技术挑战之外，重新定义人类活动驱动下气候变化对土著种的影响，这些管理策略需要对生态效应的时空复杂性进行解析，并重新检验入侵科学的理论结构。

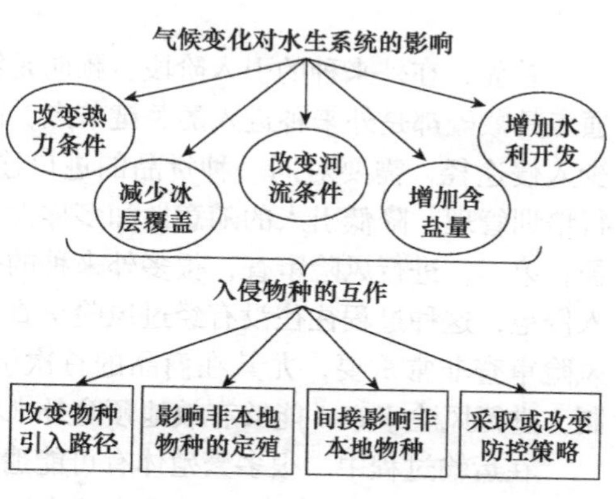

图 11-16　气候变化对水生系统的影响（仿 Rahel and Olden，2008）

土著入侵原来是生态系统中群落演替的过程，在全球变化的背景下，土著种的分布改变和群落演替过程将会更加频繁。即使在水生生态系统中，气候变化也会导致水生生态系统的环境变化，如改变热力条件、冰层覆盖、河流条件，甚至改变水体中的含盐量等，这些都会导致土著的环境变化，对土著种的分布产生深远的影响。当然这种改变也给外来种提供了更多的机会，使得外来种的入侵途径和入侵过程改变（图 11-16）。

因此，外来种不再是生物入侵的唯一生物有机体，气候变化介导的土著植物种群向邻近植物群落扩散在许多方面也和外来种入侵相同。土著种入侵随之而来的是生物群落的显著变化，在迅速变化的生态系统中，将土著种入侵纳入自然资源管理战略能够更好地解决复杂的生态变化和级联后果。

第四节　入侵生态学的部分前沿问题

一、生物入侵过程适应性管理

生物入侵既是一个生态学问题，也是一个管理问题。生物入侵作为人类介导的生物与环境的互作过程，完善的政策和管理措施有助于避免生物入侵带来的负面效应，促进入侵种可防、可控、可利用。在不同的入侵阶段，管理手段和治理措施应因地制宜，以入侵种本身的生物生态学特征为基础，制定高效可持续的外来种管理策略（图 11-17）。

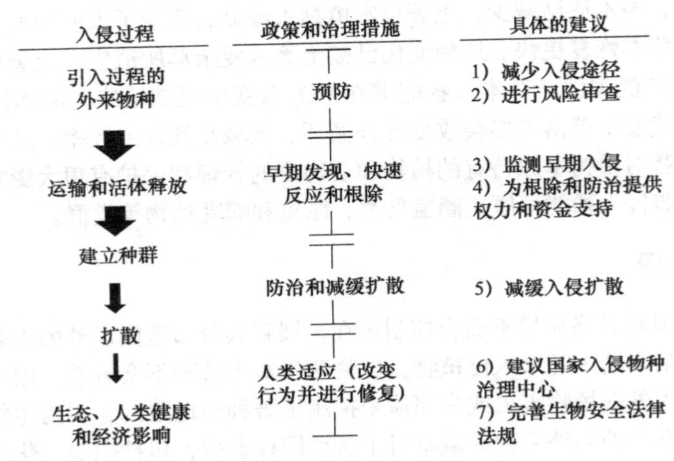

图 11-17　生物入侵的管理及政策

首先，在外来种的引入阶段，预防是第一位的，在这个过程中进出口商品、旅客携带、交通工具藏匿都是外来种进入的关键节点，因此两种方式能够有效降低外来种的进入。第一，减少入侵途径，需要对同一种货品的进口途径或者进口方式进行规范，对进口的公司或企业进行培训管理，降低引入的随意性和多样性，建立规范化管理和统一调配，减少外来种的进入途径；第二，进行风险审查，很多外来种的引入都是无意的，在进出口贸易中随着商品进入新的入侵地，这种过程往往没有经过风险审查和评估，并且在转运过程中的监管也完全不够，因此风险审查非常重要，尤其在商品的首次引入或者使用新型交通工具时，建立风险联网管控机制，进行风险审查，能够有效地预防外来种的随意引入。

在运输过程中，很多繁殖体有可能遗落或者逃逸，从交通工具中释放，潜入道路两旁或者口岸附近，早期发现和应急反应在这个阶段非常重要。很多口岸都设置了外来种的早期监测体系，第一时间对外来种的引入进行预警，并进行应急处理，能够在最早的时间消除外来种，彻底铲除。

一旦外来种建立种群，根除的策略就不可行了，随后就是暴发和快速扩散，在这个入侵过程中主要是采取减缓扩散的方法，一般外来种建立种群后就与生态系统形成了稳定的关系，减缓外来种的危害及阻止进一步扩散成为主要的措施。例如，马铃薯甲虫入侵新疆后，迅速在新疆造成了巨大的损失，后来在新疆东部建立了马铃薯甲虫的防线，成功地阻止了马铃薯甲虫的扩散蔓延。

当外来种造成了生态影响后，可能对人类健康和经济造成巨大的负面作用，这是外来种对新的生态系统最严重的破坏，因此需要针对生物入侵进行生态修复。很多外来种对生态系统造成了严重的破坏后，仍然没有有效的方法进行控制，导致这些外来种的危害更加严重。因此建立国家入侵种治理中心，集成入侵种的防控技术，在生物入侵发生后能够及时采取措施，实施入侵种的控制。另外，还需要完善生物安全相关的法律法规，制定入侵种的系统性管理规程，保证入侵种在蔓延后仍然能够有效地控制，并修复生态系统。

二、生物入侵的发展趋势

入侵生态学的研究问题在各个层次上都有研究，从微观的分子生态学、组织生态学、个体生态学，到宏观的景观生态学和全球生态学，生物入侵的问题无处不在。当然，入侵生态学研究最多的领域还是经典的种群生态学、群落生态学和生态系统生态学，尤其是种群生态学，关于生物入侵的研究接近 2 万篇文献。随着微观组学技术的进步和宏观“3S”技术的发展，生物入侵研究逐步向微观和宏观两个方向发展，大数据、多层次、复合化是目前生物入侵研究的发展趋势。无论是组学技术还是“3S”技术，这些入侵生态学研究都是基于海量数据，通过复杂的算法和数据挖掘进行探索，将会是将来入侵生态学发展的重要思路（图 11-18）。

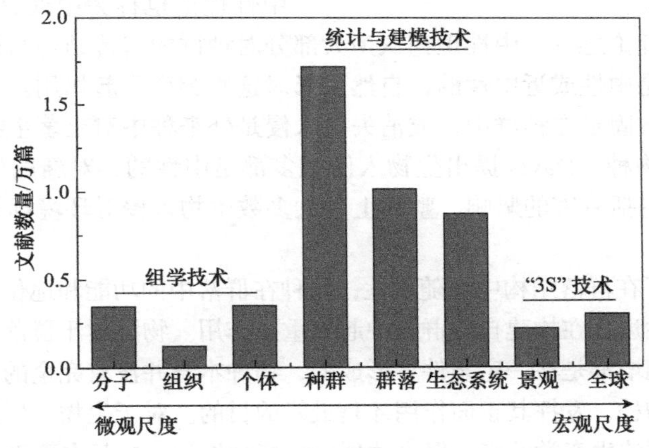

图 11-18　入侵生态学研究内容在生态学领域的分布

入侵生态学在宏观上体现了物种的交换过程，以及物种交换过程中形成了一系列生物学和生态学的变化过程。入侵生态学的格局体现在景观甚至全球尺度上，机制还需要微观的分子及组学技术来进行挖掘，宏微观相结合的方法将会为入侵生态学的发展注入新的活力，促进整个生物入侵研究领域的发展。

入侵生态学不仅仅是植物保护中的应用性问题，还是生态与进化的基础性生物问题。外来种在入侵后的快速适应为进化研究提供了重要的研究系统，其生态表型、生理、基因组成上的变化为物种分化过程乃至新物种的形成都提供了重要的证据。并且，生物入侵是多尺度的生物学、生态学及环境学的过程，是研究物种与食物网关系对食物网能量流动和物质循环影响的模式。

外来生物入侵是全球变化的重要方面，对其他全球变化因子与生物入侵的关系，以及对生物入侵的影响研究非常多，本书对此进行了总结（引自 Web of Science，截止到 2020 年 7 月）。生物多样性从达尔文提出物种的分布范围改变开始，一直是生态和进化方面的热点，直到现

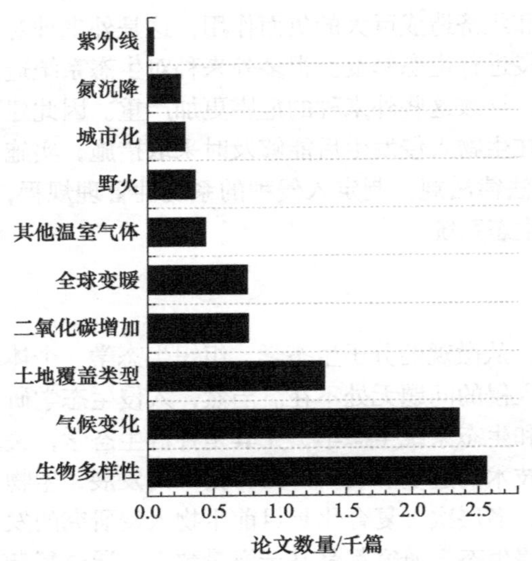

图 11-19 全球变化因子与生物入侵关系研究的论文数量

在，生物多样性依然保持了重要的地位。气候变化是近 30 年以来的热点问题，气候变化对全球生态系统都造成巨大的影响，尤其是生物分布范围改变及生物间互作过程和模式变化，包括入侵种的动态和生态效应。土地覆盖类型变化、CO_2 增加及全球变暖与生物入侵的关系研究也较多，土地覆盖类型变化涉及种植模式改变和农田扩张等过程，是影响入侵种定殖和扩张的重要原因（图 11-19）。野火、城市化、氮沉降与紫外线也是全球变化的重要因素，这些因素对入侵种影响的研究还比较少，还需要更多的证据来填补这些因素对入侵过程的影响。

三、中性生物入侵

（一）中性理论

中性理论也称为中性突变与随机漂移理论，是分子进化的重要理论之一。中性理论认为大部分对种群的遗传结构与进化有贡献的分子突变在自然选择中都是中性或近中性的，自然选择对这些突变不起作用。中性突变的进化是随机漂变的过程，或被固定在种群中，或消失。入侵是外来种中对土著生物多样性、经济及环境产生明显损害的物种。Davis 提出生物入侵很多都是中性的，对新的生态系统的影响既包括有利的影响，也包括有害的影响，整体上，大多数生物入侵对环境都是中性的，因而提出了中性理论。

中性理论强调了在群落结构中的随机性，物种在群落中的功能和地位是不断变化的。生物入侵模式表明，中性过程在构建自然群落中起着重要作用。物种对于群落或者生态系统都是中性的，物种的数量剧增都是在一定条件下形成的，物种本身并没有完全的负面作用或者正面作用，因此如何使用物种，发挥其正面作用才是最终的目的。对于生物多样性保护的目的，入侵虽然造成了很多负面的生态学效应，但中性理论的接受作为一个基本理论是非常重要的。

（二）生物入侵的正作用

生物入侵的负面作用已经被广泛报道，包括土著生物多样性的丧失、生态系统功能退化、环境破坏及潜在的经济损失。然而，生物入侵不仅仅对生态系统有负作用，很多情况下入侵种对生态系统功能和生物多样性有促进作用。针对物种而言，物种的特征和生活史是中性的，物种是在与群落长期的协同进化过程中逐步形成的，入侵种只是对生态系统产生负作用后人为划分的类型。

生物入侵对生态系统的促进作用主要包括四个方面，第一，为人类提供食物、饲料或者其他有用的商品，很多入侵种并不是没有经济价值，在社会发展中很有可能将这些入侵种发展为具有经济价值的商品；第二，入侵种能够为生态环境提供重要的支持作用，尤其在防风固沙、保持水土、生态恢复及环境保育等方面都可能会发挥重要的作用，在生态脆弱区引进外来种进行生态治理，能够发挥对生态系统的正面的支持作用；第三，入侵种也能够对环境起到重要的调节作用，如调节气候、吸收二氧化碳、释放氧气、过滤灰尘等，尤其是植物的入侵种，很多对环境有重要的调节作用；第四，有些入侵种也会产生文化作用，如作为观赏植物和休闲农业，入侵种很多具有重要的休闲服务价值，对局部经济发展和产业都有巨大的促进作用。

很多入侵种在生态系统中虽然产生了负作用，但能够形成对人类或者生态系统的正作用，这些入侵种对生态系统的影响具有很强的环境依赖性。西方蜜蜂 *Apis mellifera* 引进我国后虽然造成了土著中华蜜蜂 *Apis cerana* 种群的下降，但西方蜜蜂逐步成为养殖的重要蜂种，用于采集蜂蜜，西方蜜蜂具有更强大的采蜜能力和抗病能力，在生产上具有更大的应用潜力。异色瓢虫 *Harmonia axyridis* 在欧洲和北美洲虽然产生巨大的生态负效应，造成了土著瓢虫多样性的丧失，但异色瓢虫作为生物防治因子，对多种农业害虫有很强的控制作用。克氏原螯虾 *Procambarus clarkii* 是著名的入侵种，近年来发展成为养殖产业，并作为食物产生了巨大的经济价值。不仅仅是动物，很多入侵植物，如互花米草 *Spartina alterniflora*、火炬树 *Rhus Typhina* 及二色仙人掌 *Opuntia stricta* 都是著名的入侵植物，这些入侵植物在很多生态系统中也会产生明显的正作用，不同程度地促进了生态系统的功能完善及经济发展，产生了对环境有益的影响（图 11-20）。

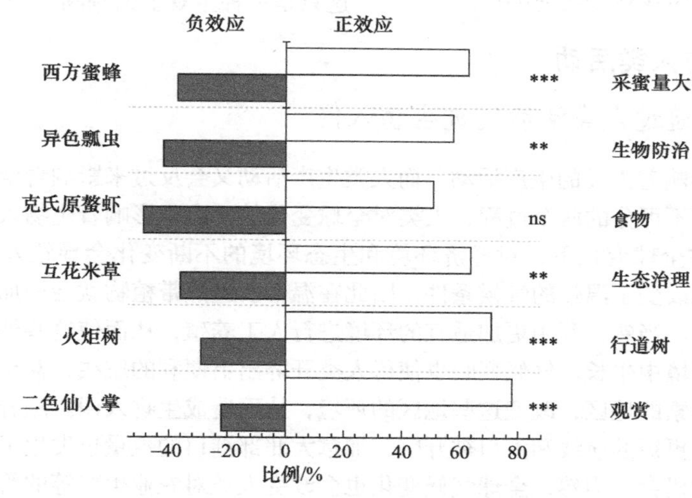

图 11-20　入侵种的生态效应

*** 指极显著；** 指显著；ns 指不显著

（三）生物入侵的复杂性

生物入侵的传统定义是对生物多样性、生态系统及环境的负面作用，这种负面作用完全是人为定义的。物种作为群落的组成单元，具有特异性，在生物学、生态学、基因组都存在与其他物种明显不同的现象。从本质上讲，物种是中性的，物种只是组成群落的基本单元，可能因为食性的不同，物种处于食物链的不同位置，传递的能量及获取食物的方式存在一定的差异。物种本身作为群落的组成单元，由一个群落扩散到另外一个群落，虽然有些特征可能发生了转变，但物种只是为了维持种群而占据生态系统中的空间和资源，这种过程对生态系统本身完全是一种中性过程。

甚至有人对入侵种进行了研究后，能够根据入侵种的特征，将入侵种转化为为人类服务的有益物种。空心莲子草在我国泛滥后，曾造成巨大的经济损失，目前空心莲子草已经被开发成饲料，用于养鱼、喂马、养牛等，营养价值非常不错，节省了传统的草料和食物，并且经济效益非常可观。同样，加拿大一枝黄花曾经泛滥成灾，目前已经开发成为牛饲料，利用一枝黄花生产迅速的特点，单位面积土地上就能生产更多的生物量，并且一枝黄花可在贫瘠的土壤中生长，为入侵种的利用提供了重要的途径。

有关外来种的文献中，91.8% 都是关于入侵过程的研究，只有 8.2% 的文献是关于外来种的引种驯化相关的研究，很多外来种具有很好的价值和驯化前景，而目前外来种的关注度基本都是入侵过程。甚至在入侵种的研究中，95.3% 的文献都是报道入侵种的负面作用，包括降低生态系统功能、损伤生物多样性、对农业生产的降低，4.7% 的文献报道了入侵种的有益作用，很多入侵种完全有利用的价值，且有益与有害在一定的条件下是可以相互转化的，这只是一种主观上的判断（图 11-21）。

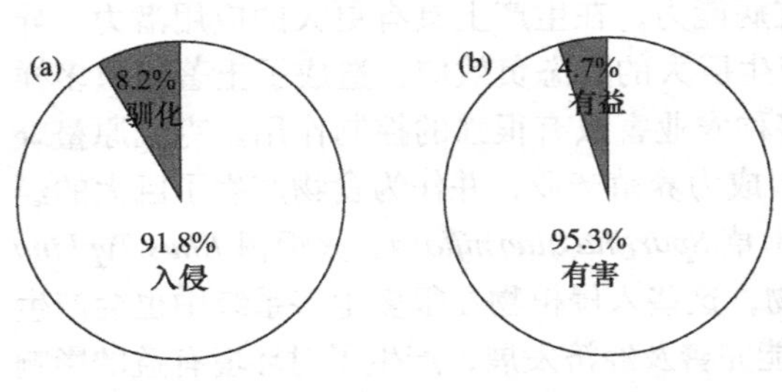

图 11-21　外来种的利用以及产生影响

（a）驯化和入侵；（b）有益和有害

四、生物入侵与人类活动

（一）全球变化通过人类活动促进生物入侵

全球变化会影响着人类的生产活动，而人类生产活动又会反过来影响着全球变化进程，而作为和生物入侵密不可分的两个过程，人类对全球变化的响应也影响着生物入侵，三者相互交织，相互影响。在全球变化下，对经济环境和生态环境的不断变化会导致人类活动的不断变化，全球气候变化改变了温带的气候条件，因此在温带引进热带植物就会增加，这在观赏动植物上表现尤为突出。当然，利用更加适宜的环境进行人工养殖，从而使这些外来种越过自然阻隔，在新的生态环境中生长。气候变暖也使得人类开辟出更便利的航线，甚至能够到达之前因为气候限制无法探索的地区，改变这些地区的环境，从而造成生物入侵。随着气候变暖对北极海冰的影响，更多更短的航线和港口被开辟，加拿大北部港口的数量也发生了改变，这就给外来种带来了入侵的机会。当然，全球气候变化也会改变人类对农业生产等的管理措施，也会影响人类对外来种的管理方式。

（二）人类对生物入侵的响应

在全球变化背景下，面对复杂的生物入侵形式和生物入侵带来的严重后果，人类也在积极响应，建立更完善的法律法规和检疫制度来加强对人类活动的管理，并且在不断地发展有害生物综合治理方法。面对被入侵、被破坏的生态环境，很多国家都开始采取措施应对全球变化带来的生物入侵，以尽可能降低生物入侵风险，减少损失。

生态恢复是指利用人类活动来对已经退化或者破坏的生态系统进行重建和恢复。生态系统是人类赖以生存的环境，生态退化直接造成生态系统功能减弱，生态恢复是缓解生物入侵负面效应的重要手段。无论是应对气候变化还是生物入侵，生态重建在我国一直在进行，“三北”防护林、长江中上游地区防护林工程、水土流失治理等都是生态重建的重要工程。生态退化的根本原因是人类活动对生态系统的干扰，因此生态恢复也不仅仅是入侵后治理，预防生物入侵造成的生态退化也非常重要。这还需要协调经济发展与生物入侵之间的关系，在保证经济发展的同时降低生物入侵，并且在进行生态恢复的同时也需要维持经济发展，以实现生态系统的可持续发展。

五、展望

目前，入侵生态学仍然在蓬勃发展，新的理论和新的技术不断被提出，回顾过去入侵生态学的发展过程，还有一些分支领域需要加强，这些领域的很多问题还属于空白。我们列举了一些入侵生态学的前沿研究问题，这同时也是国内外关注的热点问题，这些问题的解决将有利于进一步推动入侵生态学的发展，并能够补齐现有的入侵生态学知识短板，促进入侵生态学与其他学科的融合。

1）中性入侵生态学表明外来种入侵力和生态系统可入侵性是相关的两个方面，入侵力往往与多样性是一致的，可入侵性是生态系统的脆弱性，中性入侵生态学理论调控入侵种 - 生态系统格局及关系，是未来生物入侵更为普遍的过程。

2）为了有效阻止入侵种的持续传入，不同载体类型与入侵种的关系需要进一步研究，尤其是入侵载体如何影响外来种的入侵成功率，以及是否能够通过载体来评估入侵种的定殖可能性。

3）外来种与土著种长期共存的机制是入侵生态学的前沿问题，相关的物种共存理论和模型能够为外来种的长期定殖和入侵提供重要的工具。

4）入侵种与土著种的互作关系和生态反馈是揭示入侵过程的重要方面，能够反映外来种在入侵地的长期种群动态过程。

5）入侵阈值（invasion cliff）的普遍规律还缺少更多的证据，尤其在预测外来种的潜在地理分布及定殖概率方面。

6）全球变化因子（气候变化、温室气体、氮沉降、土地覆盖类型变化、干扰及地化循环）对入侵种入侵过程的影响。

7）生物入侵过程中繁殖体压力、资源、天敌、生物互利、物种特征等因子的单独作用或者相互作用对生物入侵过程的影响。

8）入侵种和土著种的共存格局与环境因子的梯度存在显著的地理变异，这些地理变异涉及入侵种的形态学、生理学、化学生态、行为学等，这些还需要进行入侵种和土著种的对比研究来揭示地理变异过程。

9）入侵种群的表型和基因适应在入侵过程的长期时间序列过程，以及入侵种在入侵过程中对群落和生态系统的影响。

10）入侵过程的随机性影响了外来种的建群概率，这种随机因素包括统计随机性、环境随机性、种群大小随机性。

11）物种作为群落的组成单元，入侵种增加了生态系统的丰富度，入侵种带来的群落丰富度增加与土著种的丰富度功能是否存在生态功能上的不同。

12）外来种的入侵力与表观遗传学有关，入侵种群与原产地种群的基因型和表观遗传对比能够反映入侵力的变异及过程。

13）采用生态发育理论（分子与细胞机制）研究外来种的表型可塑性过程。

14）植物入侵过程理论与动物入侵过程的统一，以及动物行为特征在入侵理论中的过程。

15）同一个物种的入侵种群和原产地种群的分子标记差异，这种分子标记能够反映外来种的入侵溯源。DNA 条形码是这一领域的有效方法。

16）全球外来种超过万余种，但形成入侵症状及入侵种的共同特征仍然不清楚，揭示物种特征与入侵症状的相关性能够反映外来种的入侵力。

17）外来种入侵群落生态网络的过程，以及生物入侵如何影响生态网络的结构与功能。

18）外来种入侵的区域会形成生物地理群落，外来种群落与土著种群落相同或独特的建群机理是成为生物地理学与入侵生物学交融的重要研究方向。

思考题

1. 全球变化都包括哪些重要的方面？全球变化因子对生物入侵的影响有哪些？
2. 生物入侵的全球趋势是什么？
3. 生物入侵是否也具有一些正面作用？请举几个例子。
4. 我国是否存在一些高危的潜在入侵种？
5. 入侵生态学的前沿问题都有哪些？
6. 土著生物入侵的现象及机制是什么？
7. 什么是中性入侵理论？

主要参考文献

柏成寿．2002．外来入侵物种管理与生物多样性保护．环境保护，8：21-23．

曹凑贵，展茗．2015．生态学概论．3 版．北京：高等教育出版社．

陈佳铭，杨再，陈学敏，等．2006．外来生物入侵的途径及预防对策．家畜生态学报，6：164-165，168．

陈纪鹏，刘小林，却志群．2015．一种大规模的基因沉默现象——核仁显性．宜春学院学报，35（9）：125-128．

陈中义，江红英．2008．繁殖体压力——一种解释生物入侵的机制．长江大学学报（自然科学版）农学卷，5（4）：79-81，84，131-132．

成新跃，徐汝梅．2003．昆虫种间表观竞争研究进展．昆虫学报，2：237-243．

戴玉芬，张艳，徐蓓，等．2016．浅谈外来有害生物入侵及预防措施．内蒙古林业，3：16．

邓贞贞，白加德，赵彩云，等．2015．外来植物豚草入侵机制．草业科学，32（1）：54-63．

邓贞贞，赵相健，赵彩云，等．2016．繁殖体压力对豚草（*Ambrosia artemisiifolia*）定殖和种群维持的影响．生态学杂志，35（6）：1511-1515．

范爱保，梁家林．2004．外来生物入侵的途径及控制方式．河北林业，4：21．

符建伟，王建明．2019．防范外来物种入侵的生态哲学分析．常熟理工学院学报，33（6）：32-36，62．

高燕，吕利华，何余容，等．2011．红火蚁与两种土著蚂蚁间的干扰竞争．昆虫学报，54（5）：602-608．

戈峰．2015．现代生态学．2 版．北京：科学出版社．

戈峰，陈法军，吴刚．2010．我国主要类型昆虫对 CO_2 升高响应的研究进展．昆虫知识，47（2）：229-235．

宫璐，李俊生，柳晓燕，等．2014．中国沿海互花米草遗传多样性及其遗传结构．草业科学，31（7）：1290-1297．

郭建洋，冼晓青，张桂芬，等．2019．我国入侵昆虫研究进．应用昆虫学报，56（6）：1186-1192．

桂富荣．2006．紫茎泽兰的遗传多样性及其种群结构分析．北京：中国农业科学院．

计映东，赵文博，李明飞．2014．生物入侵产生的原因及防治办法探讨．江苏科技信息，6：69-70．

江宗冰，戴习林，明磊，等．2017．罗氏沼虾生长性状的种内杂交优势及遗传力与遗传相关分析．上海海洋大学学报，26（2）：189-196．

鞠瑞亭，李慧，石正人，等．2012．近十年中国生物入侵研究进展．生物多样性，20（5）：581-611．

李宏，许惠．2016．外来物种入侵科学导论．北京：科学出版社．

李耕耘．2013．种群遗传多样性对入侵种喜旱莲子草定局能力的影响．昆明：山地环境与生态文明建设——中国地理学会 2013 年学术年会．

李涛，陈燕，李晋鹏，等．2019．港口外来生物入侵与压载水风险评估研究综述．交通节能与环保，15（1）：23-29．

刘春兴．2007．生物入侵的法律对策研究．北京：北京林业大学．

刘海鹏，武大勇．2010．浅谈外来物种入侵的现状与对策．现代农村科技，21：21．

林露湘．2007．森林林下植被和土壤种子库的边缘效应．西双版纳：中国科学院研究生院（西双版纳热带植物园）.

陆永跃，曾玲，许益镌，等．2019．外来物种红火蚁入侵生物学与防控研究进展．华南农业大学学报，40（5）：149-160.

马超，庄睿花，王时聪，等．2019．繁殖体数量对外来 *Ralstonia solanacearum* 在红壤中入侵潜力的影响．安徽农业大学学报，46（4）：665-670.

沈俊宝，刘明华，王强，等．1993．鲤鱼种间、种内杂交中杂种优势强度表现的某些规律的初步研究．水产学杂志，1：1-8.

万方浩，侯有明，蒋明星．2014．入侵生物学．北京：科学出版社.

王明娜，戴志聪，祁珊珊，等．2014．外来植物入侵机制主要假说及其研究进展．江苏农业科学，42（12）：378-382.

吴刚，戈峰，万方浩．2011．入侵昆虫对全球气候变化的响应．应用昆虫学报，48（5）：1170-1176.

冼晓青，王瑞，郭建英，等．2018．我国农林生态系统近 20 年新入侵物种名录分析．植物保护，44（5）：168-175.

徐承远，张文驹，卢宝荣，等．2001．生物入侵机制研究进展．生物多样性，4：430-438.

闫巧玲，刘志民，骆永明，等．2004．科尔沁沙地 78 种植物繁殖体重量和形状比较．生态学报，11：2422-2429.

晏榕．2017．资源异质性对外来入侵与非入侵 / 共存本地克隆植物生长与竞争的影响．武汉：华中农业大学.

易小燕．2008．外来入侵植物的扩散路径与入侵风险管理研究．南京：南京农业大学.

于文清，刘万学，桂富荣．2012．外来植物紫茎泽兰入侵对土壤理化性质及丛枝菌根真菌（AMF）群落的影响．生态学报，32（22）：7027-7035.

张龙娃，鲁敏，刘柱东，等．2007．红脂大小蠹入侵机制与化学生态学研究．昆虫知识，2：171-178.

张春霞，章家恩，郭靖，等．2019．我国典型外来入侵动物概况及防控对策．南方农业学报，50（5）：1013-1020.

张启发．1998．水稻杂种优势的遗传基础研究．遗传，S1：3-5.

赵小平．1995．生物的遗传重组．阴山学刊自然科学版，13（2）：85-88.

赵紫华，苏敏，李志红，等．2019．外来物种入侵生态学．植物保护学报，46（1）：1-5.

郑景明，马克平．2010．入侵生态学．北京：高等教育出版社.

郑景明，桑卫国，马克平．2004．种子的长距离风传播模型研究进展．植物生态学报，3：414-425.

郑仁华，林心和．1995．杉木幼龄期种内杂种优势及遗传力的初步研究．福建林业科技，S1：54-58.

Elton C S. 2003. 动植物入侵生态学．张润志，任立等译．北京：中国环境科学出版社.

May R M. 1980. 动物生态学．孙濡泳译．北京：科学出版社.

Abbott R J. 1992. Plant invasions, interspecific hybridization and the evolution of new plant taxa. Trends in Ecology & Evolution, 7: 401-405.

Agrawal A A. 2001. Phenotypic plasticity in the interactions and evolution of species. Science, 294(5541): 321-326.

Anderson C J, Oakeshott J G, Tay W T, et al. 2018. Hybridization and gene flow in the mega-pest lineage of moth, *Helicoverpa*. Proceedings of the National Academy of Sciences of the United States of America, 115(19):

5034-5039.

Anttila C K, Daehler C C, Rank N E. 1998. Greater male fitness of a rare invader (*Spartina alterniflora*, Poaceae) threatens a common native (*Spartina foliosa*) with hybridization. American Journal of Botany, 85(11): 1597-1601.

Bais H P, Vepachedu R, Gilroy S, et al. 2003. Allelopathy and exotic plant invasion: from molecules and genes to species interactions. Science, 301: 1377-1380.

Baldrich P, Meyers B C. 2019. Bacteria send messages to colonize plant roots. Science, 365(6456): 868-869.

Barker B S, Cocio J E, Anderson S R, et al. 2019. Potential limits to the benefits of admixture during biological invasion. Molecular Ecology, 28: 100-113.

Benvenuto C, Cheyppe-Buchmann S, Bermond G, et al. 2012. Intraspecific hybridization, life history strategies and potential invasion success in a parasitoid wasp. Evolutionary Ecology, 26(6): 1311-1329.

Bennett S N, Olson J R, Kershner J L. 2010. Propagule pressure and stream characteristics influence introgression: cutthroat and rainbow trout in British Columbia. Ecological Applications, 20(1): 263-277.

Bertelsmeier C, Keller L. 2018. Bridgehead effects and role of adaptive evolution in invasive populations. Trends in Ecology & Evolution, 33(7): 527-534.

Blair A C, Nissen S J, Brunk G R. 2006. A lack of evidence for an ecological role of the putative allelochemical (±)-catechin in spotted knapweed invasion success. Journal of Chemical Ecology, 32(10): 2327-2331.

Blossey B, Notzold R. 1995. Evolution of increased competitive ability in invasive nonindigenous plants-a hypothesis. Journal of Ecology, 83: 887-889.

Bodenheimer P S. 1928. Welche faktoren regulieren die Individuenzahl einer Insektenart in der Natur? What factors regulate the number of individuals of an insect species in nature? Biol Zentralbl. 48(12): 714-739.

Boivin T, Rouault G, Chalon A, et al. 2008. Differences in life history strategies between an invasive and a competing resident seed predator. Biological Invasions, 10(7): 1013-1025.

Bompard A, Jaworski C C, Bearez P, et al. 2013. Sharing a predator: can an invasive alien pest affect the predation on a local pest? Population Ecology, 55(3): 433-440.

Borer E T, Adams V T, Engler G A, et al. 2009. Aphid fecundity and grassland invasion: invader life history is the key. Ecological Applications, 19: 1187-1196.

Bossdorf O, Lipowsky A, Prati D. 2008. Selection of preadapted populations allowed *Senecio inaequidens* to invade central Europe. Diversity and Distributions, 14(4): 676-685.

Bouchet P. 2009. Not knowing, not recording, not listing: numerous unnoticed mollusk extinctions. Conservation Biology, 23(5): 1214-1221.

Broennimann O U, Treier A, Muller-Scharer H, et al. 2007. Evidence of climatic niche shift during biological invasion. Ecology Letters, 10: 701-709.

Butler R J, Barrett P M, Nowbath S, et al. 2009. Estimating the effects of sampling biases on pterosaur diversity patterns: implications for hypotheses of bird/pterosaur competitive replacement. Paleobiology, 35: 432-446.

Cadi A, Joly P. 2011. Competition for basking places between the endangered European pond turtle (*Emys orbicularis galloitalica*) and the introduced red-eared slider (*Trachemys scripta elegans*). Canadian Journal of Zoology, 81(8): 1392-1398.

Callaway R M, Aschehoug E T. 2000. Invasive plants versus their new and old neighbors: a mechanism for exotic invasion. Science, 290: 521-523.

Callaway R M, Ridenour W M. 2004. Novel weapons: invasive success and the evolution of increased competitive ability. Frontiers in Ecology and the Environment, 2: 436-443.

Callaway R M, Thelen G C, Rodriguez A. 2004. Soil biota and exotic plant invasion. Nature, 427(6976): 731-733.

Caut S, Angulo E, Courchamp F. 2008. Dietary shift of an invasive predator: rats, seabirds and sea turtles. Journal of Applied Ecology, 45(2): 428-437.

Chapman R N. 1928. Quantitative results in the prediction of insect abundance on the basis of biotic potential and environmental resistance. Journal of Economic Entomology, 21: 349-352.

Chen C; Pfennig K S. 2020. Female toads engaging in adaptive hybridization prefer high-quality heterospecifics as mates. Science, 367(6484): 1377-1379.

Chiba S. 2010. Invasive rats alter assemblage characteristics of land snails in the Ogasawara Islands. Biological Conservation, 143(6): 1558-1563.

Chitty D. 1960. Population processes in the vole and their relevance to general theory. Canadian Jour Zool, 38(1): 99-113.

Christian J J. 1950. The adreno-pituitary system and population cycles in mammals. Journal of Mammalogy, 31(3): 247-259.

Clark G F, Johnston E L. 2011. Temporal change in the diversity-invasibility relationship in the presence of a disturbance regime. Ecology Letters, 14: 52-57.

Colautti R I, Ricciardi A, Grigorovich I A, et al. 2004. Is invasion success explained by the enemy release hypothesis? Ecology Letters, 7(8): 721-733.

Coote T, Loève E. 2003. From 61 species to five: endemic tree snails of the Society Islands fall prey to an ill-judged biological control programme. Oryx, 37: 91-96.

Courchamp F, Chapuis J L. 2003. Mammal invaders on islands: impact, control and control impact. Biological Reviews, 78(3): 347-383.

Cramer V A, Hobbs R J, Standish R J. 2008. What's new about old fields? Land abandonment and ecosystem assembly. Trends in Ecology & Evolution, 23(2): 104-112.

Cree A, Daugherty C H, Hay J M. 1995. Reproduction of a rare New Zealand reptile, the tuatara sphenodon punctatus, on rat-free and rat-inhabited islands. Conservation Biology, 9(2): 373-383.

Crombie A C. 1945. On competition between different species of graminivorous insects. Proceedings of the Royal Society B: Biological Sciences, 132(869): 362-395.

Crooks J A. 2002. Characterizing ecosystem-level consequences of biological invasions: the role of ecosystem engineers. Oikos, 97: 153-166.

Cody M L, Overton J M. 1996. Short-term evolution of reduced dispersal in island plant populations. Journal of Ecology, 84(1): 53-61.

Courchamp F, Chapuis J L, Pascal M. 2003. Mammal invaders on islands: impact, control and control impact. Biological Reviews, 78(3): 347-383.

Daehler C C, Strong D R. 1997. Hybridization between introduced smooth cordgrass (*Spartina alterniflora*, Poaceae) and native California cordgrass (*S. foliosa*) in San Francisco Bay, California, USA. American Journal of Botany, 84(5): 607-611.

Darrigran G, Drago I E D. 2000. Invasion of the exotic freshwater mussel *Limnoperna fortunei* (Dunker, 1857) (Bivalvia: Mytilidae) in South America. Nautilus Greenville Then Sanibel, 114(2): 69-73.

Davis M A. 2009. Invasion Biology. Oxford: Oxford University Press.

Davis M A, Grime J P, Thompson K. 2000. Fluctuating resources in plant communities: a general theory of invasibility. Journal of Ecology, 88: 528-534.

Davis M A, Pergl J, Robinson A M, et al. 2005. Vegetation change: a reunifying concept in plant ecology. Perspectives in Plant Ecology Evolution and Systematics,7(1): 69-76.

Dawson W, Moser D, van Kleunen M, et al. 2017. Global hotspots and correlates of alien species richness across taxonomic groups. Nature Ecology & Evolution, 1(7): 1-7.

DeFerrari C M, Naiman R J. 1994. A multi-scale assessment of the occurrence of exotic plants on the Olympic Peninsula, Washington. Journal of Vegetation Science, 5(2): 247-258.

Didham R K, Tylianakis J M, Hutchison M A, et al. 2005. Are invasive species the drivers of ecological change? Trends in Ecology & Evolution, 20(9): 470-474.

Doherty T S, Glen A S, Nimmo D G, et al. 2016. Invasive predators and global biodiversity loss. Proceedings of the National Academy of Sciences, 113(40): 11261-11265.

Doorduin L J, Vrieling K. 2011. A review of the phytochemical support for the shifting defence hypothesis. Phytochemistry Reviews, 10(1): 99-106.

Dudley S A, File A L. 2007. Kin recognition in an annual plant. Biology Letters, 3(4): 435-438.

Duke S O, Blair A C, Dayan F E. 2009. Is(-)-catechin a novel weapon of spotted knapweed (*Centaurea stoebe*)? Journal of Chemical Ecology, 35(2): 141-153.

Duncan R P, Williams P A. 2002. Darwin's naturalization hypothesis challenged. Nature, 417(6889): 608-609.

Edelman N B, Frandsen P B, Miyagi M, et al. 2019. Genomic architecture and introgression shape a butterfly radiation. Science, 366(6465): 594-599.

Ehrenfeld J G. 2003. Effects of exotic plant invasions on soil nutrient cycling processes. Ecosystems, 6(6): 503-523.

Ellis E C, Antill E C, Kreft H. 2012. All is not loss: plant biodiversity. Plos One, 7(1): e30535.

Elltrand N C, Schierenbeck K A. 2000. Hybridization as a stimulus for the evolution of invasiveness in plants? Proceedings of the National Academy of Sciences, 97: 7043-7050.

Enders M, Havemann F, Ruland F, et al. 2020. A conceptual map of invasion biology: integrating hypotheses into a consensus network. Global Ecology and Biogeography, 29(6): 978-991.

Eppinga M B, Rietkerk M, Dekker S C, et al. 2006. Accumulation of local pathogens: a new hypothesis to explain exotic plant invasions. OIKOS, 114(1): 168-176.

Essl F, Dullinger S, Rabitsch W, et al. 2011. Socioeconomic legacy yields an invasion debt. Proceedings of the National Academy of Sciences of the United States of America,108(1): 203-207.

Essl F, Milasowszky N, Dirnböck T. 2011. Plant invasions in temperate forests: resistance or ephemeral phenomenon? Basic and Applied Ecology,12(1): 1-9.

Excoffier L, Foll M, Petit R J. 2009. Genetic consequences of range expansions. Annual Review of Ecology, Evolution, and Systematics, 40: 481-501.

Fargione J E, Tilman D. 2005. Diversity decreases invasion via both sampling and complementarity effects.

Ecology Letters, 8(6): 604-611.

Feijó A, Patterson B D, Cordeiro-Estrela P. 2020. Phenotypic variability and environmental tolerance shed light on nine-banded armadillo Nearctic invasion. Biological Invasions, 22(2): 255-269.

Feng Y L, Lei Y B, Wang R F, et al. 2009. Evolutionary tradeoffs for nitrogen allocation to photosynthesis versus cell walls in an invasive plant. Proceedings of the National Academy of Sciences of the United States of America, 106: 1853-1856.

Feiner Z S, Aday D D, Rice J A. 2012. Phenotypic shifts in white perch life history strategy across stages of invasion. Biological Invasions, 14(11): 2315-2329.

Fridley J D, Sax D F. 2014. The imbalance of nature: revisiting a Darwinian framework for invasion biology. Global Ecology and Biogeography, 23(11): 1157-1166.

Funk J L, Vitousek P M. 2007. Resource-use efficiency and plant invasion in low-resource systems. Nature: International Weekly Journal of Science, 446(7139): 1079-1081.

Galil B S. 2009. Taking stock: inventory of alien species in the Mediterranean Sea. Biological Invasions, 11(2): 359-372.

Gardner W S, Cavaletto J F, Johengen T H. 1995. Effects of the Zebra Mussel, *Dreissena polymorpha*, on community nitrogen dynamics in Saginaw Bay, Lake Huron. Journal of Great Lakes Research, 21(4): 529-544.

Gill D E. 1974. Intrinsic rate of increase, saturation density, and competitive ability. 2. evolution of competitive ability. American Naturalist, 108: 103-116.

Goldstein L J, Suding K N. 2014. Applying competition theory to invasion: resource impacts indicate invasion mechanisms in California shrublands. Biol Invasions, 16: 191-203.

Goslee S C, Peters D P C, Beck K G. 2001. Modeling invasive weeds in grasslands: the role of allelopathy in *Acroptilon repens* invasion. Ecological Modelling, 139(1): 31-45.

Gould A M A, Gorchov D L. 2000. Effects of the exotic invasive shrub *Lonicera maackii* on the survival and fecundity of three species of native annuals. American Midland Naturalist, 144: 36-50.

Goudswaard P. 2002. The tilapiine fish stock of Lake Victoria before and after the Nile perch upsurge. Journal of Fish Biology, 60(4): 838-856.

Gray D R. 2017. Risk analysis of the invasion pathway of the Asian gypsy moth: a known forest invader. Biol Invasions, 19: 3259-3272.

Gritti E S, Smith B, Sykes M T. 2006. Vulnerability of Mediterranean Basin ecosystems to climate change and invasion by exotic plant species. Journal of Biogeography, 33: 145-157.

Hamadaa M, Takasu F. 2019. Equilibrium properties of the spatial SIS model as a point pattern dynamics-How is infection distributed over space? Journal of Theoretical Biology, 468: 12-26.

Hamilton M A, Murray B R, Cadotte M W, et al. 2005. Life - history correlates of plant invasiveness at regional and continental scales. Ecology Letters, 8(10): 1066-1074.

Handley R J, Steinger T, Treier U A, et al. 2008.Testing the evolution of increased competitive ability (EICA) hypothesis in a novel framework. Ecology, 89(2): 407-417.

Hastings A, Cuddington K, Davies K F, et al. 2005. The spatial spread of invasions: new developments in theory and evidence. Ecology Letters, 8: 91-101.

Hausch S, Vamosi S M, Fox J W. 2018. Effects of intraspecific phenotypic variation on species coexistence.

Ecology, 99: 1453-1462.

Himler A G, Adachi-Hagimori T, Bergen E J, et al. 2011. Rapid spread of a bacterial symbiont in an invasive whitefly is driven by fitness benefits and female bias. Science, 332(6026): 254-256.

Holway D A. 1999. Competitive mechanisms underlying the displacement of native ants by the invasive Argentine ant. Ecology, 80: 238-251.

Hooper D U, Chapin F S, Ewel J J, et al. 2005. Effects of biodiversity on ecosystem functioning: a consensus of current knowledge. Ecological Monographs,75(1): 3-35.

Hovick S M, Whitney K D. 2014. Hybridisation is associated with increased fecundity and size in invasive taxa: meta-analytic support for the hybridisation-invasion hypothesis. Ecology Letters, 17: 1464-1477.

Huffaker C B, Messenger P S. 1964. The concept and significance of natural control. Biological Control of Insect Pests and Weeds, 21: 74-117.

Jeschke J M, Strayer D L, Carpenter S R. 2005. Invasion success of vertebrates in Europe and North America. Proceedings of the National Academy of Sciences of the United States of America, 102(20): 7198-7202.

Jeschke J M, Strayer D L. 2006. Determinants of vertebrate invasion success in Europe and North America. Global Change Biology, 12(9): 1608-1619.

Jolliffe P A. 2000. The replacement series. Journal of Ecology, 88: 371-385.

Jones H P, Tershy B R, Zavaleta E S. 2008. Severity of the effects of invasive rats on seabirds: a global review. Conservation Biology, 22(1): 16-26.

Jones M R, Mills L S, Alves P C, et al. 2018. Adaptive introgression underlies polymorphic seasonal camouflage in snowshoe hares. Science,360(6395): 1355-1358.

Keane R M, Crawley M J. 2002. Exotic plant invasions and the enemy release hypothesis. Trends in Ecology & Evolution, 17: 164-170.

Kelsey R G, Locken L J. 1987. Phytotoxic properties of cnicin, a sesquiterpene lactone from *centaurea-maculosa* (spotted knapweed). Journal of Chemical Ecology, 13(1): 19-33.

Kennedy T A, Naeem S, Howe K M, et al. 2002. Biodiversity as a barrier to ecological invasion. Nature, 417: 636-638.

Klironomos J N. 2002. Feedback with soil biota contributes to plant rarity and invasiveness in communities. Nature (London), 417(6884): 67-70.

Kormondy E.J. 1976. Concepts of Ecology. New Jersey: Prentice Hall, INC, Englewood Ciffs.

Krajick K. 2005. Ecology: winning the war against island invaders. Science, 310(5753): 1410-1413.

Krebs C. 1978. Ecology: The Experimental Analysis of Distribution and Abundance. 2nd ed. New York: Harper & Row Publisher.

Krueger C C, May B. 1991. Ecological and genetic effects of salmonid introductions in North America. Canadian Journal of Fisheries and Aquatic Sciences, 48(S1): 66-77.

Kumschick S, Gaertner M, Vila M, et al. 2015. Ecological impacts of Alien species: quantification, scope, caveats, and recommendations. BIOScience, 65(1): 55-63.

Lack D. 1947. The significance of clutch-size. IBIS, 89(2): 302-352.

Lake J C, Leishman M R. 2004. Invasion success of exotic in natural ecosystems: the role of disturbance, plant attributes and freedom from herbivores. Biological Conservation, 117: 215-226.

Leary R F, Allendore F W, Forbes S H. 1993. Conservation genetics of bull trout in the Columbia and Klamath River Drainages. Conservation Biology, 4(7): 856-865.

Lesica P, Shelly J S. 1996. Competitive effects of centaurea maculosa on the population dynamics of *Arabis fecunda*. Bulletin of the Torrey Botanical Club, 123(2): 111-121.

Lesieur V, Yart A, Guilbon S, et al. 2014. The invasive *Leptoglossus* seed bug, a threat for commercial seed crops, but for conifer diversity? Biological Invasions, 16(9): 1833-1849.

Lester P J, Beggs J R. 2019. Invasion success and management strategies for social *Vespula* wasps. Annual Review of Entomology, 64: 51-71.

Levine J M, Adler P B, Yelenik S G. 2004. A meta-analysis of biotic resistance to exotic plant invasions. Ecology Letters, 7(10): 975-989.

Levine J M, D'Antonio C M. 1999. Elton revisited: a review of evidence linking diversity and invasibility. Oikos, 87: 15-26.

Li Y, Stift M, Kleunen M. 2018. Admixture increases performance of an invasive plant beyond first-generation heterosis. Journal of Ecology, 106(4): 1595-1606.

Li S P, TanJ Q, Yang X, et al. 2019. Niche and fifitness differences determine invasion success and impact in laboratory bacterial communities. The ISME Journal, 13: 402-412.

Liao H Y, Luo W B, Peng S L. 2015. Plant diversity, soil biota and resistance to exotic invasion. Diversity and Distributions, 21(7): 826-835.

Liebhold A M, Berec L, Brockerhoff E G, et al. 2016. Eradication of invading insect populations: from concepts to applications. Annual Review of Entomology, 61: 335-352.

Liu S S, De Barro P J, Xu J, et al. 2007. Asymmetric mating interactions drive widespread invasion and displacement in a whitefly. Science, 318: 1769-1772.

Liu Y J, Oduor A M O, Zhang Z, et al. 2017. Do invasive alien plants benefit more from global environmental change than native plants? Global Change Biology, 23(8): 3363-3370.

Lloret F, Medail F, Brundu G, et al. 2005. Species attributes and invasion success by alien plants on Mediterranean islands. Journal of Ecology, 93: 512-520.

Lockwood J L, Cassey P, Blackburn T M. 2005. The role of propagule pressure in explaining species invasions. Trends in Ecology & Evolution, 20: 223-228.

Lockwood J L, Cassey P, Blackburn T M. 2009. The more you introduce the more you get: the role of colonization pressure and propagule pressure in invasion ecology. Diversity and Distributions, 15: 904-910.

Lockwood J L, Hoopes M F, Marchetti M P. 2014. Invasion ecology. 2nd edition. West Sussex: Wiley-Blackwell Press.

Loope K J, Baty J W, Lester P J, et al. 2019. Pathogen shifts in a honeybee predator following the arrival of the *Varroa* mite. Proceedings of the Royal Society B-Biological Sciences, 286(1894): 1-9.

Lu M, Hulcr J, Sun J H. 2016. The role of symbiotic microbes in insect invasions. Annual Review of Ecology, Evolution, and Systematics, 47: 487-505.

MacDougall A S, McCann K S, Gellner G, et al. 2013. Diversity loss with persistent human disturbance increases vulnerability to ecosystem collapse. Nature, 494: 86-89.

Mack M C, D'Antonio C M. 1998. Impacts of biological invasions on disturbance regimes. Trends in Ecology &

Evolution, 13: 195-198.

Mack R N. 1996. Predicting the identity and fate of plant invaders: emergent and emerging approaches. Biological Conservation, 78: 107-121.

Mallet J. 2005. Hybridization as an invasion of the genome. Trends in Ecology & Evolution, 20: 229-237.

Maestas J D, Knight R L, Gilgert W C. 2003. Biodiversity across a rural land-use gradient. Conservation Biology,17(5): 1425-1434.

Masson L, Masson G, Beisel J N, et al. 2018. Consistent life history shifts along invasion routes? An examination of round goby populations invading on two continents. Diversity and Distributions, 24(6) : 841-852.

McGeoch M A, Squires Z. 2015. An essential biodiversity variable approach to monitoring biological invasions: guide for countries. GEO BON Technical Series, 2: 13.

Menke, S B, Ward P S, Holway D A. 2018. Long-term record of Argentine ant invasions reveals enduring ecological impacts. Ecology, 99: 1194-1202.

Milne A. 1957a. The natural control of insect populations. The Canadian Entomologist, 89(5): 193-213.

Milne A. 1957b. Theories of natural control of insect populations. Cold Spring Harbor Symposia on Quantitative Biology, 22: 253-271.

Milne A. 1962. On a theory of natural control of insect population. Journal of Theoretical Biology, 3(1): 19-50.

Montalto L, de Drago I E. 2003. Tolerance to desiccation of an invasive mussel, *Limnoperna fortunei* (Dunker, 1857) (Bivalvia, Mytilidae), under experimental conditions. Hydrobiologia, 498(1-3): 161-167.

Morris W F, Pfister C A, Tuljapurkar S, et al. 2008. Longevity can buffer plant and animal populations against changing climatic variability. Ecology, 89(1): 19-25.

Mummey D L, Rillig M C, Holben W E. 2005. Neighboring plant influences on arbuscular mycorrhizal fungal community composition as assessed by T-RFLP analysis. Plant and Soil, 271(1-2): 83-90.

Nahrung H F, Swain A J. 2015. Strangers in a strange land: do life history traits differ for alien and native colonisers of novel environments? Biological Invasions, 17(2): 699-709.

Neira C, Levin L A, Grosholz E D. 2007. Influence of invasive *Spartina* growth stages on associated macrofaunal communities. Biological Invasions, 9(8): 975-993.

O'Dowd D J, Green P T, Lake P S. 2003. Invasional 'meltdown'on an oceanic island. Ecology Letters, 6(9): 812-817.

Olden J D, Poff N L, Bestgen K R. 2006. Life-history strategies predict fish invasions and extirpations in the Colorado River Basin. Ecological Monographs, 76: 25-40.

Olden J D, vander Zanden M J, Johnson P T J. 2011. Assessing ecosystem vulnerability to invasive rusty crayfish (*Orconectes rusticus*). Ecological Applications, 21: 2587-2599.

Ordonez A. 2014. Functional and phylogenetic similarity of alien plants to co-occurring natives. Ecology, 95: 1191-1202.

Orians C M, Ward D. 2010. Evolution of plant defenses in nonindigenous environments. Annual Review of Entomology, 55: 439-459.

Oziolor E M, Reid N M, Yair S, et al. 2019. Adaptive introgression enables evolutionary rescue from extreme environmental pollution. Science, 364(6439): 455-457.

Pacifici K, Reich B J, Miller D A W, et al. 2017. Integrating multiple data sources in species distribution modeling: a framework for data fusion. Ecology, 98: 840-850.

Parker I M, Simberloff D, Lonsadale W M. 1999. Impact: toward a framework for understanding the ecological effects of invaders. Biological Invasions, 1(1): 3-19.

Pearson S H, Avery H W, Kilham S S. 2013. Stable isotopes of C and N reveal habitat dependent dietary overlap between native and introduced turtles *Pseudemys rubriventris* and *Trachemys scripta*. Plos One, 8(5): e62891.

Pell A S, Tidemann C R. 1997. The impact of two exotic hollow-nesting birds on two native parrots in savannah and woodland in eastern Australia. Biological Conservation, 79(2-3): 145-153.

Petitpierre B, Kueffer C, Broennimann O, et al. 2012. Climatic niche shifts are rare among terrestrial plant invaders. Science, 335: 1344-1348.

Peter M. 2002. Inland fishes of California. Quarterly Review of Biology, 9(3): 24.

Phillips S J, Anderson R P, Schapire R E. 2006. Maximum entropy modeling of species geographic distributions. Ecological Modelling, 190: 231-259.

Porter S D, Savignano D A. 1990. Invasion of polygyne fire ants decimates native ants and disrupts arthropod community. Ecology, 71(6): 2095-2106.

Powell D L, Garcia-Olazabal M, Keegan M, et al. 2020. Natural hybridization reveals incompatible alleles that cause melanoma in swordtail fish. Science, 368(6492): 731-736.

Powell K I, Chase J M, Knight T M. 2013. Invasive plants have scale-dependent effects on diversity by altering species-area relationships. Science, 339(6117): 316-318.

Pringle R M, Kartzinel T R, Palmer T M. et al. 2019. Predator-induced collapse of niche structure and species coexistence. Nature, 570(7759): 58-64.

Pysek P, Jarosik V, Hulme P E, et al. 2012. A global assessment of invasive plant impacts on resident species, communities and ecosystems: the interaction of impact measures, invading species'traits and environment. Global Change Biology, 18: 1725-1737.

Rahel F J, Olden J D. 2008. Assessing the effects of climate change on aquatic invasive species. Conservation Biology, 22(3): 521-533.

Redding D W, Pigot A L, Dyer E E, et al. 2019.Location-level processes drive the establishment of alien bird populations worldwide. Nature, 571(7763): 103-106.

Reid T, Marcelo V, Fernando S, et al. 1998. The invasion ecology of the toad *Bufo marinus*: from south America to Australia. Ecological Applications, 8(2): 388-396.

Reinhart K O, Callaway R M. 2004. Soil biota facilitate exotic acer invasions in europe and north America. Ecological Applications, 14(6): 1737-1745.

Ricciardi A. 2003. Predicting the impacts of an introduced species from its invasion history: an empirical approach applied to zebra mussel invasions. Freshwater Biology, 48(6): 972-981.

Ricciardi A, Hoopes M F, Marchetti M P. 2013.Progress toward understanding the ecological impacts of nonnative species. Ecological Monographs, 83(3): 263-282.

Richards C L, Bossdorf O, Muth N Z. et. al. 2006. Jack of all trades, master of some? On the role of phenotypic plasticity in plant invasions. Ecology Letters, 9(8): 981-993.

Richardson D M. 2008. Fifty years of invasion ecology. West Sussex: Wiley-Blackwell Press.

Rius M, Darling J A. 2014. How important is intraspecific genetic admixture to the success of colonising populations? Trends in Ecology & Evolution, 29: 233-242.

Rhymer J M, Murray J, Williams B, Michael J. 1994. Mitochondrial analysis of gene flow between New Zealand mallards (*Anas platyrhynchos*) and grey ducks (*A. superciliosa*). Auk, 111(4): 970-978.

Rhymer J M. 1996. Extinction by hybridization and introgression. Annual Review of Ecology & Systematics, 27: 83-109.

Rhymer J M, Simberloff D. 1996. Extinction by hybridization and introgression. Annual Review of Ecology and Systematics, 27: 83-109.

Santos H S, Silva F G C, Masi B P, et al. 2019.Environmental matching used to predict range expansion of two invasive corals (*Tubastraea* spp.). Marine Pollution Bulletin, 145: 587-594.

Schindler D W. 2001. The cumulative effects of climate warming and other human stresses on Canadian freshwaters in the new millennium. Canadian Journal of Fisheries & Aquatic Sciences, 58(1): 18-29.

Schweiger O, Biesmeijer J C, Bommarco R, et al. 2010. Multiple stressors on biotic interactions: how climate change and alien species interact to affect pollination. Biological Reviews, 85(4): 777-795.

Schumer M, Xu C L, Powell D L, et al. 2018. Natural selection interacts with recombination to shape the evolution of hybrid genomes. Science, 360(6389): 656-659.

Seabloom E W, Harpole W S, Reichman O J, et al. 2003. Invasion, competitive dominance, and resource use by exotic and native California grassland species. Proceedings of the National Academy of Sciences of the United States of America, 100: 13384-13389.

Seebens H, Blackburn T M, Dyer E E, et al. 2018. Global rise in emerging alien species results from increased accessibility of new source pools. Proceedings of the National Academy of Sciences,115(10): 2264-2273.

Simberloff D. 2009. The role of propagule pressure in biological invasions. Annual Review of Ecology, Evolution, and Systematics, 40: 81-102.

Simberloff D, Martin J L, Genovesi P, et al. 2013. Impacts of biological invasions: what's what and the way forward. Trends in Ecology & Evolution, 28(1): 58-66.

Simberloff D, von Holle B. 1999. Positive interactions of nonindigenous species: invasional meltdown? Biological Invasions, 1: 21-32.

Simon K S, Townsend C R. 2003. Impacts of freshwater invaders at different levels of ecological organisation, with emphasis on salmonids and ecosystem consequences. Freshwater Biology, 48(6): 982-994.

Sih A, Bolnick D I, Luttbeg B, et al. 2010. Predator-prey naivete, antipredator behavior, and the ecology of predator invasions. Oikos, 119: 610-621.

Sloop C M, Ayres D R, Strong D R. 2009. The rapid evolution of self-fertility in *Spartina* hybrids (*Spartina alterniflora* × *foliosa*) invading San Francisco Bay, CA. Biological Invasions, 11(5): 1131-1144.

Smith H S. 1935. The role of biotic factors in the determination of population densities. Journal of Economic Entomology, 28: 873-898.

Stachowicz J J, Terwin J R, Whitlatch R B, et al. 2002. Linking climate change and biological invasions: ocean warming facilitates nonindigenous species invasions. Proceedings of the National Academy of Sciences of the United States of America, 99(24): 15497-15500.

Stachowicz J J, Whitlatch R B, Osman R W. 1999. Species diversity and invasion resistance in a marine ecosystem. Science, 286(5444): 1577-1579.

Stinson K A,Campbell S A,Powell J R. 2006. Invasive plant suppresses the growth of native tree seedlings by disrupting belowground mutualisms. Plos Biology, 4(5): 727-731.

Stromberg J C, Lite S J, Marler R. 2007. Altered stream-flow regimes and invasive plant species: the *Tamarix* Case. Global Ecology & Biogeography, 16(3): 381-393.

Tayeh A, Hufbauer R A, Estoup A, et al. 2015. Biological invasion and biological control select for different life histories. Nature Communications, 6(1): 1-5.

Thuiller W, Richardson D M, Rouget M, et al. 2006. Interactions between environment, species traits, and human uses describe patterns of plant invasions. Ecology, 87: 1755-1769.

Thomas C D. 2010. Climate, climate change and range boundaries. Diversity and Distributions, 16(3): 488-495.

Tilman D. 1985. The resource-ratio hypothesis of plant succession. American Naturalist, 125(6): 827-852.

Tilman D. 2004. Niche tradeoffs, neutrality, and community structure: a stochastic theory of resource competition, invasion, and community assembly. Proceedings of the National Academy of Sciences of the United States of America, 101: 10854-10861.

Tomaso J M D. 1998. Impact, biology, and ecology of saltcedar (*Tamarix* spp.) in the southwestern United States. Weed Technology, 12(2): 326-336.

Torchin M E, Lafferty K D, Dobson A P, et al. 2003. Introduced species and their missing parasites. Nature, 421(6923): 628-630.

Traveset A, Richardson D M. 2014. Mutualistic interactions and biological invasions. Annual Review of Ecology, Evolution, and Systematics, 45: 89-113.

Uvarov B P. 1931. Insects and climate. London: Transactions of the Royal Entomological Society of London.

van Kleunen M, Rockle M, Stift M. 2015. Admixture between native and invasive populations may increase invasiveness of Mimulus guttatus. Proceedings of the Royal Society B-Biological Sciences, 282(1815): 1-9.

van Kleunen M, Weber E, Fischer M. 2010. A meta-analysis of trait differences between invasive and non-invasive plant species. Ecology Letters, 13: 235-245.

van Vuren D, Coblentz BE. 1987. Some ecological effects of feral sheep on Santa Cruz Island, California, USA. Biological Conservation, 41(4): 253-268.

vander Zanden M J, Casselman J M, Rasmussen J B. 1999. Stable isotope evidence for the food web consequences of species invasions in lakes. Nature, 401: 464-467.

Vellend M, Harmon L J, Lockwood J L, et al. 2007. Effects of exotic species on evolutionary diversification. Trends in Ecology & Evolution, 22(9): 481-488.

Vila M, Espinar J L, Hejda M. 2011. Ecological impacts of invasive alien plants: a meta-analysis of their effects on species, communities and ecosystems. Ecology Letters, 14(7): 702-708.

Vilcinskas A, Stoecker K, Schmidtberg H, et al. 2013. Invasive harlequin ladybird carries biological weapons against native competitors. Science, 340(6134): 862-863.

Vitousek P M. 1990. Biological invasions and ecosystem processes: towards an integration of population biology and ecosystem studies. Oikos, 57(1): 7-13.

Walther G R, Roques A, Hulme P E, et al. 2009. Alien species in a warmer world: risks and opportunities. Trends in Ecology & Evolution, 24(12): 686-693.

Ward N L, Masters GJ. 2007. Linking climate change and species invasion: an illustration using insect herbivores.

Global Change Biology, 13(8): 1605-1615.

Wardle D A, Karban R. 2011. The ecosystem and evolutionary contexts of allelopathy. Trends in Ecology & Evolution, 26(12): 655-662.

White III R A, Callister S J, Moore R J, et al. 2016. The past, present and future of microbiome analyses. Nature Protocols,11(11): 4-8.

Williamson M, Fitter A. 1996. The varying success of invaders. Ecology, 77(6): 1661-1666.

Wilson D S, Turelli M. 1986. Stable underdominance and the evolutionary invasion of empty niches. American Naturalist, 127: 835-850.

Wilson E E, Mullen L M, Holway D A, et al. 2009. Life history plasticity magnifies the ecological effects of a social wasp invasion. Proceedings of the National Academy of Sciences of the United States of America, 106(31): 12809-12813.

Wilson J R U, Dormontt E E, Prentis P J, et al. 2009. Something in the way you move: dispersal pathways affect invasion success. Trends in Ecology & Evolution, 24(3): 136-144.

Winne-Edwards V C. 1962. Animal dispersion in relation to social behaviour. New York: Hafner.

Witte F, Msuku B S, Wanink J H. 2000. Recovery of cichlid species in Lake Victoria: an examination of factors leading to differential extinction. Reviews in Fish Biology and Fisheries, 10(2): 233-241.

Wyune-Edwards V C. 1962.Animal dispersion in relation to social behavior. Edinburgh: Oliver & Boyd.

Xi Z Y, Khoo C C H, Dobson S L. 2005. *Wolbachia* establishment and invasion in an *Aedes aegypti* laboratory population. Science, 310(5746): 326-328.

Young S L, Clements D R, DiTommaso A. 2017. Climate dynamics, invader fitness, and ecosystem resistance in an invasion-factor framework. Invasive Plant Science and Management, 10: 215-231.

Zellweger F, Frenne P D, Lenoir J, et al. 2020. Forest microclimate dynamics drive plant responses to warming. Science, 368(6492): 772-775.

Zhang Z J, Liu Y J, Brunel C, et al. 2020. Soil-microbes-mediated invasional meltdown in plants. Nature Ecology & Evolution, 4: 1612-1621.

Zhang Z J, Liu Y J, Yuan L, et al. 2020. Effect of allelopathy on plant performance: a meta-analysis. Ecology Letters, 24: 348-362.

Zhao Z H, Hui C, Plant R E, et al. 2019. Life table invasion models: spatial progression and species-specific partitioning. Ecology, 100(5): e02682.

Zheng Y L, Burns J H, Liao Z Y. 2018. Species composition, functional and phylogenetic distances correlate with success of invasive *Chromolaena odorata* in an experimental test. Ecology Letters, 21(8): 1211-1220.

Zhu B, Fitzgerald D G, Mayer C M. 2006. Alteration of ecosystem function by zebra mussels in oneida lake: impacts on submerged macrophytes. Ecosystems, 9(6): 1017-1028.

Zipkin E F, DiRenzo G V, Ray J M, et al.2020. Tropical snake diversity collapses after widespread amphibian loss. Science, 367(6479): 814-816.